U0232722

希望本丛书对培养学生，特别是理科博士生们的科学创造能力会有所助益。

林定夷

LDY 科学哲学丛书

华侨大学人文社会科学研究基地资助

Lun Kexue Zhong Guancha Yu Lilun De Guanxi

论科学中观察与理论的关系

林定夷/著

中山大学出版社
SUN YAT-SEN UNIVERSITY PRESS

·广州·

图书在版编目（CIP）数据

论科学中观察与理论的关系/林定夷著 . —广州：中山大学出版社，2016.10

（LDY 科学哲学丛书）

ISBN 978 - 7 - 306 - 05685 - 6

Ⅰ . ①论…　　Ⅱ . ①林…　　Ⅲ . ①科学哲学　　Ⅳ . ①N02

中国版本图书馆 CIP 数据核字（2016）第 092939 号

出 版 人：徐　劲
策划编辑：周建华
责任编辑：翁慧怡
封面设计：林绵华
责任校对：刘丽丽
责任技编：何雅涛
出版发行：中山大学出版社
电　　话：编辑部 020 - 84111996，84113349，84111997，84110779
　　　　　发行部 020 - 84111998，84111981，84111160
地　　址：广州市新港西路 135 号
邮　　编：510275　　　　传　真：020 - 84036565
网　　址：http：//www. zsup. com. cn　　E-mail：zdcbs@ mail. sysu. edu. cn
印 刷 者：广东省农垦总局印刷厂
规　　格：787mm × 1092mm　　1/16　　25 印张　　439 千字
版次印次：2016 年 10 月第 1 版　　2016 年 10 月第 1 次印刷
定　　价：78. 00 元

作者简介

林定夷，男，1936 年出生于杭州，中山大学退休教授，曾兼任国家教育部人文社会科学重点研究基地评审专家，教育部科学哲学重点研究基地（山西大学科学技术哲学研究中心）首届学术委员会委员，中国自然辩证法研究会科学方法论专业委员会理事，华南师范大学客座教授，《自然辩证法研究》通讯编委，《科学技术与辩证法》编委，目前仍兼任国家自然辩证法名词审定委员会委员，中国自然辩证法研究会科学方法论专业委员会顾问，华侨大学问题哲学研究中心学术委员会主席。此前曾出版学术专著《科学研究方法概论》《科学的进步与科学目标》《近代科学中机械论自然观的兴衰》《科学逻辑与科学方法论》《问题与科学研究——问题学之探究》《科学哲学——以问题为导向的科学方法论导论》，编撰大学教程《系统工程概论》，主编《科学·社会·成才》，在国内外发表学术论文 100 余篇。其学术研究成果曾获得首届全国高校人文社会科学研究优秀成果奖二等奖、全国自然辩证法优秀著作奖二等奖、中南地区大学出版社首届学术类著作奖一等奖、全国大学出版社首届学术类著作奖一等奖、广东省哲学社会科学研究优秀成果奖一等奖、首届广东省高校哲学社会科学研究优秀成果奖二等奖、中山大学老教师学术著作奖等多种奖励。

总　　序

　　我在拙著《科学哲学——以问题为导向的科学方法论导论》一书中，曾经较系统地阐述了我对科学哲学几十年研究思考的一些成果，于2009年出版并于2010年重印。从此书出版后的五六年间的情况来看，读者们对此书的反映良好，在某种程度上，甚至有些出乎我的意料。当年，当出版社与我商量出版此书的时候，我明白地向他们坦陈：出版我的这本书肯定是要亏本的，它不可能畅销；我的愿望只是，这本书出版后，第一年有10个人看，10年后有100个人看，100年后还有人看。但出版社的总编辑周建华先生却以出版人的特有的眼光来支持我的这本书的出版，他主动为我向学校申请了中山大学学术著作出版基金，并于2009年让它及时问世。从出版后的情况来看，情况确实有些超乎我的想象。这本书的篇幅长达72.5万字，厚得像一块砖头，而且读它肯定不可能像读小说那样地轻松愉快。设身处地地想，要"啃"完它，那确实是需要耐心、恒心的。但事后看来，第一年过去，肯定有10个以上的人看完了它（我这里说的不是销量，销量肯定是这个数的数十倍乃至上百倍，但我关心的是读者有耐心确实看完了它，因为这才是我和读者的心灵交流），因为在网上读者阅后对它发表了评论的就不下10人。现在5年过去，读完此书的人也肯定不止10人，也不止100人，因为已经看到至少有百人左右在网上发表了他们阅读后或简或繁的评论。更重要的是，读者与我之间发生了某种共鸣，甚至给了我某种特殊的好评。就在亚马逊网上，我看到至少有7个评论，其中有一位先生做出了如下评论，兹录如下：

　　评论者　caoyubo
　　该书为中国本土科学哲学家最有学术功力著作之一，几乎在每一个科学哲学的主题方面作者都能做到去粗取精，去伪存真，发自己创见之言，特别在构建理论、科学问题、科学三要素目标、科学革命机制等章节都有超越波普尔、库恩等大师的学术见解。作者通过分析介绍前人观点，分析得失，提出问题，给出自己解决结果，展现科学哲学的背景知识和自己贡献，分析深透，论证有力，结论信服。该（书）应该成为我国基础研究人员和对科学方法论关心的人员的必读著作。本书是笔者见到的本土最有力度的科学哲学著作，乃作者一生心血之结晶。

（注：其中括号内的"书"字可能是评论者遗漏，我给补充上去的——林注）

还有一些年轻的朋友发表了如下评论和感慨：

评论者　yeskkk

可惜我不敢攻读哲学类的专业，不然我肯定会报读中大的哲学，日后就研究科学哲学！我并非完全赞成作者的观点，但我是被说服了。我只感到很难反驳，我只能拥护他的观点。要说使得我不得不每页花上两分钟来看的书（不是说很难看，而是佩服得不敢快点看），目前就只有《给教师的建议》和这本书了。

评论者　yaogang

通读完这本书，感觉很有价值，本是抱着试试看的态度买这本书的，殊不知咱国内也有写出这样著作的学者，不容易！！！！

更令人欣慰的是，复旦大学哲学学院科学哲学系（筹）系主任张志林教授亲口告诉笔者，他们指定我的这本书是该系科学哲学博士生唯一的一本中文必读参考书。

但通过与读者交流和我自己的反思，我深感我的那本书还没有完全实现我的初衷，也并未能真正满足读者的需要。我写的那本《科学哲学——以问题为导向的科学方法论导论》，其本意是要面向科技工作者、理工科的研究生（博、硕）、大学生，尤其是那些正从事研究的科学家们的。在那里我写道："在我看来，科学哲学的著作，应当具有大众性。它的读者对象绝不应该只局限于科学哲学的专业小圈子里，它更应该与科学家以及未来的科学家的后备队，包括大学生、研究生进行交流。让他们一起来思考和讨论这些问题，以便从中相互学习，相得益彰。"但这本书写得这么厚，就十分不便于实际工作中的科学家和学生花费那么大的精力和那么多的时间去啃读它，所以有的实际科研工作者诚恳地向我建议，应当把它打散成为一些分专题的小册子，让实际的科研工作者和学生有选择地看自己想要看的那个专题。

此外，那本书主要是以学术著作的形式来写作和出版的，因此主要就限制在从正面来阐述和论证我的学术见解，对于本应予以批判的某种影响广泛的庸俗哲学以及在国内甚至在科学界存在的混淆科学与非科学甚至伪科学的情况，虽然我如骨鲠在喉，不吐不快，但是为了让此书在我国当时的条件下能顺利出版，我还是强使自己"咽住不吐"，即使有所漏嘴，也没能"畅所欲言"。现在，我想在这套丛书中，来补正这两个缺陷。我把这套丛书定位在中高级科普的层次上，主要对象就是科技工作者和正在跟随导师从事研究的理工农医科博、硕研究生以及有兴趣于科学哲学的广大知识分子。

一般说来，所谓"高级科普"，其本来的含义是指"科学家的科普"，即专业科学家向非同行科学家介绍本专业领域最新进展的"科普"，是以（非同行）科学家为对象的"科普"，而这样的"科普"同时具有很强的学术性，是熔"学术性"与"科普性"于一炉的"科普"。而"中级科普"则是介于高级科普与完全大众化的所谓"低级科普"之间的科普。当然，我们这样来定位"高级科普"，是以某些成熟的自然科学为参照来说的。其实，所谓的"学术性"与"科普性"，在不同的学术领域是不同的。特别是就某些哲学和社会科学领域而言，它们的"学术论文"往往并不像某些成熟的自然科学领域的研究论文那样，仅仅是提供给少数的同行专家们看的，并且也只有少数同行专家才能看得懂。相反，在这些哲学、社会科学领域里所产生的研究论文，尽管都是合乎标准的"学术论文"，但它们本身却同时具有"大众性"。这些论文往往是提供给大众看的，至少对于知识分子"大众"而言，他们往往是能够大体读懂它们的。因此，这些学术性的研究论文，它们本身已具有一定的科普性。在那里，中、高级科普与学术论文就"大众性"方面而言，其界限往往是模糊的。此外，我们还得说清楚，我们在这里把这套丛书定位在"中高级科普"的层次上，也只能说是一种借喻，在某种意义上，它是"词不达意"的。其关键就在于"科普"这个词上。"科普"者，乃是指"科学普及"，但我们这套丛书乃是科学哲学的普及读物。而哲学，包括科学哲学，并不是可以笼统地叫作"科学"的。相反，除了认识论等等局部领域以外，就哲学的总体而言，其主体是不能称之为"科学"的。关于这一点，大家阅读了本丛书的第一分册《科学·非科学·伪科学：划界问题》以后，就会知道了。所以，本丛书原则上是一套中高级的科学哲学普及读物，而哲学，包括科学哲学，就目前的发展水平而言，除了某些领域（如逻辑学、分析哲学、语言哲学和部分意义上的科学哲学等）以外，其学术性与中高级科普的界限实际上还是难以区分清楚的。

在本丛书中，作者除了想克服前述的两个缺陷以外，更想在已有研究的基础上，对科学哲学中诸多问题的思考，做出进一步的深化和拓展。所以在本丛书中，作者在已发表的成果的基础上，对不少问题的研究做出进一步的展开，此外，还对一些重要问题做了深化的表述。

作为科学哲学丛书，我们想在这里首先向读者简要介绍何谓"科学哲学"。"科学哲学"这一词组，它所对应的是英语中 philosophy of science 这个词组，它的主体部分是科学方法论。英语中有另一个词组是 scientific philosophy，业界约定把这个词组翻译为"科学的哲学"，这个词组的意思是，有一种哲学，它是具有"科学性"的，因而它本身可以看作一门"科学"。实际上，像这样的所谓的"scientific philosophy"是不存在的。虽然有的哲学常常自夸它是一种具有科学性的"哲学"，或者自命自己是一门"科学"，甚至是"科学的最高总结"。而关于 philosophy of science，从业界的习惯而言，对它（即"科学哲学"）可以有广义和狭义的理解。从狭义而言，科学哲学就是"科学方法论"。而"科学方法论"也并不研究科学中所使用的一切方法。科学中所使用的方法（the methods used in science）原则上可以分为两类：一是由科学理论所提供的方法，二是由元科学理论所提供的方法。

从原则上说，任何一门科学理论都具有方法上的意义，都能向我们提供一定领域中的科学研究的方法。因为任何一门科学（自然科学和社会科学）都研究并向我们提供了一定领域中的自然和社会发展的规律，而从一定意义上说，所谓方法，就是规律的运用；方法是和规律相并行的东西，遵循规律就成了方法。所以，从这个意义上说，尽管为了实现一定的目的，方法可以是多样的，但方法又不是任意的。我们演算一道数学题，尽管可以运用许多种方法，但是它们实际上都要遵循数学的规律，都是数学规律的运用。在生物学研究中，我们运用分类方法，这种分类方法的实质是对自然界中生物物种关系的规律性知识的运用；人们首先获得了这种规律的认识，然后再自觉地运用这种规律去认识自然，就成了方法。同样，光谱分析法是近代化学分析中的一个极其重要的方法。但这种方法的基础就是对各种元素的原子光谱谱线的规律性的认识，把这种规律性认识运用于进一步的研究，就成了光谱分析法。由此可见，科学研究中所运用的方法，有一部分是由（自然）科学理论本身所提供的，是存在于（自然）科学本身之中的。一般而言，对自然界任何规律（一般规律和特殊规律）的认识，都可使之转化为对自然界的研究方法（对社会规律的认识也一样）。我们所认识的规律愈普遍，其所对应的方法所适用的范围也愈宽广；反之，由特殊规律转化而来的方法也只适用于特殊的领域。

但是，自然规律是自然科学的研究对象，这种由自然规律转化而来的方法（如生物分类法、光谱分析法）是各门自然科学的内容，也就根本用不着建立另外的什么学科来涉足这些方法了。原则上，这种由自然规律转化而来的方法可以归入 scientific methods 一类，虽然它也是一种 the methods used in science。所以，科学方法论作为一门研究专门领域的独立的学科，并不研究科学中所运用的这样一类方法，即由各门科学理论本身所提供的那种方法。

那么，科学方法论究竟研究一些什么样类型的"科学方法"呢？

问题在于：在科学中，除了必须运用由各门自然科学理论本身所提供的方法以外，在各门科学的研究中，还不得不运用另一类方法，即通过研究元科学概念和元科学问题所提供的方法。科学方法论所研究的正是这一类方法，所以，科学方法论是一门独特的学科，它有自己的独特的研究领域；它是一门以元科学概念和元科学问题为研究对象的特殊学科。因为它以元科学概念和元科学问题为对象，所以归根结底它也是一门以科学为对象的学科。从这个意义上，科学方法论也可以被归结为一门元科学。所以，从这个意义上，科学哲学不是一门科学。科学以世界为对象，科学哲学则以科学为对象，两者的研究方法也不同。科学运用科学方法论，科学哲学则以研究科学方法论为内容。

那么，简要地说来，什么是"科学方法论"呢？

科学方法论是一门以科学中的元科学概念和元科学问题为对象，研究其中的认识论和逻辑问题的哲学学科。

那么，又何谓"元科学概念"和"元科学问题"呢？

在自然科学中（社会科学也一样），常常不得不涉及两类不同性质的概念和问题。其中有一类是各门自然科学本身所研究的概念和问题，如力学中的力、质量、速度、加速度等，或者，即使它们本身不是本门学科所研究的概念和问题，而是从旁的科学学科中引申和借用来的，如生物学中也要用到许多有机化学的概念，甚至也要用到"熵"这个物理学（具体说是热力学）中的概念。但不管如何，它们都属于自然科学本身所研究的概念和问题。但是，不管在哪一门自然科学的研究中，都不得不涉及另外一类性质上不同的概念和问题。这类概念和问题，是各门自然科学的研究都要以关于它们的某种预设作为基础，但又不是各门自然科学自身所研究的那些概念和问题。举例来说，在科学中，固然要使用诸如力、质量、速度、加速度、电子、化学键、遗传基因等科学概念，以及诸如万有引力定律、孟德尔遗传定律、中微子假说、β衰变理论等科学定律和理论，这些概念、定律和理论都是由各门自然科学所研究的，它们属于各门自然科学本身的内容。这些概念、定律和理论，我们可以称之为"科学概念"、"科学定律"、"科学理论"。科学本身所要解决的是一些科学问题，诸如重物为什么下落，太阳系中行星的运动服从什么样的规律，等等。

但是，科学中还不得不涉及另外的一类不同性质的概念和问题。对于这类性质的概念和问题，各门自然科学都不加以研究，或者说，这些概念和问题不属于它们的研究对象。但是，各门自然科学都必须以关于它们的某种预设作为自身研究的基础。举例来说，例如，各门自然科学中都不得不使用诸如假说、理论、规律、解释、观察、事实、验证、证据、因果关系，以至于"科学的"、"非科学的"这些用以描述科学和科学活动的概念和语词。这些概念和语词及其相关的问题，都不是任何一门自然科学所研究的，但在各门自然科学的研究中却都预设了这些概念的含义以及相关问题的答案。例如，当某个科学家说他创造了某个理论解释了某个前所未释的现象，或某个理论已被他的实验所证实等等时，这就马上引出了一些问题：我们凭什么说，或者是依据了什么标准说，某个现象已获得了解释，特别是科学的解释？我们又是依据了什么标准说，某个理论已被他的实验观察所证实？当科学家们做出了这种断言时，逻辑上真的合理吗？又如，为什么有的解释不能成为科学的解释？例如，对于同一个物理现象，比如纯净的水在标准大气压力下，温度上升到100℃沸腾，下降到0℃结冰，对此，物理教科书中有一种解释，黑格尔式的辩证法又另有一种解释（它用质、量、度等这些概念来解释）。这两种解释所解释的都是同一种物理现象，而且看来都合乎逻辑，只要承认它的前提，其结论是必然的。但为什么黑格尔式的辩证法用"质"、"量"、"度"等概念所做出的解释不能写进物理教科书，不能被认为是一种科学的解释呢？原因在哪里？科学理论必须满足什么样的特点和结构？科学的解释必须满足什么样的特点和结构？今后我们会知道，科学解释都是含规律的。但是，什么是规律呢？什么样的命题才称得上是规律呢？规律陈述必须满足什么样的特点和结构呢？你可能会说，规律陈述必须是全称陈述并且是真陈述。但是，试想，这样的答案能站得住脚吗？又如，通常都说，科学家总是通过实验观察以获得事实来检验理论的，甚至说，实验观察是检验理论的最终的和独立的标准。但是，通过合理的反思，我们就要问，实验观察就不依赖于理论吗？实验观察中通常要使用测量仪器，但我们为什么要相信仪器所提供的信息呢？仪器背后的认识论问题到底是怎样一回事？一个简单的事实就是，仪器背后就是一大堆的理论。所有这些就是元科学概念和元科学问题。

所谓"元科学概念"和"元科学问题"，就是指那些各门科学的研究都要以它的某种预设做基础，却又不是各门科学自身所研究的那些概念和问题。这里所谓的"元"（meta－），是指"原始"、"开始"、"基本"、"基础"的意思。

由此看来，科学哲学（我们这里主要是指科学方法论）与科学的关系是非常密切的，但它又不是科学本身。它们两者所关注和研究的问题是很不相同的。那么，科学哲学和科学究竟有一些什么样的关系呢？简要地说来，它们两者的关系可以形象地大体概括为：

1. 寄生虫和宿主的关系

即科学哲学必须寄生在科学上面，它离开了科学就无法生存与发展，从这个意义上，作为一名科学哲学家，就必须懂得科学，有较好的科学素养。如果一个科学哲学家自己不懂得科学，所谈的"科学方法论"只是隔靴搔痒，与科学实际上没有关系，那么，他所说的"科学哲学"或"科学方法论"就没有人听，至少科学家不愿意听。

2. 互为伙伴

就是说科学哲学与科学是互为朋友，相互帮助，相得益彰的。一方面，科学哲学的研究与发展要依赖于科学，但另一方面，科学哲学又能对科学的发展提供帮助。目前在国内，由于某种特殊的原因，哲学在知识界的"名声不好"，所以有许多科学家内心里贬低哲学，但这只是由于某种历史造成的误解所使然，许多人把哲学笼统地理解为那种特殊的"贫困的哲学"。实际上，哲学，特别是科学哲学，对于科学的发展是会提供许多看不见的重大帮助的。举例来说，爱因斯坦的科学研究就曾深深地得益于科学哲学的帮助。爱因斯坦一生都非常注重科学哲学的学习与研究。早在他年轻的时候，他就与几个年轻好友组织了一个小组，自命为"奥林匹亚科学院"。他们在那里一起讨论科学和哲学问题，特别是一起阅读科学哲学的书籍。在那个小组里，他们从康德、休艾尔到孔德、马赫甚至彭加勒的书都读。爱因斯坦建立相对论，与实证主义哲学对他的影响关系十分密切。爱因斯坦自己曾经高度评价了马赫的科学史和哲学方面的著作，认为"马赫曾以其历史的、批判的著作，对我们这一代自然科学家起过巨大的影响"，他坦然承认，他自己曾从马赫的著作中"受到过很大的启发"。他的朋友，著名的物理学家兼科学哲学家菲利普·弗兰克也曾经说："在狭义相对论中，同时性的定义就是基于马赫的下述要求：物理学中的每一个表述必须说出可观察量之间的关系。当爱因斯坦探求在什么样的条件下能使旋转的液体球面变成平面而创立引力理论时，也提出了同样的要求……马赫的这一要求是一个实证主义的要求，它对爱因斯坦有重大的启发价值。"20世纪伟大的美国科学史家霍尔顿也曾经指出，在相对论中，马赫的影响表现在两个方面。其一，爱因斯坦在他的相对论论文一开头就坚持，基本的物理学问题在做出认识论的分析之前是不能够理解清楚的，尤其是关于空间和时间概念的意义。其二，爱因斯坦确定了与我们的感觉有关的实在，即"事件"，而没有把实在放到超越感觉经验的地方。爱因斯坦一生都在关注哲学、思考哲学。他后来对马赫哲学进行扬弃，并且有分析地批判了马赫哲学，这都说明爱因斯坦在哲学的学习、研究与思考上有了新的升华。爱因斯坦曾经自豪地声称："与其说我是一名物理学家，毋宁说我是一名哲学家。"可见爱因斯坦一生深爱哲学，他的科学创造深深得益于他深邃的哲学思考。其他许多著名科学家也有这方面的深刻体验。

3．牛虻

科学哲学对于科学而言，不仅只是依赖于科学，它与科学互为朋友，而且科学哲学有时候又会反过来叮它一下，咬科学一口。科学家研究科学，但他所提出的理论却不一定是合乎科学的。例如，著名的德国生物学家杜里希提出了他的"新因德莱西理论"，他还自鸣得意，科学界最初也没有能对这种理论提出深中肯綮的批评。倒是科学哲学家卡尔纳普在一次讨论会上首先对这种理论进行了发难，指出这种理论根本不具有科学的性质，它只不过是一种形而上学理论罢了。一般不懂科学哲学的科学家很难做出这种深中肯綮的批评。又如，像前面所说的有的科学家动辄宣称我的实验观察证实了某个理论。这时，科学哲学家就可能站出来指责说：通过实验观察所获得的都是单称陈述，而理论则是全称陈述，你通过个别的或少数的单称陈述就宣称证实了某个理论，这种说法合理吗？科学哲学家会从逻辑上来反驳这种说法的合理性。科学哲学并不简单地跟在科学后面对科学唱颂歌，它对科学，对科学家的科学理论和科学活动，都会采取批判的态度。它可能从这个方面来推动科学前进。

然而，科学哲学和科学尽管有密切的联系，却又有原则的不同；科学哲学家的任务与科学家的任务有原则的不同，相应地科学哲学的研究活动与科学的研究活动也有原则的不同。具体地对某些自然现象做出科学解释，这是科学家的科学活动，但对科学解释的一般结构和逻辑做出认识论反思，这却是科学哲学的任务。具体地通过实验观察来检验某一种科学理论，这是科学家的科学活动，但思考科学理论究竟是怎样被检验的，进而一般地探讨科学理论的检验结构与检验逻辑，这却是科学哲学的课题。在具体的科学研究中选择某一种理论作为自己的研究纲领，这是科学家的科学活动，但对这些活动进行反思，思考一般地说来在科学研究中，应当怎样评价和选择理论；提出在相互竞争的科学理论中，评价科学理论的一般标准或评价模式，这就是科学哲学的任务了。这种界限还是比较清楚的。尽管许多科学家在进行科学活动的时候，不得不去探讨这些元科学问题，甚至提出某种元科学理论。但当他们这样做的时候，我们就说他作为科学家在进行哲学思考。这种思考本身不是科学研究，而是属于哲学方面的研究。一个科学家很可能同时是一个哲学家，正像有的哲学家当他介入具体的科学研究之中，去具体地创立某种科学理论或检验某种科学理论的时候，他就是在从事科学的研究并成为一个科学家一样。

通过以上说明，我们应当已大体说清楚科学哲学或科学方法论是什么，它们与科学的关系是什么了。

本丛书总共包括以下五个分册，分别是：

（1）《科学·非科学·伪科学：划界问题》。

（2）《论科学中观察与理论的关系》。

（3）《问题学之探究》。

（4）《科学理论的演变与科学革命》。

（5）《关于实在论的困惑与思考：何谓"真理"》。

以上这些内容大体上涵盖了 20 世纪以来科学哲学研究的主干问题。本丛书除了分析性地提供这些领域上的背景理论以外，也着重向读者提供了作者在这些领域上的研究成果，以供读者批评指正。作者的目的在于抛砖引玉，冀希于我国学者在科学哲学领域中做出更多的创造性成就。

前　　言

　　本分册可以说是本丛书中篇幅最大的一册。其篇幅之大是其他分册的
2～4倍，以至于其文字量竟占了全套丛书（共五册）的近40%。之所以
如此，是因为本分册所涉及的内容乃是科学哲学中最基本、最重要的，与
科学研究的实际关系最密切却又是科学工作者中对它们误解最多的东西。
正因为如此，故作者宁多费笔墨，对其中的重要问题尽可能做出详尽细致
和明晰的分析。

　　在科学方法论的理论中，长期以来存在着这样一种流传甚广的观念。
它认为，在科学中，理论只能在实验观察的基础上通过归纳得到，并且理
论的真假也只能在实验观察的基础上通过归纳方法来予以证明。这种观念
在科学中有着根深蒂固的长期传统。早在17世纪，近代科学的创始人牛
顿就清晰地阐明："在实验哲学中，我们必须把那些从各种现象中运用一
般归纳而导出的命题看作是完全正确的，或者非常接近于正确的"，"实
验科学只能从现象出发，并且只能用归纳从这些现象中推出一般命题"。
直至20世纪，著名科学家普朗克还在强调说，在物理学的研究中，"除
了归纳法以外，别无他法"。著名的数学家兼物理学家普恩凯莱也不容置
疑地指出："物理学的方法是建立在归纳法之上的。"沿着科学中有着如
此久远而牢固的传统，作为20世纪科学哲学中第一个开创性的学派，逻
辑实证主义对归纳主义的理论做了精细而现代化的探索与加工，用精确清
晰的语言，超越长久以来所谓"绝对真理与相对真理"的模糊而含混的
观念，利用逻辑和概率论数学的结合，提出"确证度函数"来计算一个
命题被经验证实为真的概率。自逻辑实证主义以来，传统的归纳主义观念
获得了空前的高度理论化的发展，在科学界和哲学界获得了空前强大的影
响力。概括起来，归纳主义理论有两个核心命题。这就是：①它强调，科
学的目标是真理，并且它正在向着真理前进；迄今的科学理论已表明它是
真理，或至少在一定的程度上（一定的概率意义上）已表明它是真理。
②任何一般规律的命题都只能在观察的基础上通过归纳得到，并且其真理

性要通过归纳来证明（或换一句话说，要通过实践来证明，并且只有通过实践才能被证明）。但仔细分析起来，这两个命题都是站不住脚的。为此，自20世纪30年代以来，又有许多重要的科学哲学学派或科学哲学家在对逻辑实证主义的批判性思考的基础上，把科学哲学推向了前进。

波普尔可以说是20世纪以来最为重要的科学哲学家了。他从逻辑上批驳了逻辑实证主义的基本观念，指出科学理论都是一些全称命题，它们是不可能从实验观察的基础上归纳出来的，理论不过是在实验观察的基础上通过创造性的想象而用来覆盖（解释和预言）经验的，因而理论归根结底是一种猜测，由于逻辑上的原因，理论不可能被经验证实而只可能被经验所证伪。因而波普尔在否定归纳主义方法论的同时提出了他著名的"猜测－试错"的方法论。往后，以美国科学哲学家库恩为代表的历史主义学派根据科学史的实际，否定了实验观察能够证伪理论的可能性。其指出，实验观察既不能证实也不能证伪任何理论，库恩提出了他的著名的规范变革理论。此后又有拉卡托斯的科学研究纲领方法论、以劳丹为代表的新历史主义理论以及以萨伽德为代表的计算的科学哲学理论等。但所有这些理论，虽然都极具启发性，都对科学哲学理论的发展做出了巨大的贡献，但也都存在着种种难以解决的困难。

举例来说，波普尔虽然批判了归纳主义，但他却走向了极端，绝对否认归纳的可能性，认为科学中不存在归纳。他强调："我的观点是：不存在什么归纳；我否认的是：在所谓的'归纳科学'里，存在着归纳。"此外，他虽然提出了科学发展是"猜测－试错"的过程，但"猜测"和"试错"能有方法可言吗？他却基本上沉默不语，尤其是对于前者。然而，在科学创造活动中如何"猜测－试错"？这在科学方法论上却实在有着十分重大的现实意义。又如，自历史主义和拉卡托斯的科学研究纲领方法论兴起以后，科学理论既不能被经验（实验观察）所证实也不能被经验所证伪，这个观念在国际科学哲学界获得了广泛的认同。因为这个观念有着深刻的历史、逻辑和认识论的强有力的根据，其最主要的根据就是在实验观察的背后是理论，相信实验观察所提供的信息，就是相信了实验观察（包括科学仪器）背后的一大堆理论和假定。所以，任何科学理论都是不可能被单一地检验的；要检验一个理论，必须以承认或接受另外的许许多多假定和理论为前提，而这些假定和理论本身是仍然需要接受经验检验的。科学家们在实际的研究工作中对此都会有深刻的体会，但往往又不得不承认实践是检验真理的唯一标准，并且是检验理论真理性的最终标准。然而，细想起来，承认观察的背后是理论，就势必承认实验观察既不能证实又不能证伪任何理论。那么，这又势必要问：既如此，实验观察在科学发展或科学研究中还能起到什么作用呢？在科学发展的历史过程中，科学家不都是通过实验观察来检验理论的吗？这就导致了一个十分困难的哲学问题。在这个问题上，不管是历史主义学派也好，拉卡托斯的科学研究纲领方法论也好，或者那些有影响的分析哲学家也好，几乎都陷进了某种不可自拔的泥潭之中。他们中的多数哲学家都从某个方面片面地否定了实验观察在科学发展中巨大的不可或缺的作用，以至于突出地强调了实验观察在科学研究中所谓的"证实"或"证伪"作用的任意性。如著名的美国分析哲学家蒯因在其著名的论文《经验论的两个教条》一文中，就做出过如下影响广泛的论断，一方面他指出，"我认为我们关于外在世界的陈述不是个别地，而是仅仅作为一个整体来面对感觉经验的法庭的"，另一方面他又极端夸张地否定科学中经验检验的意义及其任意性。他说："我曾极力主张可以通过对整个系统的各个可供选择的部分做任何可供选择的修改来适应一个顽强的经验"；他还说："如果这个看法是正确的，那么谈论一个个别陈述的经验内容……便会使人误入歧途。而且，要在其有效性视经验而定的综合陈述和不管发生什么情况都有效的分析陈述之间找到一条分界线，也就成为十分愚蠢的了。在任何情况下任何陈述都可以认为是真的，如果我们在系统的其他部分做出足够剧烈的调整的话，即使一个很靠近外围的陈述面对着顽强不屈的经验，也可以借口发生幻觉或者修改被称为逻辑规律的那一类的某些陈述而被认为是真的。反之，由于同样的原因，没有任何陈述是免受修改的。"所以，实验观察结果对于科学理论究竟说"是"还是"不"，具有很大的任意性，就看研究者的意愿了。由此，作为一个分析哲学家，蒯因竟然试图尽量抹杀科学与神学的界限，说"就认识论的立足点而言，物理对象和诸神只是程度上的、而非种类上的不同"。蒯因的这个观点，对部分主张非理性主义的科学哲学家，如费亚阿本德等起到了重大的影响，费亚阿本德甚至走到了把科学视作与神学、巫术没有本质区别的荒谬程度。而这种影响，不仅发生在那些主张非理性主义的科学哲学家那里，实际上，连举世公认的主张理性主义的科学哲学家也如此。例如，著名的英籍匈牙利科学哲学家拉卡托斯，他在他的科学研究纲领方法论中，也同样使科学检验活动失去了它的大部分意义，更不要说强调科学家应当设法对相关科学理论进行"严峻的"检验活动了。在他那里，科学中的经验检验活动的价值，所能留下的只是要为研究纲领找到新颖的认证证据，并且这种寻找新颖认证证据的活动甚至奇妙到了这种地步："如果研究工作者具有足够的动力，那么创造性的想象力就可能为哪怕'最可笑的'纲领找到新颖的认证证据……科学家凭空得出幻想，然后又高度选择性地猎取符合这些幻想的事实。这一过程可以说是'科学创造其自己的宇宙'的过程（只要记住这里是在一种刺激性的、特有的意义上使用'创造'这个词的）。一派杰出的学者（得到富有社会的支持以筹措几项计划周密的检验的资金）可能成功地推进任何幻想的纲领，或者相反，如果他们愿意的话，可能成功地推翻任何任意选出的'业经确立的知识'的支柱。"所以在蒯因和拉卡托斯那里，科学检验活动失去了它的真正的价值，它对科学理论的肯定或否定，只是随科学家的任意的意愿而定。然而，这种看来与科学实际相背离的荒唐结论，却是一种逻辑的必然结果。只要我们承认科学的目标是真理，理论的真理性要依据实验观察来检验，而实验观察的背后又是一大堆的理论和假定，那么我们就势必要得出以上的结论。所以，在国际上，蒯因和拉卡托斯的见解被哲学家普遍认为是具有深刻洞察力的非凡哲学见解而获得推颂。

这是一种困境。如何摆脱困境？这关涉一系列的相互纠结的重大问题。科学是否有目标可言？如果有目标，这目标是什么？如果如传统观念所言，科学的目标是真理，那就几乎摆脱不了前述困境；如果科学无目标可言，那就如库恩的理论，根本说明不了科学会有进步，并且是以如此明确的方式而进步。科学理论的检验究竟是怎样一回事？显然，要相信一种实验观察结果，就要相信与科学背景相关的一系列既有的理论和假说，包括对实验观察中初始条件和边界条件相关的各种假定。所以，对于任何一个清醒的科学家来说，对实验观察结果的信赖绝不比对理论的信赖更加容易；相反，对实验观察结果提出诘难也绝不会比对理论提出诘难的根据或理由更少。此外，有可能进一步弄清楚科学理论的检验结构和检验逻辑吗？有可能做出在一定条件下被认为是简单而结论明确的因而是易于被科学共同体公认的所谓"干净的实验"吗？它所应当满足的逻辑结构和条件是什么？实际上，当实验结果与理论相矛盾的时候，应当受到指责的未必一定是受检的理论，还可以指责实验结果，通过指责实验观察背后的理论和操作（操作背后所依据的也是相关理论或假说），就可以把指责的矛头指向实验观察；此外，还可以通过指责与初始条件和边界条件相关的其他辅助假说而使理论与实验观察结果的表面矛盾调和起来，甚至还可以通过增加一些必要的新的补充假说使之调和起来，等等。此类问题追究下去，还不得不涉及对科学假说或科学理论的评价问题。在相互竞争的各种假说和理论中，怎样评价或选择理论，甚至去创造出比任何既有理论更优的理论？这里可以有任何合理的可公共一致认可的模型吗？科学研究实际上是以问题为导向的。科学研究不但从问题开始，而且正是问题推动研究，指导研究，问题是科学研究的灵魂。但问题的实质是什么？科学问题与科学目标的关系是怎样的？科学中的问题有某种一般的结构和逻辑吗？能够有正确问题和错误问题、真问题和伪问题之分吗？如何判定正确问题和错误问题？如何判定真问题和伪问题？此外，科学进步过程中的一种引人注目的现象是科学革命。库恩曾经提出并讨论了常规科学和科学革命的区别。但在库恩那里，虽然他在其名著《科学革命的结构》一书的最后一章的大标题是"科学由于革命而进步"，但实际上，库恩的理论根本不能说清楚科学能够由于革命而进步。库恩自己也不得不承认这一点。但是，为什么科学能够由于革命而进步？科学革命的机制是怎样的？是什么样的机制而能够保证科学由于革命而获得飞跃的进步？最后，还不得不回答，就科学而言，"真理"究竟是什么？能够认为"真理"就是与实际存在的客观世界背后的"本质"相一致的认识吗？

　　这是一堆相互纠缠而难分难解的问题乱麻。几十年来，我这颗笨拙的脑袋始终被这堆问题乱麻所困惑和纠结。经过了 30 多年的艰难思考过程，我才大体理清了这些问题及其相互关系，通过对它们各个问题的分解和深入思考而建立起解决相关问题的基本模型和理论，并把思考的成果以论文或小册子的形式发表出去。直到 20 世纪 90 年代中，我已届耳顺之年，我才有了一种勇气，想对以往已解决的那些问题做一个整合，以解决我所认为的国际科学哲学界面临的难以逾越的困境，并着手写作《科学哲学——以问题为导向的科学方法论导论》一书（2009 年由中山大学出版社出版，读者的评论可参见亚马逊网等）。现在摆在读者面前的这套丛书，可以说是我最想写作的用以解决那堆乱麻似的难解之题的作品了。我希望本丛书的主要读者对象是科学家和理科博士生们；希望本丛书对科学家和理科博士生们在他们创造性的研究工作中会有半点或甚至一点助益，更希望他们通过对自己工作的切身体验而对我的作品做出深入的批评和指正。

因为通过科学家和理科博士生们结合他们自身的工作的思考而对我的理论提出批评才是我所最为需要的，也是科学哲学界最为需要的。我深深地知道，我的工作虽然花去了我的大半辈子甚至一辈子的精力，但它也一定只具有暂时性的意义。科学、哲学和任何学术性的理论，都必须在学术共同体内通过不断地自我挑剔、自我质疑和自我扬弃的过程，才能使之获得真正的发展，那种企图把某种既有理论凝固化，甚至提出对既有理论"只能坚持，不许反对"的口号，只能使这种理论失去生命力，甚至只能使它变成用以吓人的、使别人恐惧的僵尸。应当说，提出诸如此类的口号或观念，是彻底地反科学的。我作为一个科学哲学工作者，自觉坚持科学精神的底线，因而切实地希望读者对我的著作提出深入的批评和指正。愈是能较快速地有更好、更深入的理论来取代它，对于学科的发展而言，一定是更好、更令人愉快的事情。因为它意味着学科的发展和进步。

本丛书中的本分册，所涉及的是所说的这个相互纠结的问题堆中的一系列重大问题。其中：

第一章探索一个重大问题："科学理论是从实验观察的基础上归纳出来的吗？"这个问题的核心是著名的"归纳问题"。在本章中，我们批判了归纳主义观点，但我们不像波普尔那样，绝对地否定归纳。我们有分析地指出，对于科学理论和其中的"本质论规律"而言，归纳法在其中不起作用，误以为归纳法会在其中起重要作用，反而会束缚思维，阻碍发现。但是，对于"现象论规律"而言，则归纳能在其中起到"助发现"的作用，甚至某种检验准则的作用。我们有理有据地对此做出了明晰而详尽的分析。我们还进一步通过详细地分析而指明，在科学中以及在我们的认知过程中，何以会存在归纳？我们从进化认识论的角度上，肯定人有先天的认知结构，并以此为根据，对科学中以及人的认知结构中何以会存在归纳，做出了别具个人特色的自然主义的论证。本章的主要内容，作者曾于1986年所出版的《科学研究方法概论》一书中做过初步的、较详细的论证，该书于1995年获得了国家教委颁发的首届全国高校人文社会科学研究优秀成果奖二等奖，并于2002年获得全国自然辩证法研究优秀著作奖二等奖。

本书第二章阐述"理论的建构"。这实际上是一个有重要实际意义的理论问题。既然科学理论不可能在实验观察的基础上通过归纳得到，波普尔为此强调，科学理论实际上只不过是一种"猜测"，科学就是通过"猜测与试错"发展起来的。然而，对于在实际的科学探索中构建理论的"猜测与试错"活动，能有某种合理可行的启发性方法吗？波普尔对此基本上是沉默不语。本章中，笔者依据于科学史、科学家们的体验和自身的切身体会，讲了四方面的问题。它们分别是：①发现和发明的模式，直觉的作用。在其中，一方面根据于科学家们对自身工作的总结和心理学家的有关实验，分别阐述了科学发现和技术发明的不同模式；另一方面又突出地强调，无论在哪一种模式中，直觉都在其中发挥着不可或缺的十分关键的重要作用。由于篇幅的限制，笔者在这方面的工作，曾经把"发现与发明的模式"与"直觉的作用"暂时相对地切割开来，分别发表于不同的刊物。②"抽象与具体"方法之重构。这是作者自以为是一项十分重要的工作。笔者希望此项工作对科学工作者构建具有创新性的理论，能起到某种有益的启发性的作用。③类比与联想。类比与联想是在科学理论或模型的建构中经常起作用的方法。笔者的此项工作最初是将研究成果于1984年发表在国内著名刊物《哲学研究》之上，一年后，美国方面就把它全文翻译过去并刊登出来［Analogy and Association. Chinese Stadies in Philosophy. New York S. U. A. Summer（1985）］。④科学理论的建构与编故事。科学理论的建构需要虚构，编故事也需要虚构，但两者所虚构的东西不同。笔者根据科学的历史，详细深入地比较了两者的异同。作者希望此项工作对于科研工作者同样会起到某种有益的启发性作用。

　　第三章"科学理论与科学解释"。本书的前两章的主题主要是讨论科学中如何从观察到理论的"途径"，分析清楚从观察到理论虽然可以有某种启发性方法，但从观察到理论归根结底是没有逻辑通道的。而第三章则是讨论科学理论的功能，其中特别讨论了科学理论的解释和预言功能，这实际上是讨论从理论到观察的（由于理论的检验是十分复杂的问题，在另章讨论）问题。笔者通过对科学理论和科学解释（以及科学预言）的结构的讨论而指出，从理论到观察是可以有逻辑通道的。

　　本书第四章"实验与观察，观察渗透理论"。在本章中，主题是讨论观察与理论的相互关系，但主要是讨论科学理论的检验。在科学中，实验观察是用来检验理论的，但笔者又从各个方面强调了观察本身是渗透理论甚至是依赖于理论的。我们强调指出，在科学中，正是理论告诉我们应当观察什么，理论告诉我们应当通过什么样的方法和途径才能进行可靠的和有意义的观察，理论告诉我们观察到了什么，对于观察到的东西，能否对检验某种理论起到肯定或否定的作用，也还是需要通过理论来获得解释。笔者还进一步强调，在实验观察中，要提高观察的客观性和精密度，更要依据于理论。简单地和肤浅地认为实践（如实验和观察）能决定性地证实和证伪理论，这是一种十分肤浅和庸俗的观念，对科学的发展是十分有害的。笔者最后还从所创造的问题学的理论上，有理有据地说明了在科学中，事实的发现要依赖于理论的发明，新事实的发现是要以新理论的发明为前提的。

本书第五章"科学理论的检验结构与检验逻辑"。在本章中，笔者根据科学和科学史的实际，从形式上构建了只具有三个公式的具有普适性的科学理论的检验结构的模型，根据这个模型建立起科学理论的检验逻辑。文中指出，当观察结果与理论预言相一致时，并不能证明此理论为真，它仍然是可错的。这种"一致"了不起只是说明了现有的实验支持了被检验的理论。当实验观察与理论的预言相悖的时候，则从逻辑上指明应从四个方面进行考虑。实验中可以指责的东西实际上是很多的。为了做出在一定科学背景下，能够被科学界认为是"干净利索，结论可靠"的"干净的实验"，笔者从逻辑上构建了它的明细结构和必须满足的条件。但无论如何，实验的干净性总是相对的。因为它的背后不可避免地蕴含有大量的假说和理论。真正干净的实验是做不到的。该研究成果曾以《检验证据的价值与干净的实验》为题，发表在《中国社会科学》1998 年第 3 期上。该成果于 1999 年获得广东省第六次哲学社会科学研究优秀成果奖一等奖。该成果是该次颁奖（按规定）的全省哲学领域（含 8 个二级学科）中唯一一篇一等奖论文，并由时任广东省省长卢瑞华先生亲自颁奖。

本书第六章"科学的目标，科学进步的三要素目标模型"。这个问题可以说是科学哲学中真正的核心问题了。波普尔曾经把科学进步问题看作是科学哲学的中心问题，由于在科学进步的问题群中的关键又是科学理论的竞争与选择的问题，所以后来拉卡托斯又曾经强调科学理论的评价问题是科学哲学的核心问题。但真正地说起来，要谈论科学的进步和科学理论的评价问题，其背后的真正核心和关键的问题就是科学目标问题，离开了目标科学，就谈不清科学进步也谈不清科学理论的评价。然而，要弄清楚科学的目标却又是一个十分困难的问题，必须细致地考察和分析全部科学史，而且所说的科学目标应当是可检测的，而不能如波普尔所说的那样科学的目标是所谓的"真理"。我曾经在 20 世纪 80 年代就批判了波普尔所说的科学目标只是一种虚幻的目标，因为无论什么时候，我们都没有可能知晓我们的理论是否向"真理"接近了还是后退了（见《关于科学的虚幻的目标——兼评卡·波普尔对科学目标的常识观念的辩护》，载《中山大学学报》（社科版）1989 年第 2 期）。不久，我就在《中国社会科学》1990 年第 1 期上作为刊头文章发表了长篇论文《论科学进步的目标模型》。这篇文章获得了学术界的高度好评，中科院自然科学史所的资深研究员董光璧先生认为，我所提出的科学进步的三要素目标模型，是国际迄今为止所提出的最好的模型，而我所提出的科学目标模型也被多位学者在他们的学术专著中当作专题来予以研究和讨论。该文不久又被译成英文在该刊的英文版上全文发表 [On the Aim Mode of Scientific Progress. Social Sciences in China, 1991（4）]。我在该文中明确地提出，作为科学进步的可检测的目标，应是如下三项的合取，即：①科学理论与经验事实的匹配，它包括理论在解释和预言两方面与经验事实的匹配，而这种匹配又包括了质和量两方面的要求。②科学理论的统一性和逻辑简单性的要求。③科学在总体上的实用性。同年，我在"科学进步的目标模型"的基础上，在浙江人民出版社出版了专著《科学的进步与科学目标》，此书合理而融贯地解释了科学进步和理论评价等等多方面的困难问题。该书于1995 年获得了广东省高校首届人文社会科学研究优秀成果奖二等奖。

　　本书第七章"科学理论的评价"同样是一个科学哲学中的重要问题，拉卡托斯曾经把这个问题看作是科学哲学的核心问题。但在笔者看来，包括拉卡托斯在内的以往哲学家都没有解决好这个问题。关于这个问题，我把它与科学进步的三要素目标模型以及科学理论的检验模型等结合起来，为科学理论的评价建构了非常简洁的"三性评价模型"。即在相互竞争的诸理论中，理论的可接受性标准或择优的标准应是：理论应具有高度的可证伪性、高度的似真性和尽可能大的逻辑简单性。可证伪性是理论的信息丰度的量度，似真性则是理论与经验以及其他基础理论相匹配和融贯的程度，逻辑简单性则是指理论中作为逻辑出发点的初始命题的数量要少。把这些特征概括起来，可以说，科学中一个好的理论，应当"出于简单而归于深奥"。这里的所谓"简单"，是指理论的逻辑简单性，即理论中作为逻辑出发点的初始命题数量要少；这里所谓的"深奥"，是指理论的高度可证伪性和高度似真性，即一个信息内容丰富的高度可证伪的理论耐受严峻的检验，它的解释和预言能与广泛的经验事实相符合，也能与科学中其他基本原理和原则相较好地匹配和融贯，我们还在书中较详细地讨论了这"三性要求"的基本内容以及它们的相互关系。笔者这方面的研究成果早在 20 世纪 90 年代前就已经在哲学刊物上发表，而 1991 年由中科院和中国科协主办的刊物《科技导报》派出编辑部办公室副主任孙立明先生专程到广州来采访我，要求笔者为该刊写两篇相关内容的文章：①科学理论的检验；②科学理论的评价。他说："您的那些相关文章都是发表在哲学刊物上，科学家通常不看哲学刊物。现在是希望您对科学家们说说。"笔者按要求写成的这两篇文章，分别刊登在该刊的 1992 年第 2 期和第 10 期上，后来笔者所写的关于科学理论评价的文章《科学理论的竞争与选择》，还被收入到了由两院院长朱光亚和周光召主编的《中国科学技术文库》之中。该文库作为"九五"国家重点图书于 1998 年由科学技术文献出版社出版。从笔者对科学进步的三要素目标模型和科学理论的评价模型可以看出，笔者虽然批判了科学的目标是"真理"的观念，但从笔者的模型出发，却实在能够比现有的任何理论更合理地说明，科学在其发展过程中，科学理论应向着愈来愈协调、一致和融贯地解释（和预言）愈来愈广泛的经验事实，从而能愈来愈有效地指导实践。（这就是笔者所说的科学进步的三要素目标模型的概括说法。）

　　附带说一句，笔者建立的以上模型和理论，虽然是对科学而言的，但实际上对本人从事科学哲学研究也非常有用。笔者对自己的理论研究始终有三条要求：①理论必须与科学史和现实的科学研究中的经验事实相符合；②理论系统内部关于各种科学哲学问题的模型和理论必须是相互协调、一致和融贯的；③所构建的理论和模型，逻辑上必须是相对简单的，即作为理论出发点的初始命题的数量要尽可能地少。但应当说明，虽然在研究中有如此明确的目标，但由于水平有限，实际做出来的却未必真好。尤其是笔者做的关于科学革命机制的模型（见本丛书第四分册），由于它所涉及的情况实在太复杂，从中所要做出的结论实在太多，所以虽然在工作中把研究对象尽量予以抽象和简化，但为了能合理而恰当地解释需要解释的许多问题，终于建构了一种包含有一个正反馈机制和一个负反馈机制的闭环系统图（模型图）。这个系统，虽然能较好地解释与科学革命机制相关的许多问题，但从理论的逻辑简单性的要求来看，确实仍然不能令人满意。如果笔者还年轻，一定会对它做进一步的改进。

　　虽然做了以上工作，但笔者知道，笔者的工作一定还有一言难尽的更多的缺陷。笔者于 2013 年在同东南大学科学哲学专业的博士生们以及他们的导师座谈时，就谈到过笔者从事科学哲学的体会。这些体会就是四句话：出身不好，知识不足，生不逢时，艰苦奋斗。笔者既不是出身于理科，也不是出身于哲学，而是出身于工科，尽管名义上前后学了 8 年工科，但仅以工科的那些数理功底，要想从事科学哲学研究，实在是远远不够的。尽管笔者努力地补课，但根本补不过来；所以深感各方面的知识不足，理科知识不足，哲学功底不足，外语功底不足，社会科学知识也不足，连为了研究科学哲学所必须要具备的数理逻辑、科学史、语言哲学、分析哲学等等方面的知识功底也不足。因为没有先生教，完全靠自学，一下子难以补起来。此外还有其他多方面的知识不足。所有这些，都不是一点点不足，而是严重地不足。考虑到工作中的缺陷以及年龄的原因，笔者真希望有更坚实的现代自然科学功底和哲学功底的年轻人来把我国的哲学，尤其是科学哲学搞起来。

当前，我国正面临着改革发展的巨大任务，切实地需要好的哲学来启发我们合理地思考。但就目前的状况而言，我们国家确确实实仍然面临着"哲学的贫困"和被"贫困的哲学"所误导这种尴尬的境况。就我国何以会陷入"哲学的贫困"和被"贫困的哲学"所误导这种尴尬的境况，笔者认为这既有文化上的根源，也有体制上的根源。我们实在需要从中汲取教训。想要详细讨论这个问题，需要花费许多笔墨，但择其要者而言之，在此简要指出如下几点：①长期以来，我国某些部门强调所谓的"哲学具有阶级性"，禁绝对哲学的任何自由研究，是造成新中国成立以后中国"哲学的贫困"的最大原因；②长期以来，某些部门强调哲学和社会科学（包括历史学等等）的研究必须为政治服务，其结果是诱导甚至强迫这些学科的研究者之所为，不再是追求学问，而只是为所谓的政治需要制造工具。在这种体制的引导之下，使新中国成立后产生出来的许多所谓"理论家"，他们所真正关注的不再是"学"，而是怎样投"王者"之所好的"术"。这使得新中国成立后的哲学和社会科学的研究，很大程度上失去了探索学问的性质，从而使失去了竞争对手因而处于"主导"地位的官方哲学无从获得正常的发展，遂逐渐偏离正常的学术路向而沦为马克思所批评过的某种"贫困的哲学"。除了以上两点，当然还有中国传统文化上的不良影响。其中，包括中国传统文化中哲学历来比较弱势，缺少逻辑和精细思维以及清晰表达的传统。此外，在中国的传统文化中，所谓"知识分子"或"学者",从主流上看,从来都缺少以"独立之精神,自由之思想",把潜心于探究知识作为价值追求的理想;相反,常常以"依附于王者"作为自己毕生追求的目标,所谓"学而优则仕"即是。"仕"者,依附于王者也者。这些都是教训。迄今我们还在吞咽着由此造成的不堪咀嚼的苦果。笔者真希望我国的知识分子汲取教训,使我国能摆脱"哲学贫困"的局面。我相信,一个国家或民族,若长期不能摆脱"哲学贫困"的局面,它就将是没有希望的。

笔者曾经著文批判过某种庸俗哲学。但在本丛书的本分册中,我们将花费主要笔墨详细而深入地从正面阐明科学中观察与理论的复杂关系,而对于那种坑害人的庸俗哲学我们则只是稍作附带的批判。因为一方面,那种庸俗哲学不值得我们花费太多的笔墨,枉然占去书中太多的可贵的篇幅;另一方面,如果读者能深入地全面地理解科学中观察与理论的真实关系,那么对于那种庸俗哲学的庸俗性,就无须多言就心中自明了。

最后,附带说一句,希望读者阅读本书"前言"的时候,能够与本书的内容及其附录"我从事科学哲学的一些体会"对照着看,尽管其中难免有稍许重复,但也许就能从中读出我那"满纸荒唐言,一把辛酸泪"(曹雪芹语)的苦涩味儿来。

目　　录

第一章 科学理论是从实验观察的基础上归纳出来的吗：归纳问题

第一节 科学中的归纳主义与庸俗哲学的根源

自近代科学产生以来，科学中就产生出一种强烈的归纳主义传统。所谓的归纳主义，就是同时强调并主张如下两种观念：一方面它肯定已知的某些科学理论、原理、规律是真理，甚至说它们是千真万确的、不可移易的真理，或者至少说它们在一定程度上（一定的概率意义上）已经表明是真理；另一方面它又强调，科学中的一般规律或理论只能在观察的基础上通过归纳得到，或者其真理性要通过归纳来证明。从牛顿以来直到19世纪以前，这种归纳主义观念虽然曾受到少数思想深刻的哲学家的诘难，但它在这两三百年间可以说基本上是畅行无阻地被后辈所传承和张扬。牛顿就很有代表性地表述过这种归纳主义的主张。他说："在实验哲学中，我们必须把那些从各种现象中运用一般归纳而导出的命题看作是完全正确的，或者非常接近于正确的"[1]；"实验科学只能从现象出发，并且只能用归纳从这些现象中推出一般命题"[2]。后来，到19世纪，这种归纳主义观念通过哲学家缪勒等人的深入发掘和鼓吹而愈演愈烈。缪勒曾经详尽地研究了所谓的"归纳逻辑"，并对归纳法的发展做出了重大的贡献，但与此同时，他也更加片面地强调归纳的作用而贬低演绎。缪勒甚至说："归纳法也是所有推理的基础，而每一项演绎（每一个三段论）只是归纳推理的次要的变形。"直到20世纪初，量子论的创立者、著名科学家普朗克还在强调说，在物理学的研究中，"除了归纳法以外，别无他法"。甚至

---

[1] 塞耶：《牛顿自然科学哲学著作选》，上海人民出版社1974年版，第6页。
[2] 牛顿给奥尔登堡的信。见塞耶《牛顿自然科学哲学著作选》，上海人民出版社1974年版，第8页。

著名的数学家兼物理学家彭加勒也说："物理学的方法是建立在归纳法之上的。"①

但是，应当指出，科学中的这种归纳主义倾向尽管大有毛病，却不能说它是庸俗的。实际上它在近代实验科学的发展中曾经起过积极的作用，而且，它在发展的过程中，是不断地追求着精细思维的。且不说从弗朗西斯·培根、牛顿一直到 19 世纪的过程中，它不断地被归纳主义的拥护者们做精细的加工，在科学的发展中起过积极的作用，即使到 20 世纪以后，它也曾经在科学和哲学的发展中起过积极的甚至引领的作用。特别是逻辑实证主义哲学，在他们的理论中使用较精确的语言，建立起较精细的归纳逻辑，并且把数理逻辑和概率论数学结合起来，寻求一个命题被经验证实为真的概率（"确证度函数"）等等。他们曾创建了 20 世纪科学哲学中的第一个主流学派。在今天看来，尽管他们的哲学大有毛病，但他们却确实曾经在哲学中树起过丰碑。他们与我们所要批判的仅仅停留在肤浅的常识观念的庸俗哲学完全是不可同日而语的。

我们想要予以批判的某种庸俗哲学却实在是一种模模糊糊的"忽悠哲学"，它强调实践是检验真理的唯一标准，但"实践"是什么？它用模糊概念来忽悠人。逻辑实证主义实际上是强调科学理论必须要经受实践检验的，他们不但主张要通过实践来检验出一个理论的真假，而且还建立一套"归纳概率逻辑"，企图来求出一个受检理论在被经验检验以后其可判定为真的概率。但他们作为学者，至少不愿意用模糊概念来忽悠人。他们知道，科学理论是用语言来表达的，而科学检验活动（科学实验观察活动）中的观察活动至少包括感知和陈述这些不同的环节和形式。感知是非语言的，因而是私人的，不可以在人际间进行交流。只有当观察者把他的私人感知用语言表述出来，成为观察陈述，才可以在人际间进行交流并相互核验。在他们看来，科学理论正是通过观察陈述来检验的。所以，他们强调"语言只有通过语言才能被证明"。但他们决不停留在这一步。他们中的许多人还进一步追问，观察陈述就一定是真的吗？例如我看到桌子上放着一杯无色透明的液体，我做出观察陈述说："桌子上放着一杯水。"请问，这样的观察结论一定是真的吗？他们得出的结论是："这样的观察陈述还是可错的，它们还需要进一步被检验。因为无色透明的液体并

---

① 彭加勒：《科学与假设》，商务印书馆 2006 年版。

不一定是水。"那么，能够对理论起最终的检验作用的又是什么呢？他们一直把它追索到"记录语句"，才稍作停息。虽然他们这样做仍然是大有问题的，但不得不说，他们的思考是深入的。他们都不是思想上的懒汉。

而在我国被权威部门高举因而居于统治地位的庸俗哲学呢？他们曾经稍稍做过诸如此类的深入思考吗？他们思考过离开语言的任何非语言的感性活动真的能检验理论吗？如何检验呢？语言与感知的关系是怎样的？感知（感觉、知觉）与世界的关系是怎样的？语言和世界以及任何实践的感性活动的关系是怎样的？理论是普遍陈述，实践的感性活动以及相应地可获得的观察陈述则是单称陈述。单称陈述（即使是许多单称陈述）能够证实任何一个普遍陈述吗？如何去证实呢？所有这些，我们的官方哲学家大概连思考都没有思考过它们。因此，他们才敢于大胆地说出"实践是检验真理的唯一标准"这样的话来。这真可谓是"因无知而无畏"。实际上，这种庸俗哲学只是从传统的归纳主义那里切割了最蹩脚的一句话扩展而来的，那就是"理论的真理性要通过归纳来证明"。归纳主义者强调：科学理论都是普遍陈述，并且这些科学理论通过大量的实验观察检验以后已经表明是真理，或者至少已在很大程度上（很大的概率意义上）表明是真理。但从实验观察中获得的都是单称陈述，普遍陈述怎么能够通过单称陈述而获得证明呢？他们认为，这就是依靠归纳而获得证明的。于是他们就去探索归纳的根据，以至于去创建出所谓的归纳逻辑，虽然他们最终都无法避免与简单枚举相联系的归纳问题的困境。而我们所指的庸俗哲学则只是笼统地说实践或"大量实践"能证实真理，最后，他们能端出来的只能是赤裸裸的最肤浅的简单枚举。例如，某位大人物于1991年7月1日的讲话中，通过列举历史上戊戌变法、辛亥革命以及第三条道路都失败了，就做出结论，只有共产党才能救中国，只有社会主义才能救中国。我们且不去讨论他的结论如何，但仅就他论证的"逻辑"而言，却实在让人不敢苟同。这里所使用的"逻辑"就是"实践是检验真理的唯一标准"这种庸俗哲学的逻辑，具体说来，就是试图通过简单枚举实践事例来"证明真理"的蹩脚逻辑。但这样的蹩脚逻辑却还是不断地有人重复。最近我们又看到报道，某权威者强调：中国在辛亥革命以后君主立宪制、议会制、多党制、总统制都试过了，都不成功。这表明多党制、议会制在中国行不通。所以中国决不走多党制、议会制的道路。这话不新鲜，某些既得利益者早就说过。但这"逻辑"在哪里？科学家做实验做了一次不成功，甚至十次、一百次不成功，就表明它不能成功？说穿了，这种庸俗哲学的背后是庸俗的实用主义（我不是指杜威、詹姆斯的实用主义，它不庸俗），这就是：我想要的，失败了再奋斗，十次、一百次都不罢休，这叫作意志坚定，前赴后继；我不想要的，只要人家有一次失败，就裁定此路不通，坚决不能走。前者是夺取政权，失败了多少次？后者是曾经高喊过的口号，实现真民主，还政于民。未做，就说走不通。这典型地表明了，这种庸俗哲学怎样能够被霸道者所玩用，以便轻而易举地拿起它来为他们的政治利益服务。但问题还不仅于此，问题的严重性还在于，像这样的庸俗哲学，还在中国培养出了一大批庸者，以至于像这种论证方式还能大量地出现在我国社会科学领域的学术论文中。客观地说来，几十年来，我国科学，尤其是社会科学落后于世界水平，与这种庸俗哲学的影响不无关系。我国的科学，尤其是社会科学，如果不能摆脱这种庸俗哲学的"方法论"的影响，其发展大概是难有大进步的。让人哭笑不得的是，尽管这些先生们口口声声自称是马克思主义者，但他们往往竟然不知道，他们所"坚持"的庸俗哲学，离 100 多年前的马克思主义的创始人的思考，不但没有前进，而且还退步了不止有几千里。他们只是思想上的懒汉，以为只要宣称自己坚持的是马克思主义，他们就有了理论上的正当性和权威性。然而可惜的是，他们在哲学上，比生活在 100 多年前的马克思主义的创始人的思考，甚至还完全不在一个水平上。早在 100 多年前，生活在19 世纪的恩格斯就已经敏锐地对归纳主义进行了批判。他早在 19 世纪 70 年代以后所写的关于《自然辩证法》的札记中，就已经尖锐地批判了归纳主义，他甚至有点大不敬地指责牛顿是"归纳法的驴子"①。恩格斯指出："单凭观察所得的经验，是绝不可能充分证明必然性的。"② 恩格斯是努力想冲破归纳主义对思维的束缚的。当然，由于时代的局限性，他对归纳主义的冲击虽然强烈，但实际上仍然没有冲破归纳主义框架。就在我们上面所引证的"单凭观察所得的经验，是绝不可能证明必然性的"这句话后面，他写道："但必然性的证明是在人类活动中，在实验中，在劳动中：如果我能够造成 post hoc（在这以后），那么它便和 propter hoc（由于

---

① 恩格斯：《自然辩证法》（第 1 版），人民出版社 1984 年版，第 66 页。
② 恩格斯：《自然辩证法》（第 1 版），人民出版社 1984 年版，第 99 页。

这）等同了。"他的意思是说，如果我们能造成现象之间的一定的顺序，那么这就等于证明了它们之间的必然的因果联系了。他在这里所指的必然性的因果联系，是指规律，因而涉及普遍陈述。但在这段话里，他仍然没有弄清楚单称陈述如何能够证明普遍陈述的问题，就是说，他虽然尖锐地批判了归纳主义，但仍然没有摆脱归纳主义的要害问题。退一步说，恩格斯的这种说法，充其量也只对现象论规律可以起到不彻底的部分解释（我们在本书中后面会涉及），而对探究"现象背后的"原因而言，就会是无效的，往往会存在许多反例。举例来说，就在 19 世纪末，也就是恩格斯所生活的那个年代。那时科学界对人们称之为产乳热的这种乳牛疾病的性质和原因还一无所知。由于没有有效的治疗方法，很多宝贵的乳牛因此死亡。当时丹麦兽医斯密特提出了一种假说，认为这种疾病是一种自身中毒现象，由乳腺中"初乳小体和变性的旧上皮细胞"的吸收作用所造成。因此，抱着"制止初乳形成以及麻痹现存毒素"的目的，斯密特为病牛乳腺注射碘化钾溶液。起初，他说在手术过程中少量空气进入乳腺是有益的，因为能帮助游离碘释出。试验结果，这种治疗方法非常成功。就是说他能够造成 post hoc 了，但由此就能认为和 propter hoc 等同了吗？非也。后来，施密特把注射液体的同时注进大量的空气看作这种治疗的重要组成部分，理由是空气能把溶液推到乳腺各部。这种治疗方法又是十分成功并被广泛采用。但不久以后，人们发现只注射空气也同样有效。直到科学中阐明产乳热的生化过程以前，以施密特的错误假说为依据的治疗方法却普遍获得成功。但是，由此我们能够像恩格斯所认为的那样，"如果我能够造成 post hoc（在这以后），那么它便和 propter hoc（由于这）等同了"吗？这里仍然是一个十分基本的逻辑问题。一个理论或假说蕴涵着一个结论，并不能由于结论为真而断定理论或假说为真。这在逻辑上本来是十分简单的道理，一个蕴涵式是不可能通过肯定后件而肯定其前件的。因为从逻辑上说，一个错误的假说也是可能做出正确预言的，科学中的实际情况也表明如此。所以，科学理论的检验问题是不可能如恩格斯所言的那样解决的。但不管怎样，恩格斯是在思考着，他的这种思考，包括对归纳主义的批判，还是有一定深度的，而且恩格斯的那些思考结论还只是写在他未曾发表的仅供他自己做进一步思考的简单笔记之中，恩格斯并不认为他的那些笔记已经成熟到了可以发表的程度。所以恩格斯称得上是一个思想家。这与庸俗哲学的思想懒惰症患者仍然是有巨大差别的。

从学术上说，这种庸俗哲学并不值得我们花费太多的笔墨。为了较深入地讨论科学中观察与理论的关系问题，其中包括科学理论的结构、科学理论的建构、科学理论的检验和科学理论的评价等问题，我们更愿意花费较多的笔墨去认真地讨论科学中的归纳主义以及与此相联系的"归纳问题"。为此，暂且让我们先分析性地从何谓归纳谈起。

第二节　何谓归纳，归纳和演绎

是否有可能进行归纳？关于归纳方法本身引起的问题，我们暂且按下不谈。在传统的逻辑学中，归纳与演绎通常被认为是理性思维中的两种主要的推理方法。由此认为，在科学研究中，我们为了取得对自然界的真知，我们始终都离不开归纳和演绎。

通常认为，归纳和演绎涉及一般和特殊的关系问题。早在古希腊时代，亚里士多德就曾描述过他所认为的人类认识自然的一般程序，即首先从特殊的事物和现象出发，通过归纳而达到普遍原理；然后再以普遍原理为前提，通过演绎而得出关于特殊事物和现象的结论。亚里士多德所认为的认识程序见图 1-1。

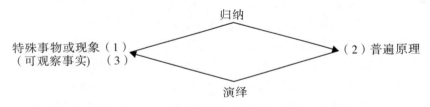

图 1-1　亚里士多德论归纳与演绎的知识结构图

亚里士多德早在 2400 年多前就说出了这些观念，实属难得。他还认为，归纳法有两种，一种就是后世所承袭的枚举归纳法，另一种则是他所说的直觉归纳法。但自中世纪直至近代，后一种"归纳法"很少被人研究，而且不再把它认作归纳法。

然而，虽然归纳法和演绎法涉及个别（特殊）与一般的关系，但是我们不能把凡是涉及个别（特殊）与一般的关系的思维方法都归结为归纳法和演绎法。除此以外，通常还存在着一种非常流行的观念，即认为归纳法是从个别（特殊）导出一般的推理方法，而演绎法则是从一般导出个别（特殊）的推理方法。实际上，这种观念是很成问题的。为此，我们不得不简要地讨论一下演绎法和归纳法，然后进一步说明何谓归纳。

一、演绎法

把演绎法仅仅归结为从一般到个别（特殊）的推理，是一种过于偏狭因而实质上是错误的理解。因为数学中的许多推理，虽然是演绎的，却并不是从一般推出个别或特殊的推理。举例来说，例如：

A＝B，B＝C，则 A＝C

A＞B，B＞C，则 A＞C

A＜B，B＜C，则 A＜C

等等。像这样一类推理（通常称为传递推理），虽然是演绎推理，却不是从一般到个别或特殊的推理。在这里，前提和结论在一般性程度上是没有区别的；它们是从具有一定程度的一般性命题推出具有同等程度的一般性命题的推理。虽然有许多人认为，这种传递推理仍然可以从"曲全公理"推出，所以仍然可以被归结为从一般到特殊的推理。所谓"曲全公理"，就是"凡通例所具有的性质，特例也必具有；通例所没有的性质，特例也必没有"。但是，正如我国已去世的著名数理逻辑学家莫绍揆先生所指出，这类传递推理实质上是不可能由曲全公理推出的，因而当然也就不能归结为从一般到特殊的推理。进一步来说，大家知道，在现代数学和数理逻辑学中，可以存在相互等价的不同的公理系统。某命题 A 和 B 在甲这个公理系统中是作为一切推理的初始命题（公理）而存在的，由 A 和 B 而演绎地推演出另一些命题 C 和 D；然而在另一个乙公理系统中，我们却可以把命题 C 和 D 作为一切推理的初始命题（公理），由此演绎地推演出命题 A 和 B。既然命题 A、B 和命题 C、D 在不同的公理系统中可以相互推出，怎么可以认为这种演绎推理是从一般到特殊或个别的推理呢？如果这种结论竟然成立，那么命题 A、B 和命题 C、D 究竟哪一个更一般些，哪一个更特殊些呢？由此必然要导致矛盾的结论。

断言演绎法是从一般到个别（特殊）的推理方法，只有对于传统的亚里士多德的逻辑来说才是适用的。在传统的亚里士多德逻辑中，所研究的只是四种语句（命题）：

全称肯定 A，即 Asp：所有的 S 均为 P；

全称否定 E，即 Esp：所有的 S 均非 P；

特称肯定 I，即 Isp：有的 S 为 P；

特称否定 O，即 Osp：有的 S 非 P。

其推理形式也只有三段论。这种三段论式，虽然有种种不同的格，但其总根据就是"曲全公理"，所以它们的共同特点都只能是从一般性较大的前提中推出一般性较小的结论，即它们都是从一般到特殊或个别的推理。例如：

所有有理数都是实数。

所有自然数都是有理数。

∴　所有自然数都是实数。

所有金属都导电。

铜是金属。

∴　铜导电。

这些推理可以按形式逻辑的一般公式表达为：

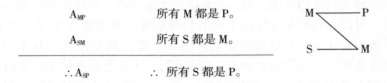

A_{MP}　　　　所有 M 都是 P。

A_{SM}　　　　所有 S 都是 M。

∴A_{SP}　　　　∴ 所有 S 都是 P。

这就是三段论的第一格第一式，即 AAA 式。

然而，演绎法不能仅仅归结为亚里士多德逻辑中的三段论。这种三段论在科学中的应用及其作用都是十分有限的。现代逻辑学，特别是数理逻辑的发展，早就使演绎方法突破了三段论的局限，获得了重大的发展。

演绎法的一个基本特点是：如果其前提正确，推理正确，那么其导出的结论一定是正确的。但是，单靠逻辑演绎本身并不能保证结论的正确性，因为前提是否正确并不是演绎法本身所能解决的问题。且看两个例子：

所有的鱼都是卵生的。

鲸鱼是鱼。

∴　鲸鱼是卵生的。

所有的物体都热胀冷缩。

我把这块冰加热。

∴　这块冰将会增加它的体积。

　　显然，这里的两个结论都是错的。因为事实上鲸鱼是胎生的，冰块在受热融解时体积将会缩小。然而，从逻辑上说，上述两例都是完全正确的演绎推理。演绎方法本身并不过问它的前提是否正确。如果前提是错误的（如上述两例中，"鲸鱼是鱼"，"所有的物体都热胀冷缩"，都是错的），那么即使正确的演绎也并不能保证我们推得正确的结论。演绎所涉及的只是从其他已知的陈述中进行逻辑变换而获得新的陈述（结论）。演绎的另一个特点是逻辑实证论学派的许多人物曾一再强调的，即它实质上并不能使我们增长新的知识。因为从它所得出的结论实际上已经默默地蕴涵在它的前提之中了。我们试分析一下前面所说过的例子：

所有的金属都导电。

铜是金属。

∴　铜导电。

在这里，结论"铜导电"实际上并不是新知识。因为如果我们已经确知所有的金属都导电，那么必然已经知道各种各样的金属，其中包括铜都是导电的。在演绎中，无非是把已经蕴涵在前提中的知识明确地揭示出来罢了。

　　然而，尽管如此，演绎法在科学中仍然起着极为重大的作用。

　　首先，它是科学阐述的主要方式，特别是在数学和各门理论自然科学中，它们的基本阐述方式就是演绎法。一部欧几里得几何学，就在 11 条公理和 23 个定义的基础上，运用演绎法推导出了一整套几何定理，建立了它的严密的阐述（包括逻辑证明）的体系。事实上，在自然科学中，例如在牛顿力学中，也是如此。它以牛顿三定律和万有引力定律以及其他一些基本概念的定义为前提，运用演绎法推导出了整个牛顿力学体系。至于在 18、19 世纪，经过拉普拉斯、拉格朗日以及哈密尔顿等人的改造和发展了的"理论力学"体系，则更是建立起了一个准公理化的力学体系。在这些体系中，最初曾经是各个孤立地由经验发现的一些自然规律，如伽利略落体定律、机械能守恒定律、动量守恒定律、角动量守恒定律等等，在新的阐述体系中都是用演绎法从已知的前提中推导出来的。现代数学、逻辑学以及自然科学中的所谓公理化方法，就是一种高度发展了的演绎方法。

其次，演绎法也是验证理论的过程中不可或缺的手段。我们且不说数学和逻辑中的定理的证明是依靠演绎，即使在自然科学理论的检验过程中也同样不能离开演绎。理想实验的方法固然依靠演绎方法，即使以所谓的经验方法——观察和实验来检验理论，也一点也不能离开演绎方法的运用。科学理论的检验过程本质上是一个逻辑（演绎）与经验相结合的过程。必须首先从理论中推演出尽可能多的可观察预言，然后才可能通过实验和观察，使理论的预言与经验相对照，获得某种检验效果。

再次，通过演绎法还可能发现新的自然规律并有助于提出新的概念。我们在前面虽然说过，演绎法实质上并不能使我们增长新的知识，因为从它所得到的结论事前已经默默地蕴涵在它的前提之中了。但这并不等于说，演绎法不能导致新的发现。贝弗里奇在其《科学研究的艺术》一书中，过于贬低了逻辑演绎在科学发现中的作用。他说："由于演绎法是将一般原理推广应用于其他事例，就不可能导出新的概括，因而也不可能在科学上作出较大的进展。"他甚至引用著名数学家彭加勒的话来加强他的观念。彭加勒说："逻辑与发现、发明没有关系。"如此地断言逻辑演绎与发现、发明没有关系，这当然是十分片面的。事实上，逻辑演绎不但有助于发现，而且借助于经验还能导致发现科学中新的概念和定律。演绎法本身虽然只涉及命题之间的逻辑变换，其所得结论都是前提中所蕴涵了的东西。但是，演绎法通过把前提中所蕴含的、然而未被人们所觉悟的知识明朗地揭示出来，它实质上就能导致新的科学概念和规律的发现。举例来说，关于"抛物线"的概念，我们今天都知道抛物线是由某种二次方程

$y^2 = 2px$ 所描述的轨迹。像由 $y^2 = 2px$ 这种二次方程所描绘的曲线作为一种圆锥曲线，早在古希腊时代就被研究了，但当时它并没有取得"抛物线"这个名称以及与这个名称相应的物理意义。"抛物线"这个名称具有经验内容。但这样的抛物线概念是不可能仅仅由经验发现的。相反，在伽利略之前，在历史上由经验归纳的投射体的轨迹往往是不规则的曲线和折线。如图 1 - 2 所示。

图 1 - 2　伽利略以前科学家们从经验所概括出来的"抛物线"

但到了伽利略，他已经抽象出投射体运动只受两个因素（按一定初速的惯性运动和地心引力作用下的垂直等加速运动）的影响，然后他从这些已知的前提出发，通过数学演绎的方法得到一个自然规律的具体理解，即投射体运动都遵循从数学导出的投射体轨迹方程。由投射体轨迹方程，通过进一步的抽象，就可以获得抛物线的精确概念。这里，投射体轨迹方程所显示的科学定律和"抛物线"概念，都是从已知的前提中演绎出来的，或者是在演绎的启示下借助于经验而发明出来的。演绎的结论，虽然它们本身已经隐含在已知的前提之中，但能通过演绎把这些隐含着的知识明朗地、清楚地揭示出来，形成新的概念和科学定律，不能不说这仍然是科学中的重大发现。爱因斯坦曾反复强调："我坚信，我们能够用纯粹数学的构造来发现概念以及把这些概念联系起来的定律，这些概念和定律是理解自然现象的钥匙。"[①]　在爱因斯坦看来，通过演绎，特别是数学演绎，能够发现科学概念和定律这似乎是毫无疑问的。因为例如在狭义相对论中，甚至像质能守恒定律 $E = mc^2$ 也是从前提中导出的，而当导出它来的时候，并没有多少实验观察事实可以作为进行概括的依据。实际上，爱因斯坦的思想比上述实例所表明的明显事实走得更远。因为上述理论中那些定律或数学方程的提出，毕竟还有某种经验事实的提示。而在广义相

---

① 爱因斯坦：《爱因斯坦文集》（第一卷），商务印书馆 1977 年版，第 316 页。

对论的研究中，爱因斯坦利用物理几何化和广义协变性原理解决了引力理论以后，他甚至认为即使没有经验事实的提示，也能由纯粹数学的构造来发现概念和定律。不管爱因斯坦更深入一层的意思是否正确，但依靠演绎能够发现科学定律并有助于创造新概念的思想，却无疑是正确的。

二、归纳法

关于归纳法，我们暂且只从传统观念的意义上加以阐述，然后再在下一节就这些观念引发的问题进行讨论。按照这种传统观念，所谓归纳法，就是关于归纳推理的方法；而所谓归纳推理，就是从个别、特殊中导出一般的推理，也就是从个别的或者只具有一定程度一般性的知识中导出一般的或者一般性程度更大的知识的推理。

通常认为，归纳法有两种：完全归纳法和不完全归纳法。

(一) 完全归纳法

完全归纳法就是先研究并陈述出某一类事物中所有的各个对象（或其子类）都具有某种属性，然后据此进行归纳推理，得出所有此类对象都具有这一属性。

例如，我们这个班上共有50名研究生，我事先对这50名研究生逐个地而且一个不漏地进行了考察，证明他们每一个人都是中国人，然后，我就推理说，这个班上的所有研究生都是中国人。

这就是完全归纳法。它从个别到一般，进行归纳的根据是考察了某类事物中的全体对象，所以是完全归纳。

这种完全归纳法必须满足两个条件：①必须确实地知道所研究的那类对象的数量；②必须考察完所有的对象，并确认所概括的那个属性（例如前例中所说的"中国人"）是该类事物中每一对象所固有的。若不满足此二条件，就不能作完全归纳。

在满足上述条件的情况下，这种所谓归纳推理（完全归纳推理）实质上只是命题的逻辑变换，从它所得的结论是早已蕴涵在它的前提之中了的；这种"归纳"，并不能使我们获得新的知识。实际上，这种归纳，只是一种演绎的变形，并且完全是现代意义下的演绎逻辑所能包容的。因此，正如许多逻辑学家所指出，这种"完全归纳法"实际上并不是归纳法，而是演绎法。严格意义上的"归纳法"，是不包括这种完全归纳法在内的。

这种所谓"完全归纳法"在运用的范围上有很大的局限性。它往往只是适用于下列两种情况：①只适用于其对象是有限的而且数目不太大的那一类事物的"归纳"。如果数目太大或数量无限，实际上就不可能或难于运用这种"完全归纳法"。②在科学思维中，通常在复合证明中使用完全归纳法。复合证明，特别在数学中是经常使用的。

例如，若要证明"所有的圆锥曲线都是二次曲线"，我们首先将证明：圆锥曲线只可能有圆、椭圆、双曲线、抛物线四种。然后我们就分别考察并证明：圆是二次曲线；椭圆是二次曲线；双曲线是二次曲线；抛物线是二次曲线。最后，我们就以此作为前提，做出"归纳推理"的结论：所有圆锥曲线都是二次曲线。这就是一个典型的复合证明，其中就包含着一个所谓"完全归纳法"的推理。

又如，求解绝对值不等式

$$|x-5|-|2x+3|<1$$

怎样求解呢？也是运用这种所谓"完全归纳法"作复合证明。

解：

（1）当 $x \geqslant 5$ 时。原不等式化为：

$$x-5-(2x+3)<1$$

其解为 $x \geqslant 5$。

（2）当 $-\dfrac{3}{2} \leqslant x < 5$ 时，原不等式化为：

$$-(x-5)-(2x+3)<1$$

其解为 $\dfrac{1}{3} < x < 5$。

（3）当 $x < -\dfrac{3}{2}$ 时，原不等式化为：

$$-(x-5)+(2x+3)<1$$

其解为 $x < -7$。

综上所述，得原不等式的解为 $x > \dfrac{1}{3}$ 或 $x < -7$。

再例如，我们要证明"任何一个圆锥曲线都不能与一条直线相交于两点以上"以及几何学上的许多命题，往往也都是运用完全归纳法作复合证明。

在数学中，还有一种对数学研究来说具有重大作用的"数学归纳法"。这种"数学归纳法"也可以看作一种"完全归纳法"。不过它已经不是前面所说的那种"完全归纳"。它不受研究对象必须是有限量的局限。它从"个别"过渡到一般，把"有限"对象上达到的认识扩及无限的对象上去。这种数学归纳法，仅仅在"从个别过渡到一般"这个表面意义上才是"归纳"的，然而它的结论的获得却完全是演绎的。所以，这种"数学归纳法"实质上并不是归纳，而更明显地是一种演绎的变形。在数学的证明中，是不允许枚举归纳的，因为枚举归纳不具有证明的力量。但"数学归纳法"却是一种证明的手段，它的结论，是从前提中演绎地和必然地引申出来的。

数学归纳法的原理是：

"如果命题 S 对于自然数 $n = 1$ 是真的，并且从它对于 $n = k$ 的真可以推得它对于 $n = k + 1$ 亦真，那么，命题 S 对于任何自然数 n 都真。"

在数学中，常常运用数学归纳法来证明一条数学原理（定理）的正确性。

例如，对于等差数列的通项公式 $a_n = a_1 + (n - 1)d$，我们通常是如何证明的呢？——我们往往利用如下的程序和方法：

第一步：验证当 $n = 1$ 时，有 $a_1 = a_1 + (1 - 1)d$，公式成立。

第二步：假定 $n = k$ 时有 $n_k = a_1 + (k - 1)d$ 成立，由等差数列的定义知

$$a_{k+1} - a_k = d$$

故有

$$a_{k+1} = a_k + d = a_1 + (k - 1)d + d = a_1 + \overline{(k + 1 - 1)}d$$

这就表明，如果当 $n = k$ 时命题成立，由此就推得 $n = k + 1$ 时命题也成立。

结论：依据数学归纳法，定理得证。

"数学归纳法"作为一条算术公理，已经在现代数理逻辑中作为一条谓词逻辑的形式得到了阐明，它本身的正确性是可以逻辑地得到证明的。当然在本书中我们不可能从数理逻辑上对它作精细的证明。但即使如此，我们对数学归纳法原理的正确性也不难做出证明。例如，我们可以运用反证法获得如下证明：

假定说，数学归纳法的原理是不正确的，也就是说，对于某个命题 S 来说，虽然当 $n = 1$ 时它为真，并且如果 $n = k$ 时它为真，由此可以推得当

n = k + 1 时它亦真，但是，对于任意自然数 n 来说，命题 S 却并非都是真的。

如果这种与数学归纳法原理相反的情况竟然能够成立，那么，依照最小数原理，在自然数序列中应当存在第一个数 m，对它来说，命题 S 是假的。显而易见，m > 1，因为已知当 n = 1 时，命题 S 是真的。可是如果 m > 1，那么 m − 1 便也是一个自然数。按照对于 m 所做的假定，对于 m − 1 来说，命题 S 是真的。今令 m − 1 = k，则 m = k + 1，根据已给出的条件，命题 S 对于 n = m 时亦为真，不应为假。

由此可见，数学归纳法的证明，完全是一种演绎的证明，数学归纳法只不过是一种演绎的变形，其结论完全是从其前提中演绎地推导出来的。这种演绎证明的最重要的前提就是关于自然数列性质的所谓"最小数原理"，即任何自然数的非空集合中都有一个最小数。但是由于在数学归纳法中，同时要以"命题 S 当 n = k 时成立，可以推出它在 n = k + 1 时亦成立"作为前提，似乎给人一种"从个别导出一般"的印象，所以也可以把它看作"完全归纳"。但正如前面已经指出，这种"完全归纳"实际上只是一种演绎的变形。

（二）不完全归纳法

真正意义上的归纳法就是不完全归纳法。在自然科学中，我们所研究的科学概念和规律，通常都是涉及无限的对象。前面我们虽然提到，可以通过演绎法发现（导出）一般规律并有助于创造新概念，但演绎法的结论是从前提导出的，这些前提仍然必须是具有普遍意义的命题或规律。因此，在科学方法论理论中，不可避免地要回答这样的问题：科学中作为演绎之前提的一般命题是如何得到的？关于这个问题，我们至少可以有两种回答：

第一，通过概念的上升，制定原有种概念的上属概念，通过对这个上属概念下定义得到。我们知道，世界上具体存在着的都是个别的具体事物，但人类的思维能进行概括，对事物进行分类，从而创造出相应的概念。例如我们对不同的植物果实进行分类，创造出香蕉、苹果、梨等等这些不同的概念。当我们创造出这些不同的概念的时候，就已经概括出这些类别中各个个体的共同特征，同时又把这些不同的类别相互区别开来。如果我们把香蕉、苹果、梨看作下一级的种概念，那么，我们还可以作进一步的概括，提出它们的上属概念。例如，我们通过比较和分析，发现无论香蕉、苹果、梨以及其他等等，它们都有一些共同的特性，例如它们都是植物的果实，具有较多的水分，无毒，美味可口，可以生吃等。我们依据它们所具有的这些共同性质，就能抽象出香蕉、苹果、梨等这些概念的上属概念，给它一个名称叫"水果"，并规定水果这个概念的定义："水果就是具有较多水分、无毒、美味可口、可以生吃的植物果实。"当我们对一个新概念（例如水果）下定义的时候，我们只是规定了这个概念的内涵，即这个概念所适应的对象的属性，并没有明确划定它的外延的范围；它的外延是开放的。在此之后，如果人们发现了一种新的东西，也具有水果这个概念中所规定的那些性质，我们就把它也归入"水果"这一类之中，从而扩大我们对水果这个概念的外延的认识。在我们有了水果这个概念的如此这般的定义以后，我们就能由此做出相应的一般性判断，并依此作为演绎的出发点。例如我们可以推理说："凡水果都可以生吃，梨是水果，所以梨可以生吃。"但是，当我们做出"水果可以生吃"这个一般性判断的时候，实际上它不过是同义语的反复，因为在水果的如此这般的定义中已经规定了这种性质。科学中经常遇到这种情况，例如在数学中，当我们说"圆周上的每一点到它的圆心都有相同的距离"的时候，实际上也是同义语的反复，因为在数学中关于圆的定义中已经规定了这种性质，如果不具有这种性质就不再是数学上的圆了。所以，在科学中，制定概念具有重要的意义，它常常是我们推理的出发点。

第二，通过所谓的"归纳法"来获得某种普遍性规律或命题。通过对上属概念下定义固然可以获得某种一般命题，但科学中的一般性命题并不都具有这种性质，相反，大多数一般性命题都不具有这种性质。例如，当我们说"水在标准大气压力之下，加热到100℃沸腾"就属于这种情况。这个命题不是由水的定义来规定的。我们事先已经有了水的明确概念（它的内涵和外延），但从水的定义中并不能导出这个结论。牛顿的万有引力定律也是如此。一般说来，自然科学中的所谓"定律"都具有这种性质。那么，它们是如何得到的呢？在传统逻辑学和科学方法论的观念中，通常就认为它们只能是通过归纳法，也就是"不完全归纳法"得到的。因为科学中的规律（定律），通常都具有严格的全称命题的形式，它涉及无限的潜在对象，因此我们当然不可能用所谓的"完全归纳法"对它们进行归纳。唯一的可能是：我们必须通过我们所研究过的一部分事实，就做出一般性的结论。

所谓不完全归纳法，就是我们根据已考察过的一些对象的已知属性、联系，把它们推及同类的其他一切对象上去。

自近代科学产生以来，特别是从牛顿时代以来，科学家和哲学家们都强调：作为科学理论之基本命题的一般原理和定律的知识，都必须通过归纳方法得到。进而认为归纳法是一切科学的真正基础。在历史上，哲学家和逻辑学家们，特别是培根和穆勒，都曾经对这些方法从理论上作了精心的加工，而进入 20 世纪以后，更有逻辑实证论学派的许多学者们，从概率论的角度上为之做出精心的加工和辩护。而科学家们也从来都非常关心这种归纳方法的所谓"正确运用"。例如，伽利略在回答他的对手指责他应用了不完全归纳法的时候指出："我愿意提醒注意这样一点，即格拉修斯是蹩脚的逻辑学者，因为他不理解，如果归纳法必须列举一切特殊的场合，那么归纳法就是不可能的或者不必要的。所以说不可能的，是因为特殊的（个别的）场合是无数的，而如果它们是可以一一列举的，那么归纳法也就不必要了，或者正确些说，用这种归纳法得出的结论是毫无价值的。由于特殊的（个别的）场合的数目大都是无限的，所以归纳法只要用最适合于概括的个别实例来进行证明，就具有证明的效力。"而牛顿也曾反复地强调，自然科学的理论必须从现象和实验出发，并且只能用归纳法从这些现象中推出一般命题。例如，他在给科茨的一封信中强调说："在实验科学中，命题都从现象推出，然后通过归纳而使之成为一般。"1872 年 7 月，他在给奥尔登堡的一封信中更明确地指出："实验科学只能从现象出发，并且只能用归纳来从这些现象中推演出一般命题。"[1] 直到 20 世纪以后，许多科学家们也都这样地来强调归纳法。例如，普朗克曾说，在物理学的研究中，"除了归纳法以外，别无他法"。著名的数学家兼物理学家彭加勒也说："物理学的方法是建立在归纳法之上的。"[2]

那么，什么叫作归纳法呢？不完全归纳法如何根据有限的个别事例（单称陈述）而导出科学规律（严格的全称陈述）呢？一般认为，这种不完全归纳法有两种。

一种是枚举归纳法。所谓枚举归纳法，就是通过枚举已经考察过的对

---

① 塞耶编：《牛顿自然科学哲学著作选》，上海人民出版社 1974 年版，第 8 页。

② 彭加勒：《科学与假设》。

象都有某种属性，而无一反例，于是就推及全体：该类的一切对象都有此属性。这样，我们就从有限的单称陈述中推导出了某种表明一般规律的全称陈述了。这里的关键是"无一反例"，即"无矛盾"。其一般公式为：设有一集合

$$M = \{A、B、C、D\cdots K\cdots O\cdots\}$$

通过枚举得已考察过的对象都具有性质 P，无一矛盾情况，即

A、B、C、D⋯K⋯O⋯
| | | | |
P   P   P   P   P

由此得出结论

$$M—P \quad 或 \quad M = \{a/P\}$$

即集合 M 的每一个元素都具有性质 P。在这里，A—P、B—P、C—P 都是一些单称陈述，而 M = {a/P} 却是一个全称陈述。枚举归纳法就这样从单称陈述中"推导"出了全称陈述。大家看到，在这种枚举归纳法中，所依据的实际上是这样一条原理："如果大量的 A 在各种各样的条件下被观察到，而且如果所有这些被观察到的 A 都无例外地具有性质 B，那么，所有的 A 都有性质 B。"这条原理通常就被称作"归纳原理"。

另一种不完全归纳法称为"科学归纳法"，即通常被指称为"穆勒五法"的那种与分析因果关系相联系的归纳法。但是，这种经典意义上的所谓"科学归纳法"并不是与枚举归纳法原则上不同的另一种归纳法，作为它的归纳之基础的同样是枚举归纳法所依据的那种"归纳原理"。例如，我们通过实验分析清楚了在这个场合下某 A 的原因是 B（例如，我用这根金属棒做实验判明了这根金属棒受热是它膨胀体积的原因），现在我要做出一般命题：所有 A 的原因是 B（例如，所有金属都受热膨胀），我所依据的原理是什么呢？仍然只能是枚举归纳法所遵循的原理。更何况，按经典的培根－穆勒方法，在分析因果关系的时候，常常还要引进同样的归纳原理（如在契合法中）。所以，归根结底，不完全归纳法所遵循的原理只有一个，即前面所说的那种归纳原理。当然，关于后一种"归纳法"，如果我们引进一些普遍原理（如因果律）作为前提，那么就分析因果关系来说，我们就有可能建立起满足演绎的形式系统，使它表面上不再具有原来有意义下的归纳性质。但由于它本身要引进其他普遍命题，因而我们仍然没有排除归纳所面对的问题：我们如何从个别到一般呢，包括

我们如何得到因果律呢？至于关于因果关系的分析方法，笔者于 20 世纪 80 年代出版的《科学研究方法概论》一书中已作过讨论（见该书第四章），这里不再赘述。

当然，遵循传统观念的科学家和逻辑学家们都强调，就进行科学的严格的思维来说，进行不完全的归纳，如仅仅依据上面所说的那种原理，那还是不充分的；上面所说的那种归纳原理，无非是进行归纳时应当遵循的、比较重要的并且多少能够形式化的部分。就进行严格的科学思维来说，归纳推理应当遵循以归纳原理为基础的严格得多的条件，违背了这些条件，就可能犯"轻率的"、"片面的"、"以偏概全的"错误，而科学思维是应当避免这种"轻率的"、"片面的"、"以偏概全的"错误的。这些必须遵循的严格条件包括：

条件甲：作为归纳之基础的观察陈述都是可靠的（或作为归纳之基础的实验观察事实都是可靠的）。

条件乙：形成归纳之基础的观察陈述的数目（或实验观察次数）必须多。

条件丙：观察必须在极不相同的条件下予以重复。

条件丁：没有可靠的观察陈述（或实验观察结果）与归纳所得的普遍定律发生冲突。即无一反例。

条件甲被认为是当然地必须被遵循的。因为如果被概括的观察陈述本身不可靠，那么归纳本身就失去了正确的前提；条件乙也必须被满足，因为如果我们只根据一次观察到了某一根金属棒受热膨胀，就做出所有金属都受热膨胀的结论，那显然是不合理的，那会被说成是一种"抓住一点，不及其余"的错误。然而，如果我们仅仅追求观察的次数，那么我们也可以反反复复地加热同一根金属棒进行观察，但是很显然，如果我们仅仅根据千百次地反复加热同一根金属棒，就做出所有金属都受热膨胀的结论，那也是不能接受的，这仍然难免"以偏概全"的毛病，所以条件丙也是必需的。要做出所有金属受热膨胀的结论，只有当相应的观察涉及各种各样的条件时才是合理的。就是说，我们应当加热各种各样的金属，金的、银的、铜的、铁的、锡的等等。还应当把各种金属制造成各种形状，如棒状的、块状的、片状的、丝状的、条状的等等来加以试验。还应当在不同的条件下，如高温、低温、高压、低压等条件下进行试验，只有在各种各样的条件下进行过观察以后，我们再进行这样的概括才是合理的。然而即使如此，条件丁无论如何是必须满足的，因为只要存在一个反例，一个普遍命题（全称命题）就可以被证伪。

根据传统观念，归纳至少要满足上述条件，只有这样才称得上是严格的科学思维。由此引申出方法论结论：当你进行归纳而有所主张以前，事先必须搜集大量的、丰富的、全面的、周密的、正确的实际资料。

然而，即使满足了上述条件进行归纳，主张归纳法的科学家和哲学家们，除了一部分有独断论倾向的以外，凡属思维稍微严格一点的科学家和哲学家，也都只敢断言归纳所得的结论只具有或然性，其结论的成真度随所概括的前提的数量增加而增加，也就是说，其前提所概括的对象的数量愈多，那么这种结论的真实性或成为真的概率就愈高。因此，这种由归纳所得的结论不能作为最后定论的东西，还需要继续接受事实的检验。随着进一步检验的"证实"，结论的真实性（真理性）就愈来愈高。前面所说的"实践是检验真理的唯一标准"这种庸俗哲学，就是对这种归纳主义观念的肤浅的、含混的和片面的表述。

第三节　归纳问题：归纳原理合理吗

归纳法虽然由来已久，并且曾经在科学中获得过广泛的影响，但随着科学和哲学的进步，归纳法却受到了愈来愈大的质疑。其中包括归纳原理合理性和归纳悖论等问题。本节我们主要讨论"归纳问题"——归纳原理合理吗？

所谓归纳问题，实际上是由这样两个命题引起的：一方面，我们肯定已知的某些科学理论、原理、规律是真理，甚至说它们是千真万确的、不可移易的真理，或者至少说它们在一定的程度上（一定的概率意义上）已经表明是真理；另一方面又说，一般规律只能在观察的基础上通过归纳得到，或者其真理性要通过归纳来证明。承认这两个命题，必然引起逻辑上和认识论上的困难。这是人类知识论所面临的最重大的难题之一。由于这个难题是和所谓的"归纳推理"相联系的，所以称为"归纳问题"。在历史上，大卫·休谟曾经首先分析了这个问题，所以西方哲学界又常常把归纳问题称之为"休谟问题"。

一、归纳主义

前已述及，凡同时承认上述两个命题的理论或观念我们通称为"归纳主义"。但归纳主义的理论也在不断地演化。较早期的素朴的归纳主义观点，我们可以用牛顿的两句话来代表："在实验哲学中，我们必须把那些从各种现象中运用一般归纳而导出的命题看作是完全正确的，或者非常接近于正确的"；"实验科学只能从现象出发，并且只能用归纳从这些现象中推出一般的命题"。[1] 以牛顿为代表的科学中的这种归纳主义观点，甚至可称为"归纳万能论"的观点。这种归纳万能论的观点，到了 19 世纪，特别是通过穆勒等人的鼓吹而愈演愈烈。穆勒曾经对归纳法的发展做出重大的贡献。但与此同时，他也就更加片面地强调归纳的作用而贬低演绎。他甚至说："归纳法也是所有推论的基础，而每一项演绎（每一个三段论）只是归纳推理的次要的变形。"[2] 进入 20 世纪以后，以逻辑实证主义为代表，归纳主义理论有了新的发展。但是，归纳主义的理论基础，即同时承认上述两个命题的情况并没有变。这种归纳主义的主张，在科学中有着强烈的影响，甚至被认为是科学建基于其上的真正的基础。

那么，何谓"用归纳从现象中推出一般命题并且是真命题"呢？我们把它分解一下，它实际上至少要包含下面三层意思：

第一，我们必须首先观察现象（通过实验和观察活动），并且我们的感官无疑能够正确地反映现象。

第二，我们能够用一些观察陈述正确地描述我们在观察中所感知到的现象。像下面所举的一些陈述就是观察陈述，例如，这根一部分浸没在水中的筷子看起来像是弯的；这张石蕊试纸浸入到这盆液体中就变成了红色；等等。

第三，在可靠的观察陈述的基础上，我们借助于归纳推理就能从中导出可靠的关于自然规律的知识或理论。关于自然规律的知识或理论都是由全称陈述所组成。例如：当光线进入不同介质的界面时，将发生折射，并服从下列关系：$\dfrac{\sin\alpha}{\sin\beta} = n_{12}$，其中 α 为入射角，β 为折射角，n_{12} 为这一对

---

[1]　塞耶编：《牛顿自然科学哲学著作选》，上海人民出版社 1974 年版，第 6 页。

[2]　王宪钧等编译：《逻辑史选译》，生活·读书·新知三联书店 1961 年版，第 110 页。

介质的特征常数。又如，酸能使石蕊变红。所以，这一层的意思就是：通过归纳推理，我们能把观察陈述的可靠性传递给全称陈述。

那么，我们如何能够做到这三点呢？归纳主义者指出，我们并不能无条件地做到这三点。为此，我们必须满足许多附加的条件。

首先，为了保证我们能正确地观察现象，观察者必须具有正常的、未受损伤的感官和保持正常的情绪。因为如果观察者的感官是病态的，或者受到了损伤，如色盲，那当然会妨碍他正确地观察。不正常的情绪可能会使我们产生幻觉，如幻视、幻听、幻想等，它们当然也会妨碍正确的观察。

其次，为了保证使观察陈述能够正确地描述所观察到的现象，我们必须在观察中排除一切先入之见的干扰，完全忠实地记录下在观察活动中看到的、听到的一切东西，决不能依据某种偏见有选择地只记录你感兴趣的那些东西，而对另外一些本来也应当作为观察资料记录下来的东西故意视而不见；观察和记录都不应当受观察者个人情绪、兴趣的影响；等等。如此，我们就可以获得正确的观察陈述。而观察陈述是否正确是可以进一步进行检验的，因为它可以由进一步的仔细观察来确定，任何一个观察者都可以根据他们自己的感官来确定或检验已有的观察陈述是否正确。所以，这种观察陈述的正确性是可以获得保证的，而这样获得的观察陈述正是科学赖以建立于其上的真正可靠的基础。科学是建立在与主观观念无关的"硬事实"的基础上的。

最后，为了保证在观察陈述的基础上，通过归纳而导出可靠的关于自然界的规律和理论，我们当然还应当遵循前节中所述的为了做出合理的归纳推理所必须满足的那些条件。

作为这种归纳主义方法论的较新的现代描述，我们可以举出沃尔夫于1924 年出版的一本著作中的观点，其中说："如何使用科学方法？那么这种过程如下：第一，所有事实都被观察到和记录下来，关于它们的相对重要性不加选择也不作先验的猜测。第二，对被观察和记录下来的事实进行分析、比较和分类，除了必然包含在思想逻辑中的以外，无须假说和公设。第三，从对事实的这种分析中，用归纳法引出有关事实间分类关系和因果关系的普遍性结论。第四，更进一步的研究既是演绎的，又是归纳的，因为要根据以前建立的普遍性结论使用推理。"所以，依照沃尔夫的看法，在一个理想的科学研究中，其研究过程可以分为四个阶段：①观察和记录全部事实；②对这些事实进行分析和分类；③从这些事实中用归纳法推导出普遍性结论；④进一步检验这些普遍性结论。这最后一步既是演绎的，又是归纳的。因为要检验任何一种普遍性原理，首先必须从这个普遍性原理中导出可观察的预言（即演绎地导出检验蕴涵），然后才可以用实验和观察对这些预言进行检验；而用实验和观察来检验这些预言的结果，就是把归纳的范围（归纳的前提）扩展到新的事实和现象中去。根据沃尔夫的这种归纳主义的看法，这些阶段中的头两个阶段，特别是对于事实的观察和记录，应当完全排除假说和理论的影响，因为"先入之见会引起偏见而干扰了观察的客观性和公正态度"。① 由于归纳主义者认为观察可以不依赖于理论，所以他们理所当然地认为，科学研究必须"始于观察"。这种观点，直至 20 世纪 80 年代中期以前，在我国科学界和哲学界中甚至还一直占据统治地位。这从当时由教育部委托编写的理工农医类研究生的自然辩证法必修课的官方指定教材（《自然辩证法讲义》，1979 年出版）中就可以看出来。直至 1986 年由于在教育部委托人民大学举办的一次全国自然辩证法师资培训班上，由于有了对立面的观点的出现，在理性的比较之下，那本教材中的一系列的归纳主义观点受到了学员们的强力冲击，教育部才不得不重新组织班子对原有的那本充满着归纳主义观点的、站不住脚的教科书做了许多重大的但不彻底的修改，并于第二年（1987 年）重新出版（参见本书附录：《交流：我从事科学哲学的一些体会》）。

二、归纳主义的困难

归纳主义要想坚持上述立场，在逻辑上和认识论上就要遇到难于克服的困难。而且，我们将有较充分的理由指出，上述归纳主义的方法论，归根结底是一种错误的方法论。坚持这种方法，难免会把人引入歧途。

下面我们就来分析一下归纳主义在逻辑上和认识论上面临的主要困难。

（一）首先，归纳原理能被证明吗

前面我们已经指出，归纳推理所依据的就是"归纳原理"，它可以表

---

① 参见澳大利亚科学哲学家查尔模斯《科学究竟是什么》（第一版）。在本节对归纳主义做通俗介绍时，作者充分利用了该书中的相关观点和材料。顺此向该书作者致敬。

述为："如果大量的 A 在各种各样的条件下被观察到，而且所有这些被观察到的 A 都无一例外地具有性质 B，那么，所有的 A 都具有性质 B。"按照归纳主义的意见，科学中的一般原理只能在观察的基础上通过归纳得到。那么，这个归纳原理就成了一切科学原理建立于其上的真正基础，成了一切科学的真正的基本原理。但是，这个归纳原理如何能够得到合理的证明呢？就是说，假如我们通过观察已经得到了一系列可靠的观察陈述，为什么通过归纳推理就可以导出某种可靠的一般规律的知识呢？

对于这个问题，归纳主义者当然可以用两种方式回答：一曰，我们可以从逻辑上加以证明；二曰，我们的经验（科学实践的经验）证明了这个原理。我们来考察一下有无可能做出这种合理的证明。

首先，是否有可能从逻辑上证明归纳原理呢？大家知道，正确的逻辑论证应当具有下述特征：其结论必须是通过一定的逻辑程序从它的前提中必然地引申出来的；如果论证的前提是真的，那么结论必定是真的。我们知道演绎推理具有这种特征，假如归纳推理也能具有这种特征，那么归纳原理当然也就得到了证明。但是情况并不如此。因为假如归纳论证的前提（那些单称陈述）都是真的，但我们按照归纳原理所得出的结论却可能正好是假的。而且当我们否定这个由归纳得出的结论时，逻辑上与前提也并不发生矛盾。例如，直到今天为止，我曾经在各种各样的条件下观察了大量的渡鸦，并且观察到它们都是黑的，无一例外。我在这个基础上得出结论："所有渡鸦都是黑的。"这是一个完全合乎"归纳原理"的推论。推理的前提是大量的这样一类观察陈述："在时间 t、空间 s 观察到渡鸦 x 是黑的。"并且我们认为所有的这些观察陈述都是真的。但是这并没有从逻辑上保证，我观察到的下一只渡鸦不会是别的颜色的，例如是白的或粉红的。而一旦我们观察到了一只非黑的渡鸦，那么"所有渡鸦都是黑的"这个全称陈述就被证明是假的。这就是说，我们从一些完全正确的前提出发，但根据归纳原理却得出了一个错误的结论。反之，我逆归纳原理而动，即使我已知直到今天所观察过的渡鸦都是黑的，我仍然可以预言说，并非所有的渡鸦都是黑的，这在逻辑上也与前提并不矛盾。所以归纳原理是不可能从逻辑上得到证明的，它不可能使我们从正确的前提必然地得出正确的结论。关于这一点，罗素曾经寓言式地讲了一个归纳主义者火鸡的有趣的故事。这只火鸡发现，在火鸡饲养场的第一天早晨九点钟，主人给它喂食。然而，作为一个卓越的归纳主义者，它并不马上做出结论，它一直等到已搜集了有关上午九点钟给它喂食这一事实的大量的观察，而且它是在各种各样的情况下进行这些观察的：星期三和星期四，热天和冷天，雨天和晴天。它每天都在它的登记表中加进了另一个观察陈述。最后，它的归纳主义的良心感到满意了，它进行归纳推理而得出结论："每天上午九点钟主人就会给我喂食。"结果呢？哎呀，在圣诞节前夕，当没有给它喂食，而是把它宰杀时，就毫不含糊地证明了它原来的那个结论是错误的。火鸡从真的前提运用归纳推理而得出了错误的结论。

归纳原理不能从逻辑上得到证明，是否能通过经验得到证明或曰用实践得到证明呢？归纳主义者通常就是这样认为的。其主要的论据就是这样：我们的实践经验表明，归纳在许多场合下都有效。例如，我们从实验的结果中归纳出来了光学定律，这些光学定律已经在许多场合下运用于光学仪器的设计，并使这些仪器获得了很好的性能；又如，从天体运动的观察中归纳得出的行星运动规律，已经每每成功地用来预测各种蚀（日蚀、月蚀、星蚀等）的发生。像这样的一类例子还可以举出很多，如万有引力定律、能量守恒定律、电磁感应定律等等，经验都表明它们是有效的。于是归纳主义者就得出结论：所有这些事实表明，归纳原理是普遍有效的。

但是，正如休谟早在 18 世纪中期就已经指出的，上述那种对归纳原理的证明是完全不能接受的，因为它是一个循环论证。在这里，用来证明归纳原理之正确性的依据，正是归纳原理自身。具体说来，它的论证方式如下：

归纳原理在 X_1 场合下成功地起了作用。
归纳原理在 X_2 场合下成功地起了作用。
归纳原理在 X_3 场合下成功地起了作用。
……

∴　归纳原理总是起作用。

在这个论证中，企图断言归纳原理正确性的这个结论是一个全称陈述，而其前提则是列举了归纳原理在许多场合下获得了成功的单称陈述。所以，这个论证也是一个归纳论证，其所依据的也是归纳原理。用归纳原理当然不能证明归纳原理自身。

这就是归纳主义者所面临的第一个根本性的困难。这是一个直接与归纳原理相联系的困难。所谓"归纳问题"主要也是指的这个问题。但是，归纳主义者所面对的绝不仅是这种"归纳问题"的困难，它还陷入了其他难以克服的困难。

（二）归纳所必须满足的条件含混不清和不可遵循

首先，归纳应当以大量的观察事实作前提，问题在于：要有多少观察才算是"大量"？在我们做出金属棒受热必定膨胀体积的结论以前，一根金属棒应当受热 10 次、100 次，还是更多次？在我们做出所有金属受热膨胀的结论之前，我们应当观察多少次？也许我们应当说，那就必须积累人类已知的千百万次有关观察经验的总和。我不知道科学家们是不是这样笨拙地搜集和积累事实的，却有充分的理由指出，这种"大量"，始终是个含糊不清的概念，而且常常是值得怀疑的。科学中有多少事实都说明，许多情况下，人们据以概括出一般规律和概念，并不需要依靠，也常常不依靠"大量观察"。而"大量观察"却未比少量的精确观察更有效。例如，如果把对金星的肉眼观察也叫作观察（没有理由可以否认它不是观察或观测），那么，在伽利略以前人们确实进行过"大量"的观测，它们"证明"金星看上去始终是圆的而并没有盈亏的变化，而且它在一年中也没有视像大小的改变，今天的人们继续用肉眼观察金星，还会继续获得大量的这样的观察结果。但伽利略用望远镜进行跟踪观测，也许只有一次或只有有限的若干次观测，又通过少数科学家进行了核验，却已足以表明金星有盈亏并在一年中有视像大小的变化。伽利略用少数几次观察就否定了以往的大量观察所得的结论，关键就在于观察的精密度，而观察的精密度的判定，正如我们曾经指出，所依据的正好是"理论"。而观察依赖于理论这个观念正好是与归纳主义观念相冲突的。在归纳主义者看来，实验观察（实践）是科学建立于其上的可靠的基础。当实践与理论相矛盾的时候，我们究竟应当相信实践还是相信理论？归纳主义者的回答非常简单而肯定：我们当然应当相信实践，因为唯有实践才是检验理论的真理性的标准。而那些从归纳主义那里剽窃了一点残羹剩汁的庸俗哲学家们，则更强调能够检验真理的必须是"人民群众"的"大量"的革命实践，当实践与理论发生矛盾的时候，实践具有单向性的强有力的双重身份：它既是原告，又是法官，而且是终审法官，因为当实践与理论发生矛盾的时候，实践就上诉，它是原告；由谁来判决？还是实践！它是法官，而且是终审法官，因为它是判定真理的唯一的和最终的标准。然而，在科学中，得出"真空中光速不变，光速与光源运动无关，与参照系运动无关"这个结论，所依据的只是少数科学家们关于光行差的观测和斐索实验，迈克尔逊－莫雷实验等少数几个实验观察事实，至于像庸俗哲学所强调的那样，必须以"千百万人民群众的（大量）革命实践"为标准，它怎样来检验真空中的光速不变，我就完全不知其所以了。卢瑟福得出他的原子结构模型这个一般理论，所依据的也只是关于 α 粒子散射的一组实验，而不是做了千百万次的实验观察。人们知道原子弹具有强大的杀伤威力和破坏力，可能仅仅由于在日本广岛丢了一颗原子弹的经验。反过来，科学中有许多一般性原理和概念，无论你进行了多么"大量"的观察，也不可能通过观察而归纳出它们来。正如有的科学哲学家所指出的，不管你进行多少观察，也不可能归纳出"质量"这个概念来，也不可能归纳出万有引力定律来（虽然牛顿自己曾经强调他的万有引力定律是归纳得到的）。如果按照归纳主义者的意见，非要坚持"大量"这个条件，那么当他们做出"高温的火焰会灼伤手指"这个结论以前，他一定要把手指头反反复复地放进火焰烧灼许多次。然而，科学家在做出许多一般概括的时候，绝不是如此笨拙地和死板地坚持那种"大量"的。这里值得提一提维纳（控制论的创始人）的一个有趣的故事，当有人问维纳："做出一种概括你要多少例子？"他回答说："有两个例子就很好了，可是，一个也就够了。"当然，我们这样说，并不是要一般地否定"大量观察"的意义。对于形成假说来说，"大量观察"在许多情况下显然是有意义的，特别是当对资料进行统计处理的时候是如此，因为统计总是需要"大量"的。但是，一方面，统计不完全等于归纳，即使以大量观察为基础通过分析和抽象而形成假说，也不等于归纳，因为归纳不允许反例，而人们运用大量观察资料形成假说的时候，却往往逆反例而进。另一方面，就"大量"这个要求来说，由于这个概念本身的模糊和混乱，特别是由于许多情况下实际上并不需要"大量"，所以这个原则实际上就成了不可遵循的原则。所以，归纳主义者如果要使归纳原理成为合理的、可以遵循的科学推理的指南，那么，至少对"大量"这个条件应做出进一步的合理的和明确的审定。就目前的状况来说，它是很难起方法论的指导作用的。

其次，在做出一般性的归纳以前，要求在各种各样的条件下进行观察。这里所谓"要在各种各样的条件下进行观察"，实际上就是要求在实验和观察中改变场合和条件。但问题在于：什么样的场合和条件的变化才是有意义的，从而值得我们去考察一番呢？例如，我们研究水的沸点时，是否有必要去改变水的压力、纯度、加热方法和时间？我们对前两点的回答曰："是！"而对后两点的回答曰："否！"但是，这些回答的根据是什么呢？这个问题是重要的，因为实际存在的和可以设想的条件还可以做种种添加，例如是否改变容器的材料、式样、大小、形状、颜色，实验者的身份、长相、是否戴眼镜、是否留胡须，以及他们的衣着、鞋袜的式样，此外还有实验室的大小、形状和地理位置，如此等等，可以无限地扩展下去。除非我们事先排除掉这些"无意义的"、"多余的"变化，否则，归纳推论所应当满足的观察数目就必须大得无限，因此也就成为不可遵循的原则，并且势必使我们的实验完全成为一些盲目的实验。但是，如果想要排除那些"不必要的"、"多余的"，因而是"无意义"的变化，那我们的根据又是什么呢？十分明显，要想把有意义的变化和不必要的、多余的变化加以区别，就必须诉诸涉及有关现象之间联系的已有知识或某种先行假说。但是承认这一点，就是承认在观察之前就需要假说或理论。这就与归纳主义者强调观察应当排除任何"先入之见"相矛盾。"先入之见"无非是个贬义词，实际上就是强调观察之前头脑中不应当有假说和理论来影响或干扰观察。但这如何能够实行呢？当然，观察中一旦渗透进了假说和理论，它就势必影响观察；而假说和理论是易谬的，因此当然会使观察产生错误。反过来，企图要在观察中排除假说或理论却是根本不可能，也是不可行的。举例来说，1888年赫兹进行了他的著名的电磁学实验，这次实验首次发现了无线电波，支持了麦克斯韦的理论。但是，假如他在实验中没有任何"偏见"（先入之见），那么他就应当像沃尔夫所规定的那样，在实验中"把所有的事实都观察和记录下来，关于它们的相对重要性不加选择也不作先验的猜测"。因此，他就应该在实验中不仅记录下各种仪器上的读数，在电路的各关键部位是否有火花发生，电路的各种量度等等，而且应当不加选择地全面记录仪表的颜色、实验室的大小、门窗的方位、气候的状况（温度、湿度）、门窗中是否有风吹入以及风的大小和方向的变化，他自己以及同室人员的心跳、脉搏以至于衣着和鞋袜等等这些看起来"显然无关的"细节。但是，这样一来，赫兹将根本无法观察和记录。他必须把注意力放在估计是有关的那些因素上。但是，要估计"有关的因素"和排除那些"显然无关的因素"，头脑中必须有"先入之见"，也就是理论和假说。但是既然有了理论和假说作为他的"先入之见"，他的观察当然也就"易谬"。例如，他事先就把"实验室的大小"这个因素看作无关的，但是，事后多少年（直到他死后）才知道，在他的这些实验中，仪器所发出的无线电波又从他的实验室的墙壁上反射回仪器，干扰了他的测量。原来实验室的大小对于他的实验是十分有关的。正是这个"先入之见"引起的疏忽，就使他在实验中发生观察的错误——赫兹在实验中曾反复测量无线电波的传播速度，但根据他的测量，电磁波的速度和光速的值有显著的不同。原因就在于他没有考虑到实验室墙壁的反射。由此可见，归纳主义关于观察应当排除先入之见，并以此来保证观察客观性的见解，是十分幼稚和过于简单化的，因而也是在方法论上不可遵循和根本无法遵循的。

　　再次，对于归纳所得的普遍定律，在已知的公共观察陈述中无一反例。这个要求也是似是而非、难于遵循和不可遵循的。从表面上看，"无一反例"这个要求似乎是合乎逻辑并且是天经地义的，但对于实际的科学研究来说，它常常是阻碍发现并且是不可行的。我们且以科学史上常常被誉为"归纳法之伟大胜利"的若干所谓"光辉范例"来进行解剖。首先，剖析一下歌德预言人有颚间骨这个事实。这个事实被德国生物学家赫克尔誉为归纳法指导发现而高奏凯歌的典范。赫克尔在其所著的《自然创造史》一书中曾经绝妙地谈到了他关于归纳与演绎的关系的见解。在该书第四章"歌德与奥铿所主张的进化论"中，他追述了歌德在进化论方面的贡献，分析了歌德发现人有颚间骨的事例。根据当时解剖学的研究，发现除了人以外的一切哺乳动物都有颚间骨，唯独在人体上却例外地没有发现有颚间骨。根据这个事实，当时许多解剖学家都认为，人类没有颚间骨乃是人类与猿类在解剖学上的最主要的区别之一。但歌德对此却大不以为然，他认为，既然其余哺乳动物都有颚间骨，人是最发达的哺乳动物，因而人也应有颚间骨。歌德的这个预言，曾经震动了当时欧洲的科学界。在歌德做出这个预言以后，进一步的解剖研究终于发现，人在胚胎阶段是有颚间骨的，只是在往后的发育过程中，它与其他骨骼相连接而消失了。在个别返祖现象中，成人也有颚间骨。于是，歌德的预言得到了证实。赫克尔由此做出了他自认为是最重要的方法论结论。他说："歌德为此所依据的方法，尤有特殊的趣味。这就是我们在有机自然科学中经常遵循的两种方法，即归纳法和演绎法。归纳法由多数单独的观察事件以得结论，成一普遍规律；反之，演绎法乃应用此普遍定律于单独的尚未实际观察之事件。由当时既聚积之实验知识得归纳结论，即一切哺乳动物皆具有颚间骨，歌德由是复得演绎结论，即人类就其余一切组织关系而言，皆与哺乳动物无异，故必亦具此颚间骨。经详密研究之后，竟求得之。即演绎结论由此后之经验证为确实。"① 赫克尔的这段话，很典型地表明了他持有在 19 世纪以前的科学界中广泛流传的传统观念，即把科学认识过程简单地看作某种归纳与演绎相互分离又相互结合的过程，而归纳则是获得普遍规律的唯一方法。赫克尔强调歌德是遵循归纳法而发现"一切哺乳动物皆具有颚间骨"这个普遍规律的。但是，实际上，只要我们稍加仔细分析即可知道，歌德的这个预言成功，与其说是归纳方法的胜利，毋宁说是反归纳方法的胜利。我们可以完全有把握地说，如果真正依据归纳法，那么歌德就不可能做出这种惊人的预言。因为依据归纳法，歌德在做出"人也有颚间骨"这个演绎结论以前，首先必须归纳出"一切哺乳动物皆有颚间骨"这个普遍命题，而得出这个普遍命题的时候，在已知的观察事实中必须无一反例。然而事实上，当时的科学中已经解剖了人，发现了"人是没有颚间骨的"。当时科学通过解剖而认定人没有颚间骨，这对于歌德所要做出的普遍命题"一切哺乳动物皆具有颚间骨"来说，本身就是一个反例。所以，如果歌德真的按照归纳法行事，那么他在当时就不应当得出"一切哺乳动物皆具有颚间骨"的结论，而至多能够像当时的其他科学家那样，得出"除了人以外的一切哺乳动物皆具有颚间骨"的结论。歌德预言"一切哺乳动物皆具有颚间骨，人亦应具有颚间骨"，并为事后的解剖实验所确证，固然不失为科学中的一件壮举。但这个预言中的前提"一切哺乳动物皆具有颚间骨"，却无论如何不可能是归纳的结果，因为当时已经存在着众所周知的明显的反例。如果要说归纳，那么毋宁说，歌德的结论是反归纳的结果，是逆着明显的反例而进的结果。既如此，我们怎么能够说，歌德预言的胜利是归纳法的胜利呢？如果歌德真正遵循了归纳法，他就不可能做出如此惊人的预言了。② 再说门捷列夫化学

① 赫克尔：《自然创造史》，收入《万有文库》（六），商务印书馆 1958 年版，第 78 页。
② 在这一点上，恩格斯是十分正确的。他在批判归纳派时，曾经讽刺性地指出：如果要说归纳法，那么歌德正好是"用错误的归纳法得出了某种正确的结果"。恩格斯以此来强调歌德实际上是不可能用归纳法来得出他的结论的。

元素周期律的发现，情况也是如此。通常总认为门捷列夫周期律是归纳的结果，但实际上正好相反。如果门捷列夫遵循了归纳法，就不可能做出他的发现。他的伟大的发现同样是反归纳的结果。因为十分明显，当门捷列夫按原子量的大小来安排他的周期表而发现周期律的时候，当时至少有铍、钛、铟、铈、铀、铂等不下七种以上的元素的原子量，其实测值是与他的周期表相矛盾的。也就是说，这些实测值成了他的周期表的明显的反例。例如，对于元素铟的原子量，根据当时铟的发现者雷赫和里赫坚尔公布的测量结果，它的原子量是 75.4。但门捷列夫在安排他的周期表时，这个空格的位置已经被砷（75）所占有。铟的原子量如果是 75.4，则无论如何安排不进他的周期表中。于是门捷列夫大胆地修改它的原子量，认为铟的原子价绝不是二价的而是三价的，因而铟的原子量不是 75.4，而是 113。于是，门捷列夫大胆地把铟放到了它的元素周期表的第三横列第七族的一个位置上。门捷列夫的这个见解后来得到了实验的进一步确认并得到了科学界的公认。〔当然，在现代精确的意义上，铟的原子量不是 113。根据我国科学家张青莲和肖应凯的更精确的测量，铟的原子量是（114.818±0.003）。这个测定结果于 1991 年 8 月在汉堡会议上被国际原子量委员会确定为铟元素的新的国际标准原子量。〕

如果门捷列夫真正按照归纳法办事，不允许自己所概括的一般定律与当时公认的观察陈述有任何反例，那么就不能做出周期律的发现。反过来说，他的发现之所以伟大而且获得成功，正是因为他敢于逆反例而动（因而是反归纳的），并终于使周期律的预言为尔后的实践所证实。可以说，科学中任何有创见性的有深度的假说和理论的提出，几乎都不是归纳的，而实质上是一种大胆的猜测，这种大胆的猜测常常并不遵循归纳的方法，甚至可以说是反归纳的。真正按照归纳法的陈规，常常不但不能引导科学家做出创造性的发现，而且还会抑制人们的创造性思维。实际上，甚至牛顿自己声言用归纳法导出的万有引力定律，也不可能是用归纳法得到的。牛顿关于归纳法有效性的颂扬，不管自觉不自觉，实际上不过是一种假象。因为，导出万有引力定律的基本前提之一是开普勒行星运动三大定律，其中包括行星按椭圆轨道运行的规律（而在牛顿看来，开普勒的三大定律当然又是从观察事实中导出的）。但是，如果牛顿真的是用归纳法导出了他的万有引力定律，那么当然必须预先肯定开普勒三大定律，其中包括行星按椭圆轨道运行都是正确的，然后再从这些正确的前提导出普遍性的结论：万有引力定律。但是，众所周知，如果承认万有引力定律是正确的，那么就必须承认行星之间有摄动，所以按照牛顿的理论应得出结论：没有一颗行星是按椭圆轨道运行的。所以他事前作为出发点的那些前提是不正确的。所以，如果说牛顿用了归纳法，那么似乎又应得出结论：牛顿从错误的前提"归纳出了某种正确的结果"。正因为如此，拉卡托斯曾经辛辣地指出：牛顿夸耀他的归纳法"是蠢举"。更何况牛顿在《自然哲学的数学原理》一书中公布他的万有引力定律的时候，就存在着一个关于它的明显的反例：根据当时所知道的月球、地球的质量和轨道的数据，月球的绕地轨道显然成了牛顿理论的反例。所以，如果要遵循归纳法，不许有反例，那么牛顿就根本不应该公布万有引力定律。我们考察科学史，可以这样说，没有任何一种科学理论，在它产生的当时，是不存在对它进行证伪的某种实验观察结果（观察陈述）的。如果真要坚持归纳原则，那么这些理论都不能产生。所以归纳方法实际上是非常不适合于科学思维的，它会抑制科学家的创造性思维。只有在一个非常有限的范围内，它也许还有一点参考价值（见本章第四节）。

最后，归纳主义者在认识论上的最严重的缺点和困难，还在于他们错误地认为观察不依赖于理论（即前面所强调的条件甲），因此盲目地相信科学研究不但始于观察，并且观察陈述形成科学赖以建立于其上的可靠的基础。关于这一点，我们暂时不予详细的分析和批判，待到下一章讲到实验和观察的时候，再作讨论。我们在此仅仅指出这一点：归纳主义之所以错误地强调归纳"不允许反例"，也是基于观察陈述形成科学的可靠基础这种盲目的信念。然而实际上观察渗透着理论，观察依赖于理论，因此，正如理论是易谬的一样，观察也是易谬的。而且正是在这一点上，传统归纳主义者遇到了最大的困难。

三、归纳主义的演变

由于传统的归纳主义在上面所指出的一系列问题上所遇到的巨大困难，并因此受到种种严厉的批评和反驳，于是它就在发展中不断地改变自己的形态。

（一）向概率退却

朴素的归纳主义者认为通过小心的归纳可以得到真的结果。他们所依据的归纳原理是："如果大量的 A 在各种各样的条件下被观察到，而且如果这些被观察到的 A 都无例外地具有性质 B，那么，所有的 A 都具有性质 B。"但这种传统的归纳主义观点既经不起理性的批判，又经不起科学史的比较，于是，归纳主义者就退守到下一个阵地，认为从大量的观察陈述中，借助于归纳，我们并不能保证得到确实的真结论，它的结论只具有或然性。并且强调如果我们借以进行归纳的观察数目愈大，这些观察在其中进行的条件愈是多种多样，那么，这种归纳结论成为真的概率就愈高。根据这种修正以后的归纳主义观点，它的归纳原理就应当表述为："如果大量的 A 在各种各样的条件下被观察到，而且所有这些被观察到的 A 都无例外地具有性质 B，那么，所有的 A 可能具有性质 B。"

但是这种重新表述的归纳原理仍然没有克服归纳问题。这个原理如何证明呢？出路仍然只可能有两条：诉诸经验和诉诸逻辑。但如果想通过诉诸经验来证明这种概率形式的归纳原理，必定仍然会陷入循环论证的困境，即被用来证明这个归纳原理之正确性的根据，是这个归纳原理自身。另一种可能性是诉诸逻辑。从直观上看来，这样一个原理是有可能从逻辑上被证明的。因为从前提似乎可以合乎逻辑地得出它的结论："所有的 A 可能具有性质 B。"而这个命题的否定形式："所有的 A 不可能具有性质 B"，实质上是与它的前提相矛盾的。但是更加谨慎的而不是粗枝大叶的归纳主义者必然知道他们面临着进一步的困难。因为他们既然认为：据以进行归纳的观察事实愈多，条件愈是多样，归纳结论为真的概率就愈高，那么，他们就必须为此做出论证：为什么当支持一个普遍原理的观察事实的数目增加时，这个普遍原理为真的概率就增加起来。这个问题在直观上似乎是"不成问题"的，但真正深究起来，就遇到了不可克服的困难。因为既然谈到了概率的增加，自然就要做出定量的比较。那么，当我们假定确切地知道支持某个普遍原理的观察证据的数目时（例如一百个吧），这个普遍原理为真的概率究竟是多少呢？正是这样一个问题，使这种概率形式的归纳原理马上陷入了困境。因为科学中任何一个普遍性概括（科学原理和定律都是严格的全称陈述）其潜在的检验对象都是无限的。因此，根据任何一种概率理论，这种普遍性概括不管有多少有限数目的支持证据（在科学中，我们的观察次数总是有限的），它为真的概率（成真度）总是零。实际上，观察证据的数目的增加绝不会提高一个普遍原理的成真度的概率。反之，任何普遍原理，不管其观察证据的数量如何，其成真度总是零。这个结论也就危及上述以概率形式表达的归纳原理。

这个问题，曾经是一些逻辑实证论学派的科学哲学家非常苦恼的问题。为了求得在一定数量的观察证据之下一个理论陈述的成真度，即表明一个理论为真的可以通过计算求得的确定的概率，他们进一步发展了数理逻辑，并把数理逻辑与概率论数学结合起来进行顽强的努力。他们的努力的结果，虽然大大推动了数理逻辑和概率论数学的发展，但对于他们想要解决的成真度问题（因而也是归纳问题），却很少有实质性的进展。其中有些人被迫放弃寻求科学理论和普遍定律的成真度的想法，转而注意研究一个理论的个别预言为真的概率。在这种研究方向之下，虽然得到了不为零的概率，但与科学理论和普遍定律的成真度已是不同的两回事，而且在深究之下，这种理论同样难免再度陷入概率为零的困难。

（二）进一步的退却

某些肤浅的归纳主义者面对要证明归纳原理，包括概率形式的归纳原理所面临的困难，而且似乎是不可克服的困难，就诉诸"明显的"合理性的理由。说归纳原理虽然不可证明，但它的合理性是"明显的"，因此是应当予以接受的。但是，那种认为归纳原理的合理性是明显的，因而可以不予论证的观念是很难被接受的。因为把某种东西视为"明显的"，实际是过于依赖于我们所受到的传统的教育、我们的成见和我们的文化了。在历史的不同阶段，对于许多民族的文化来说，认为地球是平的，这是"明显的"；在伽利略和牛顿的科学革命以前，认为要使一个物体运动起来，必须对它施加力的作用，并且物体运动的速度与它所受的力的大小成正比，这一点是"明显的"。但是，这些都是错误的。归纳主义本来是在经验的基础上强调理性和理性主义的，但这样一种退却，实际上就走向了反面，走向了非理性主义。所以，假如要把归纳原理作为一个"合理的"原理来捍卫，就必须提供出比这种"明显性"更为成熟的论证。另一种类似的论证我们可以称之为与"明显性"相反的"含糊其词"的论证。这种"论证"（如果它还称得上是一种"论证"的话），首先企图为归纳法提供"本体论的前提"。但什么是归纳法的"本体论前提"呢？那就是已经为我们所"知晓"的自然界的一些普遍规律，包括因果规律或齐一律等等。有了这些所谓的"本体论前提"，归纳法似乎就成了可以被简单论证的东西了，归纳问题的困难似乎也就根本不成为困难了。但是，人们当然还要问：你的那些作为归纳法之"本体论前提"的普遍规律是如何知晓的呢？回答又是非常简单："它们都是已为大量的科学事实所证明了的（或曰：'它们都是已为大量实践证明了的'）。"但是，这样一种简单的回答马上暴露了一个复杂的问题：原来它们用来证明归纳法的"本体论前提"所采用的方法，仍然是归纳法。它们陷入了最恶劣的循环论证之中。为了摆脱这种困难，他们退却下来，承认仅仅运用归纳法并不能使我们得到真理，但是，他们强调说，在科学研究中，归纳法实际上也不可能是孤立地被运用的，它们不但总是与演绎法相结合而被运用，而且还总是与类比、想象、灵感、直觉等多种多样的思维方法相结合而被运用。正是通过这种结合，我们可以得到真理并且证明真理。于是他们指责说，归纳问题实际上是西方科学哲学家形而上学地思维的产物，这是因为他们不懂得辩证法，孤立地考察归纳推理，所以才带来了这种归纳问题的困难。一旦把多种方法结合起来，这个问题就自然解决了。① 但这种基于庸俗哲学的指责是武断的，它所提供的"解决归纳问题"的"论证"完全是含糊其词的。因为它始终不曾认真地回答：这种"结合"如何解决了归纳问题的困难。像这样的一种不成为论证的所谓"论证"，竟然还出现在我国哲学方面的最高刊物之上并且打出了马克思主义的招牌，也正好说明了我国"哲学的贫困"和"贫困哲学"的现状。

（三）广义的归纳

"广义的归纳"这个词是亨普尔在他的《自然科学哲学》（*Philosophy of Natural Science*）一书中提出的。亨普尔作为逻辑实证主义学派中一个有头脑的哲学家，一方面继续坚持"归纳"的某些提法，另一方面却毫不犹豫地放弃了传统的归纳主义的观点。他把这种传统的归纳主义观点称作狭义的归纳主义概念而加以摒弃。而他所提出的所谓"广义的归纳"，实质上已经与传统的归纳主义观念大相径庭。在许多重要观念上，他甚至比较接近波普尔的见解。

（1）亨普尔承认并且强调科学研究不可能始于观察，因为观察依赖于理论。科学是"始于问题"的。

（2）亨普尔强调"不存在普遍适用的归纳法规则"，理论实际上不可

---

① 参见褚平《应当如何看待归纳问题》，载《哲学研究》1983 年第 2 期。

能通过归纳程序而从事实中导出。他同意爱因斯坦的某些思想，认为理论（包括规律、概念）是通过创造性的想象，"为了说明观察事实而发明出来的"。即使对于那种除了在观察陈述中所使用的术语以外，不包含新颖术语的、仅仅用以概括现象的假说来说，归纳程序在其中也只能起一部分的作用。因为尽管这种假说的提出，存在着某种归纳程序，但实际上它必须以某种先行假说为指导，归纳只是把这种先行猜测具体化，而这种先行的猜测性假说并不是通过归纳得到的。在这一点上，亨普尔仅仅在承认就"不包含新颖术语的、仅仅用以概括现象的假说"这个有限范围内，存在有某种归纳程序这一点来说，与波普尔有别，因为波普尔完全不承认科学中存在归纳。但就"必须以某种先行假说为指导"这一点而言，却是完全与波普尔一致的。

（3）亨普尔强调，任何"归纳规则"，必须理解为确证准则，而不是发现的准则。而对于"确证"（confirmation），他也接近于波普尔的理解，认为它并非证实，而只是"支持"。他强调说："我们早已指出，甚至得到完全有利结果的广泛的检验也没有最后证实一个假说，而只是对它提供多少强烈的支持。"

（4）亨普尔也基本上认为科学发展的模式是按波普尔所说的"P_1—TT—EE—P_2"的方式进行的，因而也就强调了试错法。

（5）亨普尔之所以还要坚持"广义的归纳"，那只是意味着"因为它包含假说的接受要根据资料"。而同时他也强调地指出："资料不提供它（假说）可作为定理的证据，而只是提供多少强烈的'归纳支持'或确证。"而他所说的"确证"又并非"证实"，而只不过是"支持"。所以，像亨普尔的所谓"广义的归纳"，已经不是原来意义下的归纳主义者的归纳。他的一些基本观点，毋宁说更接近于波普尔的证伪主义而不是原来意义下的逻辑实证主义。

四、证伪主义

关于证伪主义，我们在这里暂时只简单地说几句，主要是围绕着归纳问题简单介绍一下波普尔的观点，证伪主义的其他方面的观点后面还会涉及。

证伪主义最主要的特色是以下面这个论点作为它的出发点，任何全称陈述既然涉及无限的潜在的检验对象，因此任何全称陈述是只可证伪，不可证实的。我们不可能通过有限数量的检验而判定一个科学原理是真的，因为不管支持这个原理的观察事实的数量是多少，它的成真度，即判明它为真的概率始终为零。反过来，只要有一个观察事实与这个普遍原理相悖，那么就能证明这个原理是假的。其逻辑根据是：

（1）$(T \rightarrow P) \wedge P \rightarrow T \vee \bar{T}$

其中，T 表示理论，P 表示由理论 T 所作出的检验蕴涵，P 可以是一个复合命题，$P = P_1 \wedge P_2 \wedge \cdots \wedge P_n$。

（2）$(T \rightarrow P) \wedge \bar{P} \rightarrow \bar{T}$

第一式表明理论是不可证实的。第二式则表明理论是可以被证伪的。由此出发，证伪主义根本否定归纳的可能性。既然否认了归纳，认为科学并不包含归纳，那么归纳问题当然就可避免，归纳问题被认为是由于错误的科学观念所产生的误解造成的。波普尔曾经一再强调：“我的观点是：不存在什么归纳”[1]，“不存在以重复为根据的归纳法”[2]，“我否认的是：在所谓‘归纳科学’里，存在着归纳”[3]。由于他根本否认归纳，包括在科学中存在归纳，于是，他就认为，他已经以这种方式解决了归纳问题，他说：“如果我是对的，那么这当然就解决了归纳问题。”[4]

根据证伪主义，理论（包括任何一般性的原理）是不可能由事实借助于归纳导出的。理论被认为是人类智力的自由创造，是为了解决以前的理论所遇到的问题而做出的思辨性的、尝试性的推测或猜测，用以对世界某一个方面的现象（或人类的经验事实）做出适当的解释。而这种思辨性的理论一经提出，就要受到观察和实验的无情检验，经不起观察和实验检验的理论必须被淘汰，于是就造成科学中新的问题，引导人们做出进一步的理论或猜测性的假说。所以，科学是通过试错法，通过猜测和反驳而进步的。科学发展的一般模式是

$$P_1 \rightarrow TT \rightarrow EE \rightarrow P_2$$

其中：P 表示问题（problem），TT 表示试探性的理论（trial theory），EE 表示排除错误（eliminate error）。

---

[1]　波普尔：《科学发现的逻辑》，科学出版社 1986 年版，第 14 页。
[2]　波普尔：《客观知识》，上海译文出版社 1987 年版，第 7 页。
[3]　波普尔：《科学发现的逻辑》，科学出版社 1986 年版，第 14 页。
[4]　波普尔：《无穷的探索》，福建人民出版社 1987 年版，第 153 页。

五、归纳悖论

归纳法的基础，即归纳原理，在逻辑上遇到了不可克服的困难。这在本节前面的论述中已经做了较详细的讨论。但归纳法在逻辑上还会遇到更多的困难——归纳会导致悖论。我们下面就简要地介绍这方面的问题。

归纳在逻辑上会造成许多悖论。在国际上，已经被提出来的归纳悖论有许多，其中著名的有认证悖论（亨普尔悖论）、归纳合理性悖论（休谟悖论）、蓝绿悖论（古德曼悖论）、抽彩悖论（凯伯格悖论）等等。

归纳合理性悖论我们在前面已经涉及。它实际上是这样一个悖论：一方面认为科学是可靠的，并且科学中的普遍原理或理论是只能通过归纳而得到的；另一方面又承认归纳法是不可靠的，归纳的合理性是无法得到论证的。关于归纳合理性悖论及其解决，我们将在下一节中再予以讨论。关于归纳法将会遇到的其他悖论，特别是认证悖论（亨普尔悖论），在科学方法论的意义上尤其表现得尖锐，因为它直接关涉到科学理论的检验问题。但如果要把所有这些悖论都加以展开并讨论它们的可能的解决方案，那势必需要再写上厚厚的一章书。限于篇幅，我们将不得不予以从略。在国际上，关于这些悖论及其可能的解决方案，学术界都已经有了较充分的讨论，在国内，笔者的朋友陈晓平教授曾著有《归纳逻辑与归纳悖论》一书（武汉大学出版社 1994 年出版），其中不但介绍有各种重要的归纳悖论的提出、展开以及国际学术界所已经提出的种种解决方案，而且还对这些解决方案提出评论并进一步提出他自己的解决方案。建议对归纳悖论有兴趣的读者，可以参阅国际上重要的相关文献或陈晓平教授的这部著作。

第四节 科学中是否存在归纳，何处有归纳

归纳问题在科学哲学中导致了严重的科学信念危机。所以，归纳问题或归纳原理的合理性问题，始终成为科学哲学中最为严重的问题。罗素曾经在其《西方哲学史》一书中这样发出感叹：如果归纳原理的合理性得不到合理的解答，"那么在神志正常和精神错乱之间就没有理智上的差别了。认为自己是水煮荷包蛋的疯人，只是由于他属于少数派而要受到指责……"，如果否定归纳法或归纳原理的合理性，"则一切打算从个别观察

结果得出普遍科学规律的事都是谬误的，而休谟的怀疑主义对经验主义者来说便是不可避免的了"。德国著名的科学哲学家兼逻辑学家赖欣巴赫也强调归纳原理对科学方法而言是十分重要的，他说："……这个原理决定科学理论的真理性。从科学中排除这个原理就等于剥夺了科学决定其理论的真伪的能力。显然，没有这个原理，科学就不再有权利将它的理论和诗人的幻想的、任意的创作区别开来了"。然而国际科学哲学界的进一步讨论表明，归纳的合理性是不可能从逻辑上得到论证的。这就给国际的科学哲学界带来了莫大的困惑。在这种困惑中，波普尔做出了特殊的回答。波普尔对归纳问题的回答是：不存在归纳，科学中也不存在归纳；归纳问题是由于错误的科学观念所产生的误解造成的。波普尔认为他由此就解决了归纳问题。但是，能够认为人类的日常生活以及在科学中不存在归纳吗？

我们对这些问题的回答是：科学中存在归纳，但归纳不保证（即使从概率的意义上）导致真理；归纳在实践的意义上可以是有效的；归纳的合理性虽然不可能从逻辑上得到辩护，但人类的认知中（因而也在科学中）存在归纳，是可以从进化认识论的意义上得到自然主义的论证的，这个论证从深层次的意义上支持了休谟的古典观念。

一、科学中是否存在归纳？何处有归纳？

波普尔根本否定归纳，认为科学中不存在归纳。但波普尔的这个观点也受到了不少科学家和科学哲学家的批判，因为它不符合实际。许多实际工作着的科学家都还是承认科学中有归纳的。所以有的科学家甚至开玩笑地挖苦科学哲学家说，归纳法是科学家的光荣，哲学家的耻辱。因为科学家把归纳法运用得很好，通过它取得了许多科学成就；但对归纳的合理性的论证是哲学家的事，哲学家长期以来对归纳的合理性做不出论证，这实在是哲学家的耻辱。所以，对科学中是否存在归纳，如果存在归纳，那么对归纳的存在做出必要的论证，还是十分有必要的。本章中，我们试图对此做出论证。

在讨论这个问题以前，我们有必要先对不同学派对归纳主义的辩护或批判的局限性作点必要的道明。无论是逻辑实证主义者对归纳主义的辩护，还是波普尔主义者对归纳法的批判，所使用的都是二值逻辑。在二值逻辑之下，一个命题，或者是真的，或者是假的，它们只能取真假二值。然而仅仅用这种二值逻辑来讨论科学命题显然是有局限性的，或者说是不充分的。因为科学命题不但有一个简单的真假的问题，与真假相联系还有一个逼近性的问题。例如，假定客观上光在真空中传播的真实速度是 $C = 299792.4562$ 公里/秒，而我却断言说，光速值是 $C = 299792.4568 \pm 0.0005$ 公里/秒，那么按照二值逻辑，这个断言就没有言中，应该被认为是假的（错的），应予拒绝。相反，如果我断言说 $C = 300000 \pm 10000$ 公里/秒，则这个断言就是真的，因而是可取的。然而，实际上，在这两个断言中，究竟哪一个断言所提供的自然信息量更大些呢？哪一个断言更接近自然界的实际情况呢？显然前一个断言比后一个断言所提供的信息量更大并且更接近于实际。但二值逻辑根本不考虑逼近性的问题而只考虑真假二值，结果就做出了不恰当的结论。然而，在考虑归纳问题的时候，实在是不能不考虑"逼近性"这个问题的。

如果我们考虑到科学原理的逼近性这个概念，同时又对归纳法在科学中的作用做出必要的合乎实际的限定，那么，承认归纳也许就不会成为完全悖理的事情了。

许多科学家和科学哲学家都已经指出，从资料到理论需要有创造性的想象力起作用。科学假说和理论不可能是从观察资料中推导出来的，而是为了说明观察事实而发明出来的。因此，不存在普遍适用的"归纳法规则"。但同时，他们（如亨普尔、劳丹）也不无道理地肯定，对于某些特殊的和比较简单的情况而言，具体地说，是当假说不含有新颖术语的场合下，归纳程序还是会在其中起到一定作用的。

在我们看来，科学中关于普遍规律的假说，按其语言类型的特点，可以划分成为两类，它们可以分别被称为"本质论规律"和"现象论规律"。① 对于"本质论规律"来说，作为科学假说的普遍陈述，必然包含有观察资料以外的新颖术语，这些新颖术语是通过思维的创造性想象而构建出来的，它指称某种被当作（或假定）是隐藏在现象背后起作用的某种"本质"的东西。例如，在关于物质原子和亚原子结构的理论中，包含有诸如"原子"、"电子"、"质子"、"中子"、"ψ－函数"等等新颖术

---

① "本质论规律"和"现象论规律"这两个名词最初是从日本物理学家兼哲学家武谷三男那里借用来的。但在武谷三男那里，这两个名词都是在黑格尔式的辩证法的意义上使用的，因而其概念带有很大的不清晰性。而我们在1986年开始使用这两个名词时，则赋予这两个名词以清晰的含义（参见林定夷著《科学研究方法概论》浙江人民出版社1986年出版）。

语，这些术语是作为该理论之经验基础的那些观察资料——关于气体光谱、气体比热、云室和气泡室的轨迹、化学反应等等方面的定量测定的观察陈述中所不曾包含的。气体分子运动论、牛顿万有引力定律等等也都属于这种情况。科学中另一种关于普遍规律的假说，我们称之为"现象论规律"的假说。作为"现象论规律"之假说的特点是：在普遍陈述中，除了在观察陈述中所已经使用的术语以外，不再引进新颖的术语。例如，波义耳定律 $PV = $ 恒量；查理定律 $\dfrac{P}{P_0} = \dfrac{T}{T_0}$；给·吕萨克定律 $\dfrac{V}{V_0} = \dfrac{T}{T_0}$ 等等。在这些定律的表述中，都没有引进新颖术语；其中所使用的术语，如压力（P）、体积（V）、温度（T）都是在观察资料（那些观察陈述）中已经使用的术语，这些术语是直接描述仪器中所给出的关于"现象"的术语。所以，这些所谓的"普遍规律"的作用，也仅仅限于对现象之间的外部联系做出表观规律性的描述。从某种意义上，如伽利略落体定律 $S = \dfrac{1}{2}gt^2$，如果我们仅仅把 g 看作一个比例常数，而不对它的物理意义做出解释（认为它是由地心引力引起的"引力加速度"），那么也可以把它看作这种"现象论规律"的一例。

可以认为，关于"本质论规律"的假说以及科学理论（参见本书第三章），它们的形成，恰如爱因斯坦所强调，是"概念的自由创造"的结果，归纳在其中不会起什么作用。相反，正如我们所已经指出，如果真正想按照归纳法办事，反而会束缚思维，阻碍做出创造性的发现。然而，对于"现象论规律"来说，归纳程序仍然可以起到某种"助发现"的作用和某种"检验准则"的作用。

首先，我们在这里所说的只是某种"助发现"的作用，而不是像归纳主义者那样，把归纳看作"发现的方法，甚至是导致发现的唯一的方法"。在归纳主义者看来，人们在观察中必须排除先入之见，带着空空的脑袋进行观察，积累资料，然后通过归纳从事实导出理论。然而，实际的发现绝不可能如此进行，即使对于现象论规律也是如此。就以波义耳定律来说吧，他怎么可能是"毫无先入之见地从事实导出理论"呢？相反，实际情况必须是：当科学家搜集事实以前，他必须已经有某种先行猜测或假说作为他的"先入之见"，用以指导他搜集事实材料。具体来说，波义耳在搜集事实材料进而发现科学定律之前，必须已经有了下列先行猜测或假说：①对于一定量的气体来说，它的压力（P）和体积（V）这两个变量是相关的，两者之间存在着某种函数关系；②事先已经估计到（或知道）温度 T 对于 P、V 这两个变量都是相关的，它会影响到 P、V 的值。只有当他有了这些先行假说作为"先入之见"，才能指导他去设计实验，专门去搜集一定量的气体的各种 P、V 的对应值，同时还会在实验中特别注意到，在各次测量中要保持温度 T 恒定。因为如果对温度 T 不加控制，它就会影响到 P、V 的值，从而使测得的资料失去意义。只有在这些先行理论的指导下，我们才能通过实验搜集到大量的"有用的"资料，即那些反映 P、V 关系的许多对应值。然后，我们把这大量的对应值转化为直角坐标系中的许多测点，把这些测点联结起来，就有可能得到一条曲线，这条曲线反映着一种规律———定量的气体，在保持温度恒定的情况下，其压力与体积成反比，即 PV = 恒量。PV = 恒量，这种具体的规律性的联系的知识，是在我们的先行假说中所没有的。就这种意义上，归纳在这里起到了重要的助发现的作用。但也仅仅是"助发现"而已。因为对于 PV = 恒量这个规律的发现来说，起着更关键性作用的，可以说是那些先行假说。如果没有这些先行假说，我们甚至不知道怎样去搜集资料；而一旦有了这些先行假说，我们在实验中对于具体的 PV 值的测定，正如爱因斯坦所说，很可能只是一种实验技能而已。而由它所得到的结果 PV = 恒量，也只不过是先行理论的具体化罢了。而这些先行假说的获得，本身不是归纳的结果。实际上，不但科学中的观察要依赖于某种先行假说和理论，即使任何最原始的观察也要依赖于某种先行的假说和"理论"。我们在本章后面就会讲到人类的先天认知结构，这种先天的认知结构中就包含有许多先天性的假设和认知，它直接影响甚至在某种程度上决定了我们对世界的认知方式甚至科学形态。这种先天认知结构就个体而言是先天的，但就种系发育而言则是后天的，它是以 DNA 的方式从祖先那里承袭下来的。

但是，对于"现象论规律"来说，归纳不但具有某种助发现的作用，甚至还可以有某种"检验准则"的作用。这里所谓的"检验"，不但包括"证伪"，而且包括"证实"，当然是在这种意义下的"证实"，即主体间可一致的意义下的证实。对于这种"检验准则"的作用，如果我们仅仅用二值逻辑的观念，那仍然是不可能得到合理论证的。因为正如波普尔所指出，自然科学规律都是严格的普遍命题，它所涉及的潜在的检验对象是无限的，而实际可能的观测次数总是有限的。所以，不管有多少有限数目的观测支持，一个普遍命题被验证为真的成真度概率总是为零。但是，如果我们在论证中，摆脱这种二值逻辑的局限，同时又引进三个辅助假说，那么我们也许有可能运用极限理论逼近于对归纳的这种"检验准则"的作用，做出某种程度上的"合理的"论证。我们曾经在亨普尔的基础上对这种"合理性"做出过这样的初步"证明"。现在我们就试着来作出这样的"证明"。这三条初始的辅助假说如下：

假说一：假定自然界客观上存在着一条规律——真规律 $u = f(v)$。

假说二：自然规律是简单的。

假说三：我们能够获得可靠的观察陈述。

现在，我们试着以这三条辅助假说为基础来说明：对于现象论规律来说，归纳为什么能起到某种"检验准则"的作用。

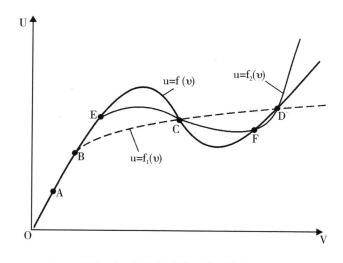

图 1 - 3　归纳的"检验准则"作用

假定：最初，我们测得了 A、B、C、D 四个点。依照假说三，我们可以设想，所测得的点都落在了真规律曲线 $u = f(v)$ 上。但依据这些点，我们没有根据将会得到真规律 $u = f(v)$。相反，依据自然规律是简单的这个假定，我们很可能假定自然规律具有 $u = f_1(v)$ 的形式，进而我们又测得新的点 E、F，它们没有落在曲线 $u = f_1(v)$ 上，因而对我们原先的假定：自然规律是 $u = f_1(v)$，进行了证伪。而依据新的测点 E、F，按照假设二，我们又可能认为自然规律很可能具有 $u = f_2(v)$ 的形式。往后，它可能又被新的测点所证伪，我们据此对于 $u = f_2(v)$ 再进行否证或修正。只要自然规律确实是简单的，它——真规律 $u = f(v)$——的任意相邻两点之间不是像头发夹子那样突然转弯的（这个假定是十分必要的，因为在任意两点之间还存在着无限多的点）。那么，当我们的测点不断增多时，我们只要把相邻两点以任意简单的线条（或直线，或以相邻两点的连线为直径作半圆，或以样条函数等方式）连接起来，我们就能逼近真实的函数 $u = f(v)$。随着测点的增多，我们将得到一种无限逼近的趋势。这种趋势——归纳作为检验准则的合理性，如果我们肯定上述作为前提的三条假设，那我们是可以运用极限理论加以证明的。

但是，这种"证明"，仍然经不起三问，因而仍然没有真正解决归纳问题。深追下去，它仍然存在着一些基本的困难和问题。这是因为：

（1）所谓"自然规律是简单的"，这个假定如何证明呢？更何况，所谓规律的简单性，显然与我们主观上所选择的描述框架密切相关。一个函数关系，在直角坐标下是简单的，在极坐标之下很可能表现为很复杂的；在极坐标之下是简单的，在直角坐标之下又可能表现为非常复杂的。例如，阿基米德螺线，如果用极坐标来描述它，那么它的形式就十分地简洁 $r = \alpha\varphi$，同样地我们看到，对数螺线在极坐标之下也非常简单，$r = ae^{k\varphi}$，其中 α，κ 均为常数。但是，如果我们试图用直角坐标来对它们进行描述呢，那么，它们就可能变得复杂得难以想象了。在这里，规律是否简单，在很大程度上取决于我们主观上所选择的描述框架，要说自然规律本来就是简单的，这实在是难以获得论证的。

（2）"我们能够获得可靠的观察陈述"，这个假定实际上也是很成问题的。因为观测依赖于理论，我们不可能先验地保证"观测总是可靠的"。

（3）如果我们企图以"大量的经验"或"大量的实践"来证明这些辅助假说是真的，那么，显然我们马上又会陷入我们前面已经批判过的那种恶劣的循环论证之中。

所以，我们不可以在本体符合论的意义上去谈论所谓的"客观真理"或一种观念被"证实"，而只可以在共同接受的背景知识之下，谈论主体间的可一致性。如果我们把以上三条假设看作共同接受的背景知识，那么，归纳作为"检验准则"的作用从主体可一致性的意义上是可论证的。但也仅此而已。我们的关键观念还在于关于归纳有效性的辩护。

二、关于归纳有效性的辩护

我们已经说过，归纳问题之所以产生，是由于同时承认了两个前提，即一方面，我们肯定已知的某些科学理论、原理、规律是真理，甚至说它们是千真万确的、不可移易的真理，或者至少说它们在一定的程度上（一定的概率意义上）已经表明是真理；另一方面又说，一般规律只能在观察的基础上通过归纳得到，或者其真理性要通过归纳来证明。我们已经指出，承认这两个命题，必然引起逻辑上和认识论上的困难，即引起归纳问题。即使把归纳主义的观念退却到概率的形式，也还是不能逃避逻辑上的困难。但是如果我们转变一个观念，我们不再追求一般观念或科学原理的真理性（这里的真理性是指"符合论"意义上的真理性），把归纳仅仅看作一种猜测的方法，那么，在现象论规律的范围内，对归纳所获得的猜测性观念所做出的预言的有效性，是有可能做出有效性不为零的概率的辩护的。所以，对归纳问题的解决，我们将采取放弃真理符合论的策略。因为事实上，真理符合论是不可能得到合理辩护的。关于这个问题，读者们通过我们在全套丛书中各方面的详细分析，一定会有深刻的印象。所以，我们采取放弃真理符合论的策略，并不是一般意义上的"策略"，而是有着深刻的合理性的理由的。由于在科学中，对于科学理论的检验，我们同样是要首先从理论中导出现象论规律，然后才可能与观察经验相比较，看理论的预言是否与经验相一致，因此，我们这种策略下的方案，对于科学理论的检验也同样是有效的，即我们放弃对一个理论作为普遍命题的集合为"真"或"概率意义上的真"的追求并试图对此做出论证，而只寻求一个理论的预言为真的不为零的概率，那是有可能获得合理性辩护的。事实上，我们对科学理论的检验，也仅仅是做了这样的工作，只是人们在思维上作了不合理的逻辑跳跃，硬要把这样的检验（通过预言来检验）说成是证实了普遍理论罢了。事实上，逻辑上的道理也是摆着的，通过理论的预言来检验理论，是不可能检验出理论为真的。因为逻辑上的一个简单道理是：对于一个蕴涵式，是不可能通过肯定其后件而肯定其前件的。

就本来意义上的概率形式的归纳主义纲领来说，正如我们所已经指出，如果它们企图追求在一定数量的归纳证据的支持之下，一个普遍命题的不为零的概率，那么它们将不会取得成功，因为不管这样的归纳支持的数量是多少，一个普遍命题为真的概率始终为零。它并不会随着支持证据数目的增加而增加。但是，如果我们放弃寻求一个普遍命题为真的不为零的概率（普遍命题的成真度不为零的概率），转而寻求一个理论的个别预见为真的概率的时候，那么在这种方向上确实能得到相当大程度上的成功。因为已经有人构建模型，求出了这种情况下的不为零的概率。这种形式下的不为零的概率，虽然不能说明一个理论或普遍命题的成真度，却着实可以说明一个理论或普遍命题的有效性的程度，或者说，用这个理论来指导实践的有效性的程度。为了说明问题，我们不妨做一个形象的比喻。事实上，为了求得在这种情况下的成真度的不为零的概率的数学模型，与这里所说的形象的比喻的情况也是十分相关的。假定：在一个箱子里有无数我们不知道其颜色的球，并且这些球是随机分布着的。当我们从箱子里取出第 1 个球，发现它是白色的。我们又从箱子里取出第 2、第 3……第 100 个球，发现它们都是白色的。这时，我们根据归纳法所得的普遍陈述："这个箱子里的球都是白色的。"正如我们所已经指出，如果我们企图用已有的 100 个（或更多个）支持证据来证明这个普遍陈述为真，那将是不可能的。因为这样所得到的成真度的概率总是零。但是，如果我们以已有的支持证据（连续取出 100 个球都是白的）来预言下一个从箱子中摸出来的球也将是白的，那么，这种预言为真的概率将是不等于零的，并且这种预言的成真度的概率将会随着支持证据的增加而增加。这就意味着，我们从归纳所得的结论，虽然无法证明它是真的，但由它所做出的预言，在概率的意义上将是有效的，并且其有效性的概率将随着归纳结论（普遍陈述）的支持证据的增加而增加。因此，虽然我们不可能通过支持证据证明一个归纳结论（普遍陈述）之为真，却可以为我们在实践中运用理论提供一种信心。因为一个理论的预言的成真度的概率，就意味着告诉我们：运用这个理论来指导实践，将在多大的程度上使我们获得成功。举例来说，我们虽然不能用几何光学范围内的大量例证来证明牛顿光学理论之为真，但我们却仍然可以充满着相当大的信心，用它来指导我们的光学仪器的设计，相信由它所做出的预言将在实践中指导我们取得成功。当然，我们在这里所做的比喻，是一种过于简单化的说法，因为实际情况要比这种比喻复杂得多。这里的主要差别在于：从理论所作出的预言，绝不是如"下一个摸出的球是白球"这种陈词滥调式的"预言"那样简单，这种陈词滥调式的预言没有任何新颖性。而科学理论要求做出新颖预见，它的通常形式是 $C_1 \rightarrow P_1$，$C_2 \rightarrow P_2$，$C_3 \rightarrow P_3$，…这里的 C_1，C_2，C_3，…是指不同的条件集合，P_1，P_2，P_3，…是指满足不同条件集时所出现的不同的现象。这些预言的形式化式子的意思是：当满足某一组条件 C_1 时，将出现现象 P_1；当满足某一组条件 C_2 时，将出现现象 P_2；当满足另一组条件 C_3 时，将出现现象 P_3；……在科学中的这种复杂情况下的预言，绝不是如"下一个摸出的球是白球"这样陈腐和简单的。所以，以这种类似情况下所求得的不为零的概率，在说明科学预言的时候，可能会仍然面临困难。这需要进一步的研究。关键还在于我们所提出的科学进步的三要素目标模型。根据科学进步的三要素目标模型，评价科学理论之优劣的应是可证伪性、似真性、逻辑简单性这三性要求，因而科学理论是应当向着愈来愈协调、一致和融贯地解释和预言愈来愈广泛的经验事实的方向发展，而并不需要实在论的假定。

回过头来我们再说说有关我们批评过的庸俗哲学的问题。庸俗哲学的命题是"实践是检验真理的唯一标准"，我们以上的论证可能为庸俗哲学家们提供启发。因为我们为他们清晰地论证了实践检验如何对"理论"能够起到"检验准则"的作用。但请读者注意，这里存在着重大的根本性的差别。庸俗哲学家们通常是思想懒汉，从不愿意对他们提出的命题做出清晰的思考和论证，却又想利用用语的模糊性来为他们所依附的政治服务。从纯学术的意义上说，这里也存在着许多原则性的重大的差别：①庸俗哲学笼统地说，实践是检验真理的唯一标准，并且认为这句话是普适的，即认为它适用于一切命题和命题系统，而我们则清晰地分析并指明，分析命题及其系统是不需要也不接受实践检验的，形而上学"命题"也不接受实践检验，只有综合命题及其系统才需要并接受"实践检验"。②就综合命题及其系统（如自然科学和社会科学）的检验而言，我们也要区分清楚"理论"还是"观察陈述"；对于"规律陈述"，也要区分清楚是"本质论规律"还是"现象论规律"，对于观察陈述和现象论规律陈述，如果我们不再深入追究其背后的认识论问题，我们还可以马虎认可"实践"具有检验其真假的作用，但对于科学理论和"本质论规律"性质的命题而言，则由于科学理论的结构和科学理论的检验结构与检验逻辑所决定，实践（如科学中的实验观察）是既不能证实也不能证伪任何理论的（见本书第五章）。而且，即使对于现象论规律而言，虽然我们论证过，如果我们承认三条假定的前提，那么是可以证明实践可以对它们起到证实或证伪的某种"检验准则"的作用的。但是，那三条前提如何证明呢？那却又会遇到根本性的困难：那是不可证明的。③在科学中，我们实际上是依靠观察陈述来检验理论的。所谓"实践检验"实际上是通过实践我们能够获得许多的，乃至一系列的观察陈述，我们是依靠这一系列的观察陈述来检验理论的。所谓的"实践检验"是一个非常模糊的观念，它既可以被理解为是动手动脚的作用于对象的物质过程，也可以被理解为获得关于对象的感觉、知觉的感性活动（毛泽东以及其他所谓的"哲学家"不是反复强调过实践是一种"感性活动"吗）？实践还常常被那些所谓的"哲学家"理解为实践作为物质活动过程的结果，因而它提供"客观事实"，因而实践标准乃是一种"客观标准"。其实，物质过程也好，感觉知觉的感性活动也好，"客观事实"也好，它们都是非语言的，而理论是用语言表述的，这些非语言的东西如何能够来检验用语言表述的理论呢？十分明显，用语言表述的陈述系统只有通过相应的语言陈述才能予以证实或证伪，相应地，那些非语言的物质过程也好，感觉知觉也好，"客观事实"也好，只有首先把它们反映到我们的脑子中来，用语言的形式表述出来（作为观察陈述），才能对作为语言系统的理论予以检验。而一旦试图用语言来表述我们的观察结果，我们知道，观察是依赖于理论的。不但观察陈述依赖于理论，就连通过观察所获得的感性知觉也是渗透着理论的（见本书第四章）。④我们论证过，试图通过归纳来证明一个普遍原理为真是不可能的。因为不管支持这个普遍原理的支持证据有多少，其成真度的概率总是零。但是，如果我们转而去关注或寻求一个普遍原理的预言的有效性，那将可以得到某种不为零的概率，并且这种概率将随着支持证据的数量增加而增加。这就是说，对于一个由归纳所得的普遍结论，我们虽然无法证明它为真，但对于由它所做出的预言，在概率的意义上将可以是有效的，并且其有效性的概率将随着归纳结论（普遍陈述）的支持证据的增加而增加。因此，虽然我们不可能通过支持证据证明一个归纳结论（普遍陈述）之为真，却可以为我们在实践中运用理论提供一种信心。这就是我们对归纳之有效性的辩护。但那些庸俗哲学家们常常是思想上的懒汉，他们常常不做也不曾想做任何认真的思考，笼统而轻易地就把实践上的有效性等同于与客观对象符合意义上的真理性。懒汉哲学某种程度上导致了哲学贫困的悲哀，庸俗哲学实际上既是体制之过，也是思想懒汉或懒汉思想之过。⑤要真正搞清楚观察与理论的关系，包括观察如何检验理论，以及实践（实际应为观察陈述）能否证明人的认识（不光是理论）

与客观对象符合意义上的"真理性"，那还要仔细考察语言与感知的关系、感知与世界的关系、语言与世界的关系等等这些基本的哲学问题（关于它们的讨论见本丛书第五分册）。庸俗哲学家们连对这些基本问题都不做任何稍许深入的思考，就胡乱说什么"实践是检验真理的唯一标准"，甚至是"客观标准"，实在是要不得的。哲学的可贵之处就在于要对自己的论点做出清晰的论证。不做论证算什么哲学？真正的哲学是一门学问，不能是"只可悟不可道"的"玄学断语"。

三、关于归纳的自然主义论证

我们人类的认识过程中是否存在归纳？科学中是否存在归纳？这又是一个科学哲学必须回答并论证的问题。本小节就专门讨论这个问题。

我们关于归纳的自然主义论证，归根结底就是要对归纳之存在作进化认识论的论证。波普尔是进化认识论的先行者，但他为了解决归纳问题却走到了否认科学中存在归纳的地步。我们从科学的实际出发，承认科学中存在归纳，却要从进化认识论的角度上为科学中存在归纳做出合理性的辩护。这种辩护，不是"逻辑合理性"的辩护。正如我们在前面已经论证并指出，要对归纳或归纳原理的合理性，从逻辑上做出辩护是不可能的。我们的辩护，主要是对是否存在归纳，做出一种自然主义的辩护。我们的辩护的主要思路是：动物的条件反射已经表明，动物的先天认知结构中已包含有归纳的倾向，并且这种倾向在生物的进化过程中以 DNA 的方式保留下来；动物的认知结构中的归纳倾向，是自然选择的结果；人是从动物进化过来的，所以在人的先天认知结构中，也具有归纳的倾向。我们的这个辩护，为休谟的观点——归纳乃是人的心理习惯提供了深层次的辩护。

我们的这个从进化认识论的角度上所作出的辩护，不但对科学中存在归纳的观念是有效的，而且对我们在本书中的另一个观念，即关于科学目标的观念同样是有效的。我们在本书第六章中，批评了科学追求本体符合论意义上的真理这种形而上学的虚幻的目标，并阐明科学的实际可检测的目标是如下三项的合取：①科学理论与经验事实的匹配，包括理论在解释和预言两个方面与经验事实的匹配，而这种匹配又包括了质和量两个方面的要求；②科学理论的统一性和逻辑简单性的要求；③科学在总体上的实用性。人类科学的发展何以会追求这样的三要素的目标（不管人们是否自觉到它）？我们也正是从进化认识论的角度上发掘与人的"先天本性"有关的人类的先天认知结构中获得辩护或解释的。

为了说明我们如何从进化认识论的角度上为归纳以及科学目标做出辩护，我们最好还是从发生学的意义上的一个故事说起。

记得在20世纪80年代末，作者的一名研究生史然作学位论文，其所选的论文题目是："认知结构与生命进化——进化论的认识发生论"，其中的一个最关键的内容就是要探索人的"先天认知结构"。一次他来到我家里，讨论论文大纲。交谈期间，我信手向他演示了一个"平淡无奇"的实验。当时我家客厅里有一个较大的水族箱，其中喂养着多条姿态十分美丽的硕大的金鱼。我到水族箱边拿起装有金鱼食的塑料瓶子，尚未喂食，那些金鱼就都激动地浮出水面，等待喂食。然后我喂给它们以少许食物，不再投食了，鱼儿们就沉到水下嬉戏去了。我让史然也来试。当他端起鱼食瓶子时，鱼儿们也都激动地浮上水面来了。待史然喂给少许食物不再投食时，鱼儿们又都沉下水中去了。这确实是一个平淡无奇的实验；它无非是巴甫洛夫通过他的狗所做出的著名的条件反射实验的一个普通的翻版。但从进化认识论的意义上说，这又意味着什么呢？我们的讨论就从这里开始。讨论中我们议论到以下几点：

第一，"条件反射"是训练出来的。巴甫洛夫每当给他的狗喂食以前打铃，经过多次训练以后，每当听到铃声，狗就都跑来等待喂食，并分泌唾液。我们的金鱼也是如此，我每次拿起鱼食瓶，就给鱼儿们喂食，经过多次训练以后，每当见到我拿起鱼食瓶，鱼儿们就激动地浮出水面，等待喂食。这说明在这些动物的认知结构中已有了先天的归纳倾向。它们在经验中发现 A_1 有 B、A_2 有 B、……、A_n 有 B，然后当出现 A_{n+1} 的时候，它们就期待着也会有 B 发生。如此才形成了条件反射。

第二，在这些动物（金鱼或狗）的先天认知结构中已经包含了抽象的倾向或抽象的能力。其实，我前天喂鱼、昨天喂鱼和今天喂鱼时，所穿戴的服饰都不同，动作也未必都相同，更不用说我和史然的身形和容貌都不同，但鱼儿们能从这些不同的场景中抽象出相同的东西：有人拿起了鱼食瓶。然后它们就等待着喂食。狗儿能识别它的主人更是依靠着这种抽象的能力。它的主人前天回家、昨天回家和今天回家，他的穿着可能都不相同，而且前天可能是他单独一人回家，走路时没有和谁说话，而昨天却是和他的朋友一起回家，并且一路走一路和朋友说笑，今天却不同，他是乘出租汽车到家门口，然后从出租汽车中走出来，手中还提着许多购来的物品。但这只狗却能从这些不同的场景（不同的现象）中抽象出共同的东西：主人回来了。于是它摇动着尾巴热情洋溢地迎上前去。容易明白，如果没有这种抽象能力（不管它通过什么途径），狗儿就不能辨识它的主人。不同中见"同"，这是许多较高等的动物先天就有的一种重要的认知能力。

第三，前述两点，都意味着在动物的认知结构中，已经先天地具有从"个别"过渡到"一般"，即追求"一般知识"的倾向。第一点是说"条件反射"的形成就意味着一种"归纳"。动物的这种先天的归纳倾向当然就意味着它的认知结构中具有从"个别经验"过渡到某种"一般性知识"（某种"规律"或"规则"）的先天倾向。而第二点所显示的先天的抽象能力，也意味着这些动物具有从变动不居的现象中抽象出某种稳定东西的能力。

第四，"条件反射"的形成，还意味着在动物的先天认知结构中，具有某种追求"因果关系"的原始倾向。它们以 A_1、A_2、$\cdots$、A_n 之后都紧随着有 B 发生的经验为基础，当出现 A_{n+1} 时，就期待着 B 再次发生。这就意味着在某种程度上它们把 A 看作"因"，把 B 看作"果"；只要有 A 发生，它们就期待着 B 的出现。

第五，对于每一动物个体而言，通过训练而形成的"条件反射"是可以被破坏的。我向史然述说了我此前曾经做过的"实验"：当我培养的那些金鱼已经形成了那种条件反射以后，我曾经在连续的数天里，拿起鱼食瓶，当鱼儿激动地浮出水面后却不给喂食。鱼儿吃不到食，然后就怅然地回到水底去了。如此这般地多次"欺弄"了它们以后，我再拿起鱼食瓶，它们就不再激动地浮出水面了。这就是说，原已形成的那种"条件反射"遭到破坏了。但这又意味着什么呢？这说明在这些动物的先天认知结构中，已经先天地具有了如下的要求：它们通过条件反射所已经获得的"一般知识"，必须与它们后续的相应经验相一致；如果发生不一致，而且多次发生不一致，它们就会调整原有的"认识"。总之，要求它们通过条件反射所获得的普遍性规则（或规律）的"认识"，要与它们的经验相一致，乃是这些动物的认知结构中先天具有的倾向。

第六，在许多动物的先天认知结构中，还包含有许多其他种类的如康德所说的"先天综合知识"，例如空间和时间这两种感性直观的先验形式。正是借助于这两种先验的直观形式，才使得它们获得了感知外部世界并使之具有一定结构的可能性。并且对于许多较高等的动物而言，它们的空间感知也是三维的，因为它们有深度知觉。

第七，动物的这些先天认知结构，并不神秘，因为它们是进化的产物。所以，这些先天的认知结构，对于个体而言是"先天的"，但是对于种系发育而言却是"后天的"，它们是从它们的先辈那里以 DNA 的形式遗传下来的。这些 DNA 决定了它们具有某种先天的认知结构。

第八，从进化论的角度来看，动物的这些先天的认知结构是适应的产物，是自然选择的结果。许多物种如果不具有这种先天的认知结构，很可能早就在自然选择中被淘汰了。

第九，人是从动物进化而来的，所以人也具有某种先天的认知结构；由于进化的结果，人的先天认知结构比起其他较低等的动物来，也许更复杂、更完善。而人的这种先天的认知结构，就决定了人对世界的某种认知方式，包括归纳、抽象、空间时间这些感性直观的先验形式、逻辑思维能力的孕育基础、科学发展的认知目标，其中包括对已经获得的一般规律的知识作进一步的经验检验，要求理论与经验相一致的先天倾向，等等。

第十，以上讨论所得出的结论，能说明许多问题。例如，诚如前述，其中的第一点，就可为休谟认为归纳是人的心理习惯的观点做出深层次的辩护。因为我们为这种"心理习惯"从进化论和遗传学的角度上提供了深层次的生理学的说明。第二点能用来批驳波普尔关于归纳不可能，科学中没有归纳的观点。因为波普尔的论据是归纳的前提条件是"异中见同"的"重复"，但"异中见同"的"重复"却没有根基。而我们却论证了"异中见同"（重复）是许多较高等的动物就已具备的先天能力。我们的许多讨论也支持了康德认为人具有许多"先天综合知识"的观点，并从进化论、遗传学的角度上论证了它。当然，我们还得申明：不能如康德所言，人的"先天综合知识"必然是真的。相反，它们也同样是可错的。包括先天的"归纳"倾向，其所得的"知识"显然是可错的。从我们的讨论所得的那些观念，很容易从进化认识论或发生认识论的角度上说清楚，人类何以会有一种先天的倾向，使科学的发展潜在地追求着（不管人们自觉不自觉）我们在本书第六章所要讨论的"三要素"目标。因为这三要素目标是已经潜在地存于人的先天认知结构之中的。我们已经看到，在许多较高等的动物中，在它们的先天的认知结构中，已经潜在地存在有归纳的倾向，追求普遍性（规则、规律，例如体现在"条件反射"中）、因果性的倾向，具有"异中见同"的天然能力，以及要求它们所获得的"普遍知识"（规律、规则）与它们的经验相一致，一旦发现不一致，就会调整它们的"知识"的能力。它们的这种先天认知结构中的先天的倾向和能力，是物种得以保存和发展的基础。这些倾向和能力是适应的结果，在某种意义上，"适应"也就是"实用"。在生物进化的过程中，它们的认知结构的进化，也是以"实用"为条件的。人是从动物进化而来的，而且具有"第二信号系统"，具有使用语言和符号进行抽象思维的能力，而且在人的先天的认知结构中，也已经具有了可以随着机体成熟而发展或可以被开发的逻辑演算的倾向或能力（皮亚杰），并且在思维中被要求符合逻辑演算的规则。所以，在原始人那里，就已经具有了从经验中追求普遍性（从经验中总结规则、规律）的先天倾向，追求因果说明的先天倾向，在思维中追求合乎逻辑的先天倾向，要求使他们所获得的任何原始的普遍性知识与他们的经验相一致的先天倾向，特别是追求知识的实用性的倾向。随着人类智力的发展，人类逐渐地要求以某种统一的模式来解释纷繁复杂的自然现象，即他们在更高的程度上追求着知识的统一性和逻辑简单性。于是，在人类的历史上先后出现了宗教体系、形而上学体系，然后又出现了科学（孔德）。宗教体系、形而上学体系正如科学知识体系一样，当它们最初出现的时候，也都曾经是人类试图通过某种构造性的努力，以对纷繁复杂的自然现象做出某种统一解释的一种方式。只是由于人类知识和智力水平发展的局限，人们当初并不能发现，通过它们所提供的种种"解释"，实际上都不过是伪解释。往后由于人类知识和智力水平的进一步发展，人类逐渐地不满足于宗教和形而上学所提供的对自然现象的伪解释，特别自近代以来，科学（首先是自然科学，然后是社会科学）显然已逐渐地取代宗教和形而上学，成为人们理解和探索自然的主要方式，虽然人类仍然（也应当）给宗教和形而上学留出它们相应的、合理的地盘。科学采用实证的方法，追求科学理论与经验事实的一致；科学追求科学理论的统一性和逻辑简单性，却不像宗教和形而上学那样，试图仅仅凭借玄想而"一步登天"，而是在实证方法的基础上逐步地、渐进地去实现这个目标；科学追求实用性，却更多地通过"技术"这个中间环节去实现这个目标，更允许它的某些分支学科表面上完全不追求甚至不理会"实用目的",它只追求科学总体在实用上的有效性。总之,我们的"科学进步的三要素目标模型"所述说的科学进步所追求的三要素目标,不但可以从经验上获得合理的论证,而且可以从进化认识论上获得合理的辩护。

有了上述讨论,人的先天认知结构中已具有归纳的倾向,以及在科学中会存在归纳,也就成为自然的事情了。

第二章 理论的建构

第一节 发现和发明的模式，直觉的作用

一、传统观念

自从近代科学产生以来，关于科学发现的模式，历来就有两种主张。这两种不同倾向的主张都可以溯源到亚里士多德。亚里士多德认为，任何一门科学都应当是通过一系列演绎证明而构成的命题系统，其中作为一切证明的出发点的，是一般性程度最高的第一原理，其他一般性程度较低的命题都是由第一原理演绎出来的。一门理想的科学应当是演绎陈述的等级系统。然而，亚里士多德同时承认，一般性命题必须在观察经验的基础上通过归纳得到。所以亚里士多德实际上建立了一个科学认识的归纳——演绎模式，认为科学研究是由从观察上升到一般原理再回到观察这两个阶段组成的。然而，亚里士多德所注意研究的是演绎法。此后，亚里士多德的追随者所强调的也往往只是从第一原理演绎出次一级命题再次一级的命题。他们倾向于认为，科学研究应当从第一原理开始，而不是从观察开始；科学发现应当借助于演绎而不是归纳。近代科学产生以来，笛卡儿所主张的实际上就是这种方法。但笛卡儿要求作为一切演绎证明的出发点的初始命题（第一原理）要具有确实性，为了达到这个确实性的要求，他系统地怀疑他以前曾认为是真的所有判断，以便看出这些判断中是否有一些是毫无疑问的。通过这样的思考，他得出结论：其中有一些判断确实是毫无疑问的。这就是"我思故我在"，"必定存在有一个尽善尽美的上帝"等命题。他要求以这些命题作为一切推理的出发点，来发现真理。另一种对立的倾向从伽利略以后就发展起来了，其中尤以弗兰西斯·培根为它早期的最杰出的代表。这就是我们已经介绍过的归纳主义观念。自从近代科学产生以来，笛卡儿的《论方法》等著作虽然发生过一定的影响，但整

个说来，影响较弱。归纳主义观念是近代自然科学中占主导地位的观念。它继承亚里士多德的归纳—演绎模式，又发展了归纳方法并强调科学发现只能是通过归纳程序来实现的，归纳法是唯一的科学发现的方法。

然而，虽然这两种主张分别强调了演绎法和归纳法作为科学发现的方法，提出了各自的科学发现的模式，但是，实际上，正如日本的著名科学家、诺贝尔物理学奖获得者汤川秀树所指出："很难发现这两种方法中能够使人类思维成为真正创造性的根源何在，虽然我们很熟悉这两种方法。"至今，归纳主义关于发现模式的见解虽然还有一定的影响，但整个地说来已被愈来愈多的科学家所抛弃或拒绝。不但爱因斯坦从自己的切身经验中以及对科学认识论的深入思考中，觉悟到了归纳主义之不可行，认识到企图通过归纳来建立理论，"都是注定要失败的"[1]，归纳主义的那些想法，只不过是一些"幻想"[2]。德国著名的物理学家 M·玻恩也指出："由事实到理论这中间是没有逻辑道路可循的。"[3] 而日本的著名物理学家兼哲学家武谷三男则把这种归纳主义的观念称作"庸俗认识论"，认为它对于科学是"毫无意义的"[4]。

二、发现和发明都是借助于猜测和试错

关于"发现"和"发明"，人们通常赋予它们以不同的含义。"发现"是指某种自然界本来存在的东西，我们通过某种方式找到了它。"发明"是指某种自然界本来不存在的东西，我们通过某种人为的方法把它实现了出来。据此，人们往往把科学中关于理论和规律的建构以及新事实的确认称之为"发现"，而把技术上的方法或器具的首创性的实现称之为"发明"。其实，在科学技术中，关于"发现"和"发明"的关系并不是那样有清晰的界线的。因为科学中理论和规律的建构在原则上正好也是一种发明；而技术上的某种发明在某种意义上也可以看作一种发现。这个问题，我们暂时把它放下，以后有机会再议。但从方法论的意义上说，关于科学中理论和规律的发现、事实的发现以及技术上的发明之间，其发现的

---

① 爱因斯坦：《爱因斯坦文集》（第一卷），商务印书馆 1976 年版，第 315 页。
② 爱因斯坦：《爱因斯坦文集》（第一卷），商务印书馆 1976 年版，第 309 页。
③ 玻恩：《爱因斯坦的相对论》，河北人民出版社 1981 年版。
④ 武谷三男：《武谷三男物理学方法论论文集》，商务印书馆 1975 年版，第 68 页。

模式确实是很不一样的。关于事实的发现，我们将放到关于实验观察的章节以及问题学的一个章节中去讨论，在本节中，我们将着重讨论理论上的发现和技术上的发明的模式。技术上的发明，当然也是一种发现——发现对于一种技术问题的解决办法。

那么，从现代科学方法论的某种比较相宜的观点上说，科学的发现和技术的发明的一般模式应当是怎样的呢？

从最一般的意义上说，不管是科学理论上的发现或技术上的发明，实质上都是通过"猜测—试错"来实现的。

（一）科学理论发现的模式

关于科学理论的发现的模式，爱因斯坦曾经强调了"探索性的演绎法"。其要点可以简述如下：理论观念的产生，固然不能离开经验而独立，它"是建立在经验的基础上的"，但是，理论绝不可能通过归纳从经验事实中导出。事实上，"科学不能仅仅在经验的基础上成长起来，在建立科学时，我们免不了要自由地创造概念"。经验对于理论的创造，只能起到某种"影响"和"提示"的作用，科学理论归根结底是通过思维的自由创造而"发明"出来的。当然，这种在思维中创造概念的"自由"，"是一种特殊的自由，它完全不同于作家写小说的自由"[①]。科学中思维的自由创造要受到两个条件的制约：理论必须与经验事实相符合；理论的逻辑基础必须是自洽的，并且应当具有尽可能大的简单性。从理论的建立要来源于经验的启示，又要接受经验事实的检验来说，我们的"一切关于实在的知识，都是从经验开始，又终结于经验"[②]。但是，这样建立起来的理论绝不是唯一的。因为对应于同一组经验事实，可以建立起多种不同的理论。从事实到理论绝没有逻辑的通道，须得依赖于"以对经验的共鸣的理解为依据的直觉"。理论的检验虽然是一个逻辑与经验相结合的过程，但也不可能排除直觉的作用。

对于爱因斯坦关于科学发现的这种理解，爱因斯坦自己曾经用一个简单的示意图来加以说明（见图2-1）：

---

① 爱因斯坦：《爱因斯坦文集》（第一卷），商务印书馆1976年版，第346页。

② 爱因斯坦：《爱因斯坦文集》（第一卷），商务印书馆1976年版，第313页。

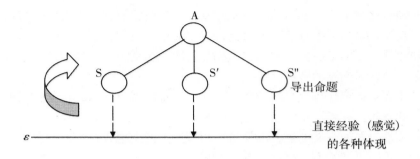

图 2 - 1　爱因斯坦关于发现的模式的示意图

爱因斯坦对图 2 - 1 的解释如下：

（1）ε（直接经验）是已知的。

（2）A 是假设或者公理。由它们推出一定的结论来。从心理状态方面来说，A 是以 ε 为基础的。但是在 A 同 ε 之间不存在任何必然的逻辑联系，而只有一个不是必然的直觉的（心理的）联系，它不是必然的，是可以改变的。

（3）由 A 通过逻辑道路推导出各个个别的结论 S，S 可以假定是正确的。

（4）S 然后可以同 ε 联系起来（用实验验证）。这一步骤实际上也是属于超逻辑的（直觉的），因为 S 中出现的概念同直接经验 ε 之间不存在必然的逻辑联系。

但是 S 同 ε 之间的联系实际上比 A 同 ε 的关系还要不确定得多，松弛得多。

由此可见，理论的建立固然要依据于经验，却不可能是由经验导出的。理论实际上是"人类理智的自由发明"的结果。要做出这种"发明"固然可以运用种种不同的方法（如爱因斯坦自己曾十分强调"纯数学的构造"、"对应原则"以及类比法等等），但本质上都是一种解决科学所面临的问题的尝试性的猜测。人们就像玩"猜字谜游戏"那样去尝试性地猜测自然界的"谜底"，从而达到对自然界规律的某种理解。爱因斯坦曾经生动地描述了开普勒发现行星运动三大定律的艰辛努力："……轨道（笔者注：应为观测数据）已经从经验中知道了，但是它们的定律还必须从经验数据里猜测出来。首先他必须猜测轨道所描述的曲线的数学性质，然后把它用到一大堆数字上去试试看。如果不合适，就必须想出另一种假说，再试一试。经过了无数次的探索以后，才发觉合乎的推测是：行星轨道是一种椭圆，而太阳的位置是在它的一个焦点上。……"

（二）技术发明的模式

技术的发明也是通过"猜测—试错"来实现的。但它遵循着另一种不同的模式。心理学家们曾经作过许多实验，可以说明这种模式的一些特点。其中，尤以卡尔·邓克尔的实验最有意思。

1945 年，德国心理学家卡尔·邓克尔作了一个关于"解决技术问题"的经典性的实验研究。在这个实验中，他给他的被试（柏林大学的学生）看一个图解（见图 2-2）并提出下列问题：

假定，一个人在他的胃里面长了一个不能动手术的肿瘤。我们知道，如果我们应用某种放射线，只要有足够的强度，肿瘤是可以破坏的。问题在于：这样强烈的放射线怎么能够应用到肿瘤上，同时又不会破坏围绕这个肿瘤四周的健康组织呢？

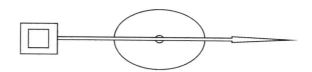

图 2-2　邓克尔的身体横断面图解①

邓克尔要他的被试在解决问题时边想边说出声。图 2-3 是一个被试在解决问题时进行思考时的简略图解。

实验表明，解决这类技术发明问题同样是一种猜测—试错的过程，但邓克尔认为，这种过程实际上是由几个"一般范围"、"功能的解决"、"特殊的解决"的分步方式来构成的。

这个被试尝试解决问题的第一个一般范围是："我必须找出一种办法，使射线不与健康组织接触。"沿着这样的一般范围所指明的方向，进而能够提出而且确实提出了解决这个问题的更加特殊的方案（功能的解

---

① 这是邓克尔在肿瘤问题上用以表明身体横断面的图解。肿瘤在中间，放射在左侧，带有箭头的线则表示射线经过的路线。

决）：找到一条到达胃部的通道；把健康组织移出射线的通道；在射线与健康组织之间插进一道保护墙；把肿瘤移到表面上来。这些功能解决办法的每一种都会向被试启示一种或多种更为特殊的解决办法。然而，这种种解决办法的提出，若不是被实验者认为不适当而否定，就是被被试自己认为不适当而放弃。由于每一种特殊的解决办法都被放弃了，被试只得另找别的解决办法和其他的一般范围，直至最后他采取这种办法："在通过健康组织时，把射线的强度降低。"最后，这第三种一般范围终于引导他找到了某种较合理的、可行的办法：从体外的各个不同点上发出几束微弱的射线，使这些射线通过特殊的透镜聚焦在肿瘤上，这样，射线就几乎只在肿瘤上达到破坏机体组织所必需的强度。到这一步时，被试认为可行了，于是又提出一个新问题：如何设计出一套装置来实施这个方案呢？

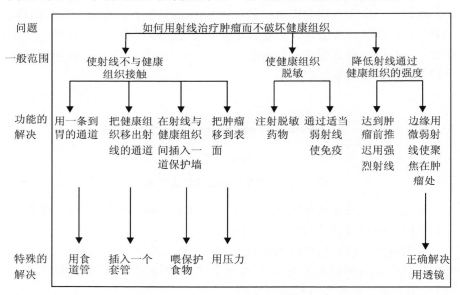

图 2 – 3　一个受试者在解决邓克尔治癌问题时尝试解决方法谱系

资料来源：K. Duncker. On Problem Solving. Psychological Monographs, 1945, 58 (5).

　　邓克尔通过实验所提供的这个图解，在很大程度上，为解决技术问题（技术上的发现和发明）的过程提供了一个有效的模式。这种技术上的发明，正如科学理论的创造一样，同样是一个不断做出尝试性的猜测与试错的过程；然而这种猜测与试错，又不能是一种完全盲目的猜测与试错，而总是在解决问题的过程中，首先设想出某种一般性的原理或假说，然后以它为指导，去寻找问题的答案。为了寻求合理而可行的解决办法或答案，始终要有一种以理性和实验为基础的评价机制。那种无理性的不顾科学规律的盲目经验主义的猜测和试错，必然会成为一种愚蠢的和错误的，因而很难导致成功的方法。

三、直觉的作用

当然，我们在强调科学技术的发现和发明是一种理性活动的同时，还必须承认，在科学技术的这种发现或发明的过程中，"直觉"所起的重大作用。

所谓直觉，实际上是思维过程中经常存在的这样一种状态：我们只可以认出它的两个端点，但从始点到终点的"过渡"，却完全是空白；我们只是受到了某种甚至非常表面的启示，一下子就得到了问题的答案或结论，至于这个答案或结论的获得，却没有逻辑可言，甚至说不出任何缘由。因此，这种"直觉"常常被认为是思维中的"非理性的"因素。直觉的结论可能是正确的，也可能是错误的。对于某种值得庆幸的直觉，人们通常会用一个褒义词"洞察"。

这种"直觉"，虽然是某种非理性的因素，但在科学认识过程中却无疑起着十分重要的作用。

首先，在科学认识的过程中，直觉具有不可避免的性质。直觉的因素在实验观察的过程中如何不可避免，我们将在第四章中再作分析。即使就理论的发现来说，直觉也在其中起着不可避免的作用。因为在某种意义上，正好是依赖于直觉，我们才能做出发现。当然，这种所谓"直觉"，乃是如爱因斯坦所说的那种"以对经验的共鸣的理解为依据的直觉"。初看起来，科学中的种种发现，总是科学家们按照严格的思维，以事实为根据，合乎逻辑地得到的。但是仔细推敲起来，所有这些发现无不包含骤然跳到结论的"直觉"的作用。我们且以伽利略发现单摆定律为例来做分析。伽利略以自身的脉搏作为时间的量度，终于发现了单摆的周期与振幅无关，与摆锤的重量无关。他所得到的这个结论是相当精确的，并且似乎是在实验观察的基础上合乎逻辑地得到的。但是，如果这个结论真的是逻辑地得到的，那么就必须肯定人的脉搏的跳动（心律）必然是精确地齐一恒定的。但当时尚没有任何精确的计时仪器，计时几乎还依靠日晷和水钟，人们怎么能证明他自己的心律是齐一均衡的呢？伽利略在做出他的单摆定律的发现时，只有依靠他的"以对经验的共鸣的理解为依据的直觉"，才能相信他自己的脉搏跳动是可以信赖地齐一均衡的。但是，实际上，当他得到了单摆定律以后，伽利略就不再相信人的心跳总是齐一均衡的了。他向医生们建议，最好拿单摆作为计时仪器，来测量人们的心跳或脉搏。以后，人们正是依据了这个单摆定律，才又发明了机械钟这种比脉搏精确得多的计时仪器。事实上，在自然科学中，甚至那些被认为是最合乎逻辑地依据事实得到的科学定律，也不可能是从事实中导出的。我们再来分析一下前面曾经提到过的布莱克的经典发现吧。大家知道，布莱克通过研究，首先区分了热量和温度的概念，从而也就改变了人们以往的"量热术"的观念，因为他揭示了通过温度计所测得的量实际上不是热量而是温度。然而，真正意义上的"热量"应是如何测定的呢？这个新意义下的"量热术"一时竟成了科学中真正的难题。布莱克经过努力，终于为解决这个难题打开了大门，因为他发现了热学中的一个基本定律，即当时所指称的代替里赫曼公式的新的"量热学公式"：

$$Q = MC(T_1 - T_2)$$

然而，这个定律是怎样发现的呢？布莱克在热质说观念的指导下，反反复复地进行了许多实验，终于发现了以下关系：

（1）把一定量的物质加热，他发现，若要使物体的温度上升得愈多，则它所需要的"热的量"也愈多。一般说，它们成正比关系，即

$$Q \backsim (t_1 - t_0)$$

其中，Q为使物体升温所需要的"热量"，t_0为物体的初始温度，t_1为终了温度。

这个关系被认为是很明白的。例如把1公斤的水从0℃加热到100℃，和把同样的一公斤水从0℃加热到10℃，前者所需要的热量就是后者的10倍。

（2）把同样的物质加热到同样的温度，物体所需要的"热的量"，"与物体的重量（实际应为'质量'）成正比"。即

$$Q \backsim M \cdot \Delta t$$

这个关系也同样被认为是十分明显的，例如把10公斤水从10℃升高到20℃，和把1公斤水同样从10℃升高到20℃，前者所需要的热量就应当是后者的10倍。

（3）把温度相等的同样重量的不同物质，加热升温到相同的温度，他发现，这些不同的物质所需要的热量是不同的。

这个关系也被认为是明显的。例如，把 1 公斤的水升温 10℃，和把同样重量的水银升温 10℃，它们所需要的热量是不同的。

在这些关系的基础上，布莱克发现，热量可以用下面这个公式表示出来，即

$$Q = C \cdot M \cdot (t_1 - t_2)$$

其中 C 是一个比例系数，对于不同的物质它的值是不同的。布莱克把这个比例系数叫作 Specific heat，即比热。

有了这个公式，热量的测定问题也就基本上解决了，因为所留下的只是具体确定各种物质的比热的值。他的学生伊尔文解决了这个附带的问题。

人们通常认为，布莱克的这个公式完全是按照真正严格的思维，从事实中逻辑地推导出来的。但是只要稍加分析，就可看出，这种所谓的"严格的逻辑推导"，只是一种幻觉。因为"热的量"需要它的结论 $Q = MC(T_1 - T_2)$ 才能进行测量，而在布莱克最终发现他的定律以前，热量 Q 的值根本无法测量，当然也未曾测定。这样，布莱克怎么能够预先做出结论说，他从事实中发现了那三条重要的关系——$Q \backsim (t_1 - t_0)$，$Q \backsim M \cdot \Delta t$ 等等呢？显然，这些关系的发现，不可能是从事实中逻辑地导出的，只能凭借如爱因斯坦所说"以对经验的共鸣的理解为依据的直觉"猜测到的。在这里，从现象的启示一下子跳到结论，中间是无逻辑可言的。

事实上，不但在经验自然科学的发现中，直觉起着一种无可避免的重要作用，甚至在那些其成果只有通过演绎推理的证明才有效的学科中，例如在数学中，直觉也起着类似的重要作用。大家知道，数学几乎只承认逻辑（演绎）证明的有效性。一条数学定理，只有当它从一组前提（公理或业已证明的定理）出发，从逻辑的推论上能够演绎地被证明的时候才能成立。但是，对于一个定理的发现来说，却仍然要借助于直觉。因为演绎推理的逻辑规则，并不提供能够导致创造性发现的任何程序。从一组前提（公理）出发，凭借演绎推理实际上可以导致无数个合乎逻辑的结论。但是哪一些"结论"才是数学上有意义的并值得我们费尽心机地去予以证明的呢？事实上，数学家们在证明他们的有意义的结果以前，总是已经预先看出了他们想要证明的结果；这个结果（想要证明的定理）是预先

被直觉地猜测到了的，然后才驱使数学家去努力地予以证明。正因为如此，所以大数学家高斯才会发出感叹："我们有了结果，但还不知道怎样去得到它。"在数学中，直觉的作用，不但在于预先看出结果，而且还在于当看出结果以后，如何设法去证明这个结果。因为这种"证明"的功夫，虽然就是要从一组前提出发演绎地导出这个结果，但是，正如前面所已经指出，从一组前提出发，实际上可以导致无数可以推断的结论，因此演绎规则在这里并没有定向的作用，它并不提供导致证明这个具体定理的任何具体指导。相反，仅凭演绎规则，它的推理本来是可以向四面八方毫无目标地展开的。要能够看出指向预定目标（证明一个直觉地预先得到的结论）的有效的逻辑通道，这里还是要依赖于直觉。正是因为在数学的发现中直觉有着如此的重要性，所以希尔伯特才明确地承认，他"相信数学的认识最终还依赖于某种直觉的洞察力"。

当然，我们这样来说明直觉的作用，并不是想要对"直觉"进行某种不恰当的讴歌。问题只在于，直觉实际上是不可避免的，以至于在科学的创造性思维中，直觉实际上成了种种发现的先声或探索的向导。但"直觉"绝不是什么特别值得讴歌的神圣的东西。事实上，直觉又是十分易谬的，它常常会在研究中把我们引向错误和歧途。因为它毕竟是某种非理性、非逻辑的东西。正如爱因斯坦在讲到从亚里士多德到伽利略的运动学观念的变革时所说的："我们的直觉认为运动是与推、提、拉等动作相连的。多次的经验使我们进一步深信，要使一个物体运动得愈快，必须用更大的力推它。结论好像是很自然的：对一个物体作用愈强，它的速度就愈大。……这样，直觉告诉我们，速率主要是跟作用有关。"[①] 这样，直觉的观念终于导致了亚里士多德的运动学理论。这个事实足以说明"凭直觉的推理方法是不可靠的，它导致了对运动的虚假观念，这个观念竟然保持了很多个世纪"[②]。所以，爱因斯坦特别从方法论上高度评价了伽利略的发现的伟大意义，认为它"标志着物理学的真正的开端。这个发现告诉我们，根据直接观察所得出的直觉结论不是常常可靠的，因为它们有时会引到错误的线索上去"[③]。

---

① 爱因斯坦、英费尔德：《物理学的进化》，上海科学技术出版社 1962 年版，第 3 页。
② 爱因斯坦、英费尔德：《物理学的进化》，上海科学技术出版社 1962 年版，第 3 页。
③ 爱因斯坦、英费尔德：《物理学的进化》，上海科学技术出版社 1962 年版，第 3 页。

正因为在自然科学的研究中，对于自然规律或科学定律的发现，直觉的作用是不可排除的，所以从事实到理论，就不可能有逻辑的通道。我们不管积累多少事实，也不可能从事实导出理论。这就进一步表明了归纳主义观念是不能成立的。虽然经验事实仍然可以说是理论的一种基础，但经验事实对于理论的创立或"发明"，只能够起到某种影响和提示的作用。与此相联系，任何科学原理和理论的发现或"发明"，只可以看作一种尝试性的假说，一种猜测。为了尽量排除其中的直觉所可能带来的谬误，我们就必须通过演绎的手段，使理论经受经验事实的严格无情的检验。

理论不可能通过归纳从事实中推导出来，这种观点现在已经被愈来愈多的自然科学家所理解。实际上，即使那些相信归纳主义的科学家，也只是在理论上或口头上强调"归纳"，强调"科学理论必须严格地从事实中推导出来"罢了（作为这种观念的最极端的一例，是牛顿一再宣称他反对作"假说"）。然而当这些科学家真正谈到他们自己的切身经验的时候，却常常还是认为科学需要猜测。甚至牛顿也说："没有大胆的猜测就做不出伟大的发现。"惠威尔更说："若无某种大胆放肆的猜测，一般是做不出知识的进展的。"赫胥黎可以说是19世纪主张归纳主义的一位典型的科学家了，可是他也还是承认做出科学概括必须超越事实。他说："人们普遍有种错觉，以为科学研究者做结论和概括不应当超出观察到的事实。……但是大凡实际接触过科学研究的人都知道，不肯超越事实的人很少会有成就。"而巴斯德则明确宣布："如果有人对我说，在做出这些结论时我超越了事实，我就回答说：'是的，我确实常常置身于不能严格证明的设想之中。但这就是我观察事物的方法'。"

由于直觉这种思维现象的复杂性，我们迄今对它的规律和机制都还不甚了了。我们暂时只能限于承认：确有"直觉"这种现象存在，并且它在创造性思维中具有无可避免的重大作用。当然，应当指出，承认这一点要比不承认这一点来得好。虽然从方法论上讲，承认直觉和直觉的作用，并不意味着我们在科学方法上可以有所遵循，但是，一个明显的事实是，由此我们就可以摆脱某种从表面上看来提供了严格程序的那种错误框架的束缚。

对于直觉的产生及其形式，我们今天至多能够作某种有限的表面现象的描述。从已知的情况来看，由于它往往具有某种"突发"的性质，因而常常与被描述为"灵感"、"顿悟"的现象相近似。这种直觉的顿悟，既可以发生在为解决问题进行苦心思索时那种受主体指挥和控制的"现实的思维"之中，也可以发生在主体当下并不在思考所要想解决的问题，甚至在某种显然漫无目的的，不受主体控制的所谓"下意识"的状态之中。在前一种情况下，即在"现实的思维"中，人们围绕问题有目的地进行苦心思索，逻辑、证据和现实的约束在其中起主要的作用，但直觉的顿悟常常使我们一下子跳到结论，解决了某种"百思不得其解"的难题或解题的关键之处。在后一种情况下，漫无目的的"无向思维"看来与解题毫不相关，却骤然使主体得到"直觉的提示"，使原来曾经思考过的难题展现了解决的前景。类似于"灵感"的这种直觉的启示，有时甚至还可以出现在梦境或幻想之中。梦境固然谈不上"现实性的思维"，而幻想也是一种一厢情愿的"我向思维"，它完全受个人主观需要和情感的支配，很少甚至完全不顾及现实。

但即使在这类情况下，有时也使人得到某种直觉的想象，终于为解决曾经"百思不得其解"的难题提供出关键性的设想。这方面的实例和科学家们所提供的内省报告已经不少，最经常被人提到的例子，如凯库勒的内省报告。凯库勒曾长期想解决苯分子的结构式而不能成功，1865 年的一天傍晚，当他在他的壁炉前打瞌睡的时候，梦幻却向他提示了问题的答案。他自己报告说：他长期思索着苯分子的结构问题，"但事情进行得不顺利，我的心想到别的事了。我把座椅转向炉火，进入了半睡眠状态。原子在我眼前飞舞：长长的队伍，变化多姿，靠近了，连接起来了，一个个扭动着，回转着像蛇一样，看，那是什么？一条蛇咬住了自己的尾巴，在我眼前轻蔑地旋转。我如同从电掣中惊醒。那晚我为这个假说结果工作了一整夜。"这样，他终于提出了苯分子的六边形环状结构的著名假说。像类似凯库勒这样的在各种各样的条件下产生灵感、直觉、顿悟以及各式各样的想象的奇妙启示的内省报告，还可以读到不少。我们个人常常也会有同样的经验。所以，我们应当承认这一类事实。现代心理学家已经开始进行这种"直觉心理学"的研究。但直到目前为止，关于直觉的规律和机制，人们还说不出多少有根据的理论来，所以也就很难谈及如何利用直觉的方法。从方法论上说，凯库勒虽然由于自己的成功而发出号召："先生们，让我们大家都学会做梦吧！这样我们也许会发现真理。"但根据目前的情况，我们宁可相信爱迪生和柴可夫斯基的告诫，而不要去等待灵感和直觉的产生。爱迪生说："天才是百分之一的灵感加百分之九十九的血汗。"柴可夫斯基说:"灵感全然不是漂亮地挥着手,而是与如犍牛般地竭尽全力工作相联系的心理状态。"因此他强调:"能够顽强地工作并具有坚强意志的人,总是能够达到自己的目的的,他比有天才的懒汉往往能够取得更大更好的成就。"当然,我们最好还应当补充说:"天才,就是顽强的努力加正确的方法。"

第二节 "抽象与具体"方法之重构

一、马克思所提倡的从抽象上升到具体的方法

先说几句,曾有人问及我做学问的态度,我回答说:自我从深刻的教训中有了初步的觉悟以后,几十年来,我做学问只研究问题,不讲遵循主义。为了解决问题,我钻研各种主义或理论,从中批判地吸取有益的营养。对马克思主义也一样。我十分尊重马克思的人格,但对他的理论,我一样采取批判的态度吸取有益的营养,不把它教条化。

1857 年,马克思在他的《政治经济学批判·导言》中,用了专门的一节来讨论"政治经济学的方法"。在那里,他精辟地阐述了"从抽象上升到具体"的科学研究方法。

马克思指出,当我们从政治经济学方面考察一个国家的时候,"从实在和具体开始,从现实的前提开始,……似乎是正确的。但是,更仔细地考察起来,这是错误的"①。与此相反,马克思强调政治经济学的研究应当遵循"从抽象上升到具体"的方法或道路。他指出:"第一条道路是经济学在它产生时期在历史上走过的道路",而"后一种显然是科学上正确的方法"。② 马克思在精辟地阐明这一科学上正确的方法时还指出:"具体之所以具体,因为它是许多规定的综合,因而是多样性的统一。因而它在思维中表现为综合的过程,表现为结果,而不是表现为起点,虽然它是现实中的起点,因而也是直观和表象的起点。在第一条道路上,完整的表象蒸发为抽象的规定;在第二条道路上,思维的规定在思维的行程中导致具

---

① 《马克思恩格斯文集》(第二卷),人民出版社 1966 年版,第 214 页。
② 《马克思恩格斯文集》(第二卷),人民出版社 1966 年版,第 214 页。

体的再现。"① 马克思在批评了黑格尔对这一方法的唯心主义曲解之后还指出："其实，从抽象上升到具体的方法，只是思维用来掌握具体并把它当作精神上的具体再现出来的方式。但绝不是具体本身产生的过程。"② 马克思曾经十分巧妙地运用了"从抽象上升到具体"的方法，写作了他的《资本论》这部巨著，构建了马克思主义政治经济学的理论大厦。我们且不论马克思经济学理论的成果与缺失，但他在他的《政治经济学批判·导言》中所阐明的"从抽象上升到具体"的方法却仍然是精辟而深刻的，并且对构建科学理论的创造性活动而言迄今仍具有普遍性的意义。

然而，尽管我们在这里强调马克思关于从抽象上升到具体的方法论思想的阐述是精辟而深刻的，但是这并不意味着，它已经是完美无缺的。我们今天理应来发展他的这一思想，以便更好地为现代科学（自然科学和社会科学）服务。

显然，马克思在以上关于从抽象上升到具体的方法论思想的阐述中，仍然留有太多的黑格尔式的印痕。黑格尔惯于利用语词的多义性和含糊性来玩弄他的辩证法的"技巧"，特别是他的"正、反、合"的游戏。马克思、恩格斯虽然也曾批评过黑格尔使用的许多辩证法实例和正、反、合的论述未免牵强附会，但是由于种种原因，黑格尔式的印痕仍很顽强地留在他们的许多论述中。

众所周知，为了严格地和清晰地表述一种理论，现代科学术语学提出的一个基本要求是：理论中所使用的术语的单义性并且能够通过它们而达到对于对象或概念做出客观的、可公共一致的描述。这个要求也就蕴涵着：在同一个理论系统中，必须始终在同一种意义下使用同一个术语。这是任何严密科学的一个基本要求。可以说，科学的进步是和它所使用的语言的精确性的提高相同步的。在早期的未成熟的自然科学中，它所使用的用以描述对象及其性状的语词也常常是含混的、多义的和缺乏清晰性的。例如，在近代热学创始人、18世纪的英国化学家兼物理学家布莱克的《化学原理讲义》中，我们看到如下的陈述："由于应用了这种仪器（指温度计——笔者），我们发现，假如我们取1000种甚至更多的不同种类的物质，例如金属、石子、盐、木头、羽毛、羊毛、水和各式各样的液体，

---

① 《马克思恩格斯文集》（第二卷），人民出版社1966年版，第214～215页。

② 《马克思恩格斯文集》（第二卷），人民出版社1966年版，第215页。

把它们一起放在一个没有火和没有阳光照射进去的房间内，虽然它们原来的热都各不相同，在放进这房间以后，热会从较热的物体传到较冷的物体中，经过几个小时或一天以后，我们用一个温度计把所有这些物体一一检查过来，温度计所标出的度数都是相等的。"① 容易看出，在布莱克的这段论述中，其关键词"热"是含混的、不精确的，不具有单义性的特点。它一会儿指称温度，一会儿又指称热量。由于所使用的词的含混性、不精确性和缺乏单义性，布莱克在这里所作出的陈述，也是含混的和不精确的。后来，正是通过布莱克及其后辈科学家的努力，终于区分清楚了温度和热量这两个不同的概念，并用不同的语词去表征它们，使近代热学获得了重大的发展。在今天的物理学中，"温度"和"热量"这两个词都仅仅具有单义性，科学家们能用这些语词或物理量去客观地、可公共一致地描述对象的相关性状，并在交流中对这些概念不发生歧义。这是科学中的重大进步。使用清晰的、精确的语言是科学成熟的重大标志。

但十分明显，正如上述所引证的布莱克的论述一样，马克思在关于从抽象上升到具体的方法的论述中，他所使用的那些语词，特别是那些关键词，同样没有满足理论"术语"应当满足的"单义性"要求这个条件。仅以上述所引证的《政治经济学批判·导言》中的著名段落而言，我们看到，马克思在这段论述中的十分关键的语词是"具体"，但实际上马克思在那一段落中，至少是在三种十分不同的意义上使用了它：其一是指感性的"完整的表象"；其二是指通过思维中的许多抽象规定的综合和统一，而达到对于研究对象的多方面的关系和实质的理论性的把握；其三是指客观实在及其过程。由此就造成了某种类似于布莱克早期关于"热"的论述同样的毛病，或者甚至造成了某种令人难以清晰地理解其意义的含混的阴影。任何科学理论或哲学理论都有一个发展过程。当某种理论初创之时，存在有某种用语上的含混性和多义性原是可以理解的（虽然并非是不可避免的）。至于当代的某些马克思主义哲学家甚至把马克思所阐述的从抽象上升到具体方法，概括为"具体—抽象—具体"这样的公式，就更是在当今科学理论高度发展的新条件下漠视理论术语的单义性要求

① 布莱克：《化学原理讲义》，其摘要见威·弗·马吉编《物理学原著选读》，商务印书馆1986年版，第149～160页。此处引文的译文参照了爱因斯坦、英费尔德著《物理学的进化》，周肇威译，上海科技出版社1962年版，第24页。

了。实际上，即使我们要以某种类似的"公式"去扼要地表述它，至少也应当把前后两个"具体"分别表示为不同的符号。例如，把它表述为"具体$_1$—抽象—具体$_2$"或者更简要地表述为"C_P—A—C_t"①。因为十分明显，作为一个"公式"或"理论"，这里前后所使用的两个"具体"分别代表着两个不同的概念。而术语学要求，不同的概念必须用不同的语词（或符号）去表征。如果在同一个理论系统中，对于不同的概念都用同一个语词（或符号）去表征，那就势必会造成语词在使用上的含混和混乱，影响到一个理论的严谨性和清晰性。

确实，就日常语言来说，用语的含混性和多义性是随处可见的，而且它往往成为语言的丰富性和生动性的一个来源；在文艺作品中，例如在相声和喜剧中，巧妙地利用语词的含混性和多义性，甚至可构成一种令人惊叹的语言"技巧"。但是，对于构建任何严谨的科学理论或哲学理论来说，用语的含混性和多义性却是应当力求排除的。像某些辩证法家那样，试图借助于语词的含混性和多义性来魔术般地"变戏法"，使一个理论或"陈述"没有确定的内容，从而可以"随遇而安"，这是任何一位严肃的科学家所不取的。在某种程度上，马克思本人可算是一位具有严谨的科学头脑的思想家和理论家，他绝不会容忍我们这一代人所曾经常见的把严谨的理论工作当作"变戏法"式的那种魔术游戏。他的某些用语上的含混性和多义性，只是一种初创理论时难以避免的现象和历史痕迹。

问题是：我们今天有可能来重新表述并充实马克思关于从抽象上升到具体的光辉思想，并使之清晰起来吗？此外，既然马克思关于从抽象上升到具体的方法论思想对于构建理论来说具有重要而普遍的方法论意义，那么，它对于当代的自然科学研究也理应具有重大的方法论意义。问题在于：我们有可能结合自然科学本身对于马克思的这一思想进行阐明吗？

本节的目的，就是企图从自然科学方法论的意义上，对马克思关于从抽象上升到具体的方法思想进行重构，并希望这种重构对于社会科学和哲学理论的研究也具有重要的参考价值。

---

① 这里"C"表示具体（concrete），"A"表示抽象（abstract），"C_P"表示感性的具体（perceptual concrete），"C_t"表示思维的具体（thinking concrete）。顺便说明，我早年也曾经犯过把马克思的思想表示为"具体—抽象—具体"的错误。

二、对从抽象上升到具体之方法的重构

下面，我们试图用另一套语言来重构和改述马克思所阐述过的从抽象上升到具体的方法。虽然在我们的重构和改述中不准备使用诸如"具体$_1$—抽象—具体$_2$"之类的程式，但其基本思路我相信是与马克思所欲阐明的基本思路相一致的，或至少是平行不悖的，而其表述则可能更为清楚明白，也更接近于任何严密科学理论研究工作的实际。当然，在这个重构和改述中，笔者也试图从某个角度上来修改和充实原有的内容，因而它和马克思原有的表述所试图阐明的内容绝不是完全等价的。笔者虽然着眼于从自然科学的角度上阐述这一方法，但笔者也同样希望这些内容对社会科学和哲学的研究有重要的启迪作用。

下面是我们进行重构后的内容的纲要。

MP$_0$：方法论上的一个重要的但迄今为止仍很少被方法论学家正面阐述的是如下这个原理，它可以被表述为：研究对象的高复杂性与关于所研究的对象的理论的高精确度不兼容。

我们可以简要地把这个原理称为不兼容原理。这个原理的一些较直接的推论就构成如下重要的方法论原则：

MP$_1$：自然界和社会的过程大都十分复杂，对于这些复杂的过程本身，我们不可能直接构建出关于它们的高度精确的理论。

MP$_2$：为了构建精确的理论，我们必须把研究对象简化。

由于 MP$_1$ 和 MP$_2$ 所造成的困境，在人类的科学史和认识史上，曾经不断地在摸索中寻求出路。自有文明史以来，特别是从近代科学产生以来，人们终于产生并不断地完善了科学中的"抽象方法"。

MP$_3$：欲构建精确的理论，必须运用抽象方法；抽象方法的实质是把研究对象简化。

因此，科学家们愈来愈明确地认识到，抽象方法是科学研究中为构建精确理论所必须使用的方法。相应地，抽象能力对于科学研究来说也就具有了决定性的意义，正如日本著名物理学家、诺贝尔奖获得者汤川秀树所曾经强调地指出："人类的抽象能力对于像建立物理学这样的严密科学来说是决定性的。"[1]

---

[1]　汤川秀树：《科学中的创造性思维》，载《哲学译丛》1982 年第 2 期。

MP_4：抽象方法的一个重要类型是模型化方法。模型化方法的实质是通过构建与真实世界对象相似的却又大大简化了的模型，来研究真实世界中的复杂对象或对象系统，以便为它们构建出相应的精确的理论。

有的科学家甚至把抽象方法与模型化方法完全视为一体。维纳曾说："所谓抽象，就在于用一种结构上相类似的但又比较简单的模型来取代所研究的世界的那一部分。因而模型在科学研究中是最为需要的。"

当然，应当说明，科学中的模型，可以有各种不同的类型，不可以只理解为某种几何结构相似的模型。在科学中和工程技术中，通常所使用的模型至少有物理模拟模型、数学模拟模型、数式模型（其中又可分为方程式型的、函数型的等等）、逻辑模型、图式模型、文字概念模型等等。它们都以不同的方式构建起了"与对象在结构上相似的但又大大简化了的模型"来描述对象。如果不通过这些模型，那么对象本身的复杂性，很可能使我们无法入手来研究对象。

MP_3、MP_4连同 MP_1 和 MP_2 一起，在近代科学的发展中，起了十分重大的作用。它们不仅大大地推动了近代各门自然科学迅速地走向成熟，而且也成了近代科学各门学科是否达到成熟的一种标志。

例如，在流体力学中，科学家们研究流体的运动规律。但流体很复杂，空气、蒸汽、水、滑油、汽油等等都是流体，它们的化学组成各不相同，而且它们实际上被确认为都由分子所组成，分子之间有间隙，有力的相互作用，具有不连续的结构，等等。如果我们要按照这样复杂的情况来研究流体，我们就将无从下手，寸步难行。于是科学家们就进行抽象，把流体设想为一种连续介质，建立起"连续介质"的流体的抽象化的模型。因为流体虽然被确认为"实际上"由分子所组成，分子之间有间隙，具有不连续的结构，但是对于流体力学所处理的尺度来说，这些都变得没有意义。我们完全可以把流体的微观结构和它们的不同化学组成等都舍象掉，而仅仅宏观地把它们看作连续成一片的、没有孔隙的介质。它们可以无限地分割下去而不改变其物理性质，因而可以设想表征介质特性的各运动要素（速度、压力等）都连续地分布着。这样，我们就通过抽象而得到了连续介质的流体模型。基于这样一种模型，表征介质特征的各运动要素就可以用空间和时间的连续可微函数来表征，因而我们就可以使问题大大简化而仍然能够得到相对地比较接近实际的结论。同样地，在刚体力学中，我们也运用这种抽象方法，提出"绝对刚体"的概念，建立起在力的作用下不发生任何弹性和塑性变形的"绝对刚体"这种理想的模型。如果没有这种模型，那么自然界的客观对象的复杂性就会使我们无法着手研究。只有在"绝对刚体"概念的基础上，建立起了刚体的力学，然后才可以再进一步考虑到各种材料的实际特性，考虑到在力的作用下会发生弹性和塑性变形的复杂因素，建立起弹性力学、材料力学等等。实际上，对于理论的研究来说，甚至仅仅达到"连续介质"、"理想流体"、"绝对刚体"这种程度的抽象还不够，因为它们还是过于复杂，还是很难使我们着手研究。我们必须达到更高程度上的抽象，把对象看作可以占有空间位置，却不具有空间体积的，具有一定质量的质点。在"质点"这个更简单的模型的基础上，建立起质点的力学，然后才可能把刚体和流体都看作由质点组成的复合体，从而把刚体和流体的力学通过分解而还原成质点的力学。如此，我们才能对刚体和流体也建立起精确的理论。

一般来说，MP_1、MP_2 和 MP_3、MP_4 可以向我们提供如下的方法论启示：为了理解自然界（社会亦同），我们不能企图按自然界对象本来所呈现的样子去直接把握自然界，相反，为了理解自然界，我们必须首先对自然界进行抽象，在头脑中构造出某种并非自然界对象本身，却大大简化了的对象（如质点、刚体、理想流体等等），着力于对这些简化了的对象进行研究，才有可能对这些简化的模型建立起精确的理论。然后，才有可能借助于这些精确的理论去较好地理解复杂的自然界。因此，我们有 MP_5、MP_6。

MP_5：精确科学的理论都是关于模型的理论，它所描述的是模型，而不是直接关于自然界本身。

MP_6：科学中所谓精确的理论，其主要的含义仅仅是指理论中所使用的语言是精确的；由于这些语言是用来描述模型的，因而也可以说理论对于模型而言是精确的。但这并不意味着理论的描述与自然界现象之间一定是精确符合的。相反，由于模型是对自然界复杂的对象或对象系统的高度简化了的类似物，因而关于模型的精确理论也常常不得不以偏离自然界的实际过程或现象作为它的副产品或代价。

但是，科学的目标毕竟最终是要求能用精确的理论来理解（解释或预言）实际发生的复杂的自然现象。要不然，科学理论很可能会成为空中楼阁而完全丧失其实用价值。然而，用关于模型的精确理论去应用于实际，或解释复杂的自然现象，却是沿着另一条，在某种意义上正好是与构建简化模型相反的道路来实现的。在第一条道路上，我们尽力把研究对象简化（在合理的范围内），以便构建出精确的理论，其中包括各种各样的在简化的或纯粹的条件下表现出来的各现象间的关系（规律）；在第二条道路上，我们又着力于把构建简化模型时所舍象掉的种种重要的实际因素重新综合进去，这些重要的实际因素在被综合进去时，已在抽象形态上通过研究表现为简化的或纯粹条件下现象间的关系，即以规律形式表现出来的相互作用，如此，就能用精确的理论对复杂的自然现象做出尽可能精确的理解，以至于能使客观世界所发生的具体自然过程在我们的思维行程中获得理论化的再现。这正是许多成熟科学所走过的道路，甚至可以说，正是因为走上了这条道路，才使它们成熟起来。

在科学的历史上，伽利略曾首先成功地研究了炮弹运行的轨迹。伽利略的聪明之处，正是在于他为了研究"实际"而善于离开"实际"；为了研究炮弹运动而在头脑中构建起一个关于炮弹的非常简化的模型——仅仅把炮弹看作具有一定质量的一个质点，并且假定它完全不受空气阻力的影响。在此基础上，他分析出影响炮弹运动的只有两个因素：以初速 V_0 作惯性运动（当时没有矢量概念，用速率 V_0 和炮弹的仰角 θ 来描述），和按引力加速度 g 作垂直的匀加速运动。然后他加以综合，把炮弹运动的轨迹看作这两个因素合成的结果，由此得出了抛射体运动的一般轨迹（见图 2-4），其方程为：

$$y = \tan\theta \cdot x - \frac{g}{2V_0{}^2 \cos^2\theta} \cdot x^2$$

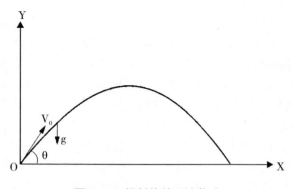

图 2-4　投射体的理论轨迹

　　这样得到的轨迹方程显然具有自然规律的意义。但这种漂亮的具有"规律"资格的陈述只能从简化的模型中才能得出，同时，它又是以偏离实际，即与实际发生的炮弹运行的轨迹不甚一致、不甚符合为代价的。众所周知，实际上，在大气中运行的炮弹的轨迹都不是抛物线的，它们与这种理论轨迹还有较大的差别。从这个意义上，我们又可以说，这种从理论上导出的轨迹对于实际发生的炮弹运行轨迹的描述是不精确的（图2-5）。

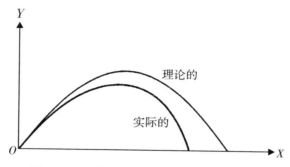

图2-5　投射体理论轨迹与实际轨迹的比较

　　但是，正好是这种稳定的（可重复检验的）、简洁的、用来描述简化模型的轨迹方程具有规律陈述的性质，可以获得"自然规律"的资格，虽然它对于自然界实际发生的过程并不那么直接符合。但从科学的意义上这并不可怕。我们仍然可以把这种从理论上导出的、用以描述简化模型的轨迹方程，看作对于实际的炮弹运行轨迹的一种第一级近似的描述。为了使我们对实际的炮弹运动有更多的、更精确的理解，我们可以以这种从简化模型基础上已获得的漂亮的轨迹方程为基础，把当初构建简化模型时所舍象掉的诸种重要的实际因素，如空气阻力以及影响空气阻力的诸重要因素，重新综合进去，做出统一的考虑，那么我们就能得到更加逼近实际炮弹运行的结果，使得实际的炮弹运行的轨迹在我们的思维行程中获得理论化的再现。如此继进，我们就能对实际发生的真实过程获得更加切实的描述，达到二级近似、三级近似……进而，我们有 MP_7。

　　MP_7：通过科学抽象而获得的简化模型的一个重要的实际后果，是它摆脱了自然界实际对象的个性化特点，而具有了普遍性的品格；从而，用以描述简化模型的理论也具有了普遍性的品格。

　　自然界实际存在的对象或现象千差万别，它们所处的环境和发生的条件也差异难尽。就以伽利略研究炮弹运行的轨迹而言，实际上的炮弹千差万别，它们的大小、形状、质量、质量的分布、里面所装的炸药的数量和品质可能各不相同；至于它们在运行中的条件，如当时当地的空气密度、温度、湿度、风向、风力等等，更是千差万别，变幻无穷，不可能对它们做出穷尽的描述。但当伽利略把炮弹抽象为质点，并且不受空气阻力的影响时，那么他就"抹掉了"当时能思考的一切炮弹的个体性差别，也"抹掉了"炮弹在运行中可能遇到的一切条件性差异；它们都被看作具有一定质量的质点并且在运行中仅仅受到惯性和引力加速度 g 这两个因素的影响，而由此导出的投射体轨迹方程自然就具有了普遍性的规律陈述的品格了。同样地，当我们通过抽象而构建起关于流体的连续介质的简化模型，我们同时也就"抹掉了"各种实际流体的个体性差别，而使它具有了一般流体的那种普遍性的品格；而由此构建出的理论也就具有了它相应的普遍适用性。传统观念认为，科学理论是通过归纳程序而获得的，其实却不然。正如爱因斯坦所指出：试图通过归纳而获得普遍性的科学理论，这是一种"幻想"，"这种状况被前几代人疏忽了，他们认为，理论应当用纯粹归纳的方法来建立，而避免自由地、创造性地创造概念。科学的状况愈原始，研究者要保留这种幻想就愈容易。"① 通过科学抽象而构建简化模型并使之具有某种普遍性，这是一个创造性的过程。在实际的科学研究中，只要我们所研究的实际对象在所考察的关系上大体满足我们所构建的简化模型的理想条件，我们就可以不考虑实际对象的个体复杂性，而把它们当作模型所描述的那种简化对象来处理。以至于例如在天体力学中，我们甚至可以把巨大的天体也当作质点来处理，等等。尽管正如 MP_6 所指出，这样处理的结果就难免会与实际过程相偏离，但是，如果离开了与简化模型相对应的具有一定普适性的精确理论，我们实际上就不可能对任何具有个体复杂性的实际过程做出任何真正的理解。

MP_8：科学的目标最终是要求能用精确的理论来理解（解释或预言）实际发生的复杂的自然现象。

MP_9：通过引进包括种种辅助性假说和特定条件陈述的科学解释结构（见本书第三章第一节）就能运用简化模型下获得的精确理论或"自然规律"，来解释（或预言）复杂的自然现象。

————————

① 爱因斯坦：《爱因斯坦文集》（第一卷），商务印书馆 1976 年版，第 309 页。

　　科学解释必须满足相关性要求和可检验性要求，即作为科学解释中的解释项与被解释项必须在逻辑上是相关的，并且作为前提的解释项中的成分（命题），必须是能独立于被解释项而另有证据地被检验的。由于从单独一个单称陈述不可能导出另一个单称陈述，因而为了满足前一个要求，解释项中还必须是含规律的，而这些规律陈述当然也必须满足可检验性的要求。在科学中，虽然我们也可能仅仅借助于单一的规律陈述（甚至仅仅是经验规律的陈述）结合一定的条件陈述，就来解释一种现象，但理论却往往是从一系列规律的相互作用中来理解现象，因而它往往能比单一的经验规律更好、更符合实际或更精确地解释现象，甚至还能大大地加深对原有的经验规律本身的理解，指出这些经验规律起作用的条件，并说明这些经验规律为什么只是近似地描述着自然。

　　由于科学中任一规律都是抽象的结果，而抽象的实质是把研究对象（包括现象起作用的条件）简化，因而总不得不以偏离实际为代价。而一旦考虑到一系列的其他辅助性假说，并做出逻辑上合理的处理，就能弥补这种偏离，从而使得实际发生的复杂过程，通过把我们在思维中已获得的诸抽象规定（包括规律）的综合和统一，而在我们的思维行程中对此复杂过程获得理论化的再现。这也就是马克思所说的："具体之所以具体，因为它是许多规定的综合，因而是多样性的统一。因此它在思维中表现为综合的过程，表现为结果，而不是表现为起点。"

　　但是，这种通过思维中的诸抽象规定的综合和统一，而达到对于实际发生的具有个体性特色的复杂过程的本质性理解，正是以抽象为前提的。首先是进行抽象，排除个体的复杂性，把研究对象简化，然后才可能构建精确的理论，获得种种规律性的理解，而这种理论和规律势必具有一定的普适性；在某种普适性理论的指导下，针对所研究的具有个体性特色的实际对象的特点和复杂性（实际发生的过程和对象总是有它自身的复杂性的），考虑到一系列规律的相互作用，即结合个体性的特点和具体条件，对诸多规律的相互作用做出综合和统一的考虑，才能对实际发生的现实过程和对象做出如马克思所说的那种"具体的"理解。

　　所以，原则上，科学理论和规律都必须具有某种普适性，而不是仅仅对于某个特定个体才适用。而对于任何具有个体性特色的事物的理解，则是某种理论的应用的过程，尽管这种应用往往仍然需要巨大的创造性，甚至需要在这种应用中去发展理论，补充新的规律等等。然而这种发展了的理论和新补充的规律仍然需要具有一定的普适性，才可以称得上是理论或规律。正是从这个意义上，科学理论和科学规律不同于我们在工作中制定的具体技术方案。技术方案可以而且必须具有个体性特色，包括种种社会改造工程的设计方案，均可以而且往往必须考虑具有它自身的个体性特色，但科学理论和规律却不是。

正是由于科学理论和规律的以上特点，所以我们有 MP_{10}。

MP_{10}：为了构建科学理论，我们不应当仅仅从特定的现实个体所具有的特点和复杂性开始，并试图建立仅仅适合于单个个体特点的所谓"理论"。相反，却应当舍象掉现实个体所特有的特点和复杂性，力图通过抽象而构建具有一定普适性的简化模型，然后才可能建立精确的具有一定普适性的理论。

附带说一句，也正是从上述这个意义上，简单地说毛泽东提出了中国革命道路的"理论"，如农村包围城市、武装夺取政权等，这是错误的或至少是不恰当的。实际上，这是提出了某种改造当时中国社会的具体实际可行的技术方案。这种技术方案应当不止一种。我们在工作中应做的是从多种备选方案中通过理性的讨论而择优。理论是不强调具有个体性特色的。也正是从这个意义上，马克思的以下这段话是非常重要而富有启发性的。马克思曾经强调指出：为了构建理论，"从实在和具体开始，从现实的前提开始，……似乎是正确的。但是，更仔细地考察起来，这是错误的"。也正是从这个意义上，构建科学理论和探索技术方案，其基本思路是有重大差别的。

MP_{11}：由于科学理论所描述的是模型，而不是直接关于自然界本身，因而对于科学理论的检验实际上是为了评价它的似真性，即检验它的预言是否为真。但由于它只是对模型的描述，因而在检验科学理论的实验和观察中，一定要使实验和观察中尽量创造出接近理论模型的条件。所以实验应当是抽象的物化或物化的抽象（见本书第四章）。而技术方案，包括社会改造工程的设计方案，它所构画的只是一种设想的图景及其实施途径。因而对它的评价不是真伪的问题或似真性问题，而是评价它的可行性和效益（益损值）。它们两者的构建途径和评价标准都是不一样的，故不可以混为一谈。

容易理解，马克思关于从抽象上升到具体的方法论思想（以及我们上面对这一思想的重构和改述），不但对于自然科学的研究是适用的，而且对于社会科学的研究也是适用的。马克思自己固然已经强调过经济学的研究应当遵循这一方法，而在当今的社会科学理论研究中，也已愈来愈显示出这一方法的巨大威力。例如，当代关于城市（或区域）发展的理论，它首先是通过抽象而构建出城市（或区域）发展的一般的、因而是简化的模型，在模型的基础上构建起关于城市（或区域）发展的一般理论，力图在较精确的意义上去把握城市发展的一般规律。而这种理论和关于城市发展的一般规律的认识，就能用来指导我们研究或探索任一具有个体性特色的城市（或区域）发展战略或方案。当我们在研究或探索任一具有个体性特色的城市（或区域）的发展战略或方案时，则无疑需要首先考虑到该城市（或区域）自身的特点和所处的复杂条件，在理论的指导下周密地调查研究，掌握丰富而翔实的资料，然后在多种理论所提供的一系列规律的相互作用中来理解对象，提供出种种尽可能合理的发展方案，并从中择优。但是，一个城市的发展战略或方案的制定，原则上不同于构建理论，而是属于设计技术方案的性质。后者可以而且常常必须考虑自身特点和所处的复杂条件而具有个体性特色，而且常常包含有理论之应用的过程；而理论的创立则必须是在抽象的基础上包含一般规律而具有一定的普适性。混淆了创建理论与设计技术方案的区别以及它们所需要的不同的思路，将十分不利于理论的发展和创造。

马克思所阐明的从抽象上升到具体的方法论思想，具有深刻的内涵。它包括两个不同的侧面，这两个侧面的结合，是科学研究中从构建理论直至它的应用中所应当遵循的具有普遍意义的方法和原则。

第三节　类比与联想

一、类比不是逻辑推理的方法

原则上，类比不是逻辑推理的方法，而是一种猜测的方法。因为真正意义下的逻辑推理，其结论必须是通过一定的逻辑程序从它的前提中必然地引申出来的。但类比根本不具有这种特征。所以，在现代逻辑的意义上，一般是不承认类比是一种逻辑方法的。爱因斯坦强调从经验事实到理论"没有逻辑的通道"，也是从这个意义上说的。他当然不会否认类比在科学认识中的作用；相反，他十分重视这种作用。问题只在于类比并不是一种"逻辑的通道"。当代美国著名的逻辑学家塔尔斯基（原籍波兰）早在 20 世纪 30 年代就强调地指出了逻辑与经验科学的方法（类比、归纳等等）的区别，并且在当时就倾向于怀疑存在任何"与'演绎科学的逻辑'相对立的'经验科学的逻辑'"的可能性。但在我国直至 20 世纪 90 年代以后所出版的许多逻辑教科书或文章中，常常仍然把"逻辑"这个概念理解得比较泛，以至于仍然把类比法看作一种逻辑推理的方法。

二、类比的程式

所谓类比法，实际上也不存在什么可以普遍遵循的逻辑程序，我国出版的一些逻辑教科书中，通常把类比法的规则规定为：

A 对象有属性 a、b、c 和 d。
B 对象有属性 a、b、c。

所以 B 对象也有属性 d。

或者也有把类比规则表述为[①]：

A 与 B 有属性 a_1，a_2，$\cdots$，a_n。
A 有属性 b。

所以 B 也有属性 b。

两者实际上都是同样的意思。然而，如此来表述类比规则也许是过于偏狭又过于浮泛的。说它偏狭，是由于它不能覆盖科学中的那些甚至最著名的、典型的类比；说它浮泛，是指某些形式逻辑教科书为了使这个"公式"具有尽量大的覆盖面，强调"关系"也是"属性"，结果就冲淡了甚至完全掩盖了科学的类比思维中某种本质的、最深刻的特征。科学类比中的这种本质的、深刻的特征，就在于突出地抓住被类比对象之间的

---

① 如在相当长时间里被指定为我国高等学校文科教材的金岳霖主编的《形式逻辑》（人民出版社，1979 年）中就做如此表述。

"关系"相似。有经验的科学家们都深深地懂得这个特点并且巧妙地运用这个特点。日本的著名科学家、诺贝尔奖获得者汤川秀树在强调类比的这种特点的时候，举了牛顿发现万有引力定律的过程为例，并在其《科学中的创造性思维》中指出："他并没有将一个物体与另一个物体看作相同，而是认为在某一种情况下物体之间的关系与在另一种情况下物体之间的关系是相同的。"英国著名的动物病理学家贝弗里奇在他的《科学研究的艺术》一书中也强调："类比是指事物关系之间的相似，而不是指事物本身之间的相似。"由于以上那种类比规则的表述方式的偏狭和浮泛，因而它在科学中的适用性是值得怀疑的。事实上，科学中的许多类比，特别是那些取得了惊人成就的类比，并不是这样做出的。再则，在所有那些形式逻辑教科书中，包括金岳霖先生所主编的《形式逻辑》一书中，几乎都强调相互类比的两个对象的相同属性愈多，类比的可靠性就愈高。这种说法，从直觉上也许容易使人接受，但真正推敲起来，就难免陷入与"归纳原理"相同的困难。

　　许多形式逻辑教科书中常常抬高归纳的作用而贬低类比的意义，认为类比是一种低级的方法。实际上，类比是一种十分重要的创造性思维的方法，它在科学思维中常常起着无与伦比的重大作用。有许多科学家，尽管可能否认或贬低演绎的作用（如彭加勒认为演绎"与发现、发明没有关系"），或不承认归纳的作用（如爱因斯坦认为归纳是与科学幼年时期相联系的一种"幻想"，"科学的状况愈原始，研究者想要保留这种幻想就愈容易"），但几乎没有任何真正有造诣的科学家会否认类比在科学思维中的作用。科学家爱因斯坦和科学哲学家波普尔都强调，科学理论中的基本概念和规律是不可能通过归纳从事实中导出的，从经验事实到理论没有逻辑的通道。任何科学理论的提出，实质上都不过是一种尝试性的推测或猜测，用以解决科学所面临的问题。科学正是通过试错法，通过推测与反驳而进步的。当然，爱因斯坦也曾经强调，这种推测或猜测，实际上绝不是没有正确的道路可寻的。他曾经为此而强调对应规则和数学构造的作用。但是，类比法作为推测或猜测的富有启发性的思维方式，无疑在科学发现中起着非常巨大的作用。原则上，归纳法和类比法都只可以看作一种猜测的方法。但归纳法的用处有限，它充其量仅仅能够在发现现象论规律中起某种助发现的作用和起某种检验准则的作用，而对理论的发明则不起作用。而类比则有助于假借某种相似性而实现抽象，构建起为了解释某一类自然现象的抽象模型，从而构建起一种理论。

类比是一种从特殊过渡到特殊的思维方式。它借助于对某一类对象的某种属性、关系的知识，通过比较它与另一类对象的某种相似，而达到对后者的某种未知属性和关系的推测性的理解和启发。这种从一类特殊对象的知识过渡到另一类对象的属性和关系的理解和启发，实际上总是以某种一般性知识或假说作为"中介"在其中起作用而实现的。由于这种"中介"在其中所起的作用不同，类比可以有种种不同的形式。而且由于这种"中介"的作用，类比中常常渗透着演绎，或者说，类比常与演绎相结合进行。

如果说类比有某种比较一般的公式的话，那么，毋宁说它是这样的：

程式甲：已知：A 对象中 a、b、c 与 d 之间有 R 关系。
又知：B 对象中有 a′、b′、c′与 a、b、c 相似。
预感到：B 对象中与 a′、b′、c′相联系存在有 R 关系
或与之相似的 R′关系（中介）。

猜测：B 对象中有与 d 相似的 d′。

在该公式中，a、b、c、d 代表对象的各个属性，R 代表属性之间的关系。在类比中，并不要求 B 对象中的 a′、b′、c′与 A 对象中的 a、b、c 等同，而且 R 关系也可以是各种各样的，甚至仅仅是与 R 关系相似的 R′关系。所以，类比的结构是非常松散的，它所可能导致的结论也是非常不确定的。它是一种非常灵活多变的思维方法，并不存在那种刻板的固定程式。

如果关于 A 对象的已有知识中，R 关系只是一种简单的共存关系，并且 B 对象中的 a′、b′、c′等同于 A 对象中的 a、b、c，只有在这种特殊条件下，这个类比公式才变成了普通形式逻辑教科书中的那种公式：

A 对象有属性 a、b、c 和 d。
B 对象有属性 a、b、c。

所以（实为猜测），B 对象也有属性 d。

但是，这种形式的类比是一种最肤浅的类比，既然它只是从简单的共存关系中寻找类比，所以也就很自然地要求在类比中，"两个对象的相同属性应当尽量多"。然而，科学中那些做出了巧妙的、取得了惊人成就的类比，常常并不是"同中见同"，而往往是在某种表面上看来极不相同的对象之间做出了某种惊人的类比，从而做出了伟大的发现。因此，科学中巧妙的类比，常常需要科学家在对知识做出深入分析的基础上，发挥丰富的想象力和创造性的联想。以光的波动说的建立和发展来说，它确实是在与声波、水波的类比中产生出来的。但是，在建立光的波动说以前，有谁能够从直观上看出光现象与声波或水波的传播有多少相同或相似之处呢？今天，我们只有在有了波动说理论以后，才能够理解它们之间的某种相似。相反，当时的人们从经验上或直观上所看到的实在是两者很不相同。例如，光现象的明显特点是它的直进，而声音和水波却明显地可以转弯，甚至可以向后传播。在光的绕射实验（狭缝绕射、细线绕射、小圆孔绕射等）中呈现出来的现象，只有发挥丰富的想象力，才能与声波和水波在传播过程中经常可见的绕射现象联系起来。相反，声音和水波的直进现象是不明显的。其他如光的反射、折射、偏振、干涉等等现象也是如此。特别是像偏振、干涉现象（当时所知道的是方解石的双折射、薄膜色彩、牛顿环等等），差不多是只能在有了光是波的信念以后，才可能用波动说来努力进行理解。

那么，科学家最初是怎样通过类比而设想光是波的呢？首先是要发挥丰富的想象力，例如把光设想为一种波长很短很短的波，才可能"看到"或理解光与声音或水波的某种相似。而且在做出这种类比的时候，其关键不但是要看到外部特征上 A 对象的 a、b、c 与 B 对象的 a′、b′、c′相似，特别是要在对知识进行分析的基础上理解 A 对象中的 a、b、c 与 d 之间的 R 关系。例如在声的传播中，它的属性 d（声音是球面、纵向的机械波）对声音传播中的其他属性 a、b、c（如反射、干涉、绕射等）之间具有因果关系或理论上的导出关系。一个深刻的类比，就在于要根据这种关系而设想出或想象出在 B 对象中也有与 d 相似的某种 d′，并设法构造出某种 d′模型，使得这种 d′与 a′、b′、c′之间也建立起 R 关系或与之相似的 R′关系。例如在光学中，就要能通过类比而构造出光是某种特定的波的 d′模型，并使得能够在 d′与光的其他属性 a′、b′、c′（如直进、反射、折射、绕射、干涉等）之间建立起因果关系或理论上的导出关系。如此的类比，才是科学中深刻的、惊人的和巧妙的类比。类比中，为了建立起 d′模型，不但要看到 A、B 两对象之间的同，而且还要看到其中的异。这是十分重要的。正因为如此，所以日本著名的物理学家汤川秀树在《科学中的创造性思维》一文中，根据科学发展的特点在谈到类比时特别强调地指出："现在，类比思维将赋予一种本质上新的特点，即对与相似性并列的不同性的识别。"当然，类比始终不具有证明的力量。这种由类比所建立起来的属性和关系的"d′－R′"模型，归根结底还是一种假说，它必须受到进一步的实验观察事实的严格无情的检验。与上例相类似的是把原子结构与太阳系模型相类比。有谁会想到原子结构竟然会与太阳系的结构有某种相似呢？卢瑟福之所以能够做出这种类比，也是在 α 粒子散射实验的基础上，通过把原子现象与宏观的力学现象作类比，从而才能够设想原子里面应当有一个质量大而体积小的"硬核"。为了解释原子中带负电荷的电子为什么不会掉落到带正电荷的核中间去，卢瑟福进一步把原子现象与宏观力学现象，特别是与太阳系的力学结构相类比，而设想出了电子绕核作高速旋转的可能性，如此才终于提出了一个原子的"小太阳系模型"。从这个模型出发，解释了原子的某些已知现象 a′、b′、c′。科学中的这种巧妙的、深刻的、惊人的类比，都是在对知识进行深入分析的基础上，通过发挥丰富的想象力和创造性的联想才得以实现的。像上面所说的把光现象与声波、水波作类比，把原子与太阳系的结构作类比，情况都是如此。在现代天文学中，有一种关于星系旋臂结构的密度波假说。据观测，已知星系中有60%～70%都有旋臂结构。如何解释这一现象？瑞典天文学家林布拉德竟把星系与流体联系起来，把星系中的恒星想象成为一个个的水分子，把星系想象成为流体那样的东西，从而建立起了解释星系旋臂结构的密度波假说。像林布拉德做出的这种假说和类比，就更是一种想象力的产物了。这种创造性的想象和联想，在科学的类比中起着十分重要的关键性的作用。

　　以上我们所讨论的那种类比程式有一定的普遍性。因为所谈论的 R 关系可以是因果关系、理论上的导出关系、共存关系等等，由此可以做出种种不同类型的类比。但是，即使这种程式的类比，也不是科学中一切类比可以普遍遵循的固定程式。就目前的状况来说，我们宁可说类比没有固定的程式，以免用一种凝固的框架来束缚了思维。

　　例如，在科学中还有许多巧妙的类比常常是通过分析对象属性间的数量关系相似而做出的。它的特定方式是：

程式乙：

已知：A 对象的属性 a、b、c 之间有某种函数关系 f(a，b，c) =0。

预感到：B 对象的属性 a′、b′、c′在数量关系上与 a、b、c 有些相似。

猜测：a′、b′、c′之间存在有同一形式的函数关系 f(a′，b′，c′) =0。

在这种类比中，往往并不要求 a′、b′、c′与 a、b、c 在性质上有什么相似（它们甚至完全不相似），而只是要求相互之间在数量关系上有某种相似，这种类比形式的成功在科学史上是并不少见的。例如，卡诺曾在热质说（热流质说）理论的指导下，把热现象与水（同样都是流体）作类比。设想到水磨做功是依靠了水的一定的落差（如图 2－6），水流冲击水磨所作之功为 $A = Q(H_1 - H_2)$，其中 Q 为按重量计算的水量。水磨的理想效率应是从高处降落的水全部作用到水磨上而不曾在中途流失的那种状态下的效率。所以其理想效率的值应为

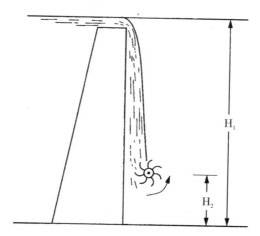

图 2－6　水磨依靠水的落差做功

$$\eta = \frac{Q(H_1 - H_2)}{QH_1} = \frac{H_1 - H_2}{H_1}$$

卡诺在热质说观念的启发下，设想热机之所以能够做功，也是由于热物质量的温度降落所致，其中热物质量 Q 相当于水磨做功时按重量计算的水量 Q，而温度则相当于水的高程（如图 2－7）。

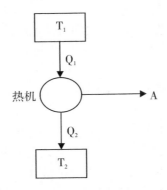

图 2 - 7 卡诺：热机依靠热流质的温度降落而做功

于是他设想了一台不泄漏热流质的热机（理想热机），认为这种理想热机的热效率自然应当是：

$$\eta = \frac{T_1 - T_2}{T_1}$$

在今天看来，热质说固然不对，因为热机做功并不是依靠"热物质"的温度降落，而是由于热能转化成了机械能。所以，理想热机的效率应是：

$$\eta = \frac{Q_1 - Q_2}{Q_1}$$

但是从克拉佩龙方程，我们实际上可以由上式导出：

$$\eta = \frac{Q_1 - Q_2}{Q_1} = \frac{T_1 - T_2}{T_1}$$

因此，卡诺关于热机效率的公式还是正确的。卡诺从类比中得到了惊人的成就。同类形式的类比，我们在科学史上几乎可以随处俯拾。例如傅立叶在同样的热质说理论的启发下，把热的传导与水的流动作类比，于1882年发表了《分析理论》，建立起了用数学分析方法来处理的传热学的精密理论。在建立这种传热学理论时，虽然傅立叶实际上认识到了热现象与力学现象在性质上是不同的。正如他所说："存在着范围很广的各类现象……都不是由机械力产生的，而完全是由于热的存在和积聚的结果。这一部分的自然哲学不能放在力学理论的下面，它有其本身所特具的原则。然而它根据的方法和其他精密科学是相似的。"傅立叶仅仅是设想了它们数学关系上的相似性，通过类比而建立起了传热学理论。

　　这种根据两个（两类）对象之间各个属性在数量关系上有某种相似，进而通过类比而发现它们具有相同形式的函数关系，有时也被倒过来使用。即从已知两个（两类）对象的各个变量在数学方程上相似，进而推测它们在其他属性上也有某种相似。这时，这种类比又可以纳入上面所表述过的那种程式甲，只要把其中的 R 关系理解为特定的函数关系就行了。例如，法国科学家德·布罗意关于物质波的假说，就是通过这种类比得出的。因为在光学中，人们早就知道了光线的运动服从费尔玛原理（光的运动走最短路径的原理），它的变分形式为：

$$\delta \int_a^b \frac{\mathrm{d}s}{v} = 0$$

其中，ds 为光线的路径元，v 为光的速度。而这个最短路程原理是可以从波动理论中导出的。德·布罗意又注意到，在经典力学中，质点的运动服从最小作用量原理（莫培图原理亦即哈密顿原理），它的数学式为 $\delta \int_{t_1}^{t_2} L\mathrm{d}t = 0$，其中，L 为拉格朗日函数，dt 为时间元。这两个原理在数学形式上相似。于是他就设想：光学中的最短路径原理既然可以从波动理论中导出，而且已经知道光不但具有波动性，而且具有粒子性（爱因斯坦光量子假说），那么，质点的运动虽然是粒子性的，会不会也具有波动性呢？并且质点运动的最小作用量原理实质上也可以从波动理论中导出呢？进而他又运用程式乙的形式，将物质粒子与光作进一步的类比而做出了物质波波长的惊人预言。因为既然光波的波长 λ（波性的量）和动量 P（粒子性的量）之间有如下关系：$\lambda = \frac{h}{p}$（即爱因斯坦公式，其中 h 为普朗克常数），那么，类比之下，物质粒子的波长很可能是 $\lambda = \frac{h}{mv}$，其中 mv 为粒子的动量。这就是德·布罗意公式。根据这个一般性的推测，德·布罗意预言：一个中等速度的电子，其波长应相当于 X 射线波段的波长。到1927 年，通过戴维逊－革末实验，德·布罗意的这个预言竟获得了实验的确证。德·布罗意假说成了科学史上运用巧妙的、深刻的类比而获得惊人成就的又一实例。在此基础上，薛定谔又受到启发，做出进一步的类比，他从几何光学是波动光学的近似这个观念出发，进而类比地推断：经典力学也可能是波动力学的近似，并由此建立了波动力学，成了现代量子力学重要的理论奠基者之一。

类比的方式是很多的，绝不限于我们所讲过的两种程式。而且即使就我们所讲过的程式，如程式甲而言，它的形式也是多变的。因为其中的 R 关系可以是各种各样的，它可以是简单的共存关系、现象间的因果关系、理论上的导出关系、数学上的函数关系，等等。总之，类比是一种十分多变的灵活的思维方式。

三、类比与模拟

有的人在文章中把模拟也看成是一种类比。但模拟实质上是一种实验方式。它虽然涉及类比，然而模拟中所运用的思维方式很复杂。在有的模拟实验中，以类比的特点较为突出；而在另一些模拟实验中，则以演绎的特点更为明显。

例如，像 1952 年米勒的实验，就属于前一种类型。当时有一种理论认为：有机生命是在原始地球的条件下，从无机自然界中自然发生的。虽然自从巴斯德以来就有一种倾向——绝对否定生物自然发生的可能。米勒为了检验前一种理论的可能性，于是设计了一个模拟实验。他用甲烷、氢、氨和水汽混合成一种与原始地球大气相似的气体，把它放进真空的玻璃仪器中，并连续地施行火花放电，以模拟原始地球大气的闪电。结果，只用了一个星期的时间，居然就在这种混合气体中产生出了构成蛋白质的五种重要的氨基酸。这个实验结果为科学提供了新的资料，并被认为是大大地支持了米勒想要检验的那种理论。米勒所做的这一类模拟实验，十分明显，是以类比作为它的主要思维方式的。其程式如下：

猜测：A 对象（原型）中有 a、b、c 与 d 有 R 关系，
通过设计构成 B 对象（模型），使之有 a′、b′、c′与 a、b、c 相似。
实验结果：在 B 对象中发生 d′与 a′、b′、c′有 R 关系。

类比支持：在 A 对象中 d 与 a、b、c 有 R 关系。

一般说来，模拟实验是以相似理论为其中介的。这个中介，有可能使模拟实验实质上在一种以演绎为主的逻辑基础上进行。如工程中的模拟试验就是如此（水利工程、桥梁建筑等等，常常需要通过模拟试验来提供

设计的数据，或对工程的设计进行初步的检验）。它的程序是：

已知：A 对象（原型）中有因子 a、b、c（此外，还有其他次要因子）。
按相似理论设计模型 B，使之具有相应的 a′、b′、c′与 a、b、c 相似。
模型试验结果：模型 B 中有 d′与 a′、b′、c′发生 R 关系。

根据相似理论反推：在 A 对象中有相应的 d 与 a、b、c 发生 R 关系。

例如在水利工程的设计中，根据勘察和其他方式所收集的资料，我们构想了一个初步的总体方案。它形成了水工设计的一些基本数据，如水工结构的主要尺寸、材料强度、过水流量等等。于是，我们根据相似理论设计一个模型，使水工结构、地形、地貌的几何尺寸按比例缩小；使所有的矢量（力、速度、加速度等）在方向上相应地一致，而它们的大小也按相似理论按比例缩小；那些无量纲的参数（如牛顿数、雷诺数、欧拉数、弗劳德数）则根据实测值按规定在模型中得到物化。然后在模型中进行试验，以求得（或测得）其他所要求得到的参量值 d′，或各参量之间的 R 关系，在此基础上，再按照相似理论反推回去，计算得到原型上相应的参量值 d 或各参量之间的 R 关系。在这里，模拟实验所构思的基础以及它的结论的获得，主要是演绎性的。其结论的可靠性主要取决于相似理论以及模型与原型的相似程度。只是由于模型与原型实质上不可能完全一致，模型只实现了与原型之间在某些要素上的相似或一致，因此其所得的结论就只具有某种近似性或或然性。如果模型和原型完全一致，那么，所得的结论就完全是根据相似理论演绎出来的了。由此可见，在这类模拟试验中，只是根据模型与原型之间有某种相似，就认定它们服从相同的规律这个意义上，才部分地谈得上是"类比"的。然而，以此为前提，根据相似理论反推出结论，则是演绎的。

上面所说的都是物理模拟。还有一种数学模拟，它的基础更明显地具有演绎性质。它的程式是：

已知：A 对象中各属性 a、b、c 之间有函数关系 f（a，b，c）=0。
又知：B 对象中各属性 a′、b′、c′之间有相同的函数关系，

$$f\ (a',\ b',\ c')\ =0。$$

∴ 通过 B 对象的各变量的对应值可以求出 A 对象各变量的对应值。例如，根据已有理论我们知道，地下水在多孔介质中的渗流和电流在导电介质中的输运现象，分别服从下述规律：

$$\frac{\partial^2 H}{\partial^2 x}+\frac{\partial^2 H}{\partial^2 y}+\frac{\partial^2 H}{\partial^2 z}=0 \tag{1}$$

$$\frac{\partial^2 u}{\partial^2 x}+\frac{\partial^2 u}{\partial^2 y}+\frac{\partial^2 u}{\partial^2 z}=0 \tag{2}$$

显然，在这两种不同的场合下，渗流场方程（1）和电势场方程（2）实际上具有完全相同的数学形式，即拉普拉斯方程的形式。如果我们进一步注意到流体在不同介质中的渗流规律——达西定律具有如下形式：

$$Q=\frac{KF}{L}(H_A-H_B) \tag{3}$$

而电流在不同导电介质中的欧姆定律其形式是

$$I=\frac{F}{\rho L}(U_A-U_B) \tag{4}$$

显然，（3）（4）两式也具有相同的数学形式。并且由此我们可以找到与这些物理定律相联系的各物理量之间的对应配位：测压水头 H—电位 u；渗透系数 K—电导率 $C=\frac{1}{\rho}$；渗透速度 V—电流密度 i……既然我们认识到这种相似和对应关系，于是我们就可以用数学模拟的方法，以电场模型来代替按一定比例缩小的渗流区域，在实验室中用一套相应的电路装置来模拟地下水的运动。借助于电拟试验我们就能够通过方程（2）的解而找出方程（1）的解。例如我们可以根据电拟试验中所测得的电位值，绘制出等电位线，由此就可以推出渗流场中的等水位线。类似地，我们当然还可以从电拟试验中得到渗流场中的其他参数。像这种电拟试验，实际上就是一种数学模拟。随着当代电子技术的发展，人们更进一步使用电子计算机来进行各种数学模拟。大家容易看出，数学模拟中采用的方法，明显地具有演绎的性质。

所以，在讨论类比方法的时候，不可以简单地认为模拟是一种类比，或者如某些人所说，"类比法是模拟实验的逻辑基础"。这种说法，实在是缺少分析的和过于简单化的，并且实质上是错误的。

四、类比的特点

类比在科学研究中起着非常重大的作用。它是一种非常具有创造性的思维方式。它从某一类对象的已有知识，过渡到对于另一类对象的探索性的理解和启发；它虽然总是以对已有知识的分析为基础，却又不受原有知识的束缚。因而它是一种探索新知识的方法。但是，这种探索新知识的方法，无论如何不是从事实导出理论的方法，而是从事实出发，发挥思维的自由创造，来构造出或发明出一种理论，以便对已有的事实进行解释的方法。或者说，它是对事物的"本质"和"规律"进行推测或猜测的方法。类比法在科学中的运用具有如下一些重要的特点：

第一，类比法在科学中的运用与科学家发挥丰富的想象力和创造性的联想具有密切的联系。正如我们前面已经指出，在科学的深刻的类比中，研究者在对知识进行分析的基础上，发挥丰富的想象力和创造性的联想，起着十分巨大的关键性的作用。因为首先，我们若要能够把两类往往很不相同，甚至看起来"风马牛不相及"的对象，例如光和声、星系和流体联系起来，看出它们之间的某种相似，这当然需要在对知识分析的基础上，发挥丰富的想象力和创造性的联想。其次，类比中最重要的还在于要把握 R 关系。把握 R 关系固然需要知识，然而我们又如何能够设想出，B 对象中有与 A 对象的各属性之间的 R 关系相同的关系或与之相似的 R′关系呢？这同样要靠想象和猜测，靠知识基础上的直觉和预感。最后，作为类比的结果，是要构造出一种假说。然而，我们又如何能够设想出某种具体的 d′模型和相应的 R′关系，使之类比于 A 对象中的（d）R（a、b、c），而建立起（d′）R′（a′、b′、c′）呢？例如，当 A 对象中的 R 关系为某种特定的因果关系或理论上的导出关系时，我们如何建立起关于 B 对象的 d′模型，使之与 a′、b′、c′也建立起类似的因果关系或理论上的导出关系呢？这同样需要在对知识分析的基础上善于进行创造性的想象和联想。

第二，类比创造科学中的新知识。因为通过这种想象和联想而建立起来的" d′－R′"模型，是原有的科学知识中所不曾包含有的，也不是被这种类比中的任何前提所蕴含的。这样，它就成了被新创造出来的而为原有知识所不曾包含的新知识（一种新的科学假说）。

第三，通过类比而产生这种新知识，原则上具有很大的自由度。因为在这种类比中，为了要对 B 对象中的已知属性 a′、b′、c′做出某种合理的解释，至少存在着两种可以相互调节的可变因子：d′和 R′，甚至还包括 A 对象中的 d 和 R。因而，对应于 B 对象中的已知属性 a′、b′、c′，我们可以建立起许多不同的"d′－R′"模型。所以，通过类比提出某种"d′－R′"模型，绝不可能是从事实中导出来的。唯一要受到的制约是与已知经验事实 a′、b′、c′的一致和符合以及此模型在逻辑上的内部自洽性。进一步的制约，则是往后接受新的经验事实的检验。

五、类比方法在科学中的作用

类比方法在科学中，尤其是在自然科学中，获得了十分广泛的运用。

首先，类比是提出科学假说的重要途径。这一点，在前面的整个论述中都已经说得比较清楚。

其次，在自然科学研究中广泛运用着的所谓"模型化原则"，实质上就包含着类比方法的应用。我们曾经说过，自然界中实际存在的物质对象或对象系统往往都比较复杂，这使得我们难于着手对它们进行研究，必须进行抽象。然而，这种抽象的实质是什么呢？就是把研究对象简化。维纳指出："所谓抽象，就在于用一种结构上相类似的但又比较简单的模型来取代所研究的世界的那一部分。因而模型在科学研究中是最为需要的。"用与抽象方法相联系的这种通过关于自然界对象或对象系统的简化的模型，来研究自然界的真实对象或对象系统，就是科学研究中的所谓"模型化原则"。在自然科学中，模型化原则的运用，不但是有益的，而且是不可避免的。这里所说的模型，不但是指实验中所运用的物化了的模型，而且是指思维中的抽象形态的理论模型，如关于分子结构、原子结构、原子核结构、DNA 双螺旋结构的概念，关于气体分子运动论的那些基本假说，以及像质点、绝对刚体、理想流体等概念，凡此种种，都是理论模型。所以，所谓理论模型，几乎就是科学中假说和理论的对应物。由此可见，这个"模型化原则"，一方面涉及实验，另一方面又涉及理论，是科学研究中须要遵循的普遍原则。然而，当我们通过模型来研究真实自然界的时候，这里实际上就包含着类比。因为我们所着力研究的是"模型"而不是自然界本身，我们取得了关于模型的知识，进而我们把模型看作自然界对象的类似物，从而去理解自然界的实际对象。这就是类比。类比方法在自然科学中运用得如此广泛，以至于可以说，离开了类比，就不可能有自然科学。因为不但在模拟实验中运用了类比，而且在整个实验和理论中都不可避免地渗透着类比。

再次，类比虽然不具有证明的力量，但在科学阐述和证明的过程中，往往起着辅助性的作用。众所周知，不但在科普作品中，学者们大量地使用类比以便通俗地说明某种深刻的道理，即使在学术性的科学著作中，科学家也往往免不了要运用类比方法作为阐明科学见解的辅助手段。对于科学中的某种新的思想，类比有时甚至起着某种支持证据的作用。例如，在伽利略时代，哥白尼学说还没有为人们所普遍接受。伽利略坚信并热情宣传哥白尼学说。然而在宣传中他拿什么作证据呢？其中重要的证据之一就是他自己所发现的"木星有四个卫星绕着木星转"。他以"木—卫"系统作类比，来说明各行星围绕太阳转是可能的。

最后，在解决科学问题的过程中，类比常常具有启发思路、提供线索、借助于某种典范（范例）而举一反三、触类旁通的作用。事实上，托马斯·库恩之所以在强调他的"规范"（paradigm）概念包括科学理论（符号概括、模型）的同时，还特别强调那些作为"具体的题解"的"范例"的作用，就是因为这些作为具体题解的"范例"在科学规范的定向作用中提供了作为类比的样板，通过类比而举一反三、触类旁通地发挥出解决其他类似问题的潜力。事实上，在每一本科学教科书中，除了详细地阐述理论（符号概括、模型）以外，总是给出作为具体题解的某些"范例"。例如，一本讲解力学的物理教科书，几乎总是给出一些科学界公认的"范例"：单摆、复摆、物体沿斜面滚动、开普勒椭圆等等。这些问题看来不同，但都用牛顿的基本理论来解决。学生们普遍会有这种经验：他们虽然熟读了一本物理教科书，甚至理论原理也都懂了，却不会解题。而这类解题的困难，往往都是发生在怎样根据条件列出方程的问题上，一旦列出了方程以后，剩下的就只是演算的问题了。这类列方程的困难，一方面固然是如何运用所学的知识进行分析综合的困难，但另一方面，几乎每一个学生都会碰到必须通过什么方式来解决这类列方程的困难。他们往往正是从那些"范例"中获得启迪，看出他们眼前所要解决的问题与某个范例所解决的问题之间的类似性，从而启发思路，从类比中来解决一个问题。当他们对同类问题的练习做得比较多了以后，要是再遇到类似的问题，对它的解决很可能就会变得得心应手了。在这里，类比起着一种启发思路，提供线索，借助于某种"范例"而举一反三，触类旁通的作用。

库恩指出，科学家在解决他们所面临的问题时，也表现出与此类似的模式；科学家也往往借助于一种范例，通过类比来求得自己解题的思路。也正是在这个意义上，一名科学家熟悉科学史以及别的科学家解决问题的典型案例，对他的科学创造是十分有益的。

第四节　科学理论的建构与编故事

本节的标题是否有点太出格了？竟然把构建科学理论与编故事这两件决然不同的东西联系起来，这不近乎荒唐？但不慌，且让我们慢慢道来，理清其中的同与不同。细细咀嚼，这两者真还有点十分相似；从某种意义上说，构建科学理论，确实还真有点像是编故事。为什么？

关键在于：科学理论虽然要建立在经验事实（实验观察资料）的基础之上，但从事实（实验观察资料）到理论并没有逻辑的通道。所以，理论还要靠科学家发挥丰富的想象力把它发明出来并用以覆盖资料，解释甚至预言现象。这个过程则确实有点像是编故事，尤其有点像是编侦探故事。有的朋友可能会马上起来表示强烈反对说：这两者还是有根本区别的。编故事，包括编侦探故事，情节可以虚构，而科学却是实实在在的事情，它能允许虚构吗？但我却要说，这两者之间确实是有很多相同的东西，科学是允许虚构的，不虚构就没有科学。这两者所不同的是：文艺小说、侦探故事里面所虚构的是现象层面的东西（人物、情节），它试图通过由虚构出来的人物、情节所构成的故事真实地反映一定的时代和社会的某种"本质性"的东西。而科学对于现象层面的东西（实验观察资料）则是不允许虚构的，它所虚构的是存在于现象背后的机制、模型等这些通常所说的"本质"的东西，并用它去解释和预言现象。科学理论所提供的模型、机制是理论的核心，然而从实验观察资料到理论（模型、机制）并没有逻辑通道，它只有通过科学家发挥丰富的想象力和联想才能被发明出来，或曰虚构出来。从这个意义上，所以我们说，没有虚构就没有科学。

近代光学通过牛顿和惠更斯及其继承者们的工作而获得了巨大的发展。实际上，我们所能观察到的现象并没有向我们显示，光的"本质"究竟是什么。所谓"本质"，即理论模型和机制，都是要靠人去发明出来、建构出来的。牛顿设想光是一些微粒，这些微粒服从牛顿三大定律而运作，从而他就解释了光的直进、反射、折射等等现象，他甚至还在微粒说的基础上，进一步引进了他的猝发振动理论和附丛波假说来解释了光线绕射，甚至还解释了包括牛顿环等等涉及今天看来是属于光线干涉的诸多现象。惠更斯则把光的"本质"看作由想象中的"以太"作为媒质而传播的机械波，为了解释现象，他还创建了以他的名字命名的"惠更斯包迹原理"，这些东西都不是我们的观察经验所提供的东西。它们的建立要靠想象，靠发明，说得直白一点是要靠虚构。但是，科学中的虚构，必须受到两个条件的约束：①理论必须与经验相符合。即从事实到理论虽然没有逻辑的通道，但理论一旦构建起来，从理论到事实却是要有逻辑通道的，理论所蕴含的结论必须与经验事实（实验观察资料）相符合。②理论的逻辑基础必须是自洽的，并且应当具有尽可能大的简单性。一个内部不自洽、自相矛盾的理论，是无须实践检验，只凭逻辑分析就可知道它是错的。但是反过来，如果认为，在我们的理论内部包含逻辑矛盾是可以允许的，那么，由于相反的预言都可以从它推导出来，因而它将是不接受实践检验的。因为不管事实是阴性的还是阳性的，都在它这个"理论"的涵盖之下（附带说一句，所谓"辩证法"，妙就妙在这里。因为它承认"A是A，A又是非A"是正确的。因而按"实践是检验真理的唯一标准"，它就肯定是"真理"无疑。因为它是不可能被实践反驳的；无论事实是阴性的还是阳性的，都可以在这个理论的"涵盖"之下。因而辩证法家就可以轻而易举地宣称，辩证法是"真理"，它是"一万年也推不翻的"）。这两条是相辅相成的。其中第一条就与"实践检验"有关，但是第二条也是必须坚持的。要不然，那些不可检验的形而上学的东西，甚至是违反逻辑的东西，就会成为十足的"真理"了。可以说，科学的发展，始终是在这两条的约束之下，让那些虚构的理论模型、机制，进行着竞争与选择，其中包括着完善和扬弃。这样地发展起来的科学理论，将在愈来愈趋向于融贯、一致与协调的同时，覆盖愈来愈广泛的经验事实，具有愈来愈强的解释和预言能力，从而具有愈来愈强的指导实践的功能。但是，应当明白，不管科学怎样发展，能够同时满足这两条要求的理论绝不可能是唯一的（所以，所谓"真理只有一个"的说法，只是一句骗人的鬼话。尽管它在"反映论"的形而上学理论之下似乎是合乎逻辑地"为真"的）。

下面，我们再回过头来说光的微粒说与波动说的故事。这个故事进一步说明，一个理论所虚构的所谓"本质"（机制和模型），在实践的检验之下，初看起来不如对手，因而它不像是真的，但可以通过增加或修改一些辅助性假说，就可能转劣势为优势，使它比之于对手看起来更像是真的。

在牛顿和惠更斯时代，惠更斯的波动说可以说完全不是牛顿微粒说的对手。这倒并不是由于牛顿的威望，主要是惠更斯的波动说本身存在着太多的缺陷。

在整个 18 世纪里，科学家几乎都把牛顿的微粒说看成是"毋庸置疑"的真理，很少有人相信惠更斯的波动说。惠更斯的波动说至少在如下几个方面暴露出它的严重的缺陷。①惠更斯的波动说实际上认为光波只是一个个突发的脉冲，而不是具有一定波长的波列。在他的《论光》一书中，他强调："……不需要认为光波是以相同的间隔一个跟着一个。"这就使他的波动说根本不可能解释光的干涉现象。而在 18 世纪，光的干涉现象早就成了光学研究中被十分关注的现象。②惠更斯尽管实际上已经发现了后来被称之为"光线的偏振"的方解石的双折射现象，但他坚持认为光波应是纵波。而纵波理论是与偏振现象不相容的；偏振现象是不能从他的波动理论中获得理解或解释的。③惠更斯虽然创造性地提出了他的包迹原理，但由于他没有假定子波可以相干，因而他的波动理论甚至不能真正解释众所周知的光线直进现象。④他的理论也不能解释 18 世纪早已成为光学热门课题的光线的绕射等等。相反，牛顿的微粒说不但"直观而自然地"解释了光线的直进、反射、折射等几何光学范围内的广泛现象，而且还通过引进他的猝发振动和附丛波假说，看到了光的波动特征，解释了包括绕射、干涉等等许多属于物理光学范围内的现象。两相比较，当时的科学家们多赞同微粒说而拒斥波动说也就毫不奇怪了。然而，尽管在长达 100 多年的时间里，牛顿的微粒说获得了广泛证据并能依据它有效地制成许多光学仪器，但由此（即经历一百多年的实践检验）并不能证明牛顿的微粒说因此是真理，而波动说则由此被证伪。

时间进入到 19 世纪以后，情况就发生了戏剧性的变化。1801 年，英国科学家托马斯·杨重新竖起波动说的旗帜并改进了惠更斯的波动说理论。这等于是新编出了一个自然界的"光是一种波"的故事。托马斯·杨强调，光波不是惠更斯所说的那种爆发性的脉冲，而是具有一定波长的波列，并且他第一个提出了光波"波长"的概念。当然当托马斯·杨提出光是具有一定波长的波列的时候，他不曾看到过光波究竟是怎样的。他至多能像一个侦探一样，根据一些蛛丝马迹，想象地得出"光可能是一种波"的假定。但既然得出了这样的想象性的假说，它就要经得起后续经验的检验，并与经验相一致。托马斯·杨测定了光波波长，他认为光的颜色是与光波波长相联系的。他所测定的光波波长刚好与牛顿所测得的光微粒的"猝发间隙长度"按比例（大体）相等。牛顿所说的"猝发间隔长度"就相当于杨所说的"光波波长"的1/4，并且牛顿早就认为光的颜色是与光微粒的"猝发间隔长度"相联系的，并测定了不同颜色的光的"猝发间隔长度"。从这个意义上，可以说牛顿实际上是历史上第一个测定了"光波波长"的人，虽然在牛顿的"故事"中，它被认定为是光微粒的"猝发间隔长度"。但托马斯·杨尖锐地批评了牛顿的光微粒的学说，指出光微粒学说存在着许多严重的缺陷：①微粒说不能解释由强光源和弱光源所发出的光为什么有同样的传播速度；②当光线从一种介质射到另一种介质的界面时，为什么有一部分被反射，而另一部分被折射；③不能解释由他自己所发现的双缝干涉现象。总而言之，托马斯·杨认为，你牛顿先生固然可以虚构光的实质是"光微粒"，真像惠更斯和我把光想象为"以太"所传播的机械波一样，但你的以虚构模型为基础的理论所导出的结论必须和实验观察结果相一致，然而微粒说理论正好与许多经验不一致。托马斯·杨主要就从这个方面指责了牛顿的理论。为了进一步证明他的波动说比牛顿的微粒说好，更符合实际，他进一步提出了光波"干涉"的概念，提出了干涉原理，在他的干涉原理中，已经提出了光波的相干性条件。为了进一步解释光的干涉现象，他还引进了"光程差"的概念和"半波损失"的概念。为了验证他的假说，他还费尽心机地设计了他的著名的"双缝干涉"实验，他的理论精确地与实验结果定量地符合。在此基础上，他还用他的干涉原理来解释了微粒说不能清楚地解释的牛顿环现象和薄膜色彩等诸多现象。显然，经过他加工修改以后的波动说，已经明显地摆脱了在竞争中的劣势地位，甚至转而处于某种优势地位了。于是他竟敢向大名鼎鼎的牛顿叫板："尽管我仰慕牛顿的大名，但我并不因此非得认为他是百无一失的。我……遗憾地看到他也会弄错，而他的权威也许有时甚至阻碍了科学的进步。"

但是，与许多证据符合，甚至定量地符合，并不能由此证明光波就是以"以太"为媒质的机械波，并且是球面纵波，新发现的"蛛丝马迹"

可能又会迫使你重新编故事。果然，不久以后，即 1808 年冬，法国科学家马吕斯在一次偶然的机会中发现了反射光的偏振现象。这个现象是与杨氏假说"不相容"的。杨氏自己也重复了马吕斯的实验，这实验让托马斯·杨对自己最初信心满怀地提出来的假说也发生了动摇。因为波动说理论毕竟还有许多毛病，除了与马吕斯的实验相矛盾以外，以当时的波动说，甚至连光线的直进现象也不能解释。

正在这时，又冒出来一个奇迹般的人物，这就是法国的年轻科学家菲涅尔。菲涅尔是从绕射现象进入他的光学研究的。起初他还不知道托马斯·杨的研究工作，却走到了同一条道路上，企图复活和修正惠更斯的波动光学。到 1815 年，他向巴黎科学院提交了一份关于光线绕射的研究报告。其中，他用波的干涉原理补充了惠更斯的包迹原理，即波阵面上的每一点不但可以看作一个光源，产生子波，子波的包迹形成新的波阵面，而且这些子波可以相互干涉。由此，他十分出色地解释了狭缝的绕射，同时也非常出色地解释了光线的直进、反射和折射。他指出，根据他改进了的惠更斯原理（这个原理后来被称为惠更斯－菲涅尔原理），当狭缝的线度可以和波长相比（差不多的数量级）时，就会产生绕射；而当过光截面的线度很大时，则由于子波的干涉，每一子波的球面波就不会向后传播，而只是直线前进。这就解决了牛顿对波动说的主要诘难，也是波动说面临的最主要的困难。这表明菲涅尔是编造自然界故事（自然现象的机制、模型）的一位非常杰出的人物。他当然也没有"神目"，真能看到光是一种波，是球面波，而且波阵面上的每一点都是子波的波源，子波能够相干。这些只能是他根据一些征兆凭想象和发明的产物。但是正如前已经指出，这种被发明出来的模型所推出来的结论必须与我们的经验（实验观察结果）相一致，其中就包括他当时已经解释了的许多已知现象。为了进一步验证他的关于光的模型机制的假说，菲涅尔又进一步精心设计并实施了他的非常著名的单缝绕射实验。当一束平行光线照射到单缝上，再经过一个透镜，在屏幕上就展现出绕射条纹。当用单色光照射时，中间一条是亮条纹，两边对称出现明暗相间的条纹，并且亮度迅速减弱；当用白光照射时，中间条纹仍是白光，两边对称分布由绕射产生的彩色条带。为了能够更好地定量地解释他的这个实验，菲涅尔又进而补充性提出了他的著名的构造带理论，把波阵面分解为波带进行近似计算。他把自己的理论应用于单缝绕射、小圆孔绕射等现象，计算的结果与实验符合得很好。这就成了科学史上描述绕射的第一个定量理论。菲涅尔理论的成功，引起了很大的震动，许多科学家，其中包括阿拉果，立即转过来拥护菲涅尔的新理论。

但菲涅尔的理论因此就成为真理了？尽管菲涅尔的理论获得了许多实验的广泛支持，但正如我们已经论证过的，许许多多的实验的支持也不能证实一个理论。但实验是否能够决定性地反驳理论，如果一旦出现反例，那反例就能证伪一个理论呢？也不是的。如果按照"实践是检验真理的唯一标准"那种庸俗哲学的观念，或者较为精致一点的波普尔主义的观念，理论不允许有反例，那么，菲涅尔就不应该提出他的理论，别的科学家也不应该转而相信他的理论。因为当时就存在着很明显的反例。那就是光线偏振实验所提供的反例。菲涅尔理论是与光线偏振实验所提供的现象不相容的。然而，实际上，反例并不具有那种僵硬的、强大的力量。当科学中的理论遇到反例时，是可以通过许多渠道，包括通过适当地修改辅助假说，来消化反例并转而使它成为自己的支持证据的。对于理论遇到反例，当然应当非常重视。菲涅尔也正是采取了这种严肃的态度。他重视偏振实验所提供的反例，为此，他自己深入地研究了偏振现象，并做了大量实验。但正在他遭遇困难之际，机遇却找上门来了。1816 年，当他与阿拉果一起研究偏振光干涉现象的时候，却偶然地发现了在双折射现象中，由自然光所产生的寻常光和非常光是不相干的，但由同一单色偏振光所发生的寻常光却是相干的；即若用偏振器把这两种光线中的光振动引到同一平面上，那么它们就会像两个方向相同而周期相等的振动一样，发生干涉。这些实验结果使他们疑惑不解。因为偏振现象固然和他们的波动说看来不相容，但偏振光的干涉却又表现出波动性质。困惑之下，阿拉果写信给英国的托马斯·杨，把自己和菲涅尔的实验发现告诉了他。为了解释这些事实，托马斯·杨于 1817 年 1 月 12 日写信给阿拉果试探性地提出了光是横波的假说。托马斯·杨当然也没有"神目"，以至于他真的能看到光是横波。他只不过是依据一些迹象发挥想象力而提出了一种猜测而已。

但光是横波的观念在当时的背景知识之下几乎是不可思议的。因为当时认为光是依靠"以太"传播的机械波，而能够传播横波的以太介质是很难想象的，深究起来就会与力学相矛盾。然而，当阿拉果把托马斯·杨的意见转告给菲涅尔以后，菲涅尔却立即理解了杨氏假说的全部意义，虽然这个假说和他自己的传统观念也是格格不入的。为了使"以太"能够传播横波，他凭想象尝试着为光的横波理论设想了一个具有很高弹性模量的以太动力学模型，并从横波理论中得出了其他许多重要结论。1818年，他总结了自己数年来的研究成果，写成了一篇论文，响应巴黎科学院的悬奖征文。这篇论文，从光的横波假定出发，把惠更斯的包迹原理与杨氏的干涉原理结合起来，定量地说明了当时所已知的几乎一切重要的光学现象。其中包括双折射理论、反射和折射理论、偏振面转动理论和他自己新发现的偏振光干涉的定律等等。菲涅尔的这篇论文轰动一时，震动了整个法国和欧洲的科学界。更令人惊奇的是，菲涅尔理论竟出人意料地消解了一个对波动说来说几乎是一个致命的指责。当时，法国科学院里有一批老的、有威望的科学家仍然不同意波动说而坚持微粒说。著名数学家兼物理学家泊松通过归谬论证的方法对波动说提出了严重的挑战。泊松指出，虽然菲涅尔的波动说理论解释了狭缝绕射和小圆孔绕射等实验事实，但这些实验事实微粒说也能解释（他是指光微粒经过狭缝边缘时受到边缘的吸引）。然而，如果波动说是正确的，那么，依据菲涅尔的波动公式就可以计算出：具有一定波长的点状光源所放出的光，可以绕过一个小圆盘而聚焦在圆盘后面的暗影的中央，出现一个亮点。而这是完全不可能的。因为这种情况不同于狭缝绕射或小圆孔绕射；在这种情况下，光线只能是直进的。泊松认为，无须再做实验，他的论证已经无可辩驳地否证了波动说。泊松所提出的诘难，菲涅尔事先也没有想到，可以说一下子被打蒙了。可是，就在这时，阿拉果却坚信菲涅尔理论的力量，他决定立即用实验来检验泊松从菲涅尔波动理论中所做出的那个推论。实验的结果却是惊人的和出人意料的。实验的结果，与泊松的愿望相反，竟然是以非常精确的方式表明，在小圆盘的背后确实有一个亮点，而且与波动说定量地符合。这个实验，无疑可以看作菲涅尔理论的决定性胜利了。但尽管到这时，泊松还不服气。他辩解道：他事先考虑不周，其实，这个实验，微粒说也能解释，因为光微粒在经过小圆盘的边缘时将受到吸引而聚焦在圆盘背后的某一亮点，因此这个实验并不能证明波动说得到了胜利。然而，尽管如此，菲涅尔理论的胜利毕竟还是明显的。因为菲涅尔的理论是事先预言而且能与实验定量地符合，而微粒说则是事后解释且仍然只能做出定性的说明。基于此，巴黎科学院决定把悬赏奖金颁给了年轻的菲涅尔。而菲涅尔对自己的理论的继续检验也毫不含糊，他又用双镜干涉实验来验证自己的理论，又获得了很好的定量的符合。

　　到此为止，可以说，在托马斯·杨的基础上，又通过了菲涅尔的出色工作，以前曾经处于劣势的波动说已经明显地对微粒说占据了优势。更何况，到 19 世纪中叶，又增添了一个小插曲，它大大地增强了波动说的胜利。这个胜利曾被认为是判决波动说和微粒说何者为真、何者为假的判决性实验。"判决性实验"一词最初是由弗朗西斯·培根提出来的，他认为当存在两种对立理论的时候，可以有一种实验对其中的理论何者为真、何者为假起到判决性的作用。但真正分析起来，这样的判决性实验是不可能存在的，然而这种观念在 19 世纪仍然盛行。当时，即 19 世纪中叶，为了拿出"最充分的证据来判决"波动说和微粒说究竟孰是孰非，两位法国的业余科学家斐索和傅科分别设计了两个所谓的判决性实验。这些实验首先是由阿拉果倡议的。因为为了解释光的折射定律，微粒说和波动说做出了完全不同的断言。从微粒说导出结论 $\frac{\sin\alpha}{\sin\beta} = n_{12} = \frac{v}{v_0}$，其中 α 为入射角，β 为折射角，v_0 为入射介质中的光速，v 为出射介质中的光速。由此微粒说断言：光在光密介质中的行进速度将大于它在光疏介质中的行进速度；水中的光速将大于真空中的光速。但波动说却得出了相反的结论，从它导出的公式是 $\frac{\sin\alpha}{\sin\beta} = n_{12} = \frac{v_0}{v}$，由此波动说断言：光在光密介质中的传播速度小于它在光疏介质中的传播速度；水中的光速小于真空中的光速。傅科和斐索通过实验直接测量了空气和水中的光速，其测量方法虽然不同，但结果都一样，它们都"毫无疑问地"证明了波动说的胜利。因为这两个实验都证明光在水中的速度小于光在真空中的速度，而且与波动说的预言定量地符合。到这个时候，科学界可以说已毫无疑问地一致认为：实验已"决定性地证明了波动说，而驳倒了微粒说"，因此，波动说的胜利似乎已成为"定局"。

　　但是，由此是否能证明菲涅尔的理论是真理或者在多大的概率意义上已经是真理了呢？没有的。理论通过构建想象的实体和过程而建立起普遍陈述的命题系统，尽管从它可以解释，甚至定量地解释许多现象以至预言，但普遍理论是不可能通过所谓的大量观察陈述（或像庸俗哲学所说的"大量实践"）而获得证明的，正像当时的大量实验并不能证明菲涅尔的理论，它认为光乃是借助于"以太"传播的机械波并且是横波以及子波能够相干等等假定一样。更何况，严重的问题接着就产生了。它把当时科学背景中科学家们公认的机械论自然观搞得千疮百孔，不能自圆其说，终于揭开了物理学危机的先兆。

正如前面所说，偏振现象的发现曾迫使杨和菲涅尔做出了光是横波的假定，因为偏振现象是与惠更斯以来认为光是以太纵波的假说不相容的。在当时，横波假说当然仍然是在机械论的框架中提出来的，因为它仍然假定光乃是光源所激发的以太的机械振动，只不过这种振动的方向与光波的传播方向相垂直罢了。这个横波假说的提出，是光学史上划时代的成就。菲涅尔以横波假说为基础构建起来的光学理论，以奇妙的方式消解了波动光学曾经面临的种种困难，也消解了马吕斯以后提出来的有关光线偏振实验所产生的种种新的困难，并能以定量的方式解释和预言现象方面达到与实验和观察结果精确地一致。至此，光的波动说表现出几乎全面地优于微粒说；波动说终于战胜了微粒说，获得了科学界的普遍接受和承认。

但是，虽然光的横波假说是从机械论框架中提出来的，并且在解释现象方面取得了巨大的成功，却造成了机械论框架内部的矛盾重重；为了解释（或消化）偏振现象，光的机械论的波动说理论不得不放弃原来的纵波假定，而采取了横波假定，然而一旦引进了光是横波的假定，机械论框架就从此失去了内部的和谐，由此产生了它无法摆脱的"以太悖论"的困境。这个"以太悖论"终于在当时科学界内部几乎一致公认的机械论框架内爆发出来，打开了它的第一个巨大的缺口，最终甚至把它搞得千疮百孔而无法修复——这是机械论统治科学的时代里，偏振现象所引起的一场巨大的震动。

光的横波假定必然会导致与机械论框架相冲突，这是科学家们从一开始就敏感地意识到了的。在机械论框架之下，既然认为光是一种像声音那样的机械波，那就必须假定有一种传光的机械媒质，并且这种传光媒质充满整个宇宙空间。这种传光媒质被称作"以太"。由于这种"以太"无处不在，而物体在其中运动却不受阻力，因此又必须假定这种以太是十分稀薄的，稀薄得"比空气还要精细得多"。然而，根据力学理论，这种气状介质是只能传播纵波而不可能传播横波的，所以自惠更斯以来，所有主张波动说的科学家都是只敢设想光是纵波而不敢设想光是横波的。然而，偏振现象却表明它与纵波假说不相容，这迫使科学家们去设想光是横波，而横波假定确实使光的波动说理论跃进到了一个全新的阶段。但是，承认光是横波，就势必会导致机械论框架内部不可解脱的、致命的自相矛盾。菲涅尔从一开始设想横波假说就敏感察觉到了其中的困难："这个假设与公认的弹性液体振动本质的概念是如此的矛盾，以致我长久以来决定不采用它；甚至当全部事实和长久以来的思考使我相信，这个假设对于光学现象是必要的，而我在把这个假设当作物理学的裁判之前还企图相信，这个假设与力学原理并不矛盾。"① 但是矛盾是不可避免的。因为菲涅尔十分明白，气状媒质是不可能传播横波的，为了使以太能够传播横波，以太媒质就必须具有固体特征。根据他自己所引用的牛顿关于弹性介质的力学公式 $v = \sqrt{\dfrac{N}{\rho}}$，他明白，横波在介质中的传播速度 v 是与介质的弹性切变模量 N 以及介质的密度 ρ 有关的；而既然星体物质在充满以太的宇宙空间中可以不受阻力地运行，所以以太介质的密度固然必须很小，然而已知光速 v 很大，所以，一个不可避免的结论似乎仍然是，以太介质的弹性切变模量 N 必须很大很大，以至于比钢的弹性切变模量还要大出几十万倍。然而这是不可思议的。

菲涅尔看出了他的横波假说会把机械论自然观搞得千疮百孔，于是他要再编故事，竭力为维护机械论自然观来做修补工作。他建立了以太振动机构的动力学模型，企图来消解困难。然而，他虽然从这个模型中导出了反射光线和折射光线强度以及偏振所服从的定律，却始终不能解决由横波假说所引起的"以太悖论"的困难。为了解决这个困难，自菲涅尔以后，在 19 世纪往后的几十年时间里，一大批当时最杰出的科学家，如纳维尔、泊松、格林、麦卡拉、纽曼、斯托克斯、凯尔文、纽曼、斯特拉特、基尔霍夫等等，都曾经为构建某种"合理的"以太动力学模型做出过不懈的努力。其中最著名的是以太的胶状介质模型，它把以太设想为既具有某种流体特性，同时又具有较高的弹性切变模量的介质，以便使它能够传递横波。但是，所有这些努力都枉费心机而未能成功（未能成功地编好故事）。这些模型本身不但都包含了许多牵强附会的（不合理或不自然的）复杂的假说，而且仍然不能摆脱悖论，以至于造成了在更广阔的背景中机械论研究传统的危机。例如，为了要用它来解释光学现象，就必须假定以太充满整个宇宙空间，即假定这种胶状以太介质是无处不在的。但是通过

<hr />

① 转引自（苏）库德利耶夫采夫：《物理学史》（第 1 卷），第 2 版，第 10 章。КУДРЯВЦЕВ · П · С，История физики，1，Учепедгиз，изд. 1956.

天体力学的研究，人们却明白，星际空间对物体的运动并没有阻力。这就已经是矛盾。因为依据力学，这种胶状介质是必然会阻滞物体（如行星）运动的。为了要自圆其说，只得再编故事，于是就引进新的辅助假说，即赋予"以太"以一种特殊的性质：以太粒子与实物粒子不发生相互作用。于是就可以用来解释这种胶状介质何以不会阻滞物体的运动。但是，问题马上就发生了，因为光线不但通过以太，而且也通过玻璃和水等透明物质，然而在这些物质中光的传播速度变慢了。怎样解释这些现象呢？这就又必须假定以太粒子与物质粒子之间存在相互作用。这样，就出现了两种相互分裂的状况：为了解释自由运动的物体，即各种实体物质（如天体）的机械运动，必须假定以太粒子与实物粒子不发生相互作用；而为了解释光的传播，又不得不假定它们之间有相互作用。这显然是一种自相矛盾的结论，而科学的发展是必须排除这种自相矛盾的状况的。然而遗憾的是，对于机械论的光的波动理论来说，横波假定和以太假定都是这个理论的最基本的假定（其他的基本假定还包括力学原理等等），而从这两个假定结合着力学原理却不可避免地要引出以太悖论来。

我们曾经构建了科学进步的三要素目标模型。根据这个模型，科学发展要求其理论协调、一致和融贯地解释（和预言）愈来愈广泛的经验事实。是否能解释和预言广泛的经验事实，由实验观察来检验；是否协调、一致和融贯，靠逻辑来把握。科学不允许引进任何违反逻辑的所谓"原理"，就像恩格斯在《反杜林论》中所强调的辩证法承认"A 是 A，A 又是非 A"这样的"原理"那样。如果承认了这样的"原理"，例如不讲条件地引进"以太粒子与物质粒子既相互作用又不相互作用"，那就能"随遇而安"，根本无所谓"以太悖论"了，因为这个原理本身就承认了悖论的"合理性"。但是这样一来，理论就失去了可检验性，它就不再是科学理论了。

科学理论关于现象背后的基本实体和过程的假定始终不过是一些猜想或假定而已，即使从心理上认为可能被猜中也罢，但从逻辑上却是不可被证明的，即使有大量的实验观察证据做基础，也是不可能被证明的（关于此问题的详细阐明，请见本书第五章）。有人可能会说，现代科学仪器已经能够看到过去曾经只是猜想或假定的"分子"、"原子"甚至"氢键"了，这不是清楚地证实了原来的猜想了吗？请注意，仪器的背后是一大堆的理论，仪器所提供的图像是仪器所接收的信息根据理论而构建出来的，而仪器要去接收什么样的信息以及能接收什么样的信息，还是要依据于理论，然后再对这些信息依据理论去构建出图像。科学要求理论能协调而融贯地解释和预言愈来愈广泛的经验事实，因此，在科学理论指导下制作出来的仪器所提供的图像会有两种不同的情形。一种是仪器所提供的本身是可观察现象的图像，例如电视、医学上用的内窥镜等等，如果这种仪器所提供的图像与我们的直接观察不一致，那就意味着仪器所提供的图像与我们直接观察的图像未能达到一致、协调和融贯，那就构成一个科学或技术中的问题，通过进一步地研究相关的科学和技术问题，引进或修改相关的辅助假说（即修改故事），就有可能达到目标，做到仪器所提供的图像与我们直接观察到的图像协调、一致和融贯。但是，对于那些科学理论所假定的本身不可观察的实体和过程呢？对此，我们没有可直接观察的对照物，只可能做到由仪器所提供的图像与理论所设想的图像相一致，而这样的图像完全是靠理论构建出来的。为了进一步达到科学目标所要求的协调、一致和融贯，我们可以进一步设计出用不同的科学原理制作出来的仪器，检验它们所提供的图像是否相互协调、一致和融贯，但这种检验并不是对仪器所提供的图像的真实性的检验，而毋宁说是对不同的理论原理是否协调的检验。对于本身不可观察的实体和过程的假定，亦即科学理论所提供的机制、模型，归根结底如同爱因斯坦所强调的，如同不能打开表壳的钟表，我们能够看到指针的走动，甚至听到滴答声，但人们"永远不能把这幅图跟实在的机构相比较，而且他们甚至不能想象这种比较的可能性或有何意义"[1]。爱因斯坦还曾经把科学研究比作侦探，指出自然界不会把谜底袒露出来。

托马斯·杨和菲涅尔所建立的光学理论是光学发展史上划时代的成就，并且是机械论指导自然科学的一个伟大胜利。但这个胜利，却最终使机械论自然观陷入互不相容的状态之中，患上了几乎不可治愈的"精神分裂症"。从此以后，机械论自然观虽然仍能取得一系列重大的成就，但同时也愈来愈被这些成就搞得百孔千疮而难以自拔。最终导致了19世纪末20世纪初的物理学革命。机械论自然观终于崩溃了。

有人可能会说，机械论自然观的破产或崩溃是因为它与客观世界的实在机制不符合。这种说法实在是没有根据的，因为我们根本没有可能去真

---

① 爱因斯坦、英菲尔德：《物理学的进化》，上海科学技术出版社1962年版，第20页。

的观察到客观世界背后的真实机制，我们只能通过猜测去构建新的理论，看它们是否能更加协调、一致和融贯地解释和预言更加广泛的经验事实。机械论的破产，与其说是被实验驳倒的，毋宁说是因为出现了更好的理论而被新理论所击败的。我们曾经详细分析过机械论自然观兴衰的理由①。作者十分赞同爱因斯坦的朋友、著名的物理学家兼科学哲学家菲利普·弗兰克的有分析的见地。麦克斯韦最初曾力图构建起机械论的模型来导出他的电磁场方程组，但最后他放弃了机械论模型。对此，弗兰克在分析的基础上，公正地指出："麦克斯韦自己想出了这样一种机构。可是，从这样的机构导出的电磁方程，始终不能令人满意；它变得愈来愈麻烦，尽管从来也没有人证明过，说令人满意的推导是不可能的。"② 弗兰克还曾指出，尽管机械论的光学存在困难，但是，"并未'证明'光的传播不可能被认为是一种力学现象"③。事实上，连量子论的创始人普朗克也曾承认："为了达到研究的目标，利用机械观还是有成功的可能的"，"没有必要对力学解释的可能性抱恐惧心理"。④

科学需要编故事，即依靠想象力去建构用以解释和预言现象的关于存在于现象背后的实体和过程的机制和模型的假说，以便能够一致、协调和融贯地解释和预言愈来愈广泛的经验事实，为了达到这个目的，编故事的故事将会不断延续下去。现在，甚至在国际科学界，都有人设想要建立所谓的"终极理论"。因为这种"终极理论"找到了"终极真理"。然而，这只是空想，是永远不可能实现的。这种观念对科学是有害的。因为科学关于现象背后的机制或模型的假定永远只能是一种猜想，它追求协调、一致和融贯地解释和预言愈来愈广泛的经验事实，这个过程也永远不会有完结的一天，除非人类灭亡。逻辑表明，对应于同一组经验事实，始终存在着建立起多种理论与之相适应的可能性，所以科学中应当提倡扩展思路，提倡不同理论的竞争，以从中择优而取之。

我们上面只是讲了编写关于光的"本质"的故事的一小段，往后，

---

① 参见林定夷《近代科学中机械论自然观的兴衰》，中山大学出版社1996年版

② 菲利普·弗兰克：《科学的哲学——科学与哲学之间的桥梁》，上海人民出版社1985年版，第153页。

③ 菲利普·弗兰克：《科学的哲学——科学与哲学之间的桥梁》，上海人民出版社1985年版，第152页。

④ 转引自李醒民著《激动人心的年代》，四川人民出版社1983年版，第275页。

实际上科学家们又不断地编写新的故事，许多编写出来的新故事没有在历史上留下痕迹，但迄今留下了深刻痕迹的至少还有光是电磁波（麦克斯韦）、光是"光子"（爱因斯坦）等等。这些新故事都比旧故事好，虽然这些所假定的存在于现象背后的实体和过程一个不同于另一个，但它们比起旧故事来都能更协调、更融贯地解释和预言更加广泛的经验事实，这就是科学的进步。为了达到科学进步的目的，相信新故事还会层出不穷地被编写出来。每个故事难免都会遇到反例，但反例都有可能被消化。可以说，每个故事（科学理论所设想的机制和过程）都不是被反例所驳倒的，而是因为出现了更好的理论而被新的更优的理论所击败的。

科学理论的建构如同编故事，特别是侦探故事。这个过程不但有上述相似之处，而且还有其他多种相似之处。例如，科学与艺术都要讲究美。

科学和艺术中的美有基本的一致性。

简单而弥真——这是美的。简单性是通过抽象而实现的。剪影艺术把一切都抽象掉了，只留下脸形的轮廓，却逼真，这是美的。一切好的艺术作品反映现实，都进行了抽象，抓住了主要的东西，然而却逼真地反映生活和现实，这就是艺术的美。科学通过抽象，建立起简化的模型，然而却逼真地反映自然，这是科学的美。

通过简单要素的综合而达到具体的再现，这也是美。艺术家通过一些简单的线条的综合，而勾勒出艺术的形象，从而达到具体的再现，这是美。科学中则是通过抽象规定的综合而达到具体的东西在思维行程中的理论化的再现，从"本质上"把握对象，因而能清晰地、合乎逻辑地解释现象。这里，美也是以"真"为基础的，伽利略把炮弹抽象为质点，只赋予它一些简单的规定：按初速度 V_0 作惯性运动和按等加速度 g 作竖直下落，伽利略把这些抽象规定加以综合，就使投射体的轨迹在思维的行程中达到了理论化的再现。这多美啊！

"真"是美的基础。但科学和艺术中的"真"，都不必是镜像意义下的真。科学和艺术的"真"，都允许虚构，只是虚构的方式不同。在艺术中，可以虚构的是个别的、具体的东西，要反映的却是一般社会生活的真。例如在小说戏剧中，它通过虚构适当的人物和情结，以真实地反映历史和现实。而在科学中，可以虚构的却是一般的东西，而对具体的事实、实验数据等却是完全不允许虚构的。科学通过构建模型和假说，虚构某种想象的实体和过程，来覆盖经验，"真实地"解释我们所观察到的具体的实际现象。即由理论所导出的结论要与实际的真实现象相一致。

关于简单性，由于艺术是以形象的形式来表现，科学是以抽象的形式来表现，因而科学和艺术中关于简单性的表达形式是不同的。科学中的简单性，是要求从尽可能最少的初始命题和基本概念出发，建立起一个演绎陈述的等级系统，来覆盖尽可能广泛的经验，以及要求所列入其中的公式在数学上简洁、对称等等。出于简单而归于深奥，这是科学追求的美，其实在艺术中也如此。

当然，正如艺术中一样，在科学中，那种内在的和谐与统一、协调和融贯，也是美的一种必须满足的要求。从整个的科学发展史来说，也正如舞台上一幕幕演出的戏剧一样，矛盾的冲突及其解决是美的一种表现。

第三章　科学理论与科学解释

第一节　科学理论的特点与结构

一、假说和理论

研究科学理论的特点与结构，在科学方法论上有着特殊重要的意义。然而，什么是科学理论呢？科学理论与科学假说的关系是什么呢？

长期以来，盛行着一种传统观念，认为假说是科学中未经实践检验的推测性的认识，理论是经实践检验为正确的真理性认识；假说仅当实践的检验证实了它以后才发展为理论。按照这种意见，理论与假说的根本区别就在于是否经过实践的检验而具有确实的真理性。

然而，这种意见是完全站不住脚的。因为在是否经受过实践检验和具有真理性这个标准面前，只可能有认识的正确与谬误之分，而不可能有假说与理论之分。假说与理论的界线是不可能从这个标准中获得规定的。试问：在科学的历史上，有哪一种科学的假说不依实践（实验和观察）为依据并接受实践的检验呢？又有哪一种真正有价值的科学假说不具有一定的真理性呢？（关于理论真理性的概念我们往后再作讨论）至于理论，又有哪一种理论是"经过实践检验完毕"并且具有终极真理的性质呢？相反，我们在历史上不是屡屡见到错误的理论吗？更何况，假说和理论根本不是相互排斥的概念。在科学中，许多假说就是理论，许多理论就是假说。例如，光的波动说是假说呢，还是理论呢？量子说是假说呢，还是理论呢？人们常把费米的 β 衰变理论称之为"理论"，而把泡利的中微子假说称之为"假说"。但是，费米的 β 衰变理论正是以泡利的中微子假说作为自身的前提和出发点的，正如著名的气体分子运动论是以把气体分子看作不受重力影响的弹性小球等若干假定（假说）作为自身的前提和出发点一样。事实上，泡利绝不是无根据地提出他的中微子假说的。20 世纪

30 年代初，当泡利提出中微子假说的时候，正是依据了关于 β 衰变的一系列实验（其中包括测定热值的实验）并且是为了解释这些实验的反常现象而提出的。1932 年，费米就在泡利的中微子假说的基础上建立了 β 衰变理论。虽然泡利所设想的中微子还要经过 20 多年的时间，由于建立了核反应堆而能够产生强中微子源以后才被实验所"发现"或确证。而在此以前，当费米建立 β 衰变理论时，中微子仍然不过是一种尚未被实验"发现"的纯粹的假想实体而已。所以，企图以是否经过实践检验或是否具有真理性来作为区分假说和理论的界限，结果是完全找不到界线。如果一定要在假说和理论之间做出区分和设定界线，那么，毋宁说理论是一种特殊的假说，但假说不一定能构成理论。科学中的一组陈述，之所以能够被称作"理论"，这是由它本身的特点和结构决定的。下面，我们来介绍科学理论的特点。

二、科学理论的特点

何谓理论？何谓科学理论？作为科学的理论应当具备哪些必备的特点？科学理论应当满足怎样的一般结构？这些问题，在科学尚未成熟的古代虽然也曾经被某些思想深刻的哲学家思考过，但整个地说来，只有到了近代，由于在牛顿机械论科学纲领的指导下，各门自然科学迅速地走向成熟，特别是在某些科学领域中，终于建立起了某种具有典范意义的科学理论，在那里，作为科学理论的普遍特性与结构有了比较清晰的显示，这时，科学家和哲学家们才有可能对这些问题做出较为具体而深刻的反思。在这种反思的过程中，英国物理学家兼科学哲学家坎贝尔的工作功不可没。因为在整个 20 世纪，全世界科学哲学家们关于这一问题的研究几乎都是从坎贝尔的工作出发的。而对于这些问题研究的结果，对于科学的进一步发展，无疑地具有极其重要的方法论上的指导意义。

"理论"这一概念，在历史上有一个演变的过程。在早期，"理论"是一个与"实践"相对立的概念，概念的内涵比较模糊。随着近代科学的发展，理论形式的成熟，"理论"一词专指具有一定结构的陈述系统。特别是对于"科学理论"这个术语，在科学哲学中已经赋予了它某种特定的含义。

那么，科学理论应当具备哪些基本的（和必备的）特点呢？

第一个特点，在严格的意义上，任何科学理论都必须是一个演绎陈述的等级系统，它不但应当能够解释现象，而且必须能够解释规律。

事实上，牛顿的科学纲领——希望从力学原理中导出其余自然现象，就已经蕴涵了以它为指导而建立起来的科学理论，就势必应具有上述的那种特点。要从力学原理中导出其余现象，固然已经蕴涵着这样地建立起来的理论，势必应具有演绎的结构；而要想从力学原理中导出其余自然现象，又意味着这样地建立起来的理论势必要具有作为演绎陈述的等级系统的复杂结构。因为十分明显，在力学原理中，它所使用的仅仅是诸如"力"、"质量"、"速度"、"加速度"等等力学词汇，而要描述"其余自然现象"，却是必须使用另外一些词汇，例如，为了描述光学现象，就需要使用诸如光的颜色、强度、反射、折射等等一套不同于力学术语的词汇；为了描述热学就需要诸如温度、热量等等同样为力学所不具有的词汇。由于自然界的"其余现象"在性质上与"力学现象"是不同的，因而所需要的用以描述这些现象的词汇也是不同的。这些"不同"就使得从逻辑上并不能从力学原理中直接导出那些（自然界的）"其余现象"，除非我们能够建立起某种能够把两种不同类型的语言（词汇）连接起来的特殊命题，才有可能通过间接的方式，导出对那些"其余自然现象"的描述性陈述。事实上，能够在自然界各个不同领域中直接地解释现象的，乃是在各该领域的研究中从经验中总结出来的现象论规律（或称经验规律）。例如，为了要能解释光学领域中的各种现象，例如小孔成像、一半插入水中的筷子看起来像是弯的，或者诸如牛顿环或薄膜色彩等复杂的现象，所直接需要的乃是从光学领域研究中总结出来的、能用以表明这一领域中的某一类现象间的表观齐一性的现象论规律，如光线直进定律、反射定律、折射定律以及光线干涉定律等等经验规律。牛顿所希望的所谓"从力学原理中导出其余自然现象"，其实不过是希望借助于某种有层次的逻辑结构，首先要能够从力学原理中导出各个领域中的现象论规律，然后再通过这些现象论规律而解释纷繁复杂的自然现象。正如牛顿在建立他的光学理论时，实际上首先是企图从力学原理中导出各种光学定律，然后再借助于光学定律来解释（或导出）光学现象一样。

所以，科学理论作为解释现象的工具，必须是一个演绎陈述的等级系统，而且它必须首先要能解释规律，然后才去解释现象。从这个意义上，科学理论既不同于科学中的观察陈述，也不同于任何孤立的经验规律的概括。孤立的经验规律固然也可以成为某种科学解释的基础，因为一条这样的经验规律连同一定的条件陈述的合取就可以解释一种现象。但是，这样的经验规律即使被实验观察事实充分地确证，也并不构成理论，因为它只解释现象。而理论则是必须以从一组普遍陈述出发，按照科学解释的模式（例如 D－N 模式）而能够解释规律为其基本特征的。科学理论的基本功能就在于它能解释规律，而关于单一的经验规律的假说却不具有这种功能。

事实上，观察陈述、经验规律与科学理论是人类在认识自然的过程中，按其抽象化程度而言，分属于不同水平上的认识层次。人类在科学地认识自然的过程中，绝不会仅仅以获得种种单称的观察陈述为满足，也不会仅仅以获得现象间表观联系的经验规律为满足。正如爱因斯坦所指出："这样得到的全部概念和关系完全没有逻辑的统一性。"① 当人们对某一类现象的研究已经揭示出一系列现象间表观联系的经验规律以后，就会要求从较少的概念和关系的体系中求得对这众多的经验规律的理解。这时，建立相应的理论就被提到科学的日程上来了。为此目的，理论设想某种并不由经验所直接提示的实体和过程，这些实体和过程被假定为受某种理论定律和理论原理所支配，然后借助于这些理论定律和理论原理而解释和导出先前已经发现的经验现象中的一致性（经验规律），并且通常还能预见出类似的新的规律。由于理论能从所假定的并非由经验直接提示的实体和过程的规律中，导出经验所提示的现象间的齐一性（经验规律），因此，理论就对所讨论的那一类现象提供了深入一层的，往往是更加精确的理解。并且由此就可以把理论所假定的、并非由经验所直接提示的那种实体和过程看作隐藏在现象背后或现象下面并且支配着现象的因素（人们通常称它为"本质"），而现象只不过是它们的外部表现罢了。

作为科学中这种"理论"的例子，我们可以看看经典物理学中曾经在牛顿机械论科学纲领的指导下构建起来的光的波动说和微粒说这两种理论。这两种理论都分别借助于某种假想的实体和过程（以太波或光微粒的运动），并且假定这些实体和过程分别服从某种理论上所赋予的规律，由此，它们就以不同的方式导出了光线的直线传播定律、反射定律、折射定律等等，从而它们都把光现象中已知的表观规律归结为另一些更为基本

① 爱因斯坦：《物理学和实在》，载《爱因斯坦文集》（第 1 卷），商务印书馆 1976 年版，第 344～345 页。

的过程和规律起作用的结果，这样，它们就从一种比相应的经验规律更深入的意义上解释了光的性质。当然，以如此这般的方式构建理论，并不是近代科学产生以后才开始的。在天文学史上，像托勒密体系和哥白尼体系也都曾经借助于构想出某种并非由经验所直接提示的宇宙结构和天体运动规律来解释我们所观察到的天体视运动，以及这种视运动所表明的齐一性。

科学理论另一个必备的特点是可检验性。关于这一点，牛顿就已经相当明确和自觉了。尽管牛顿实际上未能摆脱形而上学学说的影响，甚至也未能摆脱宗教神学的羁绊，但他在实际的科学工作中却曾要求划清与形而上学的界线，并呼吁"物理学，当心形而上学啊！"正是由于近代科学中日益清晰地显示出这一特点和倾向，所以，科学与形而上学的划界问题日益成了科学家和哲学家们关注的对象。

正如我们在讲科学解释的特点时所已经指出的，科学解释的特点并不在于它一定是正确的，而是在于它们必须能够被检验。科学理论也一样，科学理论的基本特点并不在于它们一定是正确的，而在于它们必须能够接受经验的检验。如果有一种理论，它归根结底是不接受经验检验的；不管自然界的实际事实将怎样发生，它们是阴性的还是阳性的，都不可能危及这个理论，那么，这种理论就不可能对自然界的实际过程做出任何预言和断言，因而它实际上未曾向我们提供自然界的任何信息，这种理论当然不能是"科学的"。

作为这种实际上不能接受经验检验的理论，我们曾举出 20 世纪 20 年代德国生物学家杜里希所提出的"新活力论"为例。这种"新活力论"把生命看作"隐德莱希"或隐蔽的"活力"的某种目的论动因的表现。但是，它根本不说明"隐德莱希"在什么条件下起作用以及如何起作用，它如何指导生物学过程，因而它根本不能做出任何一种明确的检验蕴涵，以便人们能够用相应的实验和观察来检验这种理论。只有当人们已经遇到了某种令人惊异的"有机定向"类型的事实后，它才"马后炮"式地跑出来作某种特设性的解释，说"这是活力的另一种表现"，以此来声明这种理论又一次"获得了胜利"。像这种表面看来似乎对我们的周围世界有所陈述，但实际上却不接受任何经验检验的理论，尽管表面上能解释一切，给人一种似乎获得了真理（因为不会有任何经验会与它发生冲突）的心理上的满足，但实际上不包含任何经验内容，不曾向我们提供任何自然界的信息。这种"理论"，由于不具备科学理论所必须具备的可检验性要求，因而只能是非科学的形而上学理论。如果这种形而上学理论非要为自己打出"科学"的旗号，宣称自己具有科学的性质，以鱼目混珠，那就只能把它看作冒充"科学"的伪科学理论。正如这种"新活力论"最终遭遇的命运那样。我们还曾经举过黑格尔式的辩证法规律（如质量互变规律）来解释水在0℃结冰，到100℃沸腾的例子。这种所谓的解释，实际上也只是表明黑格尔式的辩证法，其实不过是一种彻头彻尾的形而上学理论，虽然这种理论常常还要不时地为自己挂出"科学"的旗号。列宁曾经为辩证法不能做出预言以接受经验检验的事实做出过辩解，强调说：辩证法是不允许套公式的；辩证法的活的灵魂是具体问题具体分析。但列宁的这句话正好暴露了辩证法是一种形而上学理论而不是科学理论。科学是允许套公式的，通过套公式而演绎出具体结论；尽管其结论是可错的，却可由此来检验理论。

科学理论必须具有可接受经验检验的基本特性。为了使一种科学理论具有可接受经验检验的特点，理论必须对它所假定的基本实体和过程以及它们所遵循的规律做出明晰的和精确的（而不是含糊其词的）说明，以便允许我们对于理论所要解释的现象做出特定的检验蕴涵，从而使这个理论具有解释力，来解释先前已经观察到的现象间的齐一性并做出预言和后顾。就以牛顿力学为例，我们不但可以从它导出伽利略落体定律、开普勒行星运动定律等等我们事先已经知道的自然现象的规律性，而且还可以做出明确的预言和后顾。例如哈雷就用这个理论预言了他于1682年所观察到的那颗彗星（即哈雷彗星）将于1759年返回，并后顾地认出了它就是自1066年以来历史上已被天文学家记录过多次的那颗彗星。由于科学理论能做出明确的检验蕴涵，因而它始终是面对着自然界和人类实践所提供的事实而冒风险的。但是同时，由于它排除了许多逻辑上可能的状态而断言事件必然是按照所预言的过程和状态发生，因而它带有很大的信息量而能够指导人们的实践。一种理论经过实践的检验，可能被认为是错误的，因而要被往后的科学发展所抛弃。正如牛顿的光的微粒说，由于由它所做出的检验蕴涵被佛科实验等观测事实所"证伪"，因而被往后的更好的理论所取代一样。但是，这种事后被确认为是错误的理论仍然不失为科学历史上曾经出现过的"科学理论"，它与那种原则上不受经验检验的"伪科学理论"仍然是有天壤之别的。并且也正是在这一点上，它能够使科学命题与数学命题和逻辑命题相区别，因为后者都是一些重言命题。

三、关于科学理论结构的学说之历史的陈述——坎贝尔的理论

科学哲学中，关于科学理论之结构的研究，可以说是近世以来的事情，特别是近百年以来的事情。

20 世纪以来，科学哲学家们关于科学理论结构的研究，可以说迄今依然学派纷呈，主要有"标准学派"的理论、语义学派的理论和结构主义学派的理论。但是，不管哪一个学派的理论，他们的研究实际上都是以坎贝尔的研究成果为出发点的。因此，坎贝尔的研究堪称经典性的工作。

限于篇幅，我们不可能在本节中详述 20 世纪以来科学哲学中关于科学理论结构研究的发展的全面的历史。我们暂时只能限于着重介绍作为此种理论之源的坎贝尔的研究工作以及它对"标准学派"理论之影响。

坎贝尔本人是一位杰出的物理学家。曾在著名的卡文迪什实验室跟随 J. J. 汤姆逊（因发现电子而获得诺贝尔奖的英国科学家）工作过多年。他在 1919 年出版了一本题为 *Physics：The Elements*（可译为《物理学原理》或《物理学初步》）的物理学教科书。但此书在科学哲学上却成了一本经典性的著作，后多次出版，书名改为 *Foundations of Science*（《科学的基础》），从书名上更突出了它的科学哲学特色。在其中，他不但讨论物理学的基本原理，而且也讨论物理学的理论结构，物理学的理论检验以及有关测量的理论等问题。以后，他又于 1921 年出版了一本科学哲学的专著 *What is Science*（《科学是什么》）。坎贝尔的这些工作，虽然是将近百年以前做的，但即使在今天看来也仍然具有经典性的意义。正如已经指出，20 世纪曾经获得公认的标准学派的理论完全是在坎贝尔工作的基础上发展起来的，其他学派的理论也与坎贝尔的工作有着密切的联系。

（一）坎贝尔论科学理论的结构形式

作为一名物理学家，坎贝尔认为，一个理论是相互联系的命题系统。这些命题可以分为两类：一类，他称之为"假说"（hypothesis）；另一类，他称之为"辞典"（dictionary）。

他认为，"假说"是由该理论所特有的那些观念的陈述所组成的。其中也可以分为两类：一类是公理和定义，另一类是从中演绎出来的定理。

它们构成了一个形式系统。坎贝尔把科学理论中的这个部分专门称之为"假说"，这是他对"假说"一词的特殊用法，与通常的用法常常有较大的区别。坎贝尔指出：构成假说的这些命题不能被它们自身所证明或否证；它们通过辞典而获得意义，但是如果从与辞典的联系中把它们孤立起来，则它们像是一些任意的假定。①

坎贝尔认为，"辞典"是把假说的观念与具有不同性质的某些其他观念联系起来的陈述。理论中，正是借助于"假说"和"辞典"能导出另外的那些观念，它们相当于一个理论的导出原理。他把后者称之为"概念"（concept）。"概念"是一个定律集。这也是他对"概念"一词的特殊用法。坎贝尔不把"概念"（定律集）看作理论的一个成分。他之所以不把他称之为"概念"的那些导出的"定律"看作理论的一个构成成分，是因为在他看来，人们对这些定律的了解，并不依赖于导出它们的那个理论，并且人们应能不依赖于有关该理论的一切知识而确定这些定律的真假。这些定律是外在于理论的。相反，理论的真假是要由这些导出定律是否为真（经验上为真）来确定。在构造理论时，这些定律的真假往往是已知的，它们往往是先于理论而已被确认的。所以，虽然假说中所设定的观念可以是任意的，却有一个明显的限制，即它们不是"概念"，却又必须能从它借助于"辞典"而能导出为"真"的概念，即定律集。这时，我们才能说理论为真，从而是可以接受的。用坎贝尔自己的话来说，就是："如果按照辞典，一个由假说推导而来的关于假说观念的命题蕴含关于概念的真命题，即蕴含定律，我们就说该理论为真；因为关于概念的一切真命题都是定律。而如果那些关于假说的观念的命题蕴含某些定律，那么我们说，该理论说明了这些定律。"②

（二）强调类比是科学理论的基本要素

坎贝尔认为，任何有价值的科学理论，其"假说"诸命题中必须显示一种类比。所以，"类比"也是科学理论结构中的一个基本成分或要素。

坎贝尔强调，仅仅有上述"假说"和"辞典"两个成分，并且借助

---

① Norman R. Cambell：《理论的结构》，见江天骥主编：《科学哲学和科学方法论》，华夏出版社 1990 年版，第 26 页。

② Norman R. Cambell：《理论的结构》，见江天骥主编：《科学哲学和科学方法论》，华夏出版社 1990 年版，第 27 页。

于"辞典"能够从假说中推演出"概念"（定律集），还不能构成有价值的科学理论。任何有价值的科学理论，还必须包含有另一个要素，即在其"假说"的命题集中，必须包含有一个"类比"，通过这种类比而给出对于"定律"的说明性机制。

为了说明他的以上这个观点，坎贝尔虚构了一个他认为是"毫无价值"的理论，来与一个科学中公认有价值的实际理论——气体分子动力学理论——来作对比。坎贝尔所虚构的理论具有如下内容：

其"假说"包含下列数学命题：

（1）u，v，w，…是独立变量。

（2）对于这些变量的所有值，a 是一常量。

（3）对于这些变量的所有值，b 是一常量。

（4）c = d，其中 c 和 d 是相关变量。

其辞典包含下列命题：

（1）陈述"$(c^2 + d^2)\,a = R$"，其中 R 是一正有理数，蕴涵陈述"某块特定大小的纯金属的电阻为 R"。

（2）陈述"$cd/b = T$"，蕴涵陈述"那块纯金属的温度为 T"。

由以上"假说"可以推出

$$(c^2 + d^2)\,a \Big/ \frac{cd}{b} = 2ab = 常量$$

又根据"辞典"，可把上述导出命题解释为一个已知的科学中的定律，即"一块纯金属的电阻与其绝对温度之比为一常量"（即 $\frac{R}{T} = 常量$）。这个被导出的定律就属于坎贝尔所说的"概念"中的成分。

坎贝尔分析说，这个理论看起来荒唐，实际上也确实荒唐。因为它在科学上"毫无价值"。但是这个"理论"在结构上却已经满足了借助于"辞典"从"假说"中推演出"概念"等等方面的所有要求。那么，问题到底出在哪里呢？坎贝尔进而在他所虚构的这个他认为是"毫无价值"的理论与现实的物理学中有价值的理论——他以气体分子动力学理论为例——之间作了比较，做出结论说：那个"毫无价值"的荒唐的理论与那种"有重要价值"的科学理论之间的根本区别就在于：科学理论，如气体分子动力学理论的假说诸命题中"显示了一种类比"，从这种类比中提供了一种说明性的机制，而在他所临时虚构的那个"荒唐理论"中却没有这一特点。他以早期的气体分子动力学理论为例子，详细分析了在它的假说诸命题中如何通过容器内有无数体积无限小的弹性粒子运动的力学机制相类比，而提供了解释波义耳定律、查理定律和盖·吕萨克定律的一种机制。

所以，坎贝尔指出，科学理论在结构上要满足两个特点。

（1）它在形式上由一组"假说"和一部"辞典"构成，并且观察上为真的那些定律（属于"概念"）能借助于逻辑推理加上辞典的翻译，而能够从"假说"中推演出来。

（2）理论的假说诸命题中还必须显示出一种类比。从类比的意义上，假说的诸命题必须与某些已知定律相类似。

坎贝尔十分重视"类比"在理论结构中的重要性，他把"类比"（由此提供一种机制）看作科学理论结构中的一个必要的成分。他不同意一些人的观点，这些人虽然也承认"类比"在构建科学理论时的作用及其重要性，但是只把"类比"看作构建理论时的"辅助物"（aids），它只相当于建造房屋时的脚手架，"一旦理论形成后，类比就完成其使命，因而可将其忘却"。坎贝尔指出："这种观点是绝对错误的，它会将人们引向危险的歧路。"① 坎贝尔还指出：如果物理学是一门纯逻辑科学，那么一旦建立起理论，就无须再保留为构建它所使用的类比，只要留下一个纯粹的逻辑体系就够了。但实际情况并非如此。一个纯粹的逻辑体系并不提供物理意义，因而并不能对定律起到真正的解释性的作用。就像他自己所虚构的那个理论，尽管也能从假说再加上辞典的翻译而能逻辑地推演出定律，但实际上并未能对电阻随温度而变化的定律做出任何真正的解释。而且，要是物理科学真的可以是一门纯粹的逻辑学，那么当初构建它时也就根本用不着任何"类比"了。在坎贝尔看来，上面那种看法之所以是"危险"的，一方面是它会使人忘记掉物理学理论的目标和它应当实现的功能；另一方面，它也会忽视构建物理学理论的真正的困难之所在。坎贝尔指出，如果一个理论仅仅是要求构建一个假说和一部辞典，并能由此导出定律，这并不困难。他说他构造前面所说的那个虚构的理论，仅仅只花了一刻钟时间就完成了。他说，构建一个科学理论的真正困难，是在于要

----

① Norman R. Cambell：《理论的结构》，见江天骥主编《科学哲学和科学方法论》，华夏出版社 1990 年版，第 35 页。

找到一个能够逻辑地说明定律的形式结构，同时又要使这个结构能显示出某种所必需的类比；而且这个类比本身提供一种意义，从而使这个类比本身成了理论的必要的组成部分。他提出："按照笔者的观点，类比不是建立理论的'辅助物'；它们是理论的一个完全必要的（组成）部分，没有它们，理论就会毫无价值，而不成为其理论了。"①

（三）理论不是定律

与科学理论的结构相联系，坎贝尔进一步阐明了理论在它的检验、接受以及它的功能方面不同于定律的特点。

就检验方面而言，理论（假说、辞典）不像定律那样可以被直接实验所证实或否证，这是因为理论假定了一些并不能完全由实验决定的假设观念。

坎贝尔首先从科学理论结构的一般情形上进行了考察。理论假定了若干假设观念。但其中只有一部分假设观念或它们的函项能通过辞典与可测量概念联系起来。例如在那个他所虚构的理论中（其实在气体动力学理论或其他理论中也一样）有 u，v，w，…以及 a，b，c，d 等数个观念，其中 a、b 是常数，c、d 是 u，v，w，…的函项，并且在假说观念中已经规定了 $c = d$，但是在辞典中，总共只有这些假设观念中的两个函项（$c^2 + d^2$）a 和 $\dfrac{cd}{b}$ 与可测量概念 R 和 T 联系起来。因此，基于实验，人们不可能对这些观念分别做出断定，只能对它们的组合（函项）做出断定。此外，坎贝尔也讨论了某些极端情况。例如，某个假说观念通过辞典直接与概念相联系，这时，这个假说观念就可基于实验而直接确定；或者，假定有足够多的辞典条目把假说观念的函项与概念联系起来，以至于可以基于实验使每一个假说观念与可测量概念确定地联系起来，这时，就意味着理论中的假说观念可以等值于基于实验的明确陈述。但是，坎贝尔反问道，即使当出现这种情况的时候，我们能否认为，假说观念也像定律那样可以由实验来明确地证实或证伪呢？坎贝尔明确地指出，仍然是不行的。因为假说观念仍然意指着与可测量概念不同的东西。作为一个例子，我们

---

① Norman R. Cambell：《理论的结构》，见江天骥主编《科学哲学和科学方法论》，华夏出版社1990年版，第35页。

不妨以光学测量为例，假定我们研制了一台各种尺寸完全固定而不可调节的干涉仪，可测量概念涉及明暗条纹的间距，假说观念中涉及光波波长。通过辞典，光波波长被解释为明暗条纹的间距的单值函数。这时，我们能否说明暗条纹的间距与光波波长是一回事呢？坎贝尔强调：不能！他强调理论（假设和辞典）中的命题，既不能为实验所证实，也不能被实验所否证。从这个意义上，理论不是定律。他认为："一切定律总是可以被实验所否证，尽管它们并不总是能被实验所证实。"[1]

就功能方面而言，科学理论与定律之间也有巨大的差别。理论在功能上并不简单地等同于由它所导出的那些定律。如果理论的功能仅仅等同于它所导出的定律，那么，他所虚构的那个理论就可作为标准的科学理论而达到目的了。但实际上，理论比由它所导出的那些定律陈述了更多的东西，因为它还陈述了一种观念，这种观念使定律获得一种具有物理意义的解释（而不仅仅是逻辑上的导出）。

所以，坎贝尔还指出，相应地，人们在"接受"一个理论时也与"接受"一个定律时的标准（价值标准）不同。人们接受一个定律，可以仅仅凭借实验检验的结果，如果检验成功了，就可以认为定律为真，于是接受它，而与理论中所包含的类比完全无关。但是对于理论的接受却不一样。他说，一个理论的接受常常可以不需要进行任何辅助实验，就理论的接受要基于实验而言，那些实验常常是在理论被提出来之前就已经完成并被人们所知晓的。由于理论通过类比而提供了一个假说观念，因而理论是对科学知识的扩充。人们接受它，其原因往往不是实验上的。他以气体动力学为例而指出："人们接受该理论的理由直接依赖于提示了它的那种类比；没有这种类比，接受这一理论的所有理由都将消失。"[2] 他还进一步指出：人们——至少是科学界的一部分人——常常接受一些理论并予以很高的评价，尽管他们知道，这些理论不完全正确，也不是严格地等值于任何实验定律，而仅仅是因为这些理论通过类比所提供的假说观念是很有价值的。比如，20 世纪以来，在物理学中，卢瑟福的原子模型被给予了很

① Norman R. Cambell：《理论的结构》，见江天骥主编《科学哲学和科学方法论》，华夏出版社 1990 年版，第 37 页。
② Norman R. Cambell：《理论的结构》，见江天骥主编《科学哲学和科学方法论》，华夏出版社 1990 年版，第 37 页。

高的评价就是一个很好的例证。

（四）科学理论的发展

坎贝尔从科学理论结构的角度上来讨论了科学理论的发展，他认为科学理论的发展可以有种种不同的形态，主要有如下三种：

（1）假说不变，仅仅通过扩充辞典就可能使理论得到发展和完善。坎贝尔指出，一般说来，理论中总是包含有某些假说观念，这些假说观念的命题不能由直接实验所证实或否证。或者说，"理论总是断定，并同时意指某种不能由实验给出解释的东西"①。但同时，坎贝尔又认定，实验对一个理论所包含的假说观念的决定作用愈充分，则这个理论将愈能令人满意。这实际上是说，这个理论的信息量将愈大。但是，这实际上又主要应通过增加辞典条目（扩充辞典）来达到。坎贝尔指出，以这种方式，即不改变假说，仅仅通过扩充辞典来发展理论，这种发展，并不包含理论的实质性的改变。"如果一条新的定律可以通过对辞典的简单增加而由理论推出，则该定律就在最充分、最完全的含义上是由理论所预测的。"② 实际上，推出新定律可以看作理论的成功，可理解为对理论的确证或支持。

（2）增加或修改假说中的命题。坎贝尔认为，通过增加或修改假说中的命题而导致假说的变化，这就将意味着理论的某种实质性的变化。他认为，如果为了说明或预测某种新的定律，竟然需要对假说做出改变，那么就表明最初的理论并不是十分完整或令人满意的。所以他说："通过对辞典的增加而说明一条新定律，并确定另一个假说观念，这是对理论非常有力而又令人信服的确认。"③ 相反，一般来说，通过对假说的修改或增加而获得的结果却"是一种不利于理论之最初形式的证据"④。

（3）修改假说中所显示的类比。坎贝尔指出，假说诸命题都显示某

---

① Norman R. Cambell：《理论的结构》，见江天骥主编《科学哲学和科学方法论》，华夏出版社1990年版，第39页。

② Norman R. Cambell：《理论的结构》，见江天骥主编《科学哲学和科学方法论》，华夏出版社1990年版，第40页。

③ Norman R. Cambell：《理论的结构》，见江天骥主编《科学哲学和科学方法论》，华夏出版社1990年版，第40页。

④ Norman R. Cambell：《理论的结构》，见江天骥主编《科学哲学和科学方法论》，华夏出版社1990年版，第40页。

种类比。如果理论的修改不仅包括假说中命题的修改或增加，而是直接修改了假说赖以建立于其上的类比的类型，那么，在坎贝尔看来，这种所谓的"修改"，就几乎不是什么对原理论的"修改"，而是根本上放弃了那一种理论，而另行建立了一种完全不同的理论。作为对坎贝尔这一论点的"支持"证据，我们可以看看哥白尼"日心说"对于托勒密"地心说"的取代，那完全是一种类比类型的改变，因而根本谈不上哥白尼"日心说"是对托勒密"地心说"的修正或发展，而完全是对地心说的一种抛弃或取代，是革命。从这点看，坎贝尔的论点似乎有些道理。但是，坎贝尔的这些意见显然是考虑不周和有明显缺陷的。正如笔者曾于《近代科学中机械论自然观的兴衰》（中山大学出版社 1995 年版）一书中曾经予以详细考察的，麦克斯韦在建立他的电磁场理论的过程中，曾先后提出过三种不同类型的类比模型，但他走的每一步都只能看作对他的电磁场理论的发展，无论如何都不能把它视作后者是对前者的抛弃或取代。麦克斯韦所重视的是从模型中所能导出的定律，而把类比模型仅仅看作为了使人便于理解他的电磁理论的可以想象的图解或例证。麦克斯韦并没有把类比模型看得如坎贝尔所说的那样重要或关系重大。

四、标准学派对坎贝尔理论的继承与发展

自 20 世纪 30 年代以后，以逻辑实证主义为代表的标准学派关于科学理论的结构的学说，都是在对坎贝尔的理论进行继承、批判与修正的基础上发展起来的。标准学派曾经对坎贝尔的理论提出了多方面的批判和讨论。这些批判和讨论主要围绕着如下三个方面。

（一）类比是否为科学理论之必要的组成要素

这是一个早已存在的争论问题。在坎贝尔之前，法国物理学家迪昂曾经强调了类比在构建科学理论中的重大作用。这也是许多物理学家所普遍接受的。但坎贝尔却要进一步强调类比是科学理论结构中的一个必要成分，而且是理论的真正价值之所在。

坎贝尔的这个观点，后来受到了逻辑实证论学派的许多科学哲学家的批判，要把它从标准学派的观点中排除出去。卡尔纳普在其所著的《逻辑与数学的基础》一书中批判说，人们长期以来总试图寻求某种类比模型来获得对抽象的形式系统的"直接理解"。"人们长期以来没有认识到

放弃寻求这种理解的可能性，甚至没有认识到这种必要性。当物理学家提出例如电磁理论中麦克斯韦方程组这样的抽象的、非直觉的公式以作为新的公理时，他们通过构造'模型'尽量使它们'含直觉'，这一'模型'就是通过与已知的宏观过程——可见物的运动——的类比，再现电磁微观过程。但实际上，沿着这个方向作了许多努力，却均未达到满意的结果。重要的是要认识到，发现一个模型，无非是有美学的或经验的或至多是助发现的价值，它对于成功地应用一个物理理论来说并不重要。当发现导致了广义相对论和涉及波函数的量子力学的时候，对公理进行直觉理解的要求已越来越无法满足了。"① 在卡尔纳普看来，类比与模型对于理论来说根本不是必要的。非要去满足这个多余的、不必要的要求，就会使得科学工作走向歧路。而这个意见正好与坎贝尔的相反。卡尔纳普还论证说：现代物理学，甚至经典物理学也并不要求满足这一条件。他指出："如果我们要求现代物理学家回答这个问题，即在他的演算中符号 ψ 究竟意指什么，并惊奇地发现他给不出回答，那么我们应该明白，在经典物理学中已经有着同样的情形：物理学家在那里就无法告诉我们麦克斯韦方程组中 E 是意指什么。或许勉强地回答，他会告诉我们那个 E 标志电场矢量。毫无疑问，这个陈述具有语义规则的形式，但它一点也不能帮助我们理解那个理论。"然而，尽管那些理论并不包含类比或直觉模型，但它却一点也不妨碍我们理解一个理论。"所以，尽管物理学家无法给予我们关于符号 ψ 的日常语言翻译，但他却理解它，理解量子力学的定律。"②

坎贝尔认为只有包含一个与已知定律相类似的类比，并且能从类比模型中演绎出相关定律，才使得一个科学理论有价值，以及只有通过假说中的类比才能使从它演绎出的定律获得"解释"的主张，也受到了亨普尔的严重挑战。亨普尔在《科学解释面面观》一书中论证说，坎贝尔虚构的他认为无价值的理论，并没有证明有无类比是构成理论是否有价值的必不可少的条件；他所虚构的理论之所以应当被视为"无价值的"，其关键

①　R. Carnap：Foundations of Logic and Mathematics，pp. 59 – 69. 中译文以《作为部分解释形式系统的理论》为题收入江天骥主编的《科学哲学和科学方法论》之中。此处引文见该书第59页。

②　R. Carnap：Foundations of Logic Mathematics，pp. 59 – 69. 中译文以《作为部分解释形式系统的理论》为题收入江天骥主编的《科学哲学和科学方法论》之中。此处引文见该书第60页。

并不在于它未能包含一个类比，而是在于它本质上是"特设性的"。为了
说明问题，亨普尔自己动手构建了一个包含有类比的特设性理论；这个理
论同样能导出坎贝尔所虚构的理论所要导出的纯金属的电阻－温度关系定
律。然而，尽管它包含一个类比，并且完全满足了坎贝尔所说的科学理论
的一切条件，但是，它仍然是毫无价值的。亨普尔指出，其所以"毫无
价值"，其原因并不在于它是否包含了类比，而是由于它本质上是"特设
性的"。亨普尔所构建的这个特设性的理论同样包含一个"假说"和一部
"辞典"。

其"假说"由两个关系组成，即

$$(1) \quad c(u) = \frac{k_1 a(u)}{b(u)}$$

$$(2) \quad d(u) = \frac{k_2 b(u)}{a(u)}$$

这里的 k_1，k_2 为常数。

其"辞典"则规定，对任意一块金属 U 而言，$c(u)$ 是它的电阻 R，
$d(u)$ 是它的绝对温度的倒数 $\frac{1}{T}$。

这样，由假说可得

$$c(u)d(u) = k_1 k_2$$

经辞典解释，则得定律 $\frac{R}{T} = k_1 k_2 =$ 常数。

亨普尔指出，在他所虚构的这个理论的假说中包含了一个类比，其中
的两个关系式中的每一个都是欧姆定律的类似物，并且借助于辞典能从假
说中演绎出纯金属的电阻－温度关系定律。但是，这个类比的存在并不使
这个理论比起坎贝尔所虚构的那个理论来增加了任何解释力。亨普尔指
出，他自己所虚构的理论与坎贝尔所虚构的理论一样，都没有解释力，因
而缺乏科学价值，原因只在于在这两个理论中，每一个理论都恰好只有一
个想要导出的定律能够从中演绎出来，而不是有一组定律能从同一个假说
中推演出来。

亨普尔回到迪昂的观点。他像迪昂一样，一方面承认类比在指导研
究、构建科学理论中是十分有价值的，但是又认为在演绎出实验定律的结
构中，类比并不是作为前提出现的。因此，类比不是科学理论结构的一

部分。

亨普尔的批驳虽然有启发性，但显然仍有其纰漏。因为他借以反驳而所举的那些实例，至多是说明了：并非只要假说中包含了类比就能为从中演绎出的定律提供解释，但由此并不能否定坎贝尔的主张，即有解释力的科学理论的假说中必须包含类比。坎贝尔或坎贝尔的拥护者可能会提出这样的辩护：关键问题是，科学理论的假说中所包含的类比必须是合适的；合适的类比必须满足一定的条件，而亨普尔以欧姆定律所做的"形式类比"却不满足这些条件，因此才使得亨普尔所虚构的理论中虽有类比，但仍然缺乏解释力。英国女科学哲学家玛丽·赫斯正是从这个观点出发，在她于 1963 年出版的《科学中的模型与类比》一书中维护了坎贝尔的观点，并且具体探讨了理论模型的构建中合适的类比所应当满足的条件。

后来，哈雷在 1970 年出版的《科学思维原理》一书中也大致维护了坎贝尔的思想，但他把重点转向了理论中模型机制的重要性；强调一个理论要具有解释力，就必须提供满足合适的模型机制。哈雷强调模型机制是科学理论结构中的一个必要成分，当然，他同意，类比在构建模型机制的过程中常常起到十分重要的作用，然而他在分析科学理论结构的时候，把重点是转向了模型机制，而不是"类比"，他强调，正是"模型机制"才称得上是科学理论的结构要素。在哈雷看来，卡尔纳普强调演算系统仅仅是未经解释的观点是错误的。他认为，理论的演算系统并不是未经解释的，模型机制就是对它的最初解释，尽管并不是把它解释为可观察词项或命题。

（二）导出原理是不是理论的一个成分

坎贝尔强调科学理论的结构要素是：假说，辞典，类比。

逻辑实证论学派的一些学者，如卡尔纳普和亨普尔都不同意"类比"是科学理论的组成要素。

卡尔纳普把科学理论看作由如下两个要素构成的，即形式演算系统和对应规则（rules of correspondence）。卡尔纳普所说的"形式演算系统"大体上相当于坎贝尔所说的"假说"，而他所说的"对应规则"（早期曾称"语义规则"）则大体上相当于坎贝尔所说的"辞典"。

亨普尔有其超越之处，他把科学理论的结构看作由"内在原理"和

"桥接原理"两部分组成。内在原理不仅仅是一个未经解释的形式演算系统，而且包含有一个模型机制的假定，虽然这些假定中所涉及的理论语词都是不可观察语词；而他所说的"桥接原理"（bridge principle）也不完全等同于卡尔纳普等人所说的"对应规则"。

奈格尔在其《科学的结构》一书中，虽然强调科学理论有三个组成成分：①抽象的推演。这是解释系统的逻辑主干，它"隐含地规定"（implicitly defines）系统的基本概念。②一组规则。实际上它通过把抽象推演与具体的观察和实验材料联系起来从而把经验内容赋予抽象推演。③抽象推演的解释或模型。它用多少有些熟悉的概念或形象化材料使主干结构具有了某种描述性。[①]

但是，奈格尔所说的科学理论结构的"三要素"中，其中的①和③的结合仅相当于亨普尔所说的"内在原理"，而他所说的②则仅相当于卡尔纳普所说的"对应规则"。

但是，不管是卡尔纳普也好，亨普尔也好，或者奈格尔也好，他们都像坎贝尔一样，认为理论的导出定律（由假说和辞典所导出的定律集）不是科学理论的组成成分。这有他们自身的理由。这些理由前面已经说过，不再赘述。不过他们的说法也存在着明显的困难，主要有以下三点：

（1）科学理论常常不但导出已知定律，而且还常常导出新的原来所未知的定律，这些新的定律在理论结构上处在与其他已知定律相同的位置上（被导出的位置上），却不能归入包含已知定律的任何旧理论中，因而仅仅能够看作所构建的新理论的一部分。例如，从爱因斯坦的狭义相对论中导出了质能守恒定律 $E = mc^2$，它不能被看作牛顿理论的一部分，也不能被看作麦克斯韦理论的一部分，它仅仅能被看作相对论的一部分，是狭义相对论的一个结论（导出命题），它对于相对论并不是外在的或独立的。而且，尽管牛顿理论可以看作爱因斯坦相对论在极限条件下的近似，但爱因斯坦相对论的导出结论实际上并不能归结为牛顿理论。在这个意义上，导出结论都不是外在于或独立于理论的，而是应当被看作理论的一部分。

（2）坎贝尔和卡尔纳普等人不把导出定律看作科学理论的一个组成

---

① E. Nager. The Structure of Science：Problems in Logec of Scientific Explanation. The Gresham Press，1982. pp. 90 – 97.

要素，理由主要是这些导出定律只是理论（假说和辞典）的逻辑后承，因而它们不具有独立地位。但实际上，科学中许多所谓"导出定律"，当从理论上"导出"它们时，其前提中常常还要引进相关的初始条件和边界条件的假定以及其他辅助假说，而这些假定或假说的确立常常依赖于或来自其他学科的理论。科学中的理论常常并不是如他们所想象的那样是如此"封闭"的。

（3）再从科学统一的理想来考察。卡尔纳普和亨普尔都是坚持科学统一的理想的。卡尔纳普自己就是"科学统一"这个口号的最早提出者之一。既然主张科学统一，那么从一个理论中导出的结论自然应当被认为是这个理论的一部分，而不是仅仅属于另外的独立于理论的经验定律的庞杂集合。

哈雷于1970年把科学理论的结构区分为三个组成部分，即关于模型的陈述、经验定律、变换规则。哈雷所说的"关于模型的陈述"，既包括断言理论实体存在的假说，又包括这些理论实体行为的假说。它十分相似或者完全相当于亨普尔所说的"内在原理"。哈雷所说的"变换规则"包括有"因果假说"和"模型变换"两部分。前者的形式是"M→E"，后者的形式是"M↔E"。哈雷的"变换规则"的地位和功能有点近似于亨普尔的"桥接原理"，但又不完全相同，它比亨普尔的桥接原理有较多的局限性。这里的 M 是指模型陈述，E 是指经验陈述。哈雷的突出特点是把"经验定律"看作科学理论结构的第三个组成要素，这些经验定律处在理论的导出结论的位置上。

但是哈雷的理论观仍有较大的局限性，因为首先，一个理论的导出命题不一定是经验定律，它也可以是层次较低的下一层次的理论命题；其次，理论的变换规则也不一定是把模型陈述直接与经验陈述连接起来，它也可以是把模型陈述与可以由它导出的次一级的理论陈述连接起来。

在这个意义上，亨普尔的内在原理和桥接原理的提法比他的好。但他的可贵之处是把从模型陈述导出的命题也归入于这个理论结构之中，而这是十分合理的。

（三）关于辞典

坎贝尔的"辞典"，其功能是把"假说"中的词项或其函项解释为可观察的词项或其函项，由此就可以把"概念"中的定律从假说观念中获得解释。它包含着这样的预设：①观察语词和理论语词的绝对二分法；②假说通过辞典直接导致可观察命题。

此外，"辞典"一词很容易导致这样一种误解，即认为理论名词通过"辞典"能获得完全的解释。虽然坎贝尔本人未必有这个意思，但他对完全解释的可能性也未明确地加以排除。逻辑实证主义学派的主将卡尔纳普通过分析而明确地指出：一个理论中的理论语词通过"辞典"只能获得部分解释。因而他放弃使用"辞典"一词，而改称为"语义规则"，以后又改称为"对应规则"（correspondence rules）。但无论是坎贝尔的"辞典"，还是卡尔纳普的"对应规则"，都是以观察语词和理论语词的绝对二分法作为基本假定的。在这个问题上，亨普尔作为一个十分有头脑的逻辑实证论学派的学者，实际上有了重要的突破。他用"桥接原理"来连接"内在原理"和"导出原理"（虽然他不把导出原理作为理论结构中的合法的一部分），这是一个重要的突破。进一步分析亨普尔所提出的理论结构，向我们显示，它还十分有利于用来讨论科学理论的还原问题，使得科学理论的结构问题与科学理论的还原问题能按照统一的模式来予以解决。在拙著《科学哲学——以问题为导向的科学方法论导论》一书中曾尝试性地来探索和解决了这个问题。

基于以上的分析和考察，我们认为，科学理论的结构中，主要包含有三个基本的组成部分。

（1）内在原理。它描述理论所假想的基本实体和过程及其所遵循的规律。内在原理本身可构成一个演绎系统，但由于它所假想的基本实体和过程本身是不可观察的，所以仅有内在原理所构成的系统尚不具有经验的内容。

（2）桥接原理。它的基本特征是把理论所假想的基本实体和过程与我们所熟悉的经验现象连接起来，或者与下一层次的理论所设想的基本实体和过程连接起来，经过多层次的桥接最终把理论所假想的基本实体和过程与经验现象和过程连接起来。所以，桥接原理乃是科学理论的不可或缺的基本成分，离开了它，理论将失去经验内容，从而不再成为"科学理论"。

（3）导出原理。它是从内在原理和桥接原理中导出，有时还要借助于引进其他关于初始条件和边界条件的假定或别的辅助假说才能导出的可以进一步接受检验的规律。这种可以进一步接受检验的规律，并不一定就是通过实验观察可予以直接检验的经验规律。一个理论可能要经过多层次的桥接与推导才能最终导出那种可以直接予以检验的经验规律。但是，作为导出原理的终点，必须是经验规律，它们是可以通过实验观察而予以直接检验的。

下面，我们就来讨论我们所理解的科学理论的结构。

五、科学理论的结构——我们的见解

这里所说的我们的见解，并不是我们所完全独立建立的。我们只是在前人工作的基础上，特别是亨普尔、哈雷等人工作的基础上，做了适当的补充、修正和完善，从而提出了我们认为是比较符合实际的关于科学理论的结构的见解罢了。

下面，我们分几个问题来阐述我们的见解。

（一）科学理论的结构要素

一种科学的"理论"，既然要用并非由经验所直接提示的假想的实体和过程来解释经验所提示的现象之间的齐一性（经验规律），因而，作为科学理论势必要具有一定的结构。在这种结构中，它包含有三种不同类型的原理，或曰它的三种必要的结构要素，这就是内在原理、桥接原理和导出原理。

内在原理描述理论所假想的基本实体和过程及其所遵循的规律；桥接原理说明理论所设想的基本实体和过程是怎样与我们的经验现象和规律连接起来，或者与下一层次的理论所设想的基本实体和过程连接起来；导出原理则是从内在原理和桥接原理（结合某种条件陈述）中导出的可以进一步接受检验的规律。

例如，在气体分子运动论中，作为内在原理的是这样一些假定：气体都由分子所构成；同类气体的分子质量均相等；气体分子的大小可以忽略不计，每个分子是可以当作质点看的弹性小球；气体分子之间除了碰撞以外没有其他的相互作用，也不受重力的作用；气体分子都不停地运动着；气体分子沿各个方向运动的机会是均等的，没有任何一个方向上气体分子的运动会比其他方向上更为显著（因此，从统计学的意义上，就是沿各个方向运动的分子数目相等，分子速度在各个方向上的分量的各种平均值也相等）；个别分子的运动服从牛顿力学所描述的规律；等等。

容易看到，这些内在原理以及其中所使用的理论语词，都不是与观察经验直接相联系的，它们是不可能由观察经验直接来检验的。因此，为了使这些内在原理能够用来解释现象，并且使它们成为可接受经验检验的科学理论，在理论的成分中，桥接原理是不可缺少的。因为离开了桥接原理，这些内在原理就会成为与经验不发生任何联系的原理，因而也就会成为非科学的形而上学原理。只有通过桥接原理的补充，它们才能成为真正的科学原理。以分子运动论为例，它的内在原理中所使用的语词和相应的物理量都是一些非观察语词和不可直接测量的量，如分子、分子速度、分子质量、分子平均平动动能（$\frac{1}{2}m\overline{V^2}$）等等。而桥接原理则是把理论语词和不可观测的量与观察语词和可观测量连接起来。例如，它假定气体分子撞击容器壁时分子动量的改变等于容器壁对分子作用力的冲量，因而容器壁受到一个大小相等、方向相反的作用力，它的统计效果就表现为对容器壁所造成的压力，并且容器壁所受到的压强 $P=\frac{nm}{3}\overline{V^2}$（其中 n 为单位体积内气体分子的数目，m 为分子的质量，$\overline{V^2}$ 为分子的平均平方速度）。这个桥接原理，就把理论所假定的基本实体和过程的不可观测的量与经验上可以观测的量（压强 P）桥接起来了，从而使它们与经验发生了联系。但是如果仅有像 $P=\frac{nm}{3}\overline{V^2}$ 这个单独的桥接原理，它本身还是不可检验的。因为在这个等式的左方固然是可以由经验上测量的量，但等式的右方却仍然是一个不可观测的量。因此一个理论还必须有两个以上的桥接原理。事实上，在气体分子运动论中确实还有其他的桥接原理。例如它假定了气体的绝对温度正比于气体分子的平均平动动能，即 $\frac{1}{2}m\overline{V^2}=\frac{3}{2}KT$（其中 K $=1.38\times10^{-16}$ 尔格/度，为玻尔兹曼常数，T 为绝对温度），等等。由于有了这些桥接原理，就使得理论所假定的基本实体和过程以及它们所遵循的原理与经验现象发生了清晰的联系，由此就可以推导出诸如 $P=\frac{nm}{3}\overline{V^2}$ $=\frac{2}{3}n\left(\frac{1}{2}m\overline{V^2}\right)=\frac{2}{3}n\cdot\frac{3}{2}KT=nKT$ 或 $P=nKT$。而 n 既然为单位体积内的气体分子数，因而就可以认为，当一定量的气体容积不变时，这 n 的值也不变。由此就解释了查理定律，即一定量的气体当体积不变时，它的压强与温度成正比。这也就是说，理论通过它的内在原理和桥接原理而导出了可以接受经验检验的现象论规律，即经验规律。

事实上，气体分子运动论不但导出了像查理定律这样的经验规律，而且还导出了诸如波义耳定律、给·吕萨克定律等等可以接受检验的经验规律，在这个分子运动论的基础上发展并建立起来的统计物理学甚至还导出了全部热力学定律。

当然，应当说明的是，由于理论可以表现为不同的层次性，这个桥接原理并不一定是要使理论所假定的基本实体和过程直接地与经验现象桥接起来，它也可以是把上一层次上的理论与下一层次上的理论桥接起来，通过多层次的桥接关系才使某种理论与经验相联系；同样地，理论中的导出原理也不一定直接就是经验规律，它也可以是下一层次上的理论规律。高层次上的理论，可能要通过多层次的桥接与推导，才最终与可以接受检验的经验规律相联系。而最终导出的可接受检验的规律，也不一定只限于事先已知的那些经验规律，它还完全可能导出一些在理论建立以前完全不曾知晓的现象之间的齐一性联系，这些从理论上导出的表明现象间的齐一性联系的规律同样是可以接受经验检验的。正如在爱因斯坦理论和经典统计物理学理论所已经表明的那样。

这种从高层次理论需要经过多次的桥接与推导才最终与经验现象发生联系的情况，随着现代科学中理论的抽象化程度愈来愈高，已变得愈来愈常见和具有典型意义了。例如，在当代量子力学发展前夜所建立起来的玻尔半量子化轨道理论，就已具有了这种典型的结构。它的内在原理包括原子结构特别是氢原子结构的一些假说。它假定氢原子中电子在一些确定的轨道上绕核旋转，每一个轨道都有自己确定的能级，每一电子只能从一个确定的轨道跃迁到另一个确定的轨道，因而获得或者释放出确定的、不连续的能量。它的桥接原理包括：氢原子受激而发光，是因为它的电子从高能级跃迁到低能级时释放了相应的能量；这个能量 ΔE 正好与受激发射的光谱的波长 λ 成如下数量关系：$\lambda = \dfrac{h}{\Delta E} \cdot C$，这里的 h 是普朗克常数，C 为光速。这样，桥接原理就把理论所设想的不可观察的氢原子中的过程与我们在先前的理论中所已经熟知的光波波长等概念联系起来了。但是，光波的波长原则上也是不可直接观察的，它又通过次一级的理论（例如光的波动说理论）而与经验现象联系起来等等。通过这些内在原理和桥接原理，玻尔理论就导出了我们先前所已熟悉的一些规律，如巴尔末定律 $\lambda = \dfrac{bn^2}{n^2 - 2^2}$ 等等。甚至还导出了在此理论建立以前我们还不曾知晓的关于光谱谱线的其他系列方面的关系，正如爱因斯坦从狭义相对论理论中导出了在此以前人们并不知道的质能守恒定律 $E = mc^2$ 一样。

　　自然科学中的理论虽然各种各样，但所有各种理论都必须具有内在原理、桥接原理和导出原理这三种成分。不然，它们就不能成为一种真正的科学理论。当然在这三种成分中，作为科学理论之真正基础的部分是内在原理和桥接原理。因为就总体上来说，导出原理毕竟是它们的逻辑结果。但是必须明白，我们绝不可以把导出原理仅仅简单地看作内在原理和桥接原理的纯粹的逻辑后承。因为在许多情况下，我们往往要借助于引进其他的初始条件和边界条件的假定或其他的辅助假说才能导出可以进一步接受检验的那些所谓的"导出规律"，而这些初始条件和边界条件的假定以及其他的辅助假说往往涉及其他学科的理论。但是，导出规律显然仍然是科学理论的重要组成部分。因为正是那些与内在原理和桥接原理相联系的导出原理，不但使一个理论展开为丰富的内容，并且正是依靠着导出原理，才使理论中的内在原理和桥接原理成为可以接受检验的。

（二）科学理论的结构

　　在一个科学理论中，它的内在原理、桥接原理和导出原理以及它们所使用的语词间的关系是如何的呢？如果我们以集合 V_T 表示理论语词，以集合 V_O 表示观察语词，那么，理论中的这三种类型的原理及所使用的语词显然将具有如下特点：

内在原理　　$(X)(\varphi(X) \rightarrow \psi(X))$　　$\varphi, \psi \in V_T$

桥接原理　　$(X)(\varphi(X) \rightarrow A(X))$　　$\varphi \in V_T, A \in V_O$

导出原理　　$(X)(A(X) \rightarrow B(X))$　　$A, B \in V_O$

　　关于科学理论的结构，我们也许能用图 3–1 对于它们做出一种简要的说明：

　　图 3–1 中，理论层次中的各点（α、β、γ、δ、…）代表理论语词，连接这些点的线表示理论规律或内在原理。连接理论层次与观察层次的竖线是桥接原理，它把理论语词与观察语词（或下一层次的理论语词）连接起来。经验层次中的各点（A、B、C、D、…）代表观察语词，连接这些点

的线代表经验规律（或下一层次的理论规律）。图 3－1 中提示，在这个理论体系中，这些经验规律可以借助于理论中的内在原理和桥接原理（通常还要结合着一定的初始条件和边界条件集合以及其他的辅助假说）而导出。

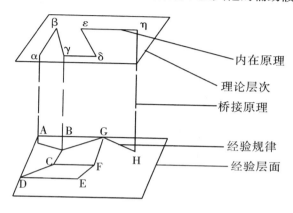

图 3－1 科学理论结构示意

六、科学理论的功能

由于科学理论把诸多经验规律覆盖下的现象都追溯到同样的基本实体和过程，并且实际上把这些经验规律所体现的自然界的齐一性看作某种更为基本的规律的表现，因而理论就对非常多样的现象提供了更为系统的说明。例如，牛顿力学以万有引力定律和其他三条运动定律为基础，解释了极为广泛的现象范围内的许多经验规律（诸如自由落体、单摆、投射体、潮汐、月球、行星、彗星直至人造地球卫星等等的运动所显示出来的那种规律性）。所以，由这种理论所提供的对自然现象的理解，就要比由它所覆盖的经验规律所提供的理解要深刻得多和系统得多。而爱因斯坦的相对论所提供的解释又要比牛顿理论所提供的解释深刻得多和系统得多。从某种意义上，我们甚至可以说，只有借助于适当的理论才能对自然现象做出科学上的充分解释，而用经验规律解释现象始终是不充分的。例如用巴尔末定律来解释氢光谱谱线时如何地使人感到不能满意，就可以看出这一点。因为巴尔末定律本身只是氢光谱特征谱线的现象上齐一性的一种描述，它并不能说明为什么氢光谱恰好会有这些特征谱线。而一旦用玻尔理论来解释，给人的印象就要深刻得多了。因为它从某种机制上说明了为什么氢原子的光谱正好会有这一系列的特征谱线。

由于理论是从一系列规律的相互作用中来理解现象，因而往往还能大大地加深对原有经验规律本身的理解，指出这些经验规律起作用的条件，懂得它们实际上只是近似地描述着自然。例如，气体分子运动论就能从理论上说明，波义耳定律、给·吕萨克定律和查理定律等等只有在常温常压下，严格地说来，只有在接近理想气体的条件下才能成立，并且由于理想气体实际上是不存在的，因此即使在常温常压的条件下，它们也只是对自然界的一种近似的描述。同样地，牛顿理论也说明了它曾经赖以进行概括的伽利略落体定律、开普勒行星运动定律等等都不过是对自然的一种近似描述。因为一旦考虑到万有引力定律，那么自由落体定律中的系数 g 就不再是伽利略意义下的一个常数，而是会随着离地心的距离的变化而变化了；行星也绝不是真正沿着椭圆轨道运动的，而太阳也并不正好在椭圆的一个焦点上。因为尽管我们通常说牛顿理论"逻辑地蕴涵"了开普勒行星运动定律，但十分明显，这种所谓的"逻辑地蕴涵"，必须引进一些假定性的条件，其中包括事先假定太阳是固定不动（从而能假定行星受到中心力的作用）和各个行星之间互不吸引（从而能当作二体问题处理）。牛顿在《自然哲学的数学原理》一书中明确地指出了为了逻辑地导出开普勒定律，需要引进怎样的假定性条件。在《自然哲学的数学原理》第三卷命题13、定理13中，牛顿写道："如果太阳是静止的，而且其他的行星并不相互作用，那么，它们的轨道就会是椭圆的，以太阳为它们的共同焦点，它们所扫过的面积就会与时间成正比。"然而，同样十分明显，即使按牛顿力学本身，这些假定性条件也是既违反事实，又违反牛顿理论的基本原理的。因为按照牛顿第三定律，就不允许有太阳在其中固定不动的行星系存在；而按照万有引力定律，也不允许仅有日心力而没有行星之间相互作用力的行星系存在。由此，牛顿理论就在更深刻和更精确的意义上合理地指出了伽利略落体定律和开普勒行星运动定律为什么只是近似地描述自然。由此可见，理论显然比经验规律站得更高。再则，由于理论不仅能导出先前已知的经验规律，而且还能导出或预见先前所未知的另外的规律性，甚至还能导出假想条件下的规律性，因此一个好的理论比它所概括的经验规律包含有更大的信息量。

理论的以上这些特点，使它在自然科学的发展中具有特殊的重要地位。而对于科学理论的特点及其结构和功能的理解，对于科学的进一步发展，显然又有着重要的方法论上的指导作用。

第二节　科学解释的特点与结构

科学理论的一个基本功能就是对现象进行解释。在各门科学中，科学解释的具体内容和具体形式虽然各不相同，但它们都必须满足某些基本的特点，并满足某些基本的结构方面的要求。科学解释的基本结构形式大体有如下四种：即科学解释的 D－N 模式、科学解释的 I－S 模式以及目的论解释和发生学解释。在自然科学中，科学解释的结构主要采用 D－N 模式和 I－S 模式。本章中，我们就来讨论科学解释的特点与相应的 D－N 模式和 I－S 模式的结构问题。

一、科学解释的特点

为了理解科学解释的必须具备的特点，让我们先来比较几个此前在讲科学与非科学的划界问题时（见本丛书第一分册）曾提到的几个关于解释的实例。

（1）当伽利略发现了木星有卫星以后，一位与伽利略同时代的天文学家弗朗西斯科·西齐站出来反驳伽利略，试图说明为什么行星只能有七颗以及卫星是不可能存在的。他论证说："头上有七窍：两个鼻孔，两只耳朵，一双眼睛和一张嘴巴。因此在天上有两颗吉星，两颗祸星，两颗亮星和一颗不确定的、不偏不袒的水星。从这一点以及金属有七种等许多其他的不计其数的诸如此类的现象，我们可以推测，行星的数目必然是七颗。而且，卫星是肉眼所看不见的，所以对我们地球不可能有什么影响，所以也就是无用的，所以也就是不存在的。"①

（2）神学家对大海为什么起风浪的解释如下：

每当海神发怒的时候，大海便起风浪。
今天海神发怒了。

∴　今天大海起风浪。

---

① 转引自亨普尔《自然科学的哲学》第五章。

类似的这种解释，甚至曾经貌似科学，被一些科学家当作是一种"科学的"解释。如：

凡是有生命力的东西就能生长。
这梧桐树有生命力。

∴　这梧桐树能生长。

凡是有营养力的东西就能营养身体。
鸡蛋有营养力。

∴　鸡蛋能营养身体。

（3）当今自然科学中随处可见的那种解释。简单些的如：

凡密度低于水的东西都浮于水。
这块木头的密度低于水。

∴　这块木头浮于水。

稍为复杂一点的如物理学中关于为什么会出现"虹"这种现象的解释。这种解释所依据的是光学中的反射定律、折射定律以及折射程度依赖于光的颜色（不同的光波波长）的规律。然后结合着一定的初始条件，由此就对为什么会出现虹这种现象做出演绎的说明。大致如下：

如果我们假定一颗颗雨滴大体上都是球形的，那么，一束光通过雨滴的途径大体上就可以描述为图 3-2 所示：

如果一束白光在雨滴的 a 点入射，那么，如果折射定律是正确的，红光就将沿 ab 通过，而蓝光将沿着 ab′ 通过。再者，如果反射定律也是正确的，那么，ab 必定沿着 bc 反射，而 ab′ 必定沿着 b′c′ 反射。光线在达到 c 和 c′ 点时的折射又由折射定律决定，以至于虹的观察者就会看到白光中红的和蓝的以及光谱中的其他成分被分离开来。根据这种解释，只要太阳、雨滴和观察者之间形成一定的夹角 D，并且雨云又足够大（即满足一定的初始条件和边界条件），观察者就一定能看到按一定色彩序列分布的彩虹的现象。

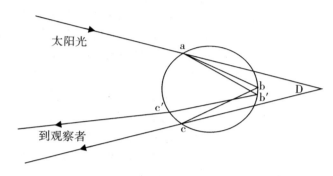

图 3 - 2　虹的光学解释图

上述这些实例表明，任何解释都由两个部分组成：一个是被解释者（或被解释项），一个是解释者（或解释项）。后者被认为是对于前者提供了说明或论证的理由，从而使前者通过后者得到了一种解释。但是，能够认为上述所列举的那些解释实例，都是合乎科学的吗？

认真审度以上三种类型的解释，大家一定会认为：前两种类型的解释是非科学的，科学中不应当采取这种类型的"解释"；第三种类型的解释才是科学的，或者是合乎科学解释的要求的。然而，我们毕竟又是依据了什么样的标准来判定一些解释是"科学的"，而另一些解释则是"非科学"的呢？当然不能认为，只有正确的解释才是科学的。因为我们毕竟不能同意"科学就是真理的体系"这种貌似有理的肤浅的见解。实际上，历史上的许多科学解释后来被发现是错误的，今天科学中的许多解释今后也可能发现它们原来是错误的。那么，科学解释与非科学的解释的界限在哪里呢？作为科学的解释应当有哪些基本的特征呢？

如果我们对上述实例作深入的分析，就不难发现，作为科学的解释必须满足两个基本的条件：第一，相关性要求，即一个科学解释中的解释项与被解释项之间必须在逻辑上是相关的；第二，可检验性要求，即一种解释是否能够成立，必须在原则上是可检验的。

上述实例中的第一种解释不满足相关性要求。尽管那位弗朗西斯科·西齐像连珠炮似的使用了"因此"、"所以"、"必然是"等等词语把他的一些命题联系起来，力图给人一种其结论与前提相关的印象，但实际上，他的那种论证的不合逻辑性是十分明显的；即使他引以为"论据"的那些命题都是真的，他的那些"论据"和他的结论之间也没有建立起任何的逻辑联系。它们之间是完全不相关的。不满足逻辑上相关性的要求，像弗朗西斯科·西齐的那种"论证"，是不能成为科学的解释的。此外，科学解释还必须满足可检验性的要求。上述实例中的第二种"解释"，从逻辑上看是满足相关性要求的，但它们仍然不能成为科学的解释。它们之所以不能成为科学的解释，我们并不能简单地说，那是因为它引进了像"海神"这样一些自然界不存在的"虚构"的东西来解释现象。实际上，自然科学中并不排除某种"虚构的实体"在解释中的有效性，科学假说本身允许我们用某种未经证实的想象的实体或作用来解释现象。例如，科学历史上像"电流质"、"热流质"、"以太"等等想象的实体，在当时的科学中显然是一些十分重要的基本概念，并且正是在这些概念的基础上来解释现象并使科学获得了发展。像"以太"这个概念，直到爱因斯坦的相对论问世以后，才从现代科学中被驱逐出去，而在此以前，它一直还是经典物理学中基本的、不可或缺的概念。在现代科学中，我们也仍然经常使用（甚至更多地使用）各种想象的未经证实的实体和过程来解释现象。虽然谁也不能证实我们的宇宙曾经是一次大爆炸产生的，但现代宇宙学却用这种想象的大爆炸来解释了许多非常基本的宇宙现象。又如，在麦克斯韦的电磁场理论中的"位移电流"、力学中的"虚位移"等等，我们今天都知道它们并不是实际存在的，但是它们在逻辑上却是非常必要的。它们今天不都是仍然保留在科学中吗？总之，第二种"解释"中的那些实例之所以是"非科学的"，并不在于它们"虚构"了某种实体或过程，而是因为这种类型的解释，归根结底是不可检验的。以用海神发怒来解释大海起风浪为例，我们反问一句："神学家先生，你怎么知道海神正在发怒呀？"神学家不能拿出任何别的可检验的证据，而只是对着大海说："你瞧，大海正在起风浪，这就表明海神正在发怒。"同样地，在用生命力来解释梧桐树生长的场合，我们反问："你怎么知道梧桐树有生命力呢？"如果解释者只能指着梧桐树说："它正在生长，这就表明它有生命力。"那么，像这类所谓的"解释"，并不能对解释本身提供任何新的独立的检验方法，原则上，它们只是一些循环论证，因而它们本质上具有一种不可检验的性质。不难看出，一切宗教神学的解释、形而上学的解释，原则上都有这种特征，因而它们都不是科学的解释。反过来，我们可以考察一下第三种解释的那些实例。这类解释就原则上不同于前两类解释。其一，它们都满足相关性要求。在这些解释中，被解释项都是由解释项在逻辑上所蕴涵了的。例如，关于虹的解释。它从有关的光学定律以及薄雾水滴被位于观察者后面的强烈阳光照射等条件，合乎逻辑地导出了为什么在这种条件下会有"虹"这种现象发生。因此，即使我们从未见到过虹，但是如果我们接受了物理学所提供的这些解释性知识（光学定律和关于条件的假定），我们也会满怀信心地相信：在满足了所设定的条件以后，将可预期有"虹"这种现象出现。其二，它们同时都满足可检验性要求。关于虹的解释，它导致明确的检验蕴涵。只要满足所设定的条件，我们就能在天空中看到虹，并且这些虹的颜色的序列都是确定的。根据所要求的条件，我们不但可以预期在雨后的某种条件下观察到虹，而且在大瀑布底下，在海面蒸发的时候，我们也可以观察到虹，我们甚至还可以人为地造成一定的条件，人工地复制虹的现象。只要我们的解释是正确的，我们就可预期相应现象的发生，它接受经验事实的支持或否证。以上两条，就是一切科学解释所必须满足的条件，缺少了其中的任何一条，就不能成为科学的解释。

那么，科学解释又应当采用什么样的形式呢？上述特点又是怎样体现在一定的解释结构的形式之中呢？下面，我们就来讨论这些问题。

二、科学解释的 D - N 模式

（一）科学解释的 D - N 模式的典型形式

为了讨论科学解释的 D - N 模式，让我们继续分析前面提到过的科学解释（即第三种类型的解释）中的那两个实例，从中我们可以看到科学解释中的典型的、有普遍意义的模式，即 D - N 模式。

科学解释的 D - N 模式有一些什么特点呢？第一，它们都是含规律的；第二，它们在结构上都是演绎的。所谓 D - N 模式，其中的 D，是指 deductive，即演绎的；而其中的 N，则是指 nomological，意思是含规律的。

简要地说来，科学解释的 D - N 模式具有如下的结构形式

$$L（规律）\atop C（条件）\Big\}（解释项）$$

$$\overline{\qquad\qquad\qquad\qquad\qquad}$$

$$E \quad 被解释项$$

以木头浮于水的解释为例，它的结构是

$$L（规律）：凡密度小于水的东西都浮于水 \atop C（条件）：这块木头的密度小于水 \Big\}解释项$$

$$\overline{\qquad\qquad\qquad\qquad\qquad\qquad}$$

$$E（被解释项）：这块木头浮于水 \qquad 被解释项$$

当然，这个实例只提供了科学中最简单的解释形式，它只以单一的规律和单一的条件陈述就解释了一个现象。在大部分的科学解释中，情况要复杂得多。就像在关于虹的解释中所表明的那样，它们往往是由一组特定的规律集 L_1，L_2，$\cdots$，L_r 和一组特定的条件集 C_1，C_2，$\cdots$，C_k 的合取作为解释项，才能构成某种解释。然而，这种解释尽管比较复杂，却仍然具有相同的结构形式。即：

$$L（规律集）：L_1，L_2，\cdots，L_r \atop C（条件集）：C_1，C_2，\cdots，C_k \Big\}解释项$$

$$\overline{\qquad\qquad\qquad\qquad\qquad\qquad}$$

$$E（被解释者） \qquad 解释项$$

或者，也可以把这种竖式表述为如下形式

$$L \wedge C \rightarrow E$$

或 $\qquad (L_1，L_2，\cdots，L_r) \wedge (C_1，C_2，\cdots，C_k) \rightarrow E$

这里的被解释项 E，可以是发生在特定时空中的某一事件（某种单称的观察陈述），也可以是自然界中被发现的某种规律（某种全称陈述）。相应地，这里的条件 C，可以是指某种特定的事实（单称的或特称的陈述），也可以是指具有某种普遍性、一致性的条件。例如，当我们一般性地解释"冰浮于水"时，就具有了这样的形式：

L：凡密度小于水的东西都浮于水。

C：冰的密度小于水。

───────────────────────────

E：凡冰浮于水。

在这里，C（冰的密度小于水）是一种自然界的普遍性的、一致性的条件，它表现为一种全称陈述，实际上也是具有规律性质的普遍命题。而被解释项 E（凡冰浮于水）同样是某种普遍性的规律。因而在这种情况下，就构成了对一条自然规律的解释。它实际上具有如下形式：

$$\left.\begin{array}{l} L_1 \\ L_2 \end{array}\right\} \text{解释项}$$

───────────────────────────

L_0　　被解释项

或　　　　　　　　　　　　$L_1 \wedge L_2 \rightarrow L_0$

在复杂的情况下将是

$$(L_1, L_2, \cdots, L_r) \wedge (C_1, C_2, \cdots, C_k) \rightarrow L_0$$

例如，在物理学中，以牛顿运动定律和万有引力定律来解释伽利略落体定律和开普勒定律，以及光学中对于光的折射、反射、绕射、干涉等等规律的解释，都是如此。

由于这种解释模式都是含规律的并且是演绎的，所以通常把科学中的这种解释模式称为科学解释的"演绎－规律模式"，简称 D－N 模式。

（二）科学解释的 D－N 模式的省略形式

在科学中，科学解释的这种"演绎－规律解释模式"常常也会采取一种省略的形式。在 D－N 解释的省略形式下，人们往往不提及用以解释现象的规律，而仅仅提及对现象起作用的条件。例如，人们通常解释说："因为今天的气温降到了摄氏零度以下，所以外面水塘里的水结冰了"，又说："因为铁轨受到夏天太阳的强烈辐射而受热（提高了温度），所以它膨胀而增长了长度"，等等。这时，这些解释就具有了"因为 C，所以E"的省略形式。但实际上，在所有这些解释中，都是以默认某种规律作为前提的。在前一例中，以默认"水的冰点是0℃"的规律为前提；在后一例中，以默认"金属受热膨胀"等规律为前提。如果并不知道其中起作用的规律，仅仅提出一组条件C，是不能形成对E的解释的。例如，假定我们并不知道动物行为异常与地震之间的关系，那么，仅仅指出动物行为异常，就不能作为对地震的一种解释。在实验中，我们往往探求某种现象的原因，这种所谓探求原因，常常就是指探求产生现象P的条件C。但是，如果仅仅以产生现象的条件C来解释现象P，并不能令我们满意。要真正获得对现象P的科学的解释，还必须寻找在P和C之间起作用的规律L。只有通过L和C的合取，我们才能找到对P的令人满意的科学解释。

（三）D－N模式的启示：解释的困难发生在哪里

从科学解释的D－N模式，我们可以看到，对于科学中要做出一种合适的解释，可能在哪些环节上发生困难。例如，当我们在实验或观察中发现了一种疑惑不解的新现象，我们应当如何寻求一种解释呢？科学解释的困难可能发生在哪些环节上呢？D－N模式提示我们：这些困难可能来自三个方面。第一是不知道现象背后起作用的规律。因此，要做出科学解释的关键，就在于要发现覆盖现象的新规律。例如，对于氢光谱谱线的奇妙现象的解释，其关键性的步骤就在于发现覆盖这些现象的规律（巴尔末定律 $\lambda = \dfrac{bn^2}{n^2 - 2^2}$，或更一般的 $\lambda = b\dfrac{n^2}{n^2 - m^2}$ ），以及往后进一步发现的一种解释性的理论（波尔的原子结构理论）。但是，一个现象在解释上的困难并不总是发生在"未知规律"的问题上。第二种困难可能来自未能判明产生现象的条件。因此，实现科学解释的决定性的洞察力又往往是在于对特定事实（条件C）的发现。例如，对于天王星轨道的异常，曾经造成了科学上的困难。解释这一异常现象的突破性的成就并不在于丢弃牛顿力学的理论而去寻找新的规律，而是在于预言和寻找一种未知事实（条件）的影响。一旦勒味烈预言有未知的海王星存在并通过伽勒发现了它，对天王星轨道的解释就获得了辉煌的成就。第三种困难还可能来自对于被解释的现象与现有科学背景知识中的已有规律和资料的相关性的理解。这时，做出一项科学解释的主要成就就在于如何能够从背景知识中得出对现象的解释。例如，关于如何解释球面镜或抛物面镜的聚光作用。这里，所需要的用来解释现象的规律——几何光学的定律，是背景知识中已知的，关于镜面的几何特征（解释项中的条件集 C）也是已知的。困难只在于如何运用背景知识和特定的资料来对现象做出科学的合乎逻辑的说明。中学生、大学生甚至研究生做习题，大都是要回答这一类解释上的困难，科学研究中也经常要处理这一类困难。例如，在太阳系天文学中，许多现象在解释上的困难往往可能是或曾经是属于这一类的困难。因为牛顿定律是已知的，特定事实的资料甚至也是已知的。但在引力相互作用的数学运算工具上，仅仅由于目前只能精确求解二体问题，而在多体问题的数学计算上还不能精确求解，就有可能造成解释上的困难。

（四）解释的结构与预言的结构之比较

科学理论的作用不但是解释现象，同时也用来做出科学预言，以便指导我们的实践，并且由此可进一步对它做出检验。然而，从原则上说，科学预言与科学解释具有基本相同的结构。它的形式如下：

$$L_1, \ L_2, \ L_3, \ \cdots, \ L_r$$
$$C_1, \ C_2, \ C_3, \ \cdots, \ C_k$$

$$E（预言）$$

所不同的只是关于条件集 C 的命题形式。在解释中，这条件集 C 往往是由实言判断所组成，而在预言中，这条件集 C 却往往由假言判断来表述。因而在结构上表现出一些细微的差别。

解释：由于这一组规律和相应地所具备的条件 C，所以有现象 E 发生。

预言：根据这一组规律，如果给出一组条件 C，那么，将会有现象 E 发生。

按照演绎 – 规律模式进行的解释（或预言），是一种决定论的解释，它对现象的解释具有一种必然的性质。其意思是：在所有的情况下，当 F 条件实现时，G 类事件必然发生。相应地，在这种演绎 – 规律模式中，作为解释之基础的是一种决定论的规律。

三、科学解释的 I-S 模式

在科学中，特别在自然科学中，常见的科学解释的结构，不但有演绎 - 规律类型的解释，即 D-N 模式，而且还有概率性质的解释，或被某些学者称为归纳 - 统计形式的解释，它被简称为 I-S 模式。这里的 I，是指 inductive，即归纳的；这里的 S，是指 statistical，即统计的。这种 I-S 模式的解释形式，在自然科学中是常见的。

例如，李小蕾得了麻疹。她为什么会得麻疹呢？通常被解释说：因为她几天以前接触了一位麻疹病人。这种解释实际上以这样的规律为基础：与麻疹病人接触，被传染上麻疹病的概率很高。这种规律不具有决定论规律的那种普遍的、必然的有效性，因为并非所有接触麻疹病人的人都必然受到传染。它只是给出了或高或低的概率，因此称作概率性规律。用概率性规律做出解释，同样不具有演绎 - 规律解释中的那种必然性，而只是一种其概率或高或低的或然性（概率性）解释。然而，尽管如此，这种概率性解释的结构却仍然具有演绎 - 规律解释那种相类似的结构。以李小蕾得麻疹的解释为例，它的解释结构就具有如下格式：

L（概率性规律）：与麻疹病人接触，被传染上麻疹的概率很高
C（条件）：李小蕾接触了麻疹病人
$$\overline{\qquad\qquad\qquad\qquad\qquad\qquad\qquad\qquad\qquad\qquad} \text{［具有很高的概率］}$$
E：李小蕾得了麻疹

这种概率解释的更一般的形式可表示为：

$$\left.\begin{array}{l} \text{L：} P(O, R) = r \\ \text{C：} i \text{ 是 R 的一个事例} \end{array}\right\} \text{解释者}$$
$$\overline{\qquad\qquad\qquad\qquad\qquad\qquad\qquad\qquad\qquad\qquad} \text{［} r \text{］}$$
E：i 是 O 的一个事例（被解释者）

其中，$P(O, R) = r$ 为一概率性规律，表示在一长系列的随机实验观察 R 的演示中，其结果为 O 的概率为 r。如在上例中，R 代表与麻疹病人的接触事件，O 代表传染上麻疹病，$P(O, R) = r$ 就表示接触麻疹病人被

传染上麻疹病的概率为 r 。为了区分这种概率解释与前面所说过的演绎 – 规律解释在结构上的具体差别，我们在概率解释中，在解释者（前提）与被解释者（结论）之间用双线分开，并在双线的右侧用方括号标出概率的程度。而在演绎 – 规律解释中我们则是用单线表示前提（解释者）逻辑地蕴涵着结论（被解释者）。

由上述可见，无论在演绎 – 规律解释中，或者在概率性解释中，规律都在科学解释中起着一种不可或缺的基础性的作用。那么，什么是规律呢？什么样的命题才称得上是科学规律呢？下面我们就借助于亨普尔在《自然科学的哲学》一书中的论述来讨论这个问题。

四、科学规律的结构与特点

显然，就语句结构而言，科学中有两种不同类型的规律。一种是决定论规律或必然规律，另一种是概率性规律。这两种规律在特征上是不同的。我们将首先讨论与演绎 – 规律解释相联系的那种决定论规律，然后再对概率性规律的特点作必要的简略说明。

（一）决定论规律

从前面的分析，我们已经知道，作为决定论规律必须是一种全称的普遍陈述：

它指出现象间的这样一种普遍的、一致性的联系：无论何时何地，只要有一类详细规定的条件 F 发生，则毫无例外地一定有另一类事件 G 发生。例如，以下这些陈述都是普遍性的陈述：每当光线在平面镜上反射，则入射角等于它的反射角；当压力保持不变时，一定量的气体每当它的温度升高摄氏一度，则它的体积就增大 1/273；每当一个物体在接近地球表面的真空中从静止状态开始作自由下落时，则在 t 秒的时间里它走过的距离为 $s = \dfrac{1}{2}gt^2$（米），其中 $g = 9.81$ 米/秒^2。在自然科学中，大多数规律都具有定量特征，它们或者断言物理系统状态的不同定量特征之间的函数关系（如 $PV = nRT$，$E = mc^2$ 等等），或者断言物理过程中不同方面的定量特征之间的函数关系（如伽利略落体定律 $S = \dfrac{1}{2}gt^2$，开普勒第三定律 $\left(\dfrac{Ti}{Tj}\right)^2 = \left(\dfrac{Ri}{Rj}\right)^3$ 等等）。

　　抽象地说来，一种普遍陈述，仅当它是真的时候才称得上是规律，因为我们通常不会说存在一种假的自然规律。但是，问题在于，我们必须把客观的自然规律与科学规律区分开来。科学规律（科学中的定律、定理）只是对于客观自然规律的某种近似"反映"，当然，我们可以要求它具有高度的似真性，但它也可能最终被证明是一种错误的反映，以至于被后来的事实所推翻。而自然规律本身当然是不会被推翻的。然而，在科学解释中，我们作为解释之基础的是什么呢？正是这种以定律或定理形式表现出来的科学规律。如果我们一定要求只有真的普遍陈述才称得上规律的话，那么甚至像波义耳定律、伽利略定律、开普勒定律都不能称之为规律了。因为我们今天已经知道它们都只是在一定限制的条件下近似地成立，并且现代物理学已经说明了它们为什么只是近似的理由。然而，反过来说，一种真的普遍陈述却不一定是规律。例如，"在这只盒子里的手表都是电子手表"，这个语句就具有普遍形式，它与"太阳系里的所有行星都在椭圆轨道上运行，太阳在椭圆的一个焦点上"具备完全相同的结构。但是前者即使是真的，也不能认为是一条规律，而后者却是一条公认的科学规律（开普勒第一定律）。这两者的区别在哪里呢？因为前者被认为只是人为地或偶然地碰巧是这种情况，所以这种语句被认为是"偶然情况的概括"。然而自然规律却是具有客观必然性的，因而反映这种规律的语句也必须赋予这种客观必然性的性质。

　　然而，如何来区分一种普遍陈述是"偶然情况的概括"抑或是客观必然性的描述呢？也许可以认为，判断这种必然性的唯一依据必须是经过大量的各种各样的实践检验，表明它确实如此而不存在任何反例。这就是归纳主义者的主张。然而，这是经不起批判的。因为像"这只盒子里的所有手表都是电子手表"这种陈述也完全可能经受住检验而不出现反例。我们还可以考察另一个案例："由纯金组成的所有物体，其质量都不超过100000千克"。毫无疑问，迄今我们所检验过的纯金物体都符合这个陈述，而没有任何反例。甚至，我们还可以认为，在宇宙的历史中从来没有过或者将来也不会有达到或超过100000千克的纯金物体，也就是说，所提出的这个普遍命题得到了事实的充分确证，并且是真的。但是，我们大概会认为，这个命题的真理性是偶然的。原因就在于：在我们当代的科学理论中所表达的基本自然规律，没有排除存在一个其质量超过100000千克的纯金物体的可能性；按现有理论，人们不能相信熔铸一块其质量超过

100000 千克的纯金物体在物理上是不可能的。由此可见，判定一个普遍命题是"偶然情况的概括"抑或是客观必然性的描述，并不能依是否有大量的各种各样的经验证据（或曰"实践证据"）的确证并且没有反例作为判据。相反，这种判据似乎部分地是依赖于科学中已被接受的理论的。事实上，一个普遍形式的陈述，即使没有任何一个经验证据，但是有理论上的支持，则它仍然有资格作为一个规律。例如下述陈述：在月球上，从静止开始的自由落体将服从 $S = 2.7t^2$（英尺）这个数量关系。虽然在这个普遍陈述的检验蕴涵中，可能还没有任何一个曾经在月球上用实验检验过（特别是在人类尚未登上月球以前的时代），但是由于它有着强有力的理论支持，因此，它仍然有资格作为一条科学规律而存在，因为它是从牛顿的万有引力定律和运动理论以及关于月球的半径和质量的估计（分别为地球半径的 0.272 倍和质量的 0.012 倍）和地球表面的引力加速度的测定（$g = 32.2$ 英尺／秒^2 或 9.81 米／秒^2）的知识的合取中逻辑地演绎得到的。同样地，爱因斯坦的质能关系式 $E = mc^2$ 甚至在原子核裂变等经验证据被揭示之前，也已经被接受为一种规律，因为它是从相对论的理论中逻辑地导出的。一个更为极端的实例，是这样一个陈述："在半径与地球半径相等而质量为地球两倍的任何天体上，从静止开始的自由落体服从 $S = 9.81t^2$（米）"的公式所展示的规律。对于这样一个陈述，不但迄今没有用实验检验过，而且在整个天宇中很可能根本不存在所规定的具有这样大小和质量的那种天体，因而今后也不可能用实验去检验它，然而这个陈述却具有规律的性质。因为正如关于月亮上的落体定律的假定一样，它也受到牛顿理论的强有力的支持。因此，一个陈述是否为规律的判定，似乎毋宁说是这样的：一个普遍形式的陈述，不管是否已经得到经验的确证，或者甚至尚未受到检验，但是如果它为一个已经被接受的理论所蕴涵，就有资格作为一个规律（这类陈述常被称为理论规律）；相反，一个普遍陈述，即使它在经验上得到了充分确证，并且事实上大概也是真的，但是如果它排斥某些科学中已被接受的理论认为是可能发生的假说性事件，那么它也没有资格作为一个规律（例如我们曾经说到过的实例："由纯金组成的物体，其质量都不超过 100000 千克"。尽管它受到广泛的确证并且看起来是真的普遍性陈述，却不可能被认为是一条规律）。

但是，如果仅仅如上面所说的那样，显然仍然有问题。因为它仍然不足以充分地区分出一种陈述究竟是规律还是偶然情况的概括。显然，上面的那种说法并没有回答这样一种陈述是否可以作为规律：一个普遍概括，它为经验所充分确证，然而它既没有被科学中的任何理论所蕴涵，又不排斥科学中已被接受的理论的合理假设。事实上，在科学史上，伽利略落体定律、开普勒行星运动定律以及波义耳定律等等，早在它们获得理论上的论证以前就已被人们作为一种规律来接受。更何况一种新的经验概括与某种已被接受的理论相冲突，也并不是这种经验概括必然不能作为规律的理由。事实上，当一种经验概括被经验充分确证而又与某种已经被广泛接受的理论相冲突时，人们也可能宁可抛弃理论而接受这种新的经验概括，并承认它是一条规律。像伽利略落体定律、开普勒行星运动规律（特别是关于行星的轨道是椭圆的"第一定律"），在当时是与千百年来被人们普遍接受的亚里士多德的力学理论以及亚里士多德－托勒密的宇宙理论相冲突的。然而，事实上人们接受了新的经验概括而终于抛弃了旧的理论。

所以，我们尽管可以一般地说科学规律必须是一种普遍陈述并且是一种客观必然性的描述（揭示自然界客观必然性的联系），但是，要真正地区分一种普遍陈述究竟是规律陈述还是"偶然情况的概括"的界限，还是一件不太容易解决的事情。在具体场合下，人们往往是凭借直觉进行着这种区分。然而直觉并不总是可靠的。因而从方法论上搞清楚"规律"这个元科学概念仍然有着不容忽视的意义。这特别是因为这种区分有着一种不容忽视的实际意义。正如我们前面所指出：规律才可以作为一种科学解释的基础，而"偶然情况的概括"是不能作为科学解释之基础的。我们能够用金属受热膨胀的规律加上诸如铁轨受到夏天烈日的暴晒而增加了温度等条件句的陈述，来解释夏天烈日下铁轨伸展了它的长度这个事实，却不能用"这只盒子里的所有手表都是电子手表"这种普遍陈述，来对其中任何一块手表是电子手表的事实做出科学解释。由于规律实际上是科学解释的基础，所以搞清"规律"这个元科学概念，找到作为规律的那种普遍性陈述的判据，绝不是一种纯粹学究式的讨论。

关于这一点，美国科学哲学家纳尔逊·戈德曼曾经提出了一种很有启发性的见解。他认为，一个普遍陈述是规律还是偶然情况的概括，其中重要的原则性区别是：规律陈述能够用来支持虚拟条件句和与事实相反的条件句，而偶然情况的概括却不能用来支持虚拟条件句和与事实相反的条件句。所谓虚拟条件句，就是这样一种类型的语句："如果 A 发生，则 B 也会发生"，而并不过问 A 实际上是否发生。所谓与事实相反的条件句，则是指"如果甲是 A，那么甲也是 B"，而事实上甲并不是 A。一条自然规律的陈述，如"在标准的大气压力之下，纯净的水在 0℃结冰"，它就能支持这两种形式的条件句："在标准的大气压力之下，如果把纯净水的温度降到 0℃以下，则它就会结成冰了"（而不问是否已经把这纯净水的温度降到了 0℃以下）。"如果这水的温度已经降到了 0℃以下，那么它已是结成冰了"（事实上这水的温度并未降到 0℃以下）。但是，如果是一种偶然情况的概括，那么即使它是一种普遍性陈述，并且所有的经验事实都确证了它，而且看起来是真的，如前面提及过的语句："在这只盒子里的手表都是电子手表"，或者再举一个社会历史上的经验概括："所有海军大将都是男人"。等等。十分明显，像这类普遍陈述，即使是真的，也不能用来支持虚拟条件句，如"如果我把这块手表（机械表）放进这只盒子，那么它就会是电子手表了"（不问这块机械表是否已经放进这只盒子中）；也不能用来支持与事实相反的条件句，如"如果英国前首相撒切尔夫人是海军大将，那么撒切尔夫人也会是个男人"（实际上撒切尔夫人不是海军大将）。规律必须是一种普遍性陈述，同时又是一种对自然界的客观必然性的描述。戈德曼所提出的这种原则性区别，也许能为一种普遍性陈述是否包含有客观必然性的描述，提供一个可检验的判据。

（二）概率性规律

概率性规律在这个意义下不是普遍的，即它并不断言它所覆盖的现象有某种一致性和齐一性的联系，而只是断言现象间有一定的概率上的联系。但就它所断言的概率来说，却仍然具有统计意义上的普适性，相应地，概率性规律在表述它们的语言的逻辑形式上也不同于决定论规律。决定论规律通常具有这样的形式："F→G"，其意思是，在任何场合下，如果实现了一组详细规定的条件 F，则必有现象 G 发生。换成另一种说法，它的典型特征是这样的形式：（X）（Fx→Gx）。其意思是：对于所有的 X，如果 X 是 F，那么 X 是 G。而概率性规律则通常具有 P（O，R）＝r 的形式，即它只断言在某种长系列的随机实验观察 R 的演示中，出现结果为 O 的相对频率将逼近于 r，并且随着演示次数的无限增加，相对频率将收敛于某一个数学上的极限 r。当然，科学中关于概率性规律的表示并不总是具有上述那种较简单的形式，而是往往具有它的一些较复杂的变形。例如，在物理学中，元素的放射性衰变是一种随机现象。它的概率性规律，往往以规定某种元素的半衰期的形式出现。如"镭^{226}的半衰期是1620 年"，"钋的半衰期是 3.05 分钟"，等等。其大意是：镭^{226}的原子在1620 年的时间中的衰变概率是 1/2，钋的原子在 3.05 分钟时间内的衰变概率是二分之一。这些规律分别蕴涵着：一块镭或者钋（它们都由大量原子所组成），分别经过 1620 年和 3.05 分钟以后，其中将有一半的原子因放射性衰变而蜕变，而另一半原子则仍然将暂时保持其原有状态而未行蜕变。

然而，尽管概率性规律与决定论规律有上述种种不同，但两者作为科学规律都同样意味着：它们不仅是对已知事实做出概括，而且是对未知事实做出断言；不但对已发生的事实做出断言，而且对现在未发生的，但将来可能发生的事实做出断言。例如，"镭^{226}的半衰期是 1620 年"这个规律，就意味着不但过去和现在，而且将来镭的半衰期都是 1620 年。从这个意义上，概率性规律也包含着必然性的内容，只不过它不是对个别事件的发生做出必然性的断言，而只是对大量事件中发生某种结果的相对频率所趋向的极限做出必然性的断言。也正因为如此，不但决定论规律能够支持虚拟条件句和与事实相反的条件句，而且概率性规律也能够支持虚拟条件句和与事实相反的条件句。例如，关于镭的半衰期的规律，就能支持诸如此类的虚拟条件句和与事实相反的条件句："如果把这两块镭^{226}合而为一，则它们的衰变率仍和它们分开时一样。"而不问这两块特定的镭^{226}是否已经合而为一。"如果这块镭^{226}再经过 1620 年，则它们中现有的原子将有一半已衰变了。"而事实上这块镭^{226}尚未经历往后的 1620 年。也正因为概率性规律在说明大量随机事件中发生某种结果的相对频率所趋向的极限的意义上是普遍的和必然的，所有它们才具有科学上的预见力和解释力。

但是，概率性规律和决定论规律毕竟有它们不同的特点，并且由此带来了它们在接受经验的检验方面，我们在对它们做出确证或证伪的判定时在认识论和逻辑上表现出来不同的特点。对于决定论规律来说，我们能够由之做出明确的检验蕴涵，这个检验蕴涵可以是一个单称陈述，然后通过把这个检验蕴涵与实验观察结果相比较而判定其真伪，由此而对规律本身做出某种检验。当检验蕴涵被实验观察所反驳的时候，如果我们不考虑检验的结构，则从较直观的意义上，我们能借助于否定后件的假言推理而否证这个关于规律的假说；当检验蕴涵被实验观察所肯定的时候，我们则说实验或观察陈述确证了它或支持了它（虽然不是证实了它）。然而，对于概率性规律来说，我们却不能以这种方式对它进行确证或反驳。因为根据一个概率性规律的假说，我们既不能断言某一次实验演示的结果必然是什么，甚至也不能断言一个有限数目的长系列的随机实验演示中出现某种结果的相对频率必然是某一个百分比。例如，我们做出如下假说：这颗骰子掷得幺点的概率是 0.15。这个假说 H 可以简要地表述为 $P(A, D) = 0.15$。其中 D 表示掷这颗骰子的随机实验，A 表示实验结果为幺点，$P(A, D) = 0.15$ 即表示掷这颗骰子的一次随机演示得到幺点的概率为 0.15。像这样的概率性规律的假说 H，它既不蕴涵我这次拿起这颗骰子掷下去是否将得到幺点，也不蕴涵在一个有限数目的长系列的随机实验演示中，例如我掷它 1000 次，它所得到的幺点的次数一定正好是 150 次，甚至也不蕴涵出现幺点的数目一定在 100～200 次之间。因此，我如果掷了 1000 次，实际上获得的出现幺点的频率（实际频率）表明与 0.15 的偏离很大，也不能从否定后件推理的逻辑意义上反驳假说 H，因为假说 H 并不排除出现这种偏离的可能性。反之，实验所表现出来的实际频率非常接近假说所陈述的概率 0.15，也不能从假说的蕴涵被证实为真的意义上获得确证，因为这个概率性假说 H 并没有蕴涵在这样的一次长系列随机实验演示中出现幺点的频率必然是非常接近于 0.15 的。

然而尽管如此，对于概率性规律的假说，我们仍然能够并且实际上就是用某种长系列的随机实验演示中出现有关结果的相对频率来对之进行检验的。或者说，是用假说的概率与长系列的随机实验演示中出现有关结果的相对频率的接近度来检验假说之真伪的。因为假说 H 虽然没有从逻辑上排除长系列的随机实验演示中出现有关结果的相对频率偏离假说所陈述的概率很远的可能性，但是它却从逻辑上蕴涵了这种大的偏离在统计的意义上是不可几的。例如，以上述掷骰子的概率性规律的假说 $P(A, D) = 0.15$ 为例，它就蕴涵着，如果我们投掷 1000 次，那么得到幺点的比率在 0.125～0.175 之间的概率大约是 0.976；而如果投掷 10000 次，那么得到幺点在 0.14～0.16 之间的概率将大约是 0.995。这就表明，出现那种大的偏离是很不可几的。因此，当我们从一个或一些长系列的随机实验演示中观察到出现有关结果的相对频率和假说的概率相差甚微或能够逼近于这个概率的时候，我们就说，这个概率性规律的假说获得了实验的确证。如果实验或观察所展示的相对频率偏离假说的概率相去甚远或没有逼近这个概率，我们就说，这个概率性规律的假说很可能是假的，至少这个假说的似真性将因此而受到非常不利的影响。若有一系列的这种长程实验的结果均偏离这个假说的概率，那么这个假说就可以被认为实际上（尽管不是在逻辑上）已遭到反驳因而应当予以摈弃。相反，如果有一系列的这种长程实验的结果都表明观察到的频率与假说的概率相一致或者相近，那么，就将能极大地提高这个概率性假说的似真性而导致假说之被接受。

然而，既然概率性规律的假说要根据长系列的随机实验演示中出现有关结果的相对频率的统计证据进行检验，并据此而决定对假说的接受或摈弃，那就必须决定（抉择）一些适当的标准：①实验中观察到的频率与假说所陈述的概率偏离到了什么程度，才意味着假说被反驳因而应当摈弃；②观察到的频率与假说所陈述的概率一致到了什么程度，才意味着这个假说被确证因而可以被接受。如何确定这些标准是一个抉择性的问题，它可以被规定得严格些，也可以被规定得不那么严格。这个严格性的程度一般随研究的目的和它可能引起的前因后果的考虑而被决断。做出这种决断，即规定这些标准的严格性程度，必须考虑到应使我们能避免犯如下两种错误：根据标准，可能使我们接受了一个实际上错误的假说；或者，根据标准，可能使我们摈弃了一个实际上是正确的假说。特别是当接受或摈弃某种假说将直接关系到采取实际行动的时候，它的重要性就显得尤为突出了。例如，假定有某个概率性假说是涉及一种为儿童接种的某种疫苗的有效性和安全性的，那么，当我们确定有关标准的时候，就一定要考虑到，如果这个假说是假的，而我们却接受了这个假说并据以行动，如在儿童身上注射这种疫苗，将会引起怎样的严重后果。另一方面，也要考虑到，如果这个假说是真的，而我们摈弃了这个假说并据以行动，如中止生产这种疫苗并禁止在儿童身上注射这种疫苗，而同时又没有可以代替它的别的更好的疫苗，那又将会产生怎样的严重后果。如何从这种复杂的前后关系中做出决断，这涉及统计与决策这门专门的科学，它是近几十年间在概率与统计这门数学学科的基础上发展起来的。

本章中我们介绍了科学中应用最广泛的两种基本的科学解释的结构。但在科学中，尤其是在社会科学中，还存在有另外的两种解释类型，这就是目的论解释和发生学解释。这两种解释，在生物科学中也时有应用。关于它们，我们就不再介绍了。

第四章　实验与观察，观察渗透理论

第一节　实验与观察

科学实验和观察是人类的一种特殊的实践活动。与人类的其他实践活动，包括生产实践活动相比较，它在人类认识自然的过程中，在认识论方面有着特殊的意义。

生产实践和科学实验（包括观察）虽然都是社会实践，但是它们与自然科学却发生着两种不同的关系。生产实践是人类最基本的实践活动。从基本方面而言，自然科学是为了适应生产发展的需要而产生并为生产服务的，但科学实验和观察却是适应自然科学本身探索自然的需要而产生并为自然科学的研究服务的，它是从科学自身发展过程中孕育出来，并作为认识手段而包含于自然科学研究过程之中。人类在实践的基础上认识自然和改造自然，而认识自然和改造自然这两个方面是互相依存，不可分割的。生产实践和科学实验都兼有认识自然和改造自然这两个方面的功能。但就主要方面而论，生产实践的主要功能是为了改造自然，科学实验的主要功能是为了认识自然。由于生产实践和科学实验（包括观察）与自然科学的关系不同，它们的社会功能不同，两者的结构和所从事的方法不同，所以它们在人类认识自然的过程中所起的作用和起作用的方式也就不同。生产实践所能提供的是大量的、不容易被人注意的、缺乏精确性和确定性的材料，而科学实验却能以比生产实践小得多的规模和少得多的次数提供出精确得多和确定得多的材料。科学实验和观察虽然也是一种感性活动，它们向人们提供感性资料，但它们却更具有理性活动的特点，它往往是借助于仪器和相应的实验方法和操作，把人类的理性方法及其成果物化为感性的形态参与认识过程，因而它本身又可以说是一种理性的活动，它是一种以理性活动来获取感性材料的方法。因此，生产实践和科学实验（包括观察）虽然都是自然科学的认识来源和检验自然科学认识的真理性的某种参照或标准，但由于它们在认识过程中起作用的方式不同，所以科学实验和观察作为自然科学的来源和检验理论的标准，往往能够起到生产实践所不能代替的巨大作用。

一、实验观察作为人类感性活动的特点

科学实验和观察首先也是一种感性活动。在科学研究活动中，人们通过科学实验和观察来感知自然界的对象和现象。但是，科学实验和观察这种感性活动有它的特殊性，它与通常意义下的感性知觉有原则的不同。通常，我们所感知到的是作用于我们的感官并引起感官不自觉响应的一切东西，但在观察和实验中，我们则是有目的地和有选择地去感知我们所需要的东西。夏夜，我们仰望天空，看到千万颗星星布满苍穹，这就是通常所说的感性知觉。但是，在天文观察中，我们却是有目的、有系统地观察某一星座在天空中的位置变化或者各个星座在天空中的分布等等。由于在实验和观察中人们是在理论的指导下有目的地并且和理性思维相联系地去感知对象的，因此它比起通常意义下的感性知觉来，在认识中能够起到很不相同的作用。举个最浅显的例子，我们每天上四楼进教室都要通过楼梯，也就是说我们曾经在实践中千百次地感觉到了它，却往往并不能回答出一个简单的问题：从一楼到四楼一共有多少级阶梯？但是如果我们发挥能动性有目的地去实地数一次，我们往往观察一次就能清楚准确地回答这个问题。人们在感知对象的过程中能动性的进一步发挥，就是用仪器来武装我们的感官。实验和观察中的仪器，就其功能而言，可以说是人的感官的延长；仪器的使用，使我们能够感知到我们的感官所不能直接达到的对象和现象。

科学实验和观察作为感性的活动，又各有其自身的特点。

所谓科学观察，就是为了科学研究的某一目的，有计划地、有选择地和能动地对自然条件下所发生的某种特定过程和现象作系统的和仔细的考察。与科学实验相比较，科学观察的主要特点就在于它直接观察自然条件下所发生的过程和现象，而对自然过程和现象不进行人工的干预。

与一般的科学观察不同，科学实验也可以说是一种特殊的科学观察。它一方面把观察活动寓于自身之中，另一方面又有别于一般的科学观察。它与一般的科学观察的根本区别就在于它是在人工控制的条件下复制或模拟自然现象并在实验的过程中干预现象的进程。所以，科学实验作为感性

活动而与科学观察相比较，它对于探索自然现象的奥秘来说，又具有许多优点。

第一，实验能使我们得到在自然条件下遇不到的现象和条件，从而使我们能够通过实验认识在非人工控制的条件下不可能认识到的自然界的各种现象的特性和规律性。例如借助于实验，我们能够造成接近绝对零度的超低温，从而使我们能够把几乎所有的气体液化，并研究超流体和超导现象；我们也能造成极高的上千万度甚至上亿度的高温，从而在地球上造成它本身所没有的热核反应的条件；通过实验我们还能够复制出各种动植物的新品种来进行研究；等等。

第二，通过人工控制和人为地创造条件，我们就有可能通过实验来加速或延缓自然现象的进程，使我们在较短的时间内观察到自然界中往往需要几年、几十年甚至千百万年方能完成的某种缓慢发展变化的全过程，或者通过延缓某一转瞬即逝的自然现象的发展进程和节律，而使我们能够对它们做仔细的观察和研究。例如，从无机物到有机物的演化，在自然界需要多少亿年的时间，人们无论如何是不可能直接观察到的。但在实验条件下，我们却能在较短的时间内予以实现，从而能够观察到这一演化的全过程。在现代科学的某些模拟实验中我们常常遇到这种情况。最典型的是米勒的实验，他用甲烷、氨、氢和水汽混合成一种与原始地球大气基本相似的气体，把它放进真空的玻璃仪器中，并连续施行火花放电，以模拟地球大气中的闪电。结果只用了一个星期时间，居然在这种混合气体中得到了五种构成蛋白质的重要的氨基酸；而在自然界中，完成这种转化或许需要千百万年甚至成亿年的时间。科学实验的这个特点使得科学实验在探索自然的奥秘中成为一种重要的手段，从而发挥出巨大的作用。因为人的生命时间是短暂的，而自然界的某些演化过程却是缓慢而长久的，由于时间尺度上的这种差别，人们不可能观察到这种过程的始终。即人们所能观察到的往往是这种演化过程中的各个不同阶段作为多样性的形态在空间上的相互并列，却不能观察到它们之间在时间上的前后相随。而实验加速了自然现象的进程，以至于能使我们以浓缩的形态观察到它们在时间上的前后相继性，从而对自然状态下它们的各个不同阶段在空间上的相互并列做出科学的符合实际的解释。

第三，在实验中，由于人工控制和人为地改变现象发生的条件，干预现象的进程，因而能够更好地暴露现象中各种内在的和外在的因素之间的相互联系，从而能使我们比较容易认识和把握对象。

第四，在实验中，既然是在人工控制之下人为地复制或模拟某一自然现象，因而我们就有可能使现象在纯粹的形态下表现出来，而排除了它在自然条件下产生时不可避免地要受到的各种干扰。这样就使现象单纯化，以利于我们对它进行认识和研究。

第五，在实验中，由于我们是在人工控制之下复制或模拟自然现象，所以我们可以根据需要多次重复某一现象，而不需要在自然条件下困难地进行寻找和等待。例如，我们能在实验室里造成超高电压，复制自然界中的雷击现象，再现霓虹等等。这样就大大地方便了研究工作。

实验与观察比较虽然有许多优点，却不能因此排斥观察。因为并不是在任何条件下都能运用实验方法的。运用实验这种方法进行研究，往往必须满足两个条件：第一，所研究的对象和现象的性质有可能进行复制；第二，我们已经事先具备了相应的知识能够对相关的现象进行复制。这两个条件又是相互联系、相互制约的。如果不具备这两个条件，我们就不可能设计并进行实验（主要是后一个条件，因为前一个条件往往是以后一条件为转移的。例如，人们曾经认为地震、潮汐等现象是不可复制的，而在现代的科学技术条件下，至少已经允许我们做模拟试验了）。为了要获得实验所需要的知识，我们往往需要以观察研究为先导，而对于像天文学、地理学、动植物分类学等这样的一类学科，我们今天还是主要通过观察（考察）来进行研究的。

二、科学实验和观察是人类理性方法的物化

然而，科学实验和观察不但具有感性活动的特点，从主要方面来说，它们更具有理性方法的特点。而这种理性方法的特点又是寓于它的感性活动的特点之中的。这就构成了实验和观察方法在认识论方面的特殊的优点。

马克思曾经指出："归纳、分析、比较、观察和实验是理性方法的重要条件。"① 在这里，马克思把实验和观察的方法看作与归纳、分析、比较的方法一样，都是理性方法的重要条件，是很有道理的。因为实验与观察本身就是抽象，是比较，是分析和综合。这在实验中体现得特别明显。因为在实验中，我们实际上是把抽象、分析、综合等理性方法物化出来，

————————

① 《马克思恩格斯全集》（第 2 卷），第 163 页。

使之转化为感性的对象，以便为进一步的理论思维提供条件。

首先，实验是一种抽象，它是一种真正意义上的物质的抽象，或者说是抽象的物化或物化了的抽象。在自然条件下所发生的现象常常受到多种因素的干扰和影响，而在实验条件下则能使现象以纯粹的形态实现出来。这种以纯粹形态实现出来的现象就是抽象的结果，是抽象的物化。因为在实验中，它已经把多种干扰因素、次要因素排除掉了，也就是抽象掉了，留下来的只是纯化了的被当作研究对象的主要的东西。所以实验是一种抽象。然而这种抽象本身首先是实现于思维之中的，然后才通过实验的设计和实施被转化或"外化"为物的形态。所以实验是一种"物化"的抽象或抽象的"物化"。在实验中，这种"物化"的抽象或抽象的"物化"，一方面是通过仪器来实现的，另一方面也是通过操作和控制实验条件等其他手段来实现的。我们曾经指出，科学理论所描述的是模型，而不是自然界本身。所以，在科学实验中，为了检验理论。我们往往需要在实验中，尽量地满足或接近理想模型下的那些条件。理想模型是我们思维的创造，是抽象的结果，而在实验中我们则是要使作为抽象结果理想模型尽量地物化出来，以便有效地检验理论。而那种未经抽象的，受到多种干扰因素影响的自然条件下的现象，是很难来检验本身只是描述模型的科学理论的。

其次，实验也是分析和综合①。不过它已经不是实现于思维之中的分析和综合，而是"外化"为物的形态的、以物质手段实现出来的分析和综合。实验是分析，那是显而易见的事情。因为实验既然能够人工控制和人为地改变现象发生的条件，因而也就能够在实验中把理性的分析在感性的具体中达到再现。也就是说，它能够在感性的具体的形态上把复合的东西分解为它的各个组成因子或部分。例如，在工程流体力学中，做船舶模型试验。船舶在大海中航行受到多种因素的综合影响。其中包括船体在水中航行时所造成的阻力，机器带动螺旋桨在水中旋转所造成的推力，还有大海上的风浪对船舶航行所造成的影响，等等。我们想要搞清楚各个因素对船舶航行所造成的具体影响，于是我们就分别实施阻力试验和敞水试验等等。阻力试验只拿船壳模型做试验以研究船体在水中航行时所造成的阻力，敞水试验只拿一定动力作用下的螺旋桨来做试验以研究螺旋桨旋转所

---

① 这里所说的分析和综合，主要是指分解与整合的意思，与前面第一章中所说的分析命题与综合命题的含义有所不同。

造成的推力作用，而自航试验则是考察包括船体阻力、螺旋桨的推力以及大海风浪所造成的复杂情况等等多种因素综合造成的结果。在这里，前两个试验实际上是分析方法的物化，而自航试验则是综合方法的物化。所谓实验也是综合，或曰综合方法的物化，是指把某一需要研究的过程的各个组成因子复合为一个整体在实验中予以考察，考察它们的整体性质。实验方法作为分析和综合方法的物化，这在科学研究中是常常被运用的。牛顿借助于三棱镜把白光分解为一个扇形的彩色光谱又把扇形的彩色光谱复合为白光的实验，就是这种分析方法与综合方法的典型实例。实验中的这种分析和综合方法的物化和运用，同样地，一方面是通过实验仪器来实现的，另一方面又是通过实验操作和改变实验条件来实现的。

在这里，值得注意的是，在实验中，分析和综合的方法不再表现为纯抽象的思维中的操作，而是外化为物的形态，具有了生动的感性直观的形式，因而它们就能大大地帮助我们做进一步的理性思维。实验的这种分析和综合的物化具有巨大的认知性作用。以实验作为综合方法的物化来说，它至少具有如下几个不可替代的作用：①它能很好地弥补我们的理论知识的不足。从原则上说，各个要素按一定的结构组合起来，将会涌现一些新质，而这些新质是各组成要素本来所不具有的。我们需要认识这些组成要素（在一定结构下）综合的结果。假定我们已经有了一种充分好的理论，那么，在一定的条件下我们就有可能根据这些要素的综合从理论上预见它们的综合的结果。但是，科学理论总是对简化的、理想化的条件下的模型进行抽象的结果，所以一般不能肯定地导出复杂要素综合的结果。这时，我们可以借实验的综合来达到某种认识。②如果我们企图建立一种理论，以便从各种要素的复合中导出综合的结果。那么，这种实验的综合正是我们建立这种理论的经验基础。③假定已经有了这样的理论，那么通过这样的实验综合正可以检验这种理论。

实验也是比较，也是类比。所谓对比试验、模拟试验就是。

正因为实验能把抽象的理性方法再现于感性的具体之中，因而就使它不但具有了感性活动的优点，而且又具有了理性方法的优点，更具有了把两者高度结合起来的特殊的优点。因此科学实验就成了自然科学研究中的一把解剖刀，成了任何人类的其他形式的实践活动（包括生产活动）所不能代替的探索自然的重要手段，在人类的发展过程中成了一项伟大的有独立意义和革命意义的实践活动。

第二节 测量仪器中的认识论问题

马克思曾经有一句名言：仪器是人的感官的延长。但这仅仅是就仪器的功能而言的。从实质上说，仪器是人类的理性方法的物化。仪器之所以能够具有"人的延长了的感官"这种功能，或者如恩格斯所说，仪器能够使人类的感官所不可感知的运动"转化成我们能够觉察到的运动"，其原因也盖出于此。正因为这样，仪器也就带来了复杂的认识论问题。这在测量仪器中表现得特别明显。深入研究测量仪器中的认识论问题，对于发展科学的认识论以及探索自然科学的方法论问题无疑是非常有意义的。

在这一节中，我们虽然着重讨论"测量仪器中的认识论问题"，但其中所涉及的许多观点，对于一般仪器也同样是适用的。

一、量的测定和人的感官的局限性

为了要认识自然界，我们就必须从质和量两个方面把握对象，而且从一定意义上说，一切质的差异只有从量的差异中才能获得说明。因而，正确地把握自然界事物及其属性的量以及量的关系，就成了认识自然界事物的一个极其重要的方面。相应地，量的测定也就成了科学实验和观察中的一个首要问题。不但定量实验离不开量的测定，即使就定性实验来说，它的目的虽然只在予以肯定或否定的方式回答对象的某些因素、属性、联系之是否存在，但也常常离不开量的测定。

但是，由于我们人的感官的局限性以及自然界客观对象的本性，由我们的主体来直接测度对象的数量及数量关系的能力是极其有限的。首先，凭我们的感官对对象的量进行直接测度的可能性，受对象的时空尺度的限制，我们的感官只对自然界中时空尺度上极其有限的范围内的对象才有可能直接感知。其次，还与对象的其他属性有关。例如，如果对象在人可感知的时空尺度上表现为连续的，则由于一个连续区绝不会在它自身内部包含它的量度，因此，如果不在我们的感官与对象之间另外引入一个量度体系（即使是观念上的量度体系），我们就不可能凭我们的感官对对象的量作直接的计量。再则，在人可感知的某种时空尺度上，如果对象表现为不连续的，那么人们凭感官对它们是直接可数的，正如对一片树林中有多少棵树，以及对于时钟的嘀嗒声，凭借人的感官，它们都是直接可数的那样。但是如果对象的频度超过了一定的范围，由于人的感官的特性，也就会失去了计数的能力。例如，日光灯管所发出的光以及电影的镜头，本来都不是连续的，所以从这个角度上说，对于日光灯管所发出的光的有节奏的明暗变化以及电影镜头的间断性更替，凭我们的感官是有可能计数的。但是由于我们感官的"视觉残留"的特性，所有这些间断性的对象都被视作连续的过程，对它们的间断性的节律就失去了计数的能力。我们人的听觉、触觉等等也都有与此类似的特性。此外，我们人的感官还受其他种种局限。例如，我们人的各种感官都只反映对象的非常有限的特殊形式的刺激作用，我们的眼睛只可以"看到"波长为 4000 ～ 7600 埃的电磁波，耳朵只能"听到"频率为 16 ～ 20000 赫兹范围内的声波。而且即使对于这些特殊形式的刺激作用，我们感官的可感知性，还与对象对我们感官的刺激强度有关。在临界刺激强度（阈限值）以下，例如对于非常微弱的光，或非常微弱的声音，我们实际上就看不见，或听不到。这时，对象对于我们感官的刺激实际上是"有"，而我们的感官却会判断为"无"。当然也就谈不上对对象的量做出定量的测度了。除此以外，我们的感官还有种种列举不尽的局限性。例如，对于过强的光、过强的声音、过强的外力打击、放射性物质的照射、有毒有害气体等等刺激，都会伤害我们的感官和机体。

不但如此，而且当我们用自己的感官来直接测度自然界对象及其属性的量及量的关系时，不但不可能获得真正定量的测度，而且这种测度常常不能摆脱主观性。我们每个人都会有这种经验，如果我们把左手和右手先分别放入热水和冰水中浸泡，然后同时插入另一盆温水之中，这时，刚从热水中抽出来的那只手会觉得这盆温水是凉的，而从冰水中抽出来的那只手却会觉得它是热的。我们自己身上的两只手，对于同一事物的冷热程度做出了完全不同的判断。可见，感觉是容易欺骗人的。片面地强调"感觉经验的实在性"（如某些所谓的"哲学家"所强调的那样，参见毛泽东《实践论》），并不是一种严格的科学精神。从一定意义上说，我们人的感官也是一种"仪器"，它也具有一定的物质结构以及由这种物质结构所决定的对外部刺激的反应能力。只不过它不是人造的仪器，而是自然界长期发展中孕育出来的生物仪器，我们现有的知识对它了解得还非常有限。因而这种"仪器"，从可靠性方面来说，它常常并不是一种好的仪器，虽然它同时有许多优点。

由此可见，我们人的感官直接感知对象，特别是感知对象及其属性的量及量的关系的能力，是极其有限的，而且常常不能摆脱主观性。

但是，自从人类学会了制造并且不断地发展出各种科学仪器以后，人类感知对象的能力就大大地提高了，它的感官的局限性也不断地被突破。从原则上说，人类凭借着发展科学仪器的无限潜力，其感知对象的能力就有可能（只是可能，并非现实）不受任何限制。仪器不但能使我们人的感官本来所不可感知的运动"转化为我们能够觉察到的运动"，而且还能使我们单凭自己的感官所不可量度的运动变成为可以量度的。不但如此，它还能克服我们感觉经验的主观性，帮助我们的感官纠正各种"感觉的欺骗"，从而使我们的感觉经验具有较多的客观性，甚至还代替了一部分理性思维。从这个意义上说，仪器的功能，不但是"感官的延长"，而且具有比"感官的延长"更多的功能。

二、测量仪器是理性方法的物化

但是，仪器，特别是测量仪器，之所以能够具有"人的感官的延长"或甚至比这更多的功能，其原因却完全在于它本质上是理性方法的物化。相应地，运用仪器和其他测量体系所进行的测量活动，虽然是一种感性的、实践的活动，从它所获得的是科学所需要的感性材料，但在本质上它却是以感性形态实现理性方法的过程，其中还包括运用了大量的已有的科学理论知识。

在科学实验和观察中，为了客观地对对象及其属性做出量的测度，始终是必须运用理性方法和理性方法的成果（包括科学理论和科学规律）的。首先，必须对对象的各种因素、属性进行彻底的概念分析，直至找到某一种能够表征这一因素、属性的特征量，并为它制定适当的单位，然后才可能用这个单位来量度这个量。其次，还必须依据一定的科学理论或定律，借助于某种物质的适当属性并组成一定的机构（仪器），以便通过它们对这些量做出客观的测定。在这里，我们实际上是通过一定的机构（仪器）实现了某种变换，$XA = Y$。其中 X 是被测的某种特征量（它常常是不可直接测量的），我们通过仪器使之实现某种变换转而使之成为某种量 Y。（见图 4 - 1）Y 是可感知的量，而且通常成为视觉器官的感知对象，它们通常就是仪器上的读数。有时，仪器只能部分地完成这个变换 A，仪器上的读数通常还要辅之以适当的数学计算才能推算得到某种物理

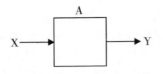

图 4 - 1　仪器所达成的变换

量 X。在实验中，只有通过仪器，实现了上述两条要求，我们才有可能通过实验或观测对于对象的因素或属性做出较为客观的数量上的描述。然而，所有这些理性方法，不但必须实现于测量活动之中，而且必须首先实现于测量仪器之中，使它们在仪器中得到物化。

从认识论的意义上说，在这里，首先值得注意的是，为了对对象的因素、属性做出客观的数量上的测定，我们必须极力避免由我们的主体对这些因素、属性的量作感觉性的、无媒介物的测定。例如，对于色、味、冷、热、硬、软等等，当我们由感官来直接测度这些属性时，虽然它们在某种程度上也是可以进行比较的，但是，一方面，在这种情况下，我们不可能制定出适当的单位对它做出数量上的测定；另一方面，这种测度多半和复杂的心理因素纠缠在一起，不能摆脱主观性。为了摆脱主观性和使对象的这些属性能够在量上进行测定，我们必须在这些属性和我们的感官之间引进适当的媒介物，利用这些媒介物的特定的属性（制成仪器），然后才能对它做出客观的数量上的描述。例如，对于物体的冷热，当我们直接凭我们的感官对它们进行测度时，它们都是一些模糊观念，我们既不可能对它作数量上的描述，也不可能摆脱主观性。只有当我们对物体的冷热这个属性进行了彻底的概念分析，进而找到了能够表征冷热这个属性的特征量，有了温度这个概念，并为它制定出适当的单位（如°F、°C、°K 等），我们才有可能用这个单位去量度这个量。同时，还必须在事物的冷热这个属性与我们的感官之间引进适当的媒介物，利用这种媒介物的特定的属性（如受热膨胀、热电偶特性、受热金属的表面发射本领等等）制成适当的仪器。这时候，对象的冷热程度这个属性才成为可以客观地做出定量的测定的了。在有了温度计这种测温的仪器以后，我们在感性上就已经不再是通过我们的触觉器官来直接感受对象的冷热程度，而是往往用我们的视觉器官来察看仪器刻度上的空间标度。但是，这样一来，我们在感性上所获得的关于对象的冷热程度的反映，却因此而客观得多了（至于何谓"观察的客观性"？请读者注意后文的分析）。

这里值得注意的另一情况是，为了客观地和有效地反映对象的量，我们在原则上应当使我们的感官可感知的运动和不可感知的运动都转化为我们视觉器官的感知对象，转化为测量仪器上的空间刻度或数值显示。之所以必须如此，是由于我们的视觉器官在感知外部信息方面的某种特殊优点所致（根据现代生理心理学的研究，人所获得的自然信息有85%以上来自视觉器官）。所以，对于测量仪器来说，不但应当使像温度这样的量转化为空间刻度和数值显示，其他物理量的测定原则上也都应如此。例如对于物体的硬软特性的测定，当我们用我们的触觉器官去直接测度它们时，它们都是一些不可准确量度的、受许多主观因素干扰的模糊观念，只有当我们在物体的硬软特性和我们的感官之间引进适当的媒介物，并利用它们的某种属性制成了白氏硬度计、洛氏硬度计、磁力硬度计或其他更先进的硬度计，通过这些仪器使对象的硬软特性转化为空间刻度或数值显示的时候，物体的这些特性才成了在量上可以测度的，并且这些测量的结果较少受到主观因素的干扰，而较多地具有客观性了。至于像电压、电流强度等物理量的测定，就更是如此了。当然，在目前的某些测量仪器中，被测的量常常并不直接转化为空间刻度上的读数或数值显示，而是把某种空间刻度作为一种测量的中间环节，然后再要经过一定的数学计算，才能获得被测的物理量的值。如目前科学中关于像热量的测定、光波波长的测定等通常都是如此。但是尽管如此，它们总还是遵循着这条基本原则——把被测量转化为某种空间刻度或数值显示。而且从原则上说，只要我们需要，它们都可以通过仪器直接转化为空间刻度上的读数或数值显示。除此以外，当然还有少数所谓"测量仪器"，它们尚不能把被测量转化为某种空间刻度或数值显示，例如用色度比较的办法来进行"测量"等等，但这种办法，实际上常常并不能真正做到定量的测定，充其量只能做出半定量的估计罢了。然而，即使这种色度比较的办法，也还是遵循了把被测量转化为视觉器官的感知对象这条原则。把被测量转化为视觉器官的感知对象，实在是一般的测量仪器在认识论上的一个重要特点。

但是，必须指出，所谓引进媒介物和使对象的量转化为空间刻度或数值显示，实质上就是引进理性方法及理性方法的成果（包括科学理论和科学方法）。因为引进媒介物和使对象的量转化为空间刻度或数值显示，就是在观测或测量中引进仪器和其他测量体系，而仪器和测量体系都是人类理性的创造物。实际上，任何一台完整的测量仪器，都应当包括如下三个基本要素：第一，根据人类对各种自然物的特性的理解，选用适当的媒介物（例如，对于温度的测定来说，就是选用适当的测温质，如水银、酒精或氢气等）；第二，利用媒介物的特定属性，通过一定的机构或构造，使被测量转化为某种空间刻度或数值显示；第三，把通过由理性方法所获得的表征对象之属性的特征量及其测量基准和单位都物化在空间刻度或数值显示上。在科学技术中，对于一切测量仪器的发明和改进，也几乎始终都是围绕着上述这三方面进行着不懈的努力。然而，所有这三个方面，从本质上说，都无一不是人类的理性和理性方法及其成果的物化和凝结。这里被凝结和物化的人类理性和理性方法及其成果，不但包含有大量的自然科学知识以及技术工艺的积累，而且包含有人类的理性思维的方法，诸如分析、综合、归纳、演绎、抽象、比较、类比等等。

当我们运用仪器把自然界的多种干扰因素和次要因素排除掉的时候，实际上就实现了抽象，并且把思维中的抽象"外化"或"物化"出来了。因为在自然条件下所发生的现象常常受多种干扰因素的影响，我们首先在思维中进行抽象，分析出哪些是次要因素和干扰因素，力图要求抓住当作研究对象的主要的东西进行观测。当我们通过仪器的设计和制造，把这些次要因素和干扰因素排除掉，只留下被观察的主要因素的时候，我们实际上就实现了抽象，并且把思维中的抽象物化在仪器之中了。而在仪器中实现了这种抽象的"物化"以后，这种"抽象"就不再表现为纯思维的性质，而是通过物化具有了感性直观的形态。于是，我们就把理性的抽象实现于感性的具体之中了。

仪器当然也实现着分析与综合这种理性方法的物化和凝结。因为仪器能够把复合的东西分解为它的各个要素，又能把它的各个要素重新复合为一个统一的整体。而这种分析和综合往往也是首先实现于思维之中，然后通过仪器的设计与制造，把这种思维中的分析和综合实现出来，外化为物的形态。通过这种物化，从而使原来存在于思维中的分析和综合，脱去其抽象的面纱，具有了生动的感性直观的形式，因而就能大大地帮助我们作进一步的理论思维。实际上，甚至一两台最简单的三棱镜就实现着这种分析与综合，它可以把白光这个复合体分解为它的各个组成部分——一个扇形的光谱，又可以把这个扇形的光谱，重新复合为白光。这种物化了的分析和综合，对于我们进一步探索自然界的意义是无比巨大的。

仪器，特别是测量仪器，也实现着一系列逻辑演绎和数学推理的物化。当我们把人的感官可感知的运动或不可感知的运动的某种量在仪器上转化为空间刻度或数值显示的时候，这中间实际上是以物化了的形式凝结了大量的逻辑推理和数学运算。因为当我们构思如何把某种物理量转化为仪器上的空间刻度或数值显示，进而去设计仪器的复杂构造的时候，事先必须依据已知的科学理论和科学规律进行一系列的逻辑推理，甚至大量的数学运算，最后才把这些科学理论和规律以及相应的推理和运算以物的形态"实现"于仪器的构造之中，通过空间刻度或数值显示表现出来。所以，实际上每一台测量仪器都包含着从某种被测量到它的空间刻度或数值显示之间的一系列函数对应关系，并通过仪器的构造得到物化。当然，仪器的设计和制造成功并不是这些推理和运算的简单的物化，它的研制过程往往反过来校正着人们事先的推理和运算以及其他的理性方法等等。

当我们能够把分析、综合、逻辑推理、数学运算以及自然科学理论都物化在仪器之中的时候，我们甚至能借助于仪器来重构对象的可视化的图像（二维的或三维的图像）以及相关场景的连续流程，更有甚者，甚至还能根据理论去创建出本来不可见的，纯属思维创造物的"理论实体"的可视化图景，如"分子"、"原子"甚至"氢键"的可视化图像并通过图像去操作相关的实体等等。现代仪器还能够创造出实际不存在的虚拟世界的可视化图景。

正因为仪器，特别是测量仪器都是人类理性和理性方法及其成果的物化，因此，它就不但是人的感官的延长，而且是人的脑力劳动的某种物化和凝结。也因为如此，不但现代电子计算机的应用是代替了人的部分脑力劳动，而且任何一台简单的测量仪器也都是在某一个方面在不同的程度上代替了人的部分脑力劳动。例如，当我们利用某种干涉仪器来测量光波波长的时候，如果我们直接从屏幕或刻度上读出了光波波长的读数或数值显示（正如我们所指出，这在原则上是可以实现的），那么我们实际上是已经把光的干涉原理的知识以及一系列的逻辑推理和数学运算都物化和凝结在这个读数上了。在这里已经省去了许许多多复杂而经常需要重复的脑力劳动过程。同样地，当我们通过电流计利用电流的磁效应以及它的一系列机构，最后把电流的量值直接转化为电流计刻度盘上指针的空间读数时，我们实际上也是把电流的磁效应等许多科学知识以及大量的逻辑和数学推理物化于其中了，从而以简单的直接读数的方式省去了大量的逻辑和数学推理的过程。电子计算机和一般的测量仪器实际上都代替了人的一部分脑力劳动，所不同的只在于，电子计算机是以模拟人的思维的形式，把人的理性方法物化于其中，而一般的测量仪器则是以非常僵化的、凝固的形式把某种理性方法物化出来，从而直接省略了其中的思维过程。所以，电子计算机能以模拟人的思维的方式，在多方面较灵活地代替人的脑力劳动，而一般的测量仪器则只能在某个特定方面省略或代替人的脑力劳动，它自身却并不实现"思维过程"。但是，尽管有这种重大的区别，却仍然不能否认一般测量仪器是在某种程度上从某种特定方面代替或省略了人的脑力劳动这样一种重要的功能。至于现代的自动化的测量仪器和仪器系统，则往往是把电子计算机作为自身的一部分包含于自身之中，以至于它们能够实现诸如信息储存、图像识别、数值计算、方程求解、逻辑推理等多方面的作用，因此，它们代替人的脑力劳动的功能则更是毋庸置疑了。

把测量仪器的功能仅仅归结为"人的感官的延长"显然是不够的。这不仅因为它实际上还代替了人的部分脑力劳动，而且还因为它在性质上能使人的感性经验具有较多的客观性，从而能够帮助我们的感官校正或排除"感觉的欺骗"，这种性质上的差异，一般说来也不是"延长"一词所能包容的。至于何谓"客观性"，特别是观察的"客观性"？关于它们的含义，我们将在下一节再做专门的讨论。

三、测量仪器所带来的认识过程的复杂性

正因为仪器和测量仪器是人类理性方法及其成果的物化，所以它才具有了作为"人的感官的延长"的功能，以至于它能够把人的感官所不可感知的运动转化为可以觉察到的运动，把单凭人的感官原则上不可量度的运动转化为可以量度的运动，甚至还能根据理论在接受相关信息的基础上构建出某种"理论实体"的相关图像。因而，人们在实验和观察中的测量活动，一方面，在形式上，它是一种感性的实践活动，通过测量活动，我们所获得的是感性材料或某种直接的经验事实（如测量数据），但是，另一方面，测量活动实质上又是以感性形态实现理性方法的过程。因此，从它所获得的感性材料，实质上只能以折光的形式反映被测对象。由此，它就带来了科学认识活动中无限复杂的过程。从这个意义上说，不但量子力学和相对论所指的测量包含有复杂的认识论问题，一般的测量活动中也包含有复杂的认识论问题。

首先，在测量活动中，我们所获得的感性"事实材料"，受制于仪器中所蕴含着的假说（假设）。一般说来，我们在科学研究中所运用的每一台仪器，都是以某种或某些假说（或假设）为基础来进行设计的。所以，当我们在科学实验和观察的测量活动中，每使用一台仪器，实际上就意味着引进了一些假说，只不过它常常蕴含着而不被人们注意罢了。然而，它却直接影响着我们在测量活动中所获得的感性事实材料的真实性和可靠性（包括精密度）。我们且以众所周知的温度计的发展史为例来做说明。我们知道，历史上第一支温度计是伽利略于 1593 年发明的，那是一支空气温度计。随后，托里拆利、格里凯以及其他一些和他们同时代的人都试图制造和改进温度计。以后，牛顿、波义耳也都设计制造过温度计。他们所设计的温度计都是根据液体和气体与"受热程度"按比例膨胀的简单假定而制作的。这些最早的温度计受到许多干扰因素的影响（例如空气温度计受到大气压力的严重影响等等），由此常常使得同样结构的温度计之间在测量结果上无法达到一致，即使对于同一物体的同一温度，各支温度计各标一是，以致带来了与人的触觉器官有些类似的毛病。为了克服这些毛病，在整个 17 世纪和 18 世纪中，科学家们曾不断地作出努力，主要是力图从三个方面加以改进：第一，改进仪器的构造，从而设法排除像伽利略温度计那样的受许多外界因素影响的状况。第二，寻找好的测温质。在 17 世纪和 18 世纪，科学家们为了寻找好的测温质，曾经作了许多尝试。例如牛顿曾经试图用亚麻油作为测温质来制作他的温度计，另外一些人则引进酒精和水银作为测温质。首先用水银作为测温质的是伊斯梅尔·波林，他于 1659 年制成了历史上第一支水银温度计，但是他所使用的水银不纯，而不同纯度的水银其膨胀系数是不一样的，这就影响了读数的一致性。第三，探索温度计的合适的原点和刻度法。伽利略温度计没有明确的原点，使用中实际上以人的体温作为基准。后来格里凯试图加以改进，他以马德堡市的初冬的温度和夏天的温度作为他的温度计的两个原点，然而这样来确定的原点仍然具有不确定性，显然也影响了温度计读数的一致性。到 1702 年，阿蒙顿试图以水的沸点和冰点作为他的温度计的两个原点。但是，阿蒙顿当时还不知道水的沸点和冰点与大气压力的关系，因而仍然没有解决原点的不确定性问题。所以，自伽利略以后直到 18 世纪初，虽经 100 多年的努力，还始终不能制造出读数上能够一致的温度计来。究其原因，主要是温度计所蕴含的假说不严密。仪器的进步是和假说的进步密切相关的。历史上第一个制作了读数上能够相互一致的较好温度计的是华伦海特。从他所设计的温度计来看，他对于问题的思考已经严密得多了。首先，他改进了测温质，提纯了水银；其次，他改进了仪器的结构，大体上制成了现代所通用的那种形式的玻璃水银温度计和酒精温度计，排除了大气压力等外界因素的影响；再次，他大大地改进了刻度的原点，以氯化铵的熔点作为他温度计的零点，而以冰的熔点作为 32°F，按等分刻度，人的体温就是 96°F，水的沸点是 212°F。由此，他才制造出了相互间的读数能够达到一致的许多温度计。这件事曾经轰动欧洲。在这以后，到 1742 年，摄尔絮斯才又制造了另一种刻度体系的温度计，即摄氏温度计。但是，严格地说，华伦海特和摄尔絮斯的温度计仍然包含着不严格的假定，水银和酒精固然不是好的测温质，而等分刻度的方法也带有很大的任意性。随着理论的进步，1878 年国际度量衡委员会做出了关于标准温度计的决议，指出："温度应当用化学上纯的氢在定容情况下的压力来测量，它在冰的熔点时的压力为 1000 毫米水银柱高。温标的基本点应当和摄氏温标的基本点相合。"根据这样的定义来制作的标准温度计在测温方面的精确度当然就大大地提高了，而以前的摄氏温度计除了被定义的两个共同原点以外，其他所有按等分刻度的读数原则上与标准温度计的读数都不相合。当然，即使以这样定义的标准温度计，也不能排除所有的不严格的假定。所以当需要严格地测定温度值的时候，仍然需要做理论上的修正。

十分明显，仪器的进步不但与制造仪器的工艺技术的进步密切相关，而且首先是和假说的进步密切相关的。由此可见，从仪器所获得的经验事实的真实性和可靠性受制于仪器中所包含的假说的严密性。

其次，对仪器中所反映的物理量的性质的认识，同样受制于假说和理论的进步。科学史上常有这样的情况：人们事先制成了仪器，并获得了广泛的应用，但实际上仍然并不真正知道仪器中所测得的量究竟是什么。我们仍以温度计的发展史为例。从伽利略以后直至 1756 年英国科学家布莱克把温度和热量这两个概念区分清楚以前的 160 多年中，人们虽然早已发明并已广泛地使用了温度计，却始终不知道通过温度计所测得的量究竟是温度还是热量，以至于当时科学中把温度计叫作"量热计"，把通过温度计测量温度的测温术叫作"量热术"（直到今天，英语中仍把温度计叫作 thermometer，它的本来意思就是量热计。在英语中，therm 一词本来的意思是"热"，同时也是英制热量单位的名称，单位 therm = 10^5 Btu）。只是到 1756 年以后，由于布莱克对于物质的潜热和比热现象的观察研究，才终于对于物体的冷热属性进行了彻底的概念分析。当时他指出：假如认为两个物体上的温度计标度相等，就认为它们的热的量也相等，那是"把问题看得太马虎了。这是把不同物体中的热的量和热的一般强度或集度相混了。很显然，在研究热的分布时，我们应当经常加以区别"。这样，布莱克终于以"热的强度或集度"来说明温度，并且把它和"热量"这个概念稍许严格地区分开来了。自此以后，我们才终于知道了，通过温度计所测得的量并不是"热的量"而是温度。测量仪器并不是一种单纯的自然物。它作为"人的感官的延长"帮助人去感知对象，但它所提供的感性知觉究竟反映了什么样的对象或对象的什么样的性质的量，也就是它是否真能帮助我们感知对象或对象的量，却紧紧依赖于一定的科学假说或理论。如果假说或理论有错误，则它同样会造成"感觉的欺骗"。而众所周知，假说和理论是易谬的。所以，在科学中使用仪器的时候，我们要始终紧紧地牢记，仪器所提供的数据或图象，都是由仪器所汲收的信息通过理论而重构出来的。这些数据和图象的事靠性，紧紧依赖于仪器背后的理论。

总而言之，在科学实验和观察中使用仪器，有巨大的认识论价值。一方面，它作为人的感官的延长，不但能使人的感官所不可感知的对象及其变化转化成为可以觉察到的对象及其变化，使不可量度的对象及其变化转化成为可以量度的对象及其变化，从而大大地扩展了我们感知对象的能力。而且，它作为我们感知对象的媒介物，有可能使我们的感觉经验更加接近"客观实际"，使我们的观察可以具有较多的"客观性"。但是，同时它也就导致了科学认识过程的无限复杂性。由于实验和观察中使用了仪器，因而就使得我们通过仪器所获得的感性材料，实际上要受制于仪器中所蕴含的假说。这些感性材料无论在质上或量上的可靠性，都依赖于仪器中所蕴含的假说的可靠性。另一方面，在自然科学的研究中，由于我们总是以实验和观察作为检验一种科学理论或假说之真伪的标准的，但是由于我们在实验和观察中引进了仪器，而仪器又总是蕴含着假说的，所以，当我们要用实验和观察来检验某种科学假说或理论的真伪时，我们实际上不可能对任何一种科学假说或理论作单独的验证。当我们要验证某一种假说的时候，实际上必须以另一些假说作为前提。实际上，科学理论只能追求尽可能协调、一致和融贯地解释和预言广泛的经验事实，以求得愈来愈强的指导实践上的有效性；而不可能通过实践检验而获得科学理论所假定的机制、模型与客观对象相一致意义上的"真"。

正是由于仪器，特别是测量仪器所带来的认识过程的复杂性，所以才使得一部分哲学家和自然科学家在认识论上陷入了迷误，以致使他们走上了极端的主观主义、不可知论的道路或某种看起来是"唯物主义"的肤浅的庸俗哲学的道路。

第三节　关于观察的客观性

在前面，特别是上节关于测量仪器的认识论问题的分析中，我们已经一再地涉及两个尖锐的问题：何谓观察的客观性？如何保持观察的客观性？

一、何谓观察的客观性

何谓观察的客观性？这个问题看起来简单，深究起来却成了哲学中的最大难题。"客观性"一词在哲学史上历来是一个充满着各种矛盾用法并成为引起各种无休止争论之根源的一个哲学术语。通常，"客观性"一词代表着和"主观性"一词相对立的概念。客观性是指与我们人的心理因素（感觉、知觉、情绪、意识、目的）无关的并独立于人的心理因素的东西，而主观性则是指我们的心理因素和受心理因素影响和支配的精神层面的东西。在这里，我们暂时避开关于"客观性"一词在历史上的无休止的争论，直面何谓观察的客观性这一难题。

何谓观察的客观性？这个问题之所以难，其中的一个重要原因是所谓实在论问题以及与此相联系的观察渗透理论，观察依赖于理论的问题。关于实在论问题，这是一个困扰了我几乎整整半个多世纪的大难题，我们将在本丛书第五分册中另作专门的讨论。在本节中，我们试图与读者一起来初步地探讨这个尖锐的大难题，并且把着重点主要放在观察渗透理论，观察依赖于理论这个视角上。

通常，当我们说到某个观察具有客观性时，往往是意指某个观察及其结果，与被观察的对象保持了一致。当我们这样来理解"客观性"一词时，它是蕴含着正确性、真理性的意思在内的；当我们说某一项观察是客观的，同时就意指着这项观察是正确的，是具有真理性的。当然，当我们这样说的时候，在其背后还是以这样的假定为前提的，即在我们的知觉经验之外，存在着一个独立于我们的知觉经验和心理意识的外在世界。爱因斯坦曾经强调指出："相信有一个离开知觉主体而独立的外在世界，是一切自然科学的基础。"① 笔者相信爱因斯坦的这个观念是大部分科学家所共有的一种信念，我作为一个常人，也强烈地持有这种信念。但困难在于，这个信念是很难被合理地论证的。所以它只能是一种"信念"。尽管它是绝大部分人的"健全的理智"所持有的信念。这个信念为什么难以论证，请参见本丛书第五分册。然而，尽管绝大部分科学家都持有这种信念，但当试图对它做出进一步思考的时候，在许多科学家和哲学家之间就产生分歧了。一部分科学家和哲学家认为，存在于我们的主体之外、独立于我们的知觉主体的外在世界，可以区分为两部分：现象与本质。我们的感官只反映外部世界的现象，但在现象的背后还存在有某种本质或实体，它支配着现象却不能为我们的感官所感知；这些"本质"或不可观察的"实体"虽然不能为我们所感知，但它们却是实实在在地存在着的。科学的目的最后就是要揭示或把握这个世界的本质或现象背后的实体及其运作。所以，他们相信，成熟科学的术语，如电子、夸克等等都实有所指，这些概念指称着自然界中实实在在的对应物。但深究起来，这种观念的形而上学性质就很明显了，因而更难以获得合理的论证。于是，另一些科学家和哲学家根据科学的实际以及他们自身的研究工作，不再强调科学理论揭示着自然界的本质，不认为科学术语在自然界中都实有所指。他们强调科学理论和科学概念都是思维的自由创造，目的在于用它来覆盖经验，拯救现象，或曰用它来解释和预言现象。例如，像爱因斯坦，他虽然强调"相信有一个离开知觉主体而独立的外在世界，是一切自然科学的基础"，但他同时又一再地强调科学中的概念是思维的自由创造。爱因斯坦在其许多论述里，虽然也常常谈到"实在"，但纵观他的论述，却正如著名的美国科学史家霍尔顿所说，爱因斯坦没有把实在放在超越感觉经验的地方。在当代，有许多著名的科学家和哲学家，虽然在他们的语汇中也提到原子、电子、夸克，讨论它们的结构，他们甚至也使用"实在"、"本质"这些语词，但在他们看来，所谓电子、原子及其结构，都是思维所构造的

① 《爱因斯坦文集》（第一卷），商务印书馆1976年版，第292页。

想象的模型，所谓"实在"、"本质"都是思维建构出来用以拯救现象的工具，并不具有那种真正的"实在性"。前一种观念通常被称为实在论，后一种通常就被称为工具主义。在哲学史上，实在论和工具主义在论战中各自演变出许多种不同的变体，但其基本的区别就是我们前面所指出的观念上的对立。但从 20 世纪以来，实在论的许多新变种实际上愈来愈向着工具主义让步或靠拢，现今的某些所谓"实在论"，实际上只是保持着"实在论"的名称，其实际主张实际上和工具主义已无多大区别。像爱因斯坦的所谓"实在论"，在许多主张工具主义的学者看来也是可以接受的。但另一方面，主张工具主义的科学家和哲学家也有走得过远的。他们甚至走到了否定外部世界的实在性。这使一部分科学家陷入了困惑，使他们不敢谈论科学与外部世界的关系。例如，著名的物理学家海森堡就曾经强调地说："物理学家是应该只对知觉的联系作形式的描述"，又说："现代物理学不是研究原子的本质和原子的结构，而是研究我们观测原子时所知觉到的现象。"① 另一名著名的物理学家，日本的菊池正士博士（他曾经在电子衍射和和中子散射的研究方面取得过辉煌的业绩）则进一步说："所谓自然规律，可以说是描述一定实验操作中附属于实验仪器的计量器具上的读数之间关系的东西，而不是要通过现象来把握它背后的实体的东西。"② 还有一些持操作主义观念的科学家也同样强调："所谓物理量只是表示要测量的操作的符号，它与客观实在没有任何关系。"③ 这些科学家的言论是小心谨慎的。但他们却回避了一个重要的问题：仪器或计量器具是否反映了外部世界的某种信息。科学家所遇到的这些困惑，都与观察的客观性和测量仪器的认识论问题有关。所以关于观察的客观性和测量仪器中的认识论问题确实还需作进一步的讨论。

关于观察的客观性，在上面曾经提到过一种观念，认为观察的客观性，就是指观察及其结果，与被观察的对象保持了一致。但这种关于观察的客观性的定义，不具有可操作性和可判定性，我们无论通过什么样的操作，都无法判定我们的观察是否与对象保持了一致。其根本困难就在于，就像我们在本丛书第五分册中所将要指出的，归根结底，我们人只能与自

---

① 转引自坂田昌《坂田昌—物理学方法论论文集》，商务印书馆 1966 年版，第 4 页。
② 转引自坂田昌《坂田昌—物理学方法论论文集》，商务印书馆 1966 年版，第 4～5 页。
③ 转引自坂田昌《坂田昌—物理学方法论论文集》，商务印书馆 1966 年版，第 6 页。

己的感觉经验打交道。基于此，所以一部分深思熟虑的哲学家就对观察的客观性另行做出可操作的定义。如卡·波普尔，他虽然公开声称他主张实在论，但他同时强调，观察的客观性就在于它们能被主体间相互检验。波普尔说："科学陈述的客观性就在于它们能被主体间相互检验。"[1] 波普尔的这种意见，并不是波普尔的首创，在某种程度上，早在康德那里，就已经有了这种观念的萌芽。但是，如何才能做到观察的客观性或能够被主体间相互检验呢？波普尔强调其前提就是观察的可重复性。波普尔说："只有根据这些重复，我们才能确信我们处理的并不仅是有关孤立的'巧合'，而是原则上可以主体间相互检验的事件，因为它们有规律性和可重复性。"[2] 实验观察的可重复性是科学中做到客观的观察的最基本的要求。所以，波普尔强调："科学上有意义的物理效应可以定义为：任何人按照规定的方法进行适当的实验都能有规则地重复的效应。"[3] 像波普尔这样的观点，现在已经是国际科学哲学界大多数人所接受的观点。但问题在于，波普尔这样的定义及其所强调的条件是否充分。当然，还有一些人会说，关于观察的客观性的这两种定义还是可以相通的或者相一致的。因为正是通过主体间的相互可检验性来保证了观察与对象相符合意义上的"客观性"。但这仍然没有解决问题：如何来论证主体间经验上的一致性就保证了观察在与对象符合意义上的"客观性"呢？这仍然是没有办法论证的。所以归根结底，与对象符合意义上的"客观性"，是一个没有意义的形而上学定义，它至多可以给人提供一种信念，却不具有可操作性。波普尔类型的定义才是具有可操作性的定义，但问题在于它是否充分。

　　仔细地推敲起来，仅仅强调观察的可重复性以及可以被主体间相互检验就可以保证科学所认可的意义上的观察的客观性吗？让我们多多考察科学史上的事例。在古希腊的历史文献中保留着这样的观察陈述（观察记录），说某一条溪流中的水，它在早晨的时候比较热，中午的时候它变得凉了，傍晚的时分它又变得热了。这个观察陈述在当时是可重复的，即使在今天，如果我们仅仅用我们的手或身体去感知这条溪流的水的冷热变

---

① 卡·波普尔：《科学发现的逻辑》，科学出版社 1986 年版，第 18～19 页。
② 卡·波普尔：《科学发现的逻辑》，科学出版社 1986 年版，第 19 页。
③ 卡·波普尔：《科学发现的逻辑》，科学出版社 1986 年版，第 20 页。

化，那么它仍然会是可以重复地体验到的。但是，这样的观察陈述能否被认为是客观的或科学上正确的呢？今天我们稍懂得一点物理学知识的人一定会说，这个观察陈述是不正确的，它受到了我们的感官的"感觉的欺骗"；仅凭我们感官的感觉作判断难免具有主观性。实际情况大概会是这样，这条山涧溪流中水的温度在一天中的变化并不大，而是早晨的大气温度比较低，人们用手摸它就觉得它比较热；而中午时分气温提高了，再用手去摸这条溪流的水就会觉得它凉；到傍晚的时候，气温又降低了，用手摸这条溪流的水才会又觉得它热了。所以，如果我们今天再来做关于这条溪流的观察陈述，一定不会再说这条溪流中的水温是如此这般地变化的了。但在当时的条件下，作出这样的观察陈述实在是不可避免的。因为在当时的背景知识之下，测量外界对象的冷热程度所使用的还只是"人体基准"，更确切地说是"人体感觉基准"，然而人体感觉基准不能排除主观性。哥白尼的理论蕴含着这样的结论，金星与地球的距离在一年的过程中有巨大的变化，因而应当可以观察到它的视像大小在一年中有明显的变化。在哥白尼时代，不管是哥白尼学派或非哥白尼学派的天文学家通过仔细观察，都得到了一致的结论："从地球上看去，金星在一年的过程中其大小没有可以看得出的变化。"这个观察结果是可重复的，是可以在主体间得到相互检验的。今天的人们如果用肉眼观察金星，也还会得到同样的结果。在当时，这个观察结果成了反哥白尼学派的天文学家宣称"哥白尼理论被证伪"的证据。但是，能够因为这个观察具有可重复性或可以被主体间相互检验，就认为这个观察是正确的或客观的，因而它已证伪了哥白尼理论吗？我们今天会说，这个观察仍然是不正确、不客观的，因为这是人的肉眼观察所带来的"感觉的欺骗"，人的肉眼（感官）不能辨别微弱光源的大小，所以也不能拿它来作为证伪哥白尼学说的证据。这个事例同样表明观察的可重复性或可被主体间相互检验还不等于观察的客观性。以上两例都是用人的感官直接观察对象所造成的感觉的欺骗，虽然它们都具有可重复性或主体间的可相互检验性。那么，使用仪器观察又如何呢？让我们来看看被保存下来的开普勒当年的观察笔记，其中记载说："火星是方形的，染上了很深的颜色。"这是当年开普勒用望远镜所做的观察记录。这种观察在当年是可以重复验证的。今天的孩子们拿着他们的廉价的玩具望远镜对着火星进行观察，一定也会得到同样的结果。笔者自己就做过一次重复试验。30 多年前，笔者曾为儿子买了一架结构简单的玩具望远镜。然后教他找到火星进行观察。我儿子观察后大叫："爸，这是怎么回事？我用眼睛看火星，它是红色的圆点；我用望远镜看火星，它怎么成了菱形的、紫色的？"当时他还小，笔者只能简单地告诉他，这架望远镜所提供的视像是不正确的。他用那架望远镜看足球比赛，是可以的，但用它观察火星，却遇到了如此这般的怪现象，这在他的小小心灵中造成了巨大的困惑，因为他当时已经通过他所读过的科普书籍知道了火星像地球一样是一个圆球。他后来攻读物理学。现在他当然已经知道，那架结构简单的望远镜之所以会提供火星形方色紫的视像，是因为这种结构简单的望远镜所产生的像差和色差造成的。这种结构简单的望远镜有巨大的局限性，就像我们的眼睛不能辨别微弱光源的大小的局限性一样。以上实例就已经充分说明了观察的可重复性和可相互检验性还不是观察的客观性的充分条件，同时也说明了保持观察的客观性的真正困难。

从上述我们关于测量仪器的认识论问题的讨论和分析已经表明，仪器固然是为了克服我们人的感官的局限性而被创造和引进到科学实验和观察中来的，但观察的客观性问题却没有因为在观察中引进了仪器而被解决。观察的客观性既不能从主体对于客体的无媒介物的当下的直接感知中获得保证，也不能仅仅由于在观察中应用了仪器而获得保证。所以，如何解决观察的客观性，实在是一个非常复杂而困难的问题。不去探讨这方面的困难和问题，以及试图解决它的办法，而抽象地提出"观察应当保持客观性"的要求（如列宁在《哲学笔记》中所提出的那样）是毫无意义的。把这个问题简单化，用几句空话来搪塞，对科学是无益的，甚至是有害的。当然，这方面的困难和问题并不意味着必须做出不可知论的结论（关于世界在什么意义上是可知的，在什么意义上是不可知的，我们在本丛书第五分册中再去界定）。

我们认为，科学所认可的意义上的观察的客观性，就在于通过观察所获得的观察陈述，可被主体间相互检验并达成多种观察经验（或观察陈述）之间的相互一致、协调和融贯。所以，对于单独的某种观察陈述，是很难谈论它们的客观性的。实际上，在科学中，科学共同体对于某种观察资料的客观性的信念，不但要依据于这些观察的可重复性而使这些观察经验具有主体间的可检验性和可一致性，而且还要依据于他们当下所共同接受的背景知识通过对广泛的多种多样的经验事实（观察经验）的比较、对照和批判的审察，而达到对这些经验事实间的一致、协调和融贯。否则，那些能够被重复因而能够达到主体间可检验性和一致性的观察，仍然可能被指责为人们共有的错觉而不具有客观性。例如，人们弯下腰从胯下去看东方升起的月亮时，都会觉得月亮的视像变小了。这是可重复的并且可获得主体间的可一致性的。但这种可一致性通常被归结为人们共有的错觉。我们前面所列举过的分别从冷水和热水中浸泡后的一个人身上的两只手，再同时插入另一盆温水之中，这两只手对这同一盆水的冷热的感觉会是不一样的，也是如此。诸如此类的例子还可以举出不少。所以，在科学中，关于观察的客观性，仅仅强调观察的可重复性和主体间的可检验性是不够的。在科学中，为了满足观察的客观性，至少还要满足在理论的指导下，经得起严格的链条式的检验。即当我们观察到某一种事实 X，依据理论，如果 X，则应当可观察到 Y，于是，我们设计相应的严格的实验，观察 Y 是否发生。例如，在病毒学的观察中，强调必须满足科赫原则，实际上就是强调必须进行严格的链条式的检验来保证观察的客观性。所谓科赫原则，是指要确证某种疫病的病原体（例如病毒），必须进行四项系列实验以满足四项基本原则。第一是要求在该病患者身上发现某种病毒，而健康人身上却没有；第二是要能从患者身上分离出这种病毒，并使其在实验室的培养皿内繁殖；第三是要用皮氏培养皿内的病毒使实验动物患上与人同样的疾病；第四是要求从患病的实验动物身上分离出该病毒，并证明这分离出的病毒能在皮氏培养皿中繁殖，再感染未患病的实验动物。科赫原则是这四项的合取，即先后都被满足。所以，科学中所认可的观察的客观性不但要求某种单独的观察陈述能达到主体间的可相互检验和一致性，而且还必须达到使多种多样的经验达到相互一致、融贯和协调。在这里，在保持观察客观性的背后，理论起着无与伦比的重大作用。我们在这里所强调的是"科学所认可的观察的客观性"，而不是所谓的"与观察对象相一致"意义上的所谓"客观性"。关于后者，实际上是不可判定的，因而是没有意义的，在科学中，实际的观察客观性只能是可以被不同主体相互检验并且可以与其他经验事实相互融贯、一致、协调意义下的客观性，只是某些庸俗哲学家以庸俗的方式坚持所谓的"唯物主义"为名，玩弄逻辑跳跃，把主体间的可一致性说成是与"客观对象"的一致性罢了。我们在这里所强调的"科学中所认可的观察的客观性"，实际上是与我们往后所要讨论的"科学的目标"密切相联系的，是使观察能够最大限度地满足和达到科学的总目标所要求的那种意义下的"观察的客观性"，其实它是与主体的理性要求密切相关的。正因为如此，所以，要想保持"观察的客观性"，实际上是无可避免地密切依赖于理论的，正像科赫四原则所体现的那样。

由此可见，科学仪器的使用在保证观察的客观性方面起着十分重大的作用。虽然正如我们所一再指出，仪器中包含着假说，使得通过仪器所获得的观察（或观测）资料的可靠性紧紧依赖于相关的假说，而假说是易谬的。但是同时必须指出，在科学实验和观测中使用仪器，仍然有着巨大的认识论价值，并且随着科学知识的增长，它在认识中正在发挥着愈来愈大的作用。它作为人的感官的延长，不但能使人的感官所不可感知的运动转化成为我们可以觉察到的运动，使不可量度的运动转化成为可以量度的运动，从而大大地扩展了我们感知对象的能力。而且，通过对于广泛的经验事实的比较、对照和批判的审察，包括对仪器的科学鉴定和使用，科学仪器作为我们感知对象的媒介物，有可能使我们的感觉经验在一致、协调和融贯的意义上，使我们的观测可以具有较多的客观性。我们对于仪器的信心，实际上也来自于对于广泛的经验事实的比较、对照和批判的审察，其中包括理论的作用。大家知道，我们对于一台仪器所提供的信息的客观性的信念，主要是通过对仪器的科学鉴定和使用（使用中的鉴定）来建立的。但是对仪器的这种科学鉴定，一方面是通过对仪器中所蕴含的假说和理论、原理进行批判的审察，另一方面又是通过与其他方法所提供的相关信息进行比较、对照和批判的审察，以至于能够达到对于多种多样来源的经验之间的相互融贯、一致和协调。理论之所以成了对仪器进行科学鉴定的重要依据，就是因为它已经覆盖了大量的经验事实，并且使这些经验事实在理论的框架下获得了相互间的协调与融贯。我们正是借助于这种形式，通过对广泛的经验事实的比较、对照和批判的审察，才建立了对仪器所提供的信息的客观性的信念。当然，对于仪器的使用，我们始终要注意上一节中我们所提到的由它所带来的认识过程的复杂性。所以，在我国所流行的那种庸俗哲学，简单强调实践是检验理论的真理性的唯一标准，当实践与理论发生矛盾的时候，实践既是原告，又是法官，而且是终审法官的主张，是十分荒唐的。

但是，关于观测的客观性问题的讨论还不能以此为终止。它还涉及观测的精密度和观测依赖于理论等等诸多方面的问题。

二、实验和观测的精密度

实验和观测的精密度也涉及观察的客观性问题，而且也关系到观察的客观性与理论的关系的问题。因为精密度不但直接关系到我们"反映"研究对象的程度和真实性，并且由此可以使我们对研究对象做出完全不同的理解和解释。所以我们在实验中提高精密度的努力，始终也就是使我们的观测客观化的一种努力。然而，在其背后却又要依靠理论在其中起着莫大的支撑作用。

在科学实验和观察（或观测）中，努力提高观察（或观测）的精密度，无论就它作为认识的来源或作为检验科学认识之真伪的标准来说，都有其特殊重要的价值。

我们不妨先讨论两个例子来加以说明。第一个例子是科学史上惰性气体氩的发现。氩是在地球上所发现的最早的一种惰性气体。其发现的过程大致如下：英国物理学家瑞利在测量各种气体的密度时，首先发现了从空气中所取得的氮（N）与从氨（NH_3）中所取得的氮（N），其比重有微小的差异，前者的密度为 1.2565 克/升，后者的密度为 1.2507 克/升，虽经多次重复测量，这种差异仍然存在。这究竟是怎么回事呢？瑞利感到很奇怪，后来终于在著名的化学家拉姆萨的合作下发现了其中的秘密。它们从空气中所取得的"氮"里面又分离出了另一种气体——惰性气体氩。由于氩的比重比氮的大，所以看起来从空气中所取得的"氮"比从氨中所取得的氮，其比重显得大了。因为前者实际上是氮和氩的混合气体。这个氩的发现，就是在用精密天平称量两种不同来源的"氮"的比重时，觉察有微小的差异从而成了问题（由于经验间不一致、不协调而形成的问题）开始的。有趣的是，在瑞利和拉姆萨分离出氩以前 109 年，著名的英国化学家卡文迪什实际上已经在一次当时没有公布的实验中把氩分离出来了。但由于卡文迪什当时没有精密的仪器，所以他虽然对自己所分离出来的小气泡感到奇怪和有疑问，可是他最后还是说："这个气泡，是由于某种原因没有跟氧化合而剩下的氮。"而在 109 年以后，瑞利和拉姆萨几乎是从历史的资料中，重新借助和重复了卡文迪什曾经做过的实验，依靠着精密天平的功劳，从 0.0058 克/升的微小差别中发现了氩。这 0.0058 克有多重呢？大概不到一只跳蚤的重量。可以想象，实验的精密度在人类认识中起了多么巨大的作用。它不但最终影响到科学的发现，甚至从一开始就影响到了问题的提法。卡文迪什所提出的问题只能是"这个留下来的小气泡是什么？"而瑞利和拉姆萨所提出的问题则是："从空气中所取得的氮和从氨中所取得的氮，为什么它们的比重不一样？"问题的不同提法直接影响到探索中不同的思路。这个氩的发现，在 19 世纪的科学史上被传为佳话，叫作"精密度的胜利"。

第二个例子是现代的。大家知道，著名的美籍华人物理学家丁肇中于 1974 年发现了 J/Ψ 粒子。但实际上，早在 1970 年，丁肇中等在美国布洛海文实验室里就发现过与它有关的新现象。但由于他们当时的仪器的分辨能力还不够高，所以就无法判明它是不是由新的未知的粒子所造成的。后来他们致力于提高仪器的分辨能力，终于于 1974 年发现了 J 粒子。可以设想，如果他们不是花大力气去提高仪器的分辨能力，他的 J 粒子的发现就将是不可能的。J/Ψ 粒子的发现，可以说是新条件下又一次"精密度的胜利"。

上面所说的两个例子主要还是从科学发现的角度上说的。就实验作为检验自然科学的真理性的标准来说，精密度常常影响到人们做出完全不同的甚至相反的结论。例如，在巴斯德以前，给·吕萨克、尼达姆和普希"证明""自生论"的大量实验，1906 年德国物理学家考夫曼"否定"爱因斯坦相对论的那些实验以及天文学史上许多所谓判决性的观察证据等等。又如，正如我们前面曾经提到过的，根据哥白尼理论，金星在一年的过程中其视像大小应当有可以看得出的变化，但在哥白尼时代，天文学家们根据肉眼观察的结果，否定了这个预言，这在当时成了"证伪"哥白尼理论的重要证据。在当时，甚至连支持哥白尼理论并为哥白尼的《天体运行论》作序的牧师兼天文学家安特里斯·奥西安德也不得不承认说，哥白尼学说关于金星在一年中应该看起来改变大小的预言是"与各个时代的经验相矛盾的一个结果"。当然，我们今天大家都知道这种观察是不精确的，因而当然也就不能接受它证伪哥白尼学说的结论。因为我们已经有了更精密的观察。在这里，对于同一对象的观察，仅仅由于观察精度不同，对于同一理论却做出了截然相反的验证。

但是，问题在于：我们是根据什么来判断一个观察是精确的抑或是不精确的，以及它的具体的精确度如何呢？我们又是依据于什么来提高观察的精密度，因而也就是在某种程度上提高观察的客观性呢？这就明显地依赖于理论。

论科学中观察与理论的关系

　　仪器的精密度和分辨率的提高不但依赖于工艺技术，而且首先依赖于仪器据以设计和制造的理论假说和原理，这一点我们前面已经谈到，以后还要做进一步的讨论。而要判断某种观察是否可靠以及它的精确度如何，同样还是要依据于理论。在哥白尼时代，相信金星的视像大小没有变化的肉眼观察的可靠性，从而"证伪"哥白尼学说，是依据了这样的理论：用肉眼能够准确地量度微弱光源的大小。在今天的科学中否定了这种观察的价值，是因为今天的理论已经提供了一种解释：为什么用肉眼来估计微弱光源的大小会把人引入歧途，并从理论上指出了用望远镜观察才更为可取。而当我们用望远镜观察时，则明显地显示出金星的视像大小在一年中确实有明显的变化，从而成了支持哥白尼理论的证据。今天的理论还进一步提供了说明，并非任何望远镜观察所提供的视像都是可信的，像当年开普勒所使用的那种结构简单的望远镜会造成像差和色差，从而说明它所提供的视像是扭曲了对象的形象和色彩的。在科学的发展中，正是依据了理论的进步，才提供出了能够消除像差和色差的更好的望远镜和其他更现代意义上的望远镜。

　　以上的考察已经从一个方面说明了科学中要保持观察的客观性的复杂性。它决不像旧的归纳主义者所认为的那样简单，认为只要观察者具有正常的感官，排除先入之见的干扰，保持正常的情绪，抱着公正的态度，就能保持观察的客观性，并且这种观察的客观性是可以通过重复检验来获得证明的。相反，这些事实说明，要保持观察的客观性必须依赖于理论。即不仅判断某种观察是否精确可靠以及修正观察中的误差，要依赖于理论，而且要提高观察的精确度和可靠性，更需要依赖于理论。在这里，理论起着巨大的能动作用。

　　那么，仪器的精密度的提高与理论的进步究竟是一种什么样的关系呢？前面，我们固然已经强调了观察和测量的精密度的提高对于理论的建立和检验具有无可估量的意义，然而，反过来，我们确实应当强调，作为观察手段的仪器的精密度的提高甚至在更大的程度上依赖于理论。在精密度的问题上，总是理论先行，无论从逻辑的序列上或时间的序列上，都是理论先行。在归纳主义者看来，"观察形成科学赖以建立于其上的可靠的基础"，精密的理论只有在精密的观察和观察手段的基础上才能形成。因为理论的真是借助于归纳推理把观察中的真传递给它的。然而，实际情况决非如此。科学发展的历史表明，为了使我们的观察具有客观性和精确性，我们在科学实验和观察中不得不引进和使用仪器，因为肉眼观察常常是不可靠的并且其观察范围是非常有局限性的。但是，由于仪器中蕴含假说，从而使得仪器所提供的事实材料的真实性和可靠性（包括精密度）都紧紧地依赖于它所包含的假说。然而，我们在科学研究中，通常又总是依据某种仪器所提供的观察资料来建立和检验理论。往后，只是随着理论的进步，我们才又逐渐地揭示和发现了以往的这种仪器和它们所提供的观察资料原来是不精确的，甚至是错误的，从而才依据新的理论来指导和设计出新的仪器，通过它们来获得新的更加精确和可靠的观察资料。在理论与观察的交互作用中，理论的精度超过观察的精度，然后再依据精确的理论来设计或发明出更精确的仪器；在精确度的问题上，一般总是理论领先。这样一种发展过程本身就已经证明了：归纳主义者关于观察形成科学赖以建立于其上的可靠基础，并且理论的真只有借助于归纳推理才能把观察中的真传递给它的见解是过于简单化的，因而是片面的和错误的。其所以错误，是因为观察本身依赖于理论，首先观察和测量的精密度就依赖于理论，而理论是易谬的。反过来，理论又能够超越于观察的精密度而达到高得多的精确性，而观察的客观性和精确性却要依靠理论来保证。为了说明问题，我们不妨考察一下科学史上的情况。众所周知，伽利略作斜面实验，其所使用的测时仪器是水漏，因为当时甚至还没有机械钟，而用水漏来测定铅球沿斜面滚落的转瞬即逝的短暂时间，当然是十分不精确的。然而伽利略由此所达到的结论：铅球沿斜面滚落的距离与时间的平方成正比，进而推论出自由落体的下坠距离与时间的平方成正比，却是十分精确的。就落体定律 $s = \dfrac{1}{2} gt^2$ 来说，g 值的精确测定当然需要精密仪器，其中包括精密的测时仪器。然而测时仪器又是如何发展的呢？我们不妨再做一简略的回顾。伽利略最初是在教堂做弥撒的时候，偶然中注意到蜡架的摆动是周期性的。他以自己的脉搏作为测时"仪器"，终于发现了单摆周期与振幅无关，与下悬的重物的重量无关这种相对准确的理论。依据这个理论，人们才制成了机械钟这种较好的测时仪器；而在有了机械钟以后，人们才终于发现以脉搏测时是非常不准确、非常不可靠的。同时，也正是依靠机械钟作为测时仪器，人们才发现了新的更精确的理论，而依据这种新的更精确的理论，人们才知道了用机械钟作为测时仪器是不精确的，并进而依据新的理论发展出了石英钟、原子钟等等更精确得多的测时仪器。由此可见，理论思维在把握客观世界及其规律性方面有巨大的能动性，它常常大大地超越观察所能达到的精确度来把握对象。从而竟出现这样的情况：观察的客观性和精密度是要靠理论来保证的。附带地说一句，以上这些事实充分说明了：发展科学仪器对于科学的发展固然十分重要，但在仪器相对落后的情况下并非完全不能做出高质量的工作。当然，要检验一个严密的理论总是需要有精密的仪器的。在这里，科学理论的创造与检验还是有重大差别的（尽管就整体而言，科学的发现过程与检验过程常常是相互包含的）。与测时仪器的发展相类似的情况在科学史上不断地重复，即使在科学仪器已经高度发展了的现代也是如此。就拿现代原子物理学中的某些情况来说吧。大家知道，利用过饱和蒸汽在带电粒子的径迹上凝结成珠的威尔逊云雾室，在 20 世纪 30 ～ 40 年代的核物理的发展中曾经起到过非常突出的作用。人们用它所提供的资料来建立、发展和验证理论。但是随着理论的发展，后来人们却明白，威尔逊云雾室所依据的假说原来是不严密的，它所提供的资料原来是不精确的。所以在现代的物理实验室中，它们已完全被更先进的气泡室和其他仪器所取代，威尔逊云雾室差不多已经退役到中学的物理实验室中去了。

这里，当然又涉及一个问题：究竟是实验、观察可靠，还是理论可靠？或者像有的人经常提出的问题那样：在科学研究中，我们究竟应当相信实验还是相信理论？对于归纳主义者来说，尤其对于那些庸俗哲学家来说，他们的回答是非常简单明确而且毫不含糊的：我们当然应当相信实验，因为唯有观察和实验才提供科学以确实性，更何况实践是检验真理的"唯一"标准嘛！所以在他们看来，每当理论与实践相矛盾的时候，实践对于理论而言，具有单向性的双重的重大作用。即当实践与理论相矛盾的时候，实践就起诉，它是原告，但由谁来判决呢，又是实践，实践又成为法官，是唯一的法官，不需要陪审团，而且是终审法官。这种观点，在近代科学的早期，还尚可理解，因为当时的科学尚不成熟，对科学理论的检验也缺少深入的理解。早在几百年前，列奥纳多·达·芬奇就说过："科学如果不是从实验中产生并以一种清晰的实验结束，便是毫无用处的，充满谬误的，因为实验乃确实性之母。"往后，几乎所有的归纳主义者都重复这一信条。但是，只要我们认真加以分析，就可以看出，这种论调实在是片面的甚至是错误的。在科学研究中，理论的确实性固然要依靠实验和观察来检验，而实验和观察的确实性（它的精确性、客观性）却又需要依靠理论来保证，依靠理论来提高，依靠理论来校正各种观察和测量的误差。

事实上，不但提高仪器的精密度要依赖于假说和理论的进步，而且在实验中对仪器的操作和使用方法同样要依赖于假说和理论的进步。而对于仪器的操作和使用方法当然直接关系到观察和测量的精密度和可靠性。这是每一个科技工作者都十分清楚的。

就以使用物理天平来称衡物体的质量这个简单例子来说吧。这种仪器是利用了"在同一地点具有相等重量的物体其质量相等"这一原理。但在实际称衡时，仪器的指针是摆动不居的。为了读取平衡点，最初曾把指针的摆动看作简谐振动，依据这一假定，就取左右来回一次摆动的中点作为平衡点。然而，依据这种粗糙的假说读出的结果当然是粗糙的，包含着相当大的误差。随着与这种操作相关的假说的进步，认识到这种指针的摆动并不是简谐振动，由于有空气阻力和机械阻力的存在，它应是一种阻尼振动。依据新的假说，就改进了读数方法，例如规定应采取左右两边的五次读数来求取平衡点。随着操作所依据的假说的进步，所读取的结果当然就更精确了。但是，在更高精度的要求中，人们从理论上知道，以这种方式所读取的结果仍然是不精确的，因为它没有考虑到空气浮力的作用。由于物体在空气中都要受到它的浮力的作用，所以，如果所称量的物体与砝码的体积（或密度）不一样，则它们所受到的空气浮力也不相同，这显然会影响称衡的结果。所以当需要精确测量的时候，就必须用理论对天平的称衡结果作必要的修正。正如当我们需要精确的温度值时，即使是标准温度计所提供的量值也要做理论上的修正一样。

实际上，在科学实验和观察中，不但仪器的操作和使用方法会影响到观察的精密度和可靠性，而且由于在实验中引进了仪器，还会不可避免地干扰被测系统，使仪器上所读到的被测系统的各种量值，与仪器未被引入以前的系统的实际量值发生某种变化，从而使仪器所测得的量值实际上只是受到仪器干扰以后的量值。实际上，不但量子力学的测量中存在有仪器对客体的干扰问题，就是在宏观对象的测量中也存在有仪器的干扰问题。只不过在量子力学中，仪器的干扰是不可控制的，而在宏观对象的测量中，这类仪器的干扰，或者是可以忽略不计的，或者是可以从理论上加以校正的。但是，这种干扰是否可以忽略不计或者要估计它有多大，以便校正它们，都只有依靠理论才能解决。例如，在电学测量中，当我们利用欧姆定律来测量电路中的某一个电阻的电阻值的时候，十分明显，流过这个电阻的电流值以及它的两端的电压值都会由于我们在测量中引进了仪器而受到干扰，以至于从电流表和电压表上所反映的量值都不是它原来未受干扰以前的量值（见图4-2）。这种干扰所引起的变化有时是非常大的。例如，我们假定使用了其内电阻为3000Ω的电压表和内电阻为10Ω的电流表来测量两个电路上的电阻值，我们使用两种不同的接线法进行测量（见图4-2的②和③），并且我们假定在两种情况下，电压表上的读数都是200V，电流表上的读数都是0.2A。那么，如果不考虑到仪器的影响，我们就会测得 $R_1 = \dfrac{200V}{0.2A} = 1000\Omega$，$R_2 = \dfrac{200V}{0.2A} = 1000\Omega$，$R_1$ 和 R_2 似乎是相等的。但实际上，如果我们考虑到仪器的影响，那么，实际的电阻值应是

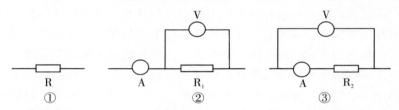

① ② ③

图4-2 电路中仪器引起的干扰

$$R_1 = \frac{200V}{0,2A - \dfrac{200V}{3000\Omega}} \approx 1500\Omega$$

$$R_2 = \frac{(200 - 0.2 \times 10)\ V}{0,2A} \approx 990\Omega$$

在这里，仪器的干扰对测量所带来的影响是多么大啊！在图4-2的②的情况下，其相对误差达到了 $\dfrac{1500 - 1000}{1500} \times 100\% = 33.33\%$，在图4-2③情况下相对误差也达到了 $\dfrac{1000 - 990}{990} \times 100\% = 1\%$。这种干扰情况，以电阻值R与电压表、电流表的内电阻的关系不同，相对误差的大小会发生变化，甚至产生逆转。当然，由于理论的进步，我们今天已有了较好的仪器可以用来测量电阻，但这个事实却已经表明，仪器的介入会影响系统的量值，而要估计它的影响的大小，校正它所带来的误差，使观察保持应有的精密度（因而也就是某种客观性），就必须依赖于理论。

以上这种情况，实际上是每一个科技工作者天天都在处理着的事情，

只不过是某些肤浅的归纳主义方法论理论和庸俗哲学把它忽视或歪曲罢了。

三、关于实验和观察事实

在科学中，"事实"也是一个与观察的客观性密切相关的概念。所以，为了研究科学方法论，我们也许应当把"事实"这个概念，看作科学方法论中的一个重要的范畴来予以讨论。

由于"事实"既是建立科学假说和理论的基础，又是检验科学假说和理论之真伪的标准，所以我们应当对"事实"这个概念的含义做出明确的规定，以便区分清楚科学中哪些成分是它赖以建立于其上的真正的基础，哪些成分是建立在这个基础上的"衍生物"。还应当对"事实"这个概念的属性做出种种讨论，例如，关于它的客观性和主观性的问题等等，以免发生思想上和逻辑上的混乱。最后，为了获得"事实"，还应当进一步讨论保证观察的客观性的方法问题。在本小节里，我们只想对"事实"这个概念作一些较初步的讨论。

对于科学中的"事实"，即实验和观察事实，我们对它的含义常常缺乏严格的限定，而且通常容易犯一种毛病：过于轻率地给它冠以"独立于主体的客观性"或打着唯物主义旗号的所谓"第一性"的称号。其实，对于科学中的"事实"，我们尚需要做出清晰的概念分析。这对于科学方法论也许有重要的意义。

首先需要严格区分"事实"和由事实所得的"推论"。这种区分看来简单，却又容易混淆。"鸡子吃了含农药的食物，两小时后死了"，与"鸡子吃了含农药的食物，两小时后中毒死了"，前者固可称为观察得到的事实，后者则是由观察事实所得到的推论。然而实验者却往往容易把后者也当作观察"事实"来报道，而阅读实验报告的人也容易疏忽其中的区别。例如我们从实验中得到某一条曲线，人们往往把它看作实验事实。但其实，它早已把实验中所测得的点经过修正并且由内插而外推了，它只不过是对实验事实经过理论处理以后的一种推论，用来说明两种因素（变量）之间的函数关系。而"推论"当然说不上是独立于主体的意义上的"客观的、第一性的"东西。"事实"是科学的真正的基础，是检验假说或理论之真伪的标准，而"推论"本身则是需要由"事实"来进行检验的。

其次，更重要的是对于"事实"的客观性也要作认真的分析。我们能否笼统地说实验和观察"事实"本身是属于"独立于主体的客观的第一性的东西"呢？——这正是需要认真分析的。科学中常常在两种不同的意义上使用"事实"这个概念。其一是指物质对象的现象和过程，它当然可以认为是"独立于主体的客观的，第一性的"。例如当我们说"把事实情况调查一下"，这时所说的"事实"就是指的这层意思。实验作为一种客观的物质过程，它也是"第一性"的。其二则是指人们从实验或观察中所得到的"映象"，或人们所获得的实验和观察结果。它实际上是人们通过实验和观察手段，对于外在的物质对象的现象或过程的一种"反映"和"描述"。（让我们暂且使用这些词吧。其实"反映"也好，"映象"也好，它们都只是我们的主体对外部刺激的响应。它不但与外部刺激有关，也与我们主体的感官和神经系统的构造有关。对于这种响应，用"反映"或"映象"这些词来描述，都是不确切的或容易造成误解的。其分析详见本丛书第五分册）。而这种反映和描述当然不是"第一性"的，而是"第二性"的。严格地说来，我们在科学中以及在日常生活中所知道的"事实"都是属于后者而不是前者。所以，为了使概念严格化，我们有必要跟随唯物主义把"事实"划分为"客观事实"和"经验事实"这两种不同的概念。这里的所谓"客观事实"是指自然界的物质过程，它是"第一性"的；而"经验事实"则不过是我们的主体对"客观事实"的一种反映和描述，它属于主观的、第二性的范畴。我们在科学中以及在日常生活中所提到的"事实"，通常都是在这种意义下使用的；一切我们所观察到的、反映在我们主体中的，和一切通过语言和文字陈述和描述出来的"事实"，都是这种"经验事实"。"经验事实"虽然是对于那种意义上的"客观事实"的"反映"，但由于反映过程的复杂性，两者往往并不能一致，说到底，除了主体间的可一致性及其融贯和协调，我们实际上无法鉴定它们是否一致，也不知道"客观事实"是什么。而主体间的可一致性还是必须依靠属于"第二性"的"经验"。所以，科学中可能会出现这种情况：随着我们的经验的积累和理论的进步，某种原来以为是正确的观察结果，后来却发现它们与"实际情况"南辕北辙。因此，我们对于科学实验和观察中所获得的"事实"，决不可以轻易地赐予独立于主体的"客观的"、"第一性的"称号；不但从所谓的哲学基本问题的意义上它们不是客观的、第一性的，即使就它们所"反映"的内容是否具有真正的"客观性"，也还有待分晓。所有有经验的科学家都知道，虚假的观察是经常可能发生的，实验也往往会给人以错误的印象；而它们常常并不是出于实验和观察者的有意的捏造，而是由于认识过程中的种种复杂因素造成的。正因为如此，所以所有的有经验的科学家对于自己的或别人的实验和观察结果，都取严格而谨慎的批判的态度，决不轻易地相信自己的或别人的任何一次未经严格审察过的实验和观察的结果。因为科学史上的累累出现的错误的实验和观察早就足以使人引以为训。例如，在巴斯德于 1864 年做出他的有名的食物腐败试验以前，在自然科学中，关于生命起源的问题，长时期内存在着一种"自生说"的错误理论。特别在列文虎克发现微生物以后，当时的科学界普遍地认为微生物是从腐败发酵的有机质中自然发生的。为了验证这种微生物的"自生说"，著名的化学家给·吕萨克做了当时很有名的实验，这个实验被自生论者当作他们观点的最好的实验证明；尼达姆也做过著名的肉汤罐实验，他的实验使他自己和别人都相信微生物的自然发生是可能的；直到 1859 年，还有一位著名的学者普希做了大量的实验，并在此基础上写了长达 700 页的厚部头著作来证明他的"自生论"。事后，经过了好多年，才证明所有这些实验在设计和操作上都存在着疏忽和差错，因而存在着一些对结果起作用的、当时未被发现的"隐因子"。然而这些疏忽和差错当时的人们是未曾觉察到的。像给·吕萨克、尼达姆和普希这样一些科学家，他们实际上不过是以思考不周的错误的实验来证明他们的错误的理论罢了。当然，我们这里所说的"错误的实验"，是从某种特定意义上说的。本来，实验作为一个客观的物质过程（即所谓的"独立于主体的客观事实"）来说，是无所谓正确和错误可言的。归根结底，这里的错误，仍然是我们思考不周和观察判断的错误，即人们关于实验的"经验事实"的错误。就实验作为一个客观的物质过程而言，我们用得上几百年前里奥纳多·达·芬奇的一句名言："实验绝不会犯错误，错误的只是诸位的判断。"[1] 然而，必须注意，作为人们认识到的实验及其结果，即作为当时科学内容的一个部分并用来检验科学理论的实验与观察"事实"，却正是这种"经验事实"。而且在科学中，所谓"实验检验"，即用来作为检验自然科学理论的真伪的标准的，说到底，也还是这个"经验事实"。因为所谓实验检验，实质上就是把实验和观察的结果，反映到我们的脑子中来，然后在我们的脑子中作"比

---

[1]　转引自武谷三男《武谷三男物理学方法论》，商务印书馆 1975 年版，第 86 页。

较"，看它们之间是否相一致。而这个"比较"，仍然是需要首先将实验的结果，反映到脑子中来，然后在脑子中作比较。所以实验检验是把反映和思维过程包含于自身之中的。说到底，所谓实验检验，就是通过实验和观察活动，把我们所获得的"经验事实"与原来的认识相比较，并以此达到一定的检验效果。由此可见，我们前面曾经批判过的那种庸俗哲学，不但强调实践是检验真理的"唯一标准"，而且强调实践标准乃是一种不以人的意志为转移的"客观标准"，实在是含混、模糊，而且糊弄人的。

实验和观察中的错误，不但是由于仪器造成的，而且特别是由于我们主体在观察活动中的特点造成的。观察至少包含有感知（观察者关于观察对象的感性知觉）、判定（根据感性知觉判定对象或现象是什么）和观察陈述（用语言和文字描述所观察到的事实）这些简单要素。我们关于对象和现象能感知到什么，这已经与理论和先行假说所启示的期待以及观察者所接受的训练密切相关；而要能够判定我们所感知到的对象和现象是什么，并把它陈述出来，当然就在更大的程度上依赖于先行理论和经验。不但如此，我们关于对象的判定，实际上还常常与想象、联想、推论密切地交织在一起，以至于我们关于所观察到的对象和现象的判定和陈述常常超越于我们所感知到的内容。我们虽然力图想区分清楚观察事实与关于事实的推论的界限，但是我们愈往前分析，就会发现，这种界限愈模糊（关于这一点，我们准备放到下一节再做详细讨论）。

由于这些以及其他原因，我们通过观察所获得的"经验事实"是易谬的，因而我们所获得的"经验事实"是否会符合自然界的对象和现象（即所谓"客观事实"）更会是尚成疑问的。然而在科学的认识过程中，我们却只能依据着这种"经验事实"来检验科学理论和假说的真伪。因为正如我们前面所指出，我们当然不可能用所谓"客观事实"来检验某种理论或假说；自然界的"客观事实"只有当它被反映在人的头脑中并被陈述出来的时候才能起这种公共检验的作用。这里当然又尖锐地摆着一个"观察的客观性"问题：我们所获得的经验事实可靠吗？如何来检验我们所观察到的"经验事实"的可靠性和正确性呢？这个问题，实际上是没有更为可靠的解决办法的。说到底，这是一个形而上学问题，是没有解的。因为正如我们所指出的，科学中关于观察可靠性的信念只能建立在对广泛的经验事实的比较、对照和批判地审察的基础上，其中包括强调实验和观察的可重复性以及根据一定的理论，从已观察的事实引申出进一步的预言，然后设计进一步的实验和观察做进一步的验证，即所谓做进一步的链条式的检验。科学中常以实验（观察）的可重复性作为检验观察事实（经验事实）的可靠性的一个主要标准，即当一个实验者报道从实验中观察到了某一事实以后，为了检验这一观察事实是否可靠，科学家们就来重复这一实验。如果在满足了所给出的同样条件以后，别的实验者也能获得同样的观察事实，就认为这个实验观察事实被"证实"了。然而这当然有局限性，并且只具有相对的意义。因为，一方面在这里，人们对事实的判定多少依赖于直觉；另一方面，这种检验方式就意味着以人们的"经验事实"的共同性来检验"经验事实"的客观性，而在这背后又是以人们共同接受的背景理论为条件的。为了克服直觉因素在判定事实中的作用，人们往往对观察事实诉诸进一步的理性检验，即链条式的检验。例如，我手中拿着一件匙形餐具，我观察它，根据它的重量和光泽以及我对铝制品的知识和经验，判定它是一只铝调羹。但是这种判定显然带着直觉的因素。因为有什么理由排除它不是仅仅只是在表面特性上类似于铝的其他金属或合金制成的呢？为了进一步判定它确实是铝制的调羹，于是我捶打它，因为我知道铝具有较大的延展性；进一步我来测定它的比重，因为我知道铝的比重是 2.7。然而我测量的结果表明它的比重不是 2.7，而是稍大于 2.7，而且它的延展性也不如教科书中所说的那么大。这时我仍然认定它是铝制的调羹，只是稍稍改变了说法：认为它是某种铝合金制成的，但它的主要成分还是铝。但是，你怎么能排除别的合金也可能具有这样的比重和延展性呢？为了进一步确定它是铝制的，于是我就对它作进一步的实验鉴定。因为我知道铝既能与酸又能与碱起化学反应而生成盐。例如：

$$2Al + 3H_2SO_4 = Al_2(SO_4)_3 + 3H_2 \uparrow$$

$$2Al + 2NaOH + 2H_2O = 2NaAlO_2 + 3H_2 \uparrow$$

于是我就制备一定的硫酸（H_2SO_4）和氢氧化钠（NaOH）来与它进行化学反应，看看反应的结果是否生成了硫酸铝 $[Al_2(SO_4)_3]$ 和氢（H_2），或者偏铝酸钠（$NaAlO_2$）和氢（H_2）。然而，我们在这两个实验中又如何判定所生成的新物质正好是硫酸铝 $[Al_2(SO_4)_3]$、偏铝酸钠（$NaAlO_2$）和氢（H_2）呢？如果我们想避免由直觉所引起的错误，我们也许应当继续设计新的化学实验或光谱学实验来对它们做出鉴定。然而这个过程已经表明，我们愈是想对观察事实做出"客观"的判定和检验，就愈是在更深的程度上依赖于理论。而且，除非我们把这种检验的链条无限制地继续下去，那么对于事实的判定，始终不可能排除直觉的作用，而理论和直觉都是易谬的。所以，这个过程正好表明：要确保观察的客观性，绝没有绝对可靠的办法。但是，反过来，我们绝不能说进行实验的可重复性检验和上面所描述的一环扣一环的链条式的检验，以及在实验中使用仪器和对仪器进行科学鉴定，没有极大地提高观察的客观性。这些检验正好说明，科学中关于观察的客观性的信念，主要来自对广泛的经验事实的比较、对照和批判的审察；并且正是依靠了这种方法，科学得以实现和提高观察的客观性，而这种观察的客观性的实质，就在于通过观察所获得的观察陈述，可被主体间相互检验并达成多种观察经验（或观察陈述）之间的相互一致、协调和融贯。而在这过程中，理论当然不可避免地起着巨大的作用。

当然，说到这里，必然又会提出一个尖锐的问题：那么，科学中的理论又是如何被检验的呢？关于这个问题，我们将放到第五章再去讨论。

第四节　观察依赖于理论

前面的讨论已经一再地涉及"观察依赖于理论"这个命题。但有的读者一定还会提出疑问：你上面所讨论的内容主要是涉及使用了仪器或复杂的实验中（例如化学实验中）所进行的观察，如此进行的观察当然依赖于理论，但是能够一般地说"观察依赖于理论"吗？在国际上，在20世纪20年代以后，逻辑实证主义曾经主张所谓的中性观察，它的意思是有些最基本的观察陈述（所谓记录语句）是不依赖于理论的，并在此基础上综合地构成其他观察语句。但随着科学哲学在20世纪的发展表明，所谓中性观察的主张是完全站不住脚的。然而对于一些人来说，这种状态仍然是不可接受的，所以，最近20年来，又有人在为中性观察理论"翻案"。所以，对于"观察依赖于理论"这个命题，还是有必要从科学认识论和方法论的角度上，做出更一般性的讨论。

上面已经说过，科学中所说的观察至少应当包括这样三个要素：感知、判定和观察陈述。对此，即使是主张中性观察理论的传统归纳主义者也都是承认的。因为仅仅有感性知觉当然并不构成观察，即使观察者根据他的感性知觉对他所观察的对象或现象有所判定，那也还只是观察者的私人经验。只有当观察者把它们陈述出来以后，才能进行交流，才能成为科学中的成分，才可以通过别人的同样的观察来对这些观察陈述进行检验。归纳主义者强调作为科学赖以建立于其上的可靠的基础的，也正是他们所说的"观察陈述"。只不过他们认为应当排除先入之见的干扰，才能做出公正的观察陈述罢了。在他们看来，做出观察陈述并不依赖于理论；或者至少存在着某种起基础作用的所谓"记录语句"这种类型的观察陈述，它们是不依赖于理论的。

但是实际情况完全不是像新旧归纳主义者所描述的那样。

首先，我们关于对象和现象能感知到什么，这与理论或先行假说所启示的期待以及观察者所接受的训练密切有关。我们所说的这种期待，包括期待某种与先行理论和假说相一致的和不相一致的现象。如果没有这种期待，在观察中就常常会对发生在眼前的现象视而不见或扭曲，即发生漏观察或误观察。这种情况在机遇事件的观察中尤其明显。例如 1820 年丹麦物理学家奥斯忒在一次非常偶然的机会中发现了电流的磁效应的现象。那时，电现象的研究是一个热门，然而电和磁在当时的物理学中是分别加以研究的，它们被认为是两种不同的自然现象。但德国的自然哲学家却从另一方面对电和磁现象感兴趣，他们认为电和磁现象中的两极对立是他们的辩证法哲学的最好证明，并且强调现象间的普遍联系。奥斯忒作为一个热衷于德国自然哲学的物理学教授，早在 1807 年就宣布他正在研究电和磁的关系。过了 13 年，一次他给学生们做教学演示实验，当他非常偶然地把一个磁针放到了过流导线（直流电）的边上时，他敏感地观察到了过流导线使磁针偏转这个重要的新现象。奥斯忒能够观察到这个现象，与他长期认为电与磁有关，并企图对电与磁的关系进行探索，有着密切的关系。正是从这种意义上，巴斯德曾经强调指出："机遇只偏爱那有准备的头脑。"另一方面，从心理学上说，我们在观察中能感知到什么，与"注意"这种心理状态密切有关。而"注意"当然就会受到先行知识的启示和期待的密切影响。在这方面，心理学家曾经做过许多实验，表明先行的启示和期待会如何地影响到观察中的感性知觉。从理论上说，甚至我们关于对象的感性知觉，也不是照相式的简单反映。我们至多能够把对象在我们视网膜上所造成的映象看作某种照相式的过程。但我们的感性知觉却是把视网膜上的映象通过神经系统进行了信息的变换而传递到大脑，再反馈到视神经末梢的过程，从而成了一个与心理状态相关的过程。这种过程，就不能不与我们的知识、先行的启示和期待，以及与此相联系的"注意"

这种心理状态发生关系。我们在观察中能感知到什么，不但与先行理论和假说所启示的期待有关，而且与观察者以往的经验、所受到的训练密切有关。一个老中医按脉，能感知出脉象的种种不同的状态来，而一个外行人所可能感知到的情况，就会与经验丰富的老中医相去甚远。使用显微镜进行观察同样是需要进行训练的。一位初学者通过显微镜所看到的那种结构紊乱的明暗斑块的图案，与一位训练有素的观察者能够分辨出其中的明细标本或景象的情况，也是不同的。

其次，观察者必须根据自己在观察中所获得的感性知觉而判定他所观察到的对象或现象是什么，或它们是怎样的。并进而对所观察到的对象或现象做出描述。而这当然就在更大的程度上依赖于理论，依赖于观察者的知识和以往的经验。判定对象是什么固然离不开知识和经验，而观察陈述中所使用的语言也总是水平不同的各种理论语言，因此在观察活动中我们所观察到的固然是个别对象，但是离开了某种一般知识，我们就无法对它进行判定，因为在观察陈述中，我们总是只能用不同程度上的一般概念，或不同水平上的理论语言，来描述这个"个别"。例如，甚至当我说"这朵花是红的"这个观察陈述时，也是使用了一般概念，这里的"花"与"红"都是一般概念。如果我对"花"与"红"这些一般概念没有任何理解，我就不可能做出这种陈述。至于科学中的观察陈述就更是如此了。正如汉森所指出，一架伽利略的望远镜摆在面前，布拉赫·第谷和开普勒两人，一定会做出不同的判断和观察陈述。开普勒会说他看到了一架望远镜，而布拉赫·第谷则可能说，他观察到了一个长长的金属圆筒。正因为对现象的判定和观察陈述在更大的程度上依赖于理论和先行假说，所以在历史上，在不同的科学背景知识之下，对同一现象的观察所做出的判定和陈述常常是很不一样的。正如我们前面已经提到过，古希腊文献中对某条溪流水温变化的记载与我们今天对它可能做出的观察陈述会是很不相同的那样。我们还可举出另外的例子。例如，在电学方面，18世纪初的电学实验家在他们的实验报告中做出了这样的观察陈述："带电棒变成了黏性的，其证据是小纸片被粘在它上面"；"一个带电体从另一个带电体弹回"。由于背景理论的变化，在今天的实验家看来，这些观察报告显然是错误的，他们绝不会再做出如此这般的观察报告了。

事实上，只有依据精确的理论才能做出精确的观察陈述。因为所使用的语言的精确性受制于所使用的理论或概念框架的精确性，例如，在物理学中，运用"力"这个概念是精确的，因为它来自一个精确的理论——牛顿力学。而同样一个词"力"，在其他场合，例如生命力、营养力、影响力等等，这时，使用"力"这个词来描述现象就会是不精确的和含混不清的。既如此，观察和观察陈述怎么可能像新旧归纳主义者所认为的那样，不依赖于理论呢？

对所观察的对象和现象的判定和陈述，不但受历史上不同科学背景知识的影响，而且受观察者本人所持有的理论、知识和所接受的训练的影响。一个熟练的医生能够根据他所掌握的理论知识和经验素养，从一张 X 光的胸透照片中，判定和陈述出病人的生理变异和病理变化，以及所患的是慢性病、肺气肿、肺结核还是肺炎，但对于一个外行人就完全是另外一回事了。迈克尔·波兰尼曾经描述了医学专家教医科学生通过检查 X 光片来做出诊断的场景："想一想一个在学习肺病 X 线诊断课程的医学生吧。在一间暗室里，他注视着置于病人胸前的荧光屏上的影迹，倾听着一位放射学专家用专门的术语对他的助手评论这些阴影的有意义的特征。起初，这个学生完全迷惑了，因为他在这些 X 线片中只能看到心脏和肋骨的影，在它们之间还有一些珠状斑。专家们似乎在信口雌黄地讲述着他们想象中的虚构事物，他一点也看不见他们所谈论的东西。然后，由于他继续倾听了几个星期，细心地查看各种不同病例的新片时，他开始有了尝试性的理解，他逐渐忘掉肋骨，开始看到了肺。最后如果他坚持下去，善于用脑，在他面前将会展现出一幅充满有意义的细节的全景：生理的变异和病例的变化，疤痕、慢性病和急性病的症候，他进入了一个新的世界。他仍然只看到了专家能看到的一部分，但是现在这些片子变得有确定的意义了。对片子的大多数评论也是如此。"对同一对象进行观察，甚至在同行专家中也会做出完全不同的判断和陈述。汉森曾经依据实际发生的故事非常有根据地指出："设想有两位细胞生物学家，他们在观看同一个制备的切片。你问他们看见了什么，他们会做出不同的回答。一个生物学家在眼前的一个细胞中看到一簇异物，认定这是一个人工制品，是一个由于染色技术不好而形成的凝聚物；它与细胞本身并无关系，正如考古学家的铁铲留下的斑痕与某个希腊古缸的原型并无联系一样。另一个生物学家则认定这是一个细胞器，是'高尔基体'。至于技术，他争辩说，'鉴定一个细胞器的标准方法，就是把它固定和染色。别人发现的是真正的细胞器，为什么你偏偏突出这一技术因素，硬说它造成人工制品呢？'"这场实际的争论可以持续许久。

正因为观察包含着依据感性知觉对于对象的判定，而判定就意味着对事实有所领悟。然而，"领悟"当然依赖于理论。正是在这种意义上，美国学者萨缪尔森说："即使在所谓精确的自然科学中，我们如何领悟观察到的事实也取决于我们所戴的理论眼镜。……现代科学史学者从完形心理学派得到了同样的结论：对于'同一事实'，牛顿前和牛顿后的科学家有着不同的领悟。在一定程度上，我们都是我们先入为主的俘虏。"

在我国，曾有一种观点认为："大自然对谁都一视同仁，它不会因甲的学识不高便将本来面目加以掩盖，也不会因乙耳聪目明而倍加恩惠，大家用同样的手段观察到的自然现象不会两样。"这种观点貌似有理，其实却是最肤浅不过的见解；这种观点甚至不如一两百年前的黑格尔高明。黑格尔已经认识到了不同的头脑会产生不同的观察。恩格斯在《自然辩证法》一书中曾经引用了黑格尔的一段话："是什么样的头脑从事研究观察，这对于经验具有巨大的意义。伟大的头脑做出伟大的经验，在五光十色的现象中看出有意义的东西。"尽管黑格尔的著作离科学还有十万八千里。

当然我们在这里强调"观察依赖于理论"，必须依据于科学观察中所发生的情况做出合理的解释，绝不能由此导出违反唯物论信念的荒谬绝伦的结论。当我们说观察实际上依赖于理论的时候，必须同时强调如下基本的论点：第一，外部自然界的物质对象和现象是独立于我们的主体而存在的，是不依我们的意志为转移的。第二，观察者所获得的知觉印象虽然不是关于对象的照相式的反映，它作为与大脑的生理过程有关的心理过程，是与先行理论和假说所启示的期待以及观察者所受到的训练有关的，但由此也不能做出我们的知觉经验不"反映"外部世界信息的结论。这种"反映"实际上是我们的感官对外部世界的对象和现象的刺激的某种响应。这种响应一方面与外部世界的刺激有关，另一方面也与我们的感官以及神经系统的构造有关。由于我们的感官以及神经系统的构造的稳定性，因而外部对象给予我们的感性知觉还是十分稳定的，一旦在先行启示和期待（包括与先行假说所启示的"预期"相符和相反的各种有关现象的期待）的影响下引起了"注意"，在观察的物质手段允许的范围内，我们就能观察到以前未被注意到的现象的发生。在观察中，我们并不能看到与理论所启示的"预期"正好相符的或我们所喜欢的东西。我们的知觉经验在根本的意义上，是外部世界的对象刺激我们的感官所引起的响应。第三，我们强调观察依赖于理论，只能限定在仪器的作用、观察的精密度以及本节所分析的合理范围之内，但由此决不能得出结论：我们可以根据理论来任意塑造对象。我们只是说，我们只能依据一定的科学背景知识（包括作为它的物化形态的仪器等等观察手段）来观察对象并做出判定和陈述，并且现代仪器已能够根据理论收集信息并依据信息来重构图像。而这些当然会影响到观察结果。

美国科学哲学家汉森在《发现的模式》（*Patterns of Discovery*）中提出了他的观察依赖于理论的观点。应当说，提出"观察依赖于理论"这个命题是深刻的，他所做的分析也包含有许多合理的内容。但是我们不能同意像他那样过分夸张地强调观察依赖于理论。在他的理论之下，仿佛当开普勒和第谷同时观察日出的时候，他们将看到不同的东西，他们两人观察日出所得到的视觉经验都是不同的。开普勒看到地球转动，而第谷则看到太阳在从地平线上升起。这显然是把观察依赖于理论这个命题夸大到了极端，以至于认为观察图像完全是以理论为转移的。当汉森这样说的时候，显然是把观察中的"经验事实"与关于由"经验事实"所做的"推论"或"解释"相混了。事实上，正如我们上面所指出的，我们观察中的感性知觉决不会在如此大的程度上依赖于理论。我们的感性知觉主要地还是由对象与我们感官的关系上被给予的。

但是，确实，从另一方面来说，我们关于对象的判定，实际上常常与想象、联想和推论密切地交织在一起，以至于使我们关于所观察到的对象和现象的判定和陈述常常超越于我们所感知的内容。在"观察事实"与"关于事实的推论"之间，其界限是非常模糊的，在我们上面所提到的一些实例中，如医生观看 X 光照片从而做出的判定和陈述中，实际上就包含着依据以往的经验和理论所作出的想象、联想和推论。这种情况，甚至在某些最简单的观察中都是如此。比如，当我看到墙洞外露着一个条锥状的活动物体时，我们会判定和陈述说："墙洞外露着一条蛇尾巴。"但当我们判定和陈述说"所见到的是蛇尾巴"时，我们势必是依据着以往的经验和知识，进行着想象和联想，从而推论出那正是一条蛇的尾巴，因为当下我们并没有看到"蛇"。在这里我们对自己观察到的东西所做出的判定和陈述，显然超出了当下所感知的内容。同样地，当通过显微镜感知到有一定结构的图案，从而判定和陈述说"通过显微镜观察到了链球菌或双球菌"的时候，显然也是依据了我们以往的知识和经验（包括理论）在做出推论。一个没有相应知识和经验的人是不可能做出这种判定和陈述的。基于我们在观察中关于对象的判定和陈述常常不可避免地与想象、联想和推论交织在一起，所以，当我们在做出观察陈述的时候，虽然应当力图区分清楚"观察事实"与关于事实的"推论"之间的界限，但是，实际上，我们愈往前分析，就会发现这种界限愈模糊。所以当我们做出观察陈述的时候，只能相对地做到这一点，从而使我们的观察保持尽可能的客观性。

关于观察依赖于理论，当然还有种种其他的方面，如关于观察对象或观察场合的选择。摩尔根为什么要选择果蝇来作为他的遗传学研究的观察对象？爱丁顿为什么选择 1919 年 5 月 29 日到西非普林西比岛上去观察日全食，来检验爱因斯坦的广义相对论？这些观察对象和观察场合的选择本身就是一个理论问题。在一定意义上，它甚至成为整个研究工作中具有决定性的步骤，所以，格雷格说："研究人员必须运用绝大部分的知识和相当部分的才华，才能正确选择观察对象。这是一个举足轻重的选择，往往决定几个月的工作成败，并往往能把一个卓越的发明家同……一个只是老实肯干的人区别开来。"

总而言之，科学中观察与理论的关系，绝不是如庸俗哲学所告诉我们的那样，实验和观察是能够"客观地"作为检验理论的真理性的唯一标准，当观察与理论发生矛盾的时候，实验观察能够既成为原告，又成为法官，而且是终审法官的那种双重作用的。实际上，科学理论固然需要接受观察经验的检验，但观察经验也绝不是完全独立的。观察的背后是理论，甚至可以说，观察依赖于理论。因为正是理论告诉我们应当观察什么，理论告诉我们要用什么样的途径和方法才能进行有效的观察，理论告诉我们观察到了什么，对于观察到的东西，能否对检验某种理论起到肯定或否定的作用，也还是需要通过理论来获得解释的；而且所谓的观察的"客观性"也还是需要通过理论来保证的。科学追求理论能够协调、一致和融贯地解释和预言广泛的经验事实。当观察与理论相矛盾的时候，并不是只能以实验观察为准绳去单方面地要求修改理论，也可以通过种种途径而指责实验观察结果；还可以通过指责实验观察中所涉及的初始条件和边界条件以及其他辅助性假说的方式，既维护了实验观察结果，也维护了理论并使得理论能够协调和融贯地解释包括眼前的实验观察结果在内的广泛的经验事实。所以，庸俗哲学所灌输给我们的东西，不但是僵化的，而且是完全背离科学实际的。如果科学工作者竟然听信了它的"教导"，那就只能使人愚蠢，而绝不会使人聪明。

通过这一节关于"观察依赖于理论"的研究，我们应当得出结论：正是在这一点上，使得归纳主义者关于科学研究应当始于观察，并且观察陈述形成科学赖以建立于其上的可靠基础的观点受到了最严厉的批判，从而证明了这种观点实际上是站不住脚的。同时，通过这一节的讨论，也应能进一步支持我们在上一节中所提出的科学中实际上应通过什么样的途径和方式来实现和提高观察的客观性的那些基本论点。

科学的认识过程表明：理论的建立和检验固然要依赖于观察，但是同时观察也不是不依赖于理论的。科学实验与观察，以及观察的客观性的提高，都要依赖于理论。这实际上是向我们进一步提出了许多深刻的需要进一步探讨的科学认识论问题，包括科学理论究竟是如何被检验的。关于科学理论的检验，特别是关于科学理论的检验结构与检验逻辑，我们将在第五章中讨论。

第五节　重要的是把实验和观察
当作理性活动来把握

在上面几节中，我们已经把实验和观察活动的感性方面的特点和理性方面的特点作了详细的分析。这些分析，更多地注意到的是科学活动中的种种陷阱。其目的在于告诉我们，在科学活动中头脑不要简单化。但过多地考虑这些陷阱也可能使我们无所适从，而且在实际的科学活动中也不可能处处考虑到这些陷阱。科学活动是探索，在某种意义上是冒险。正如我国著名科学家李四光所说："所谓科学研究者，如黑夜入深室以手探物，亦若盲人论象。若不加假定，则探索殊难入手。若尽信假定，则不免堕入歧途。"[①] 在科学实验和观察活动中，实际也是如此，我们之所以要充分分析科学实验和观察活动中的处处陷阱，就是为了尽量避免堕入歧途，但若不加假定，就会使我们无所适从，或"殊难入手"。在这一节中，我们将从比较实用的观点对实验的全过程作一些分析，当然，所谓"实用"，

---

① 李四光：《清水涧页岩之层位》，载《地质评论》1937 年第 4 期。

我们也并不是去讲具体的实验技术，而仍然是不离我们的科学哲学主题，着重于对科学实验和观察中的各个环节做较深入的认识论和方法论的分析，主要是要讨论：从方法论的意义上，如何做出好的、有意义的实验以及对实验的各个环节上所遇到的问题做出认识论的分析。为了阐述的方便，我们在这一节中只讨论科学实验，但其中的许多论述，对于科学观察也应当是同样适用的。

既然科学实验不但是一种感性活动，而且更重要的是一种理性活动，它本质上是理性方法的物化，所以，为了获得实验的成功，我们就必须如实地不但把科学实验活动当作感性活动来把握，更重要的还在于把科学实验当作理性活动来把握。

实验的成功，应当包括如下要素：①保持观察的客观性，即它至少能被保持主体间的可检验性和多种经验（观察陈述）之间的可一致性、融贯性和可协调性，因而它应当能经得起进一步的检验，包括重复试验的检验（实验的可重复性）和一定程度上的链条式的检验。②能够为人类认识自然提供新的观察事实——它或者是发现当时科学所未知的新现象；或者是为验证某一理论或假说提供某种有价值的可观察的依据（关于检验证据的价值评价我们到第五章再作讨论）。

实验的全过程应包括如下基本步骤：①明确实验的目的；②进行实验的设计；③实验的实施；④实验结果的分析和处理；⑤对实验结果做出理论解释。

实验的成功与否主要取决于理性思维和准备工作的细致程度，而上述第一、第二两个步骤又常常是实验成败的真正关键。贝弗里奇在谈到这一点时是很正确的。他说："最有成就的实验家常常是这样的人：他们事先对课题加以周密思考，并将课题分成若干关键的问题，然后，精心设计为这些问题提供答案的实验。"他还特别引用津泽在谈到法国大细菌学家尼科尔时一段话："尼科尔属于那种在制定实验方案之前周密思考、精心构思，从而取得成功的人。他决不像第二流的人物，做那种心血来潮而常常思考不周的实验，自己急得如热锅蚂蚁。确实，在看到来自许多实验室大量平庸的论文时，我常常想到了蚂蚁。……相对来说，尼科尔做的实验很少，很简单。但是，他做的每一个实验都是长时间智力孕育的结果，要考虑到一切可能的因素，并要在最后的试验中加以检验。然后，他单刀直入，不做虚功。这就是巴斯德的方法，也是我们这个职业中所有伟大人物的方法。他们简单的、结论明确的实验，对于那些能够欣赏的人来说，是一种莫大的精神享受。"① 津泽的这段描述和评论非常深刻。实验前的这种精心设计、周密思考之所以重要，原因就在于实验这种方法的伟大力量，其根源本来就在于它能够把理性方法通过物质手段在感性的具体中达到再现。而实验前的苦心求索、精心设计的核心问题，实质上也就是围绕着科研题目，构思理性方法以及如何使这种理性方法物化为感性的形态。从某种意义上说，实验方法就是强迫自然界回答问题。如何才能强迫自然界回答问题，这是颇费苦心的。如果在实验前考虑不周，缺乏精心设计，那就会做出既会蒙骗自己，又会让人做出错误结论的"错误的实验"来。举例来说，生活在 16～17 世纪之交的比利时化学家赫尔蒙特曾经做了一个著名的实验，从这个实验中他竟得出了水能变成土的惊人结论。他的实验是这样的：先把玻璃器皿洗净，倒入蒸馏水，然后经过长时间的煮沸，最后从中得出了泥状的沉淀物。这个实验结果能够被重复检验。如何解释这个实验结果呢？乍看起来，答案似乎只有一个：泥状沉淀物是水变来的。因为玻璃器皿事先经过严格的洗涤，而容器中的水也是纯净的蒸馏水。赫尔蒙特也正是这样地得出了结论：在这里，水变成了土。从而也就支持了他的一个基本假说：水是自然界的最基本的元素。为此，赫尔蒙特还进行过其他实验来支持他的假说和结论。这就是他的著名的柳树实验。赫尔蒙特的这个实验甚至是一个定量实验。他自己对这个实验描述如下："我取一个瓦盆，其中盛上已经在炉中干燥过的土 200 磅，用雨水浇湿，然后栽种上重五磅的柳树干；五年以后，终于长成树，重 169 磅三两余。但在五年时间里，我只用水或蒸馏水（需要时就用）浇这个瓦盆，瓦盆是很大的，固定在地上，为了使飞散的尘粒不致与土混合，我把瓦盆的边缘用有许多空洞的锡铁板盖起来。我没有去计算四个秋天落叶的重量（略去了它），最后，我又把瓦盆中的土加以干燥，发现原来的 200 磅土只少去了二两。所以，所增加的这 164 磅木头、树皮、树根（169 － 5 ＝ 164）只能是由水变来的。"十分明显，在当时，赫尔蒙特会认为他自己的实验乃是严格而合理的。但问题就在于：他的这个实验也仍然是典型地思考不周的；他过早地粗糙地假定，除了他所已经考虑到的因子以外，不再有其他因子会影响他的实验结果，因而他未能去发现光合作用等其他因

---

① 　贝弗里奇：《科学研究的艺术》，科学出版社 1979 年版，第 12 页。

素的作用而做出了过于粗糙的结论。正是针对着以往历史上这些考虑不周的实验，后来拉瓦锡曾经发出感叹："我感到必须把以前人们所做过的一切实验看作只是建议性质的；为了把我们关于空气化合或空气从物质中释放出来的知识同其他已取得的知识联系起来，从而形成一种理论，我曾经建议用新的保证措施来重复所有的实验。"在这里，拉瓦锡实际上就强调了如我们所指出的关于观察的客观性所必须遵循的使多种观察经验相互间达到一致、融贯和协调。为此，拉瓦锡自己就曾经在作了周密思考以后，以新的保证措施来重复了赫尔蒙特的实验，并否定了赫尔蒙特的结论。例如，对于赫尔蒙特的前一个实验，为了防止这些沉淀物是从外部进入的，拉瓦锡采用了使蒸馏水能够在一种密闭的系统中反复循环蒸馏的"培里肯"特种蒸馏器，并且事先用精密天平称量了蒸馏器和蒸馏水。经过持续 101 天的反反复复的蒸馏，沉淀物真的仍然出现了。这就表明泥状沉淀物不是从外部进入的。但拉瓦锡按事先的周密思考，并不马上得出赫尔蒙特的结论；他再次回过头来称量蒸馏器和蒸馏水的重量，结果发现两者的总重量没有变，唯有"培里肯"的重量减轻了一点，而所减轻的重量正好与所析出的沉淀物的重量相等（在实验的精确度的范围内）。于是拉瓦锡就得出结论：实验中的沉淀物绝不是水变成的，而是构成蒸馏器的物质被溶解的结果。后来，瑞典化学家舍勒对这种沉淀物做出进一步的化验，其结论与拉瓦锡的一致。这就生动地表明，实验前和实验中的周密思考是多么重要！实验就是运用理性方法并通过一定的物质手段来强迫自然界回答问题；并且观察的客观性决不仅只是要达到观察经验（或观察陈述）的可重复性，而且还必须达到使多种经验之间的一致、融贯和协调。

在科学研究中进行实验，首先要明确实验的目的。其中包括围绕科研的题目广泛地查阅资料，在所选定的课题上对问题进行分解，提出初步的假说，然后才能够明确需要进行什么样的实验。所以科学研究是不可能像我国于 1979 年由教育部所组织编写的官方教科书《自然辩证法讲义》（教育部规定的理工科研究生"自然辩证法"课程的官方教材，编写中，教育部聘请中科院院士何祚庥先生做顾问）中所说的那样，认为"科学研究是始于实验观察的"。实际上，在科学研究中，当能够设想和进行实验的时候，研究工作一定是已经相当地深入了。附带说一句，那本官方的《自然辩证法讲义》中所渗透的归纳主义观点，在我于 1983 年完稿的

《科学研究方法概论》（并于当年以油印本方式在中山大学作为理科研究生的教材使用）一书中做了全面的批判。我的那本书，由于与官方意识形态不一致，故历尽艰难，但终于于 1986 年由浙江人民出版社正式出版，并于当年暑假在由教育部委托中国人民大学主办的"全国自然辩证法师资培训班"上，作为补充教材与业内学者见面。由于我的那本"补充教材"与该培训班上作为"教材的"官方的《自然辩证法讲义》在一系列观点上全面对立，引起了学员们的争论和讨论，并且由于学员们大多出身于理科，因此大多数学员支持我那本书上的观点。如此才终于引来了教育部于 1987 年组织班子对该《自然辩证法讲义》重新做了改写，部分地纠正了原有的归纳正义观念，但也只是部分而已。这段插曲充分说明了，与"实践是检验真理的唯一标准"相联系的归纳主义观念，在我国曾经是多么牢固地由于与官方意识形态相合拍，占据了我国学界的统治地位。

实验设计，即实验的构思，就是要设计一种理性方法并设想一套相应的方案，以使这种理性方法物化出来，以便强迫自然界来回答我们所提出的问题。

实验总是围绕着一定的问题有目的地进行的。实验的设计就是把预先明确的目的，即所需要回答的问题，转化成为能够以具体的感性的实验观察过程来回答的方案。这是一个复杂的过程，其中包括实验方法和技术路线的确定，仪器设备、材料、样品、试剂的设计或选用等等。当人们进行实验的设计或构思的时候，实际上已经事先在思想上进行了"实验"。这当然是一个需要运思苦心和周密思考的过程，并且总是深深地依赖于理论和理论上的探索的。例如，在水动力学中，为了要了解波浪对船舶的作用，往往要设计某种方案在实验船池中进行模拟试验，这就必须事先要能够人为地在实验船池中设法产生适当的波浪。而为了要模拟船舶在航行中的真实情况，为此就必须事先弄清楚一般船舶航行中的波浪是以什么形式出现的：它是规则的正弦波，还是不规则的波？是线性波还是非线性波？它们出现的统计规律怎样？只有了解了这些，才能知道在船池中应当产生什么样的波浪。其次，实验还必须简化，使它的结果具有明晰性。由于影响船舶运动的因素是很多的，我们必须事先对这许多因素进行分析，考虑如何选取那些最重要的、影响最大的若干因素，使之转化为无量纲的参数，成为实验设计的依据，并在实验中进行控制，以使我们能够在实验中得到所需要的有用资料。实验的设计中还包括设计或选用所需要的仪器设备，例如为了人工制造波浪就需要造波机，而这就涉及许多理论问题。例如仅仅为了弄清楚造波机的位相、周期、振幅等等与所产生的波浪的相位、周期、振幅的关系如何，就涉及流体力学的许多理论问题。在实验设计中，关于仪器如何配置、安装，也涉及许多理论问题，如测量波高的浪高仪的配置与安装，就涉及流体的温度、黏度、盐度对测棒所反映的测量值的影响等等理论问题。仪器的选用和配置，只有按照一定的理论才能确定。例如在了解湍流流动结构的实验中，常用到热丝测速仪和示踪粒子显示法等等，只有根据理论才能确定热丝的直径大小和它放置的位置，否则，它本身引起的扰动强度就可能超出流场自身原有的扰动强度，这样，所测到的结果就会完全失去意义。所以，实验设计本身包含着大量的理论，一个复杂实验的设计甚至往往包含着许多理论问题的探索。这是一个十分复杂的问题。科学中许多实验的失败，大部分都是由于没有明确实验的目的或实验设计不当，缺乏严密的构思造成的。

由于实验本身是理性方法的物化，实验的设计已经蕴含了大量的理论。而理论是易谬的，所以实验也是易谬的。当然，实验的谬误不但是由于实验的设计造成的，而且也会是由于实验的其他环节，例如实验的操作、实施等等造成的。所以，实验中也可以说处处有陷阱，而且这些陷阱所造成的错误常常是人们一时不能觉悟的，例如，它的设计和操作中所依据的理论的错误、设计和操作中某种疏忽和差错，往往都不是人们当时所能觉悟和觉察的。所以实验的易谬性，是每一个科技工作者都必须明确和引起警惕的。正是在这个意义上，贝弗里奇在他的书中引了一句非常风趣的话："除了它的创始人，谁也不相信假说；除了其实验者，人人都相信实验。对于以实验为依据的东西，多数人都乐于信赖，唯有实验者知道那许多在实验中可能出错的'小事'。"所以，真正有造诣的科学家都以严格谨慎的态度对待实验，决不盲目相信实验。美国的著名化学家班克罗夫特指出：所有科学家由切身经历都知道，使实验得出正确的结果是多么困难，即使在知道该怎么做的时候也是如此。他强调，对于旨在得到资料的实验，不应过分信任。

明确实验的目的、进行实验的设计，几乎完全是一种理性活动的过程。至于实验的实施和操作，虽然主要表现为感性的活动，但其目的却是在于把蕴含于实验目的和设计中的理性方法通过物质的手段再现于感性的具体之中，以便对现象做出新的观察。在这里，理性活动也始终占据主导地位。观察必须伴随以紧张的思维活动，而对每个操作的后果也要有明确的判断，要善于发现问题，进而为下一步的实验提供指导线索，然后才能取得真正有用的资料。所以爱因斯坦在评论杰出的实验物理学家迈克尔逊如何善于进行实验和观察的时候说："……在这双眼睛后面的是他的伟大的头脑。"达尔文也说过："要做优秀的观察者，必须是优秀的理论家。"关于实验的操作如何受理论的制约，我们在上一节中已经谈到，这里不再赘述。

实验的实施并不是实验的真正目的。实验的真正目的是在于通过感性的具体为进一步的理论思维提供条件，以便更正确地"反映"客观对象并把握对象的"本质"（关于为什么在"反映"和"本质"这些词上打上引号，请见我们前面的说明和本丛书第五分册中的更详细的分析）。为此，就必须对实验的结果进行分析处理，并在此基础上对实验结果作出理论解释。

对于什么是"实验结果"？人们通常会在不同的含义上使用这个词儿。其一是指实验作为一个物质过程的产物，它是物质的、第一性的。其二是指实验中观察到的各种原始资料，包括各种观测数据。它就是我们所说的"经验事实"。其三是指通过实验观察得到的初步结论，如通过实验求得的某条曲线，它实际上是从"经验事实"分析得到的某种推论。我们在这里所说的"实验结果"是从第二种意义上使用这一概念的。

对实验结果（由观察所得到的"经验事实"）进行分析处理，实质上就是运用分析综合等理性方法，对实验结果进行纯化，也就是所谓"去粗取精，去伪存真"的加工制作的过程。之所以需要这样做，是由于不管我们的仪器有多么精密，实验的设计有多么巧妙，操作有多么严格，观察有多么细致，但由于各种各样的原因，总不可避免地会存在某种观察或测量上的误差，也就是我们所得到的"经验事实"总会与所谓"客观"事实有某种出入。为此，就必须对实验中出现的系统误差和偶然性误差按不同的方法做适当的处理，用理性方法来校正这种误差。而这种用理性方法校正（修正）的结果，实际上已经不再是我们从实验中所得到的直接的"经验事实"，而是运用种种理性方法由"经验事实"所得到的一种推论。然而，这种推论并不是使我们远离客观实际，而是有可能更加接近于客观实际。例如，我们从材料试验中求得了某种反映应力、应变之间的函数关系的材料极限强度曲线。（见图 4－3）

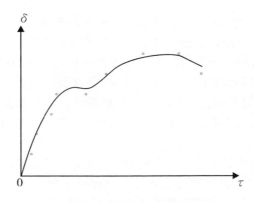

图 4 - 3　材料的极限强度曲线

　　十分明显，这条曲线已经是对实验数据进行了分析和处理，并且进行了由内插而外推的结果。因为实验中所测得的，实际上是许许多多的点，这些点并不都在那一条线上。如果不做这种"去粗取精，去伪存真"的处理，完全"忠实"地把那些实测点联结起来，那么，第一，这些无规则的曲曲折折的线什么规律也不能反映出来；第二，即使凭这些点联结成线，仍然是无根据的，因为测得的是点，而联结起来的是线，它同样已经把实验的结果推广了；第三，如此联结起来的无规则的线，作为实验的结果必然是不可重复的，而实验的可重复性在某种程度上却正是衡量实验结果的正确性（或客观性）的一种标志；第四，由于在每一个测点上都可能存在误差，所以它们反而不能正确地反映客观实际。用理性方法来"修正"实验结果，即修正我们从实验中所获得的"经验事实"，对它进行"去粗取精，去伪存真"的加工制作，并不是使我们远离"客观实际"，而是有可能更加接近对对象的"正确反映"。所以这样按照一定的理论用理性方法对观察结果进行修正，并不是违反了实事求是的科学精神，而恰恰是坚持了这种科学的精神。

　　但是，值得注意的是，为了正确地"反映"对象，从一个方面说，我们对实验中的测量结果，是不能完全"忠实"的，必须用理性方法对它做出"修正"。这只是说的必须处理实验中的观测或测量误差。但从另一方面说，我们又必须绝对地忠实于实验的结果。我们决不能因为实验的结果与理论有矛盾而武断地修改实验结果，以便使实验结果符合于某种现成理论的解释。如果那样做，不但违背了实事求是的科学精神和科学态度，而且是一种严重的科学作伪行为，理应得到科学界和社会的严厉的道德谴责甚至受到法律的制裁。因为我们虽然不能笼统地说："实验和观察结果是第一性的，而理论是第二性的，因而只能要求理论符合于实验观察结果。"但是，我们从实验观察中所获得的观察结果，作为"经验事实"毕竟是外部世界作用于我们的主体（往往通过仪器）的较直接的"反映"（准确地说是"响应"），而理论是必须以"经验事实"为基础的，这是由科学目标本身所决定了的。所以，在保证观测的客观性的前提下，如果发现实验结果与某种理论有矛盾，它往往是表明这种理论有毛病，或者是解释这个实验结果时所蕴含着的其他假设不正确，或者是对实验观察中所预设的条件考虑不周。所以对于实验中出现的与理论相矛盾的现象，一定要予以充分的重视。它往往表明其中存在着某种未知的新现象；我们应当探明这种新现象，并依据所发现的新现象去检验并发展或修正现有理论。对实验结果必须采取这种严肃的实事求是的态度。我们且不去说那些理应得到严厉谴责的恶意作伪事例，那些主要是属于科学伦理学所要解决的范围。我们且举那些仅仅由于认识观念上的问题所造成的事例来说吧。例如，在1815 年，英国医生普劳特曾经提出假说：自然界所有元素的原子都是由不同数目的氢原子构成的。根据普劳特的这个假说，那么自然界各种元素的原子量就都应当是氢原子量的整数倍。当时，著名的格拉斯哥大学的化学教授托马斯·汤姆逊非常欣赏普劳特的假说，以至于他把自己测定的各种元素的原子量全部都修改为氢原子量的整数倍予以公布，企图以此来证明普劳特假说。但实际上，这种修改是完全没有根据的。正如贝齐力乌斯后来进一步用实验测定的那样，各种元素的原子量并不精确地等于氢原子量的整数倍而是普遍地发生某种或大或小的偏离或差异。例如，当时所测得的氯（Cl）的原子量是 35.5 等等。这种差异导致了后来关于原子结构理论的发展，特别是同位素理论的建立。像托马斯·汤姆逊那样以理论为准绳，不是忠实于实验结果，相反地用主观主义的方法修改实验结果去适应现有理论，显然是十分错误的，它违背了科学的基本精神。这种削足适履、本末倒置的做法，会使实验所具有的革命性完全丧失而蜕化为纯粹的保守的因素。这种态度，是每一个郑重的科学工作者所不取的。

当然，这里存在一个矛盾，为了正确地反映客观实际（实验和观察所处理的对象），一方面，必须对实验的结果作必要的分析处理，不能死板地作"照录不误"式的"如实反映"（当然，关于实验数据的原始记录是必须"照录不误"的）。另一方面，又一定要遵循实事求是的科学原则，忠实于实验结果。这里的关键就是"去粗取精，去伪存真"的功夫，即准确地估计实验的误差范围。这是科学实验工作中的一个基本要求。这个问题不解决，对实验结果就不能做出正确的处理，从而，也就不能正确地反映客观实际。例如，科学史上关于海王星的发现过程就是这样：1781年，威廉·赫歇尔发现了天王星。但是，通过对天王星轨道的进一步观察和理论计算，就发现实际观察到的天王星绕太阳运行的轨道，与按照万有引力定律计算所得的理论值之间存在有一定的偏差。为了解释为什么会有这种偏差，考虑了各种可能的影响因子。但是甚至在考虑到了当时太阳系中一切已知天体对它的轨道的影响（摄动）之后，还是发现这个剩余的偏差仍然超过了观察上可能发生的误差范围。这样，这个偏差就成了应当重视的现象。为了解释产生这种偏差的原因，提出了两种可能的假说：一曰，万有引力定律有问题，应予修正；二曰，万有引力定律是正确的，因此这里一定存在有某种未知的影响天王星运行轨道的因素。到了1845年，法国天文学家勒味烈根据后一种假说，进行了推算。根据计算结果，他认为在天王星外侧一定还存在有一颗太阳系中的未知的行星，并预言了它的质量和轨道。果然，到了第二年，即1846年，德国天文学家伽勒就根据勒味烈的预言，发现了海王星。在这里，勒味烈之所以能够预言海王星的存在，并推算它的质量大小和运行轨道，其最重要的基础之一就是要能够精确地估计出观察误差的范围。如果不是这样，就可能把当时观测所得到的天王星轨道与理论计算之间的偏差，简单地当作观测中不可避免的误差来解释。这样，也就不会有勒味烈的高明的预言了。

对实验结果（观察资料）进行分析处理，这是实验工作中非常重要的一步。只有通过这种"去粗取精，去伪存真"的加工制作，我们才有可能更加正确地反映客观对象，而且还有可能对对象获得一种明确的、规律性的（现象论规律的）认识或某种新的发现。然而这种"加工制作"的功夫，也埋伏着一种相反的倾向。一方面，当我们进行这种分析处理时，实际上不仅是作了"去粗取精，去伪存真"的功夫，而且当我们得到一条曲线时，同时还"由此及彼"地把实验的结果由内插而外推了。而这种外推，总是有可能使我们的认识发生错误的。另一方面，当我们以某种方式消除系统误差时，如果我们对某种误差或隐因子没有估计到或估计不准，就有可能造成相反的结果，得出错误的结论。而这种错误是随时可能出现的，因为几乎没有多少可靠的手段可以使人避免这种错误。

但是对实验中的观察资料进行分析处理以后所得到的结果，是整个实验工作中真正最重要的结果。人们通常正是把它称作"实验的结果"，这是不无道理的。因为正是它才体现了整个实验的目的；求得了它，就已经可以看作这个实验工作的终结。因而，在某种意义上，它就成了实验工作的最终的结果。而且，尽管它虽然已经不再是人们从实验中获得的直接的"经验事实"，而是运用了理性方法和一大堆的理论（包括仪器和误差处理的理论）从"经验事实"中所得出的推论，但正是它，在科学中普遍地被当作主要"事实"来接受，并直接地成为各种理论概括的基础，或成为检验科学理论的依据（然而，真正地说来，理论概括的基础和检验的标准，毕竟还是"经验事实"）。

至于对"实验结果"做出理论解释，这里所说的"结果"，已经是指对观察资料进行了分析处理以后的"结果"，即上面所说的实验的最后结果。由于这种"结果"产生过程的复杂性，特别是由于它既不能等同于所谓的作为"第一性"的那种"客观事实"，也不能等同于"经验事实"，以及认识过程中其他复杂的因素的存在，所以当我们对这种实验结果做出理论解释时，就会存在种种复杂的情况。但是，对于实验结果做出理论解释的问题，这实际上已经是关于"提出假说和验证假说"的问题了。关于这些问题，我们在本书第二章和第五章予以讨论。

在这一节里，关于实验结果的分析和解释，作为一种补充，我们有必要讨论一下如何看待"实验中出了毛病"或"实验的失败"这个问题，特别是要谈谈如何看待"实验的不可重复性"这种失败。

在从事实验研究的时候，经常会出现实验的结果不稳定，某种结果时而出现，时而不出现，也就是陷进了"实验结果不可重复"这种难堪的局面。如何看待实验中出现的这种情况呢？通常认为，一个实验不可重复，即在满足了所给出的条件以后，它的结果不稳定，时而阴性，时而阳性，就被认为这种结果没有意义，从而也就认为这种实验是一种失败的实验，有人认为这种结果是不屑一顾的，甚至连许多科学家也这样看。例如，科学中常用实验来检验理论。设有某种理论 T，根据这种理论 T 认为，当我们给出一组条件 C 时，应有某种现象 P 出现。现在，假定有一个科学工作者企图用实验来检验这个理论。通常，如果我们给出了这一组条件 C，果然在实验中出现了这理论 T 所预言的现象 P，那么这理论 T 就得到了实验的支持或确证。如果我们在给出了这一组条件 C 以后得到阴性的结果非 P，即预期的现象 P 并不出现，那么就证伪了这个理论 T。在这两种情况下，实验都得到了肯定的、有意义的结果。但是，假定有一个实验工作者，当他给出了这一组条件 C 以后，在所做的各次实验中，现象 P 时而出现，时而不出现，即时而得到阳性的结果，时而得到阴性的结果。那么从他的这些实验中能得出什么结论呢？他的这些实验到底是确证了这个理论还是否证了这个理论呢？又例如，假定有一位科学家甲宣布了一项新的发现，认为某一组因子 M 是产生现象 a 的原因，因为他在满足了这一组因子 M 的条件下，生成了（或观察到了）这一结果 a。另一位科学家乙为了验证科学家甲所报道的新发现，他也给出了这同一组因子 M，但在他的实验中（或观察中），只有偶然的一次或两次得到了结果 a，其他场合下却始终得不到所预期的这结果 a，为此，这位科学家乙非常沮丧。因为他既不能肯定，也不能否定科学家甲的发现，而且认为自己的实验不成功。怎样看待这种失败呢？

当然，这种时候，首先应当检查核实所设立的这一组条件 C 或这一组因子 M 是否在实验中切实得到了满足。因为实验中经常发生技术上的错误，例如实验装置出了毛病、试验样品、试剂不合规格或者已经失效等等。如果经过检查核实，技术上没有毛病，所给出的条件 C 或因子 M 在实验中确实已经得到了满足，那么你千万不要为此沮丧，因为伟大的发现正在等待着你呢！我们在《科学研究方法概论》（浙江人民出版社 1986 年出版）一书的"因果关系的模型化理论"一章中曾经提出一个公式 Ce →a，其中 Ce 为"全因子"，a 为某一现象，"全因子"即为产生某一现象 a 的全体真因子（真因子乃是产生现象 a 的必要条件，即原因）的合取。在实验中，常常除了受控的一组条件 M（或 C）以外，还有另一些数量巨大的条件未受控制，其集合以 Z 表示。由于集合 Z 是未受控制的，因此 Z 中的元素是变动不居的，其中有的元素时而出现，时而不出现。实验中，通常都要引进"其余条件均不变"的假定。即假定：除了受控制的这一组条件 M（或 C）以外，其余条件均不变，或其余的这些条件的变化均不影响现象 a 的发生（即 Z 中的因子都不是现象 a 的真因子）。所以如果 M＝Ce，则当我们在实验中，满足了所给出的这一组条件 M 时，现象 a 必然发生。但若 M≠Ce，且 Ce⊄M∪Z，则由于这时 Ce 未被满足，所以现象 a 就不出现。但由于 Z 是未被控制的，所以若 Z 出现某种变动使满足 Ce⊆M∪Z 时，现象 a 就出现了。这就表明，在未加控制的 Z 中有某个或某些因子是现象 a 的真因子，我们应当努力去发现对产生现象 a 起作用的未知的真因子 A∈Ce，从而在科学中做出重大的发现。因此，在检验理论的场合下，我们就可以有十足的理由指出，原有的理论 T 是大有毛病的。因为它预言只要满足一组条件 M 就可以产生现象 a，实际上 M≠Ce，还必须加上新发现的真因子 A（可能是若干新发现的真因子的集合）才能产生现象 a，即 M∪A＝Ce。于是，你就可以建立更好的理论了。所以，当出现实验不可重复的局面时，只要不是技术上的错误，那就意味着新的发现已经走近了你的身边。你不应当沮丧，而应当高兴。把精神振作起来去抓住这个发现的机会。许多有造诣的科学家都有这方面的经验和体会，虽然他们不一定能从因果逻辑上来说清楚这里面的道理。贝弗里奇曾经谈道："在已知因素未变的情况下，如果实验的结果不同，往往说明是由于某个或某些未被认识的因素影响着实验的结果。我们应该欢迎这种情况，因为寻找未知因素可能导致有趣的发现。"所以他说："正像我的一位同事最近对我说：'正是实验出毛病的时候，我们得出了成果'。然而我们首先应该知道是不是出了错误，因为最常犯的是技术上的错误。"[①]如果能够判明并非由于技术上的原因而导致实验结果不稳定，那么就能判定其中必有未知的真因子。所以，英国著名的化学家戴维曾深有体会地说："我的那些最重要的发现，是受到失败的启示而做出的。"

第六节　事实的发现与理论的发明

库恩曾经指出，在任何一种科学规范（papadigm）中都会包含有某些范例（exemplars）。范例就是运用规范以解决某些具体问题的范本。它在科学规范的定向作用中提供了作类比用的样板，通过类比而举一反三、触类旁通地发挥出解决其他类似问题的潜力。其实，科学哲学也会有类似的情况。结合本章的内容，我们在本节中将尝试性地做出用"问题学"理论来解决科学哲学问题的某种范例，即用问题学理论来解释科学中事实的发现与理论的发明的关系，以便使读者对本章所涉及的核心内容有更深切的理解。同时，我们也希望，通过本节的讨论，能让读者更清楚地理解笔

---

①　贝弗里奇：《科学研究的艺术》，科学出版社 1979 年版，第 17 页。

者在另一专著中所提出和讨论的问题学理论的重要性，并能对问题学的理论感兴趣，以期有更多的学者，特别是青年学者来投入这一有价值的方向的开拓性的深入研究，把这个方向的理论研究进一步深化。关于笔者所提出的"问题学"理论，曾受到国家社会科学学术基金的支持（1992—1994）。作为该项研究的专门性的学术专著，请见拙著《问题与科学研究——问题学之探究》。该书列入由李醒民、张志林主编之《中国科学哲学论丛》，由中山大学出版社 2006 年出版，并于 2007 年获中南地区大学出版社学术类著作一等奖，继而于 2009 年获全国大学出版社首届学术类著作一等奖。为了简便，读者抑或可参见本丛书第三分册（它是该专著的简约本）。

一、库恩论科学中事实的发现与理论发明的关系

库恩在其名著《科学革命的结构》一书中，在讨论常规科学如何由于出现"反常"而导致"危机"的过程中，令人印象深刻地讨论了科学的发现与理论的发明的关系问题。他所说的"科学的发现"，是指的科学中"事实的发现"。库恩在《科学革命的结构》一书中，十分重视这一问题的讨论的价值，认为这一问题的讨论，对理解和把握《科学革命的结构》一书的主要论点将提供重要的线索。事实上，这一问题的讨论，不但对理解《科学革命的结构》一书是重要的契机，而且对往后的科学哲学的发展也发生了重大的影响。

库恩认为，科学中（事实的）发现过程"具有一种按一定规则周期出现的结构"[①]：①发现开始于感到反常；②进一步探索反常的区域并扩大反常研究的范围；③调整规范（和理论）直到消化那些反常为止，即"直到把规范理论调整到反常的东西成了预期的东西为止"[②]。

通过对这些过程的分析，库恩特别强调了他的如下观点：科学中"事实的发现"和"理论的发明"是密不可分的，两者的区别是"人为的"；"事实的发现"要以"理论的发明"为前提或必要条件。这是因为以下三点：

（1）"感到反常"，这已经是与规范相联系的一种结果，因为所谓

---

① 库恩：《科学革命的结构》，上海科学技术出版社 1980 年版，第 43 页。
② 库恩：《科学革命的结构》，上海科学技术出版社 1980 年版，第 43 页。

"反常"，只不过是感到某些自然现象不知怎么而违反了规范的预期。

（2）进一步探索反常区域，并扩大探索反常的范围。这一过程就明显地受到规范的指导和制约。因为一方面，规范做出预期以指导实验，探测反常；另一方面，规范、理论制约着可能提出的问题，引导并确定实验的目的，实验的设计思想、技术路线和技术方案的选择，直至仪器种类的选择、配置和使用，乃至于仪器的操作规程等等。所有这些，都无不受到规范的引导和制约。规范使得科学中的探索活动成了高度有目的的行为，它既指引了方向，也约束了探索的范围。原则上，规范制约着在科学活动中作什么样的尝试，不作什么样的尝试，并为它们确立合理性的标准。因此，规范在引导作出发现的同时，也势必会限制甚至反抗着做出另一些发现。这方面，正如库恩所指出：在任何既定时刻，规范都不可避免地要限制科学探索所容许的范围。

（3）所谓做出发现，就是要调整规范以消化反常，也就是使看来是反常的新事实重新纳入理论的涵盖之下，或曰，通过调整规范，使原有的反常的东西重新成为规范所能解释或预期的东西。从这个意义上，事实的发现与理论的发明就更无明确的界线了。

在《科学革命的结构》一书中，库恩曾借用三个重要的历史案例来帮助分析和说明他的观点，这些案例如下：

一是氧的发现。它最初是起因于旧规范中的某种发展所引起的反常。其关键是：①气体化学的发展。②化学家们开始接受牛顿规范，从而使化学变化前后的重量必须保持不变，成了化学家们思考问题的准则，于是就提出了严重的反常和问题。最后通过"氧化燃烧说"理论的发明，才真正发现了"氧"。他通过"氧"的发现这一历史案例的分析而表明，它是如何地同抛弃燃素说的旧规范和建立氧化说的新规范紧密结合在一起的，从而来支持他的论点：科学中"新事实的发现"与"新理论的发明"确实是紧密纠缠在一起的。

二是 X 射线的发现。它始发于感到实验中的某些现象对于阴极射线理论的反常。但当初它大体上仍然是属于常规科学所允许的标准课题，但最终却扩大了常规科学的版图，甚至不得不改变了原有的规范，进一步打开了一个奇妙的新世界，有力地导致了 20 世纪初物理学的危机。

三是莱顿瓶的发现。当发现莱顿瓶的时候，当时电学中还没有任何一种普遍接受的规范。但电流体学说却预期了它的可能性，为了消化它以及其他有关的实验，终于导致了电学历史上出现的第一个规范（富兰克林的电理论）。

此外，库恩还借助布伦纳和泡斯特曼所设计的著名的一副反常的扑克牌的心理学实验，来支持他关于科学发现与理论发明的关系的重要见解。

库恩在分析了科学史上的那三个典型案例后，试图概括出科学上新发现的共有特征。他说："上述三个事例所共有的特征，也是新类型现象所由以涌现的一切新发现的特征。这些特征有：事先觉察到反常，逐步而又同时涌现的观测上和概念上的认识，以及经常受到抵抗的规范范畴和规范程序的必然变化。"①

正是由于科学中事实的发现与理论的发明是紧密纠缠在一起的，所以库恩强调：发现必然是一个过程。因此不可能清楚地指出科学中的某项发现究竟是谁做出的，也不可能清楚地指出某项科学发现究竟是在哪一个确切的时间里做出的。他认为，以往的科学史家专注于考证这些问题，集中注意于这些问题的研究上，这是根本上提错了问题，或者说，所研究的这些问题本身就错了。

库恩关于科学中事实的发现与理论的发明的见解是重要而富有启发性的：①它尖锐地提出了观察与理论的关系、事实的发现与理论的发明的关系问题，在这些问题上冲击了旧观念；②从新的视角上引出了传统科学哲学中所谓"发现的前后关系与辩护的前后关系"的区别问题，严重地冲击了以往认为可以明确地区分这两种前后关系的传统观念。

在库恩看来，既然一项发现就是被理论所消化，被规范所吸收，所以，事实的发现与理论的发明是紧密地相互关联的；实际上，新事实的发现要以新理论的发明为前提。既然如此，发现的过程显然也必须包括检验和辩护（justification）的过程在内。库恩否定对发现的过程与辩护的过程作清楚区分的可能性。

但是，库恩关于科学中事实的发现与理论的发明的见解虽然是重要而富有启发性的，然而同时又是有很大局限性的。总的说来，他的全部论证缺乏分析的力量，包括他的详细的案例分析在内，原则上都仅仅是从科学历史学和科学社会学的角度上研究问题；而仅仅以历史案例作为支持，又很难说明他的结论的普遍性和合理性。

---

① 库恩：《科学革命的结构》，上海科学技术出版社 1980 年版，第 52 页。

二、问题学理论为事实的发现与理论的发明的关系提供深层次的全面的理论说明

笔者以为，我们可以从笔者所提出的"问题学"理论的角度上，对库恩的有关见解提供出某种进一步的说明、补充、修正和辩护。作这样的处理，也许可以把库恩的那些见解论述得更为简洁明了而且更为合理，还可以由此做出新的结论。

笔者在本丛书第三分册中曾经说到，科学中的所有问题从形式上说都可以归结为两种基本类型。

一般疑问句的普遍形式可以归结为"是否 S？"。它可以简要地记作"E（S）？"。其中，S 为一陈述句。推而广之，也可以问"是否 T？"，可记作"E（T）？"，其中 T 表示理论，为一演绎陈述的等级系统。对于一般疑问句所表述的问题之求解，就是要对陈述句 S 做出"是"或"否"的回答，即对 S 的真值做出判定。通常我们所见到的反意问句或选择问句，都只不过是一般疑问句的特殊形式。反意问句："是 S，不是吗？"其实不过是"是否 S？"的强调形式。至于在某些上下文中，人们借助于反意问句强调对陈述句 S 的肯定，则这种反意问句虽然具有问句的形式，却并不表述问题。至于选择问句："是 S_1，还是 S_2？"，也可看作"是否 S？"的并列句（析取），只不过在这里还包含有某种明确限定的"应答域"预设罢了。

特殊疑问句具有多种多样的形式。在自然科学中通常主要涉及如下三种特殊疑问句：①"……是什么？"（What 型）；②"……为什么？"（Why 型）；③"……是怎样的？"（How 型）。

当然，还可能涉及其他问句类型，例如问"何处？（Where）"、"何时？（When）"等等。

各类特殊疑问句的求解的特点在于："……是什么？"——这类问题要求对研究对象进行识别或判定，其答案是关于事实的陈述。其求解的特点是在于：设有某一研究对象或对象类 X（X 可以看作一个集合），求解"X 是什么？"的问题，实际上是要求找到另一个集合 Y，使满足 $X \subseteq Y$。对于"……是什么？"类问题，我们可以简要地记作"（X）？"。这里的 X 是变项，代表问题所指向的研究对象，即问题的指向，在语法上它是句子的主语。符号"？"代表这类问句中特定的疑项，即疑问词"什么"

（What）与问号"？"的联合，它与系动词"是"的符号（ ）一起共同构成了句中的谓语。在这种形式中，如果我们把一个特定的研究对象（或对象类），如"电子"、"遗传基因"代入这种问句形式"（X）？"中的变项 X，那么它就变成了一个具体地要求回答的问题。但是，如果 X 尚未被特定的研究对象代入，即 X 尚无确定的含义，则"（X）？"只是一种问句的形式，并不构成真正的问题。

"……，为什么？"——这类问题是要求回答现象（或现象类）的原因。求解这类问题的特点是：或者通过发现现象背后的起作用的规律，或者通过发现或判明对于产生现象起作用的未知的条件，或者通过对现有科学背景知识中的已知规律和资料的相关性的理解，使答案满足某种演绎性的结构。一般说来，只有前两种解答才具有科学中的创新性意义，而最后一种则只是解答了某种"知识性疑难"，就像学生在解答习题时所从事的工作那样。

"……是怎样的？"——这类问题是要求描述所研究的对象和对象系统的状态及其过程，是一种描述性的问题。其答案应是一个事实陈述的有序集。但这类描述性答案不包含演绎推理，描述并不回答"为什么"的问题。

正如我们所曾经指出：所有不同类型的特殊疑问句所表述的问题都可以等价地还原或归约为"What 型"的问题，即还原或归约为"……是什么？"的问题。"为什么"类型的问题，实际上可以还原为"对象的原因是什么"的问题。"……是怎样的？"问题，同样可以通过变换和分解而还原为"What 型"的问题，因为凡是"……是怎样的？"这种类型的问题，它所要回答的是对象或对象系统的状态及其变化，而这种状态及其变化总是可以分解为它的组成、性质和关系是什么这样的问题的，并且实际上也只能通过对它的组成、性质和关系（包括其中所遵循的规律）是什么的回答，才能通过一个关于事实陈述的有序集对系统的状态及其变化作出描述，从而回答或求解"系统的状态是怎样的？"这类问题。其他特殊疑问句（如 Where 、When 型问句）所表述的问题也都可以同样等价地还原为 What 型问题。正如我们在讨论"问题的结构"时所更一般地指出的："同一个科学问题尽管可能有种种不同的表述方式，甚至从表面上看来它们的问题的类型也各不相同，然而，在这些问题的不同提法中，如果它们所包含的'问题的指向'、'应答域'以及解题规则相同，那么，这些问题的种种不同的表述方式，实际上将是相互等价的。"

所以，科学中的所有问题从形式上可以归结为两种基本的类型："E
(S)?"型和"(X)?"型（就它们的最简化的形式而言，这里暂时忽略了
应答域和解题规则这两个要素），所有用特殊疑问句所表述的问题都可以
等价地还原为"(X)?"型的问题。其中，就直接的关系而言，发现的前
后关系所面对的问题类型是"(X)?"，而检验或辩护过程所面对的问题
类型则是"E(S)?"［或"E(T)?"］。

下面我们就试图从问题学（Problemology）理论的角度上来讨论科学
中事实的发现与理论的发明的关系以及相关的其他问题。

在任何具体的发现过程中，通常总是事先遇到了某种奇特的（未理
解的）现象 A，然后我们追问："A 是什么?"、"A 是由什么原因引起
的?"、"A 的结构或状态（及其变化）是怎样的?"等等。它们可以分别
表示为"(A)?"、"(Ac)?"和"(a_1，a_2，a_3，…，a_n)?"等等。其中
Ac 表示 A 的原因，a_1，a_2，a_3，…，a_n 分别表示 A 的结构要素、性质、关
系等等。关于"(Ac)?"和（a_1，a_2，a_3，…，a_n)?"的回答本身与理论
的发明密切纠缠，并且要以理论的发明为前提，比较明显，可暂时按下不
谈。我们可着重于讨论"(A)?"这个看来较简单的识别和判定性问题，因
为这个问题解决了，其他问题只要再作适当的补充说明，就易于理解了。

当我们在实验观察中观察到 A，但观察到 A 并不等于做出了发现，而
是必须要回答"(A)?"后才能算是有了发现。正如已经指出的，求解
"(A)?"就是要求给出一个集合 B，使满足 A⊆B。而 B 既然是一个集合，
因而就要求研究者能够描述这个集合 B，例如断言 B 是这样的一个类：
B = {P/b}，即 B 的每一个元素 b 都具有某种（某些）性质 P。然而，要
能做出 B = {P/b}，就是理论的发明。并且，这种理论的发明必须获得一
定的检验或辩护才能成立（才能获得科学共同体的接受或认可）。显然，
这就已经表明，科学中的事实的发现与理论的发明乃是密不可分的；事实
的发现是要以理论的发明为前提的，并且发现的前后关系是包含辩护的过
程在内的。

例如，18 世纪英国科学家普列斯特里从加热氧化汞而得到了一种气
体 A，但这并不等于他已做出了发现。他还必须判定（或回答）他所得
到的 A 是什么，即回答"(A)?"并使之满足形式 A⊆B = {P/b}。但普列
斯特里却做出结论说，他的瓶子里收集到的 A 是一种"脱燃素空气"。即

他的答案是 $A \subset B$ 而 B 是脱燃素空气。对于普列斯特里的这种答案，我们能说他已经发现了"氧"吗？即使他当时所制取出来并装入他的瓶子里的那个 A，现在看来是一种氧，即 $A \subset O_2$，但也不能由此认为普列斯特里已经发现了氧。更何况他当时制取出来并装入瓶子中的并不是纯氧，既然如此，那就会如库恩所说："如果一个人手里拿着不纯的氧，就算发现了氧，那么，任何一个曾经用瓶子装过空气的人都发现过氧。"①

这里有一个关键问题：科学家究竟发现了什么？是被他"观察"到而未加识别或判定的那个 A，还是用来说明那个 A 的类 B？正如已经指出，科学家观察到 A 并不构成发现，恰如克鲁克斯和古德斯比德虽然都遭遇到过（或"观察到"过）放在他们实验室里的照相底板莫名其妙地被感光，而并没有发现 X 射线那样，前者把这一现象归结为厂商所提供的照相底板质量不好而退还给了厂商，后者甚至把他所拍下的 X 光照片归结为阴极射线照片而弃置一旁。他们曾经发现了 X 射线吗？没有！事实上，当科学家观察到 A 后，必须回答"（A）?"或"（Ac）?"并做出满足 $A \subseteq B = \{P/b\}$［或（A）Rc（B），其中 Rc 表示因果关系。（A）Rc（B）表示 B 是 A 的原因］这种形式的某种答案，而这种答案还必须是新颖的（以往科学中所未知的），而且还要能获得某种合理性的辩护而最终能被科学共同体所接受或认可，这时，科学共同体才承认某位科学家做出了发现。这是一个复杂的过程，其中不但包含建构出（或发现出）一个类 B，而且为了合理地构建出这个类 B，常常还需要寻找或选择一组样本 A②，以便用 B 来说明这一组 A 满足 $A \subseteq B$［或（A）Rc（B）］，最后还要能对 $A \subseteq B$［或（A）Rc（B）］进行辩护和检验。更深入地说，在这一过程中，还必须追索一系列属于"What 型"、"Why 型"和"How 型"的一系列子问题，并对它们做出合理的回答。所以，科学家观察到某个反常现象 A 至多可看作发现的前提，只有通过 A 而提出疑问才算进入了研究过程；而所谓"科学发现"，它所指的绝不是那个未加判定或识别的 A，而是用来说明 A 或 Ac 的那个类 B。在科学的历史上，氧的发现、X 射线的发现、青霉素的发现，作为"发现"的，都是具有一定普遍意义的某个类，而不是科学家所观察到或制备出来的那个原始现象（或对象）A。尽管所发

---

① 库恩：《科学革命的结构》，上海科学技术出版社 1980 年版，第 45 页。
② 这就相当于库恩所说的"进一步探索反常区域并扩大反常的范围"。

现的那个类，仅有唯一的一个元素也是那样。

正因为从观察到 A 进而作出 $A \subseteq B = \{P/b\}$ 或其他形式的解答是一个包括理论的发明在内的复杂的过程，因而在科学的历史上，任何重大的科学发现常常不可能是由单独的一个人在某个确定时间完成的。例如"氧"的发现，显然，从舍勒到普列斯特里到拉瓦锡，他们中的每一个人都在这一发现过程中做出了重大的贡献。但是，要确定究竟是谁并且在什么时间发现了"氧"，这确实是不可能的。因为甚至到了拉瓦锡，这一过程也没有完结。拉瓦锡于 1775 年通过实验而制取到了某种气体 A（实为"氧"），但他当时却回答说：他所制取得到的这气体是"空气本身，只是更纯，更宜于呼吸"。只有当后来他大体上建立了氧化燃烧学说，在这个理论中，他比较清晰地指出了他自己以及前人（普列斯特里等）所制取到的一组气体样本 A 是"氧"，并且指明了"氧"的基本性质，这时，才可以大体上说已发现了"氧"。但是，严格地说来，要说"氧"作为一种化学元素而被发现，却实际上直到拉瓦锡也还远未完成。因为直到 1794 年拉瓦锡被雅各宾党人送上断头台之前，他还只是认为氧是一种原子"酸素"，而氧气则是这种酸素与热质的"化合物"。既然如此，我们能说作为一种化学元素的氧的发现已经完成了吗？

诚如前面所说，就直接的关系来说，发现的前后关系所面对的问题类型是"（X）?"，而检验或辩护的过程所面对的问题类型是"E（S）?"［或"E（T）?"］。但是，恰如前面所指出，科学中要完成一种"事实的发现"，实际上不但要发明某种一般性原理或理论（T），而且这种原理或理论 T 还要能纳入原有的规范或成为新的规范，而为了要做到这一点，在此之前当然要能使这种原理或理论 T 能通过一定程序的检验，即回答"E（T）?"并获得背景理论、经验证据以及方法论方面的一定的辩护和支持。所以，库恩强调事实的发现与理论的发明总是紧密相关的，发现的过程与辩护的过程不可能明确地区分开来。这种见解实在是十分有道理的。

但是，在我们看来，库恩的有关这方面的见解还是不够彻底的。因为库恩曾说："除了在单一的常规科学实践中，科学事实和科学理论不能截然分开。正因为这样，意外的发现就不单纯是输入了一些事实，由于这些崭新的事实和理论，科学家的世界既有了量的丰富，也有了质的变化。"[①]

---

① 库恩：《科学革命的结构》，上海科学技术出版社 1980 年版，第 6 页。

仔细地分析库恩的这段话，那就意味着：库恩认为，在单一的常规科学中，科学事实和科学理论并不是不能截然分开的，至少，在常规科学时期里，事实的发现是不一定要与理论的发明紧密相纠缠的；在常规科学时期里，事实的发现可以与理论的发明无关。这与库恩的下述思想也是一致的，他说："常规科学的目的不在于事实或理论的新颖，就是成功时也毫无新颖之处。"① 他一再讲到，新理论的发明总是只能出现在危机之后，强调"危机是新理论涌现的一种适当的前奏"②；"首先是由于危机，才有新的创造"③；"新理论都只能在常规解题活动已宣布失败以后才涌现"④；他在书中所列举的那些必须以"新理论的发明"为前提的所谓"新事实的发现"的实例，实际上也都只是那些最终导致了某种规范危机或变革（或创立）的实例。他强调：这类新事实的发现，开始于感到反常，而所谓"感到反常"，也就是"发觉自然界不知怎么违反了由规范引起并支配着常规科学的预期"⑤。所以，库恩所说的以及他所列举的那些"新事实"，预先已被赋予了某种革命性。但是，能够认为在常规科学时期里，"事实的发现"可以与"理论的发明"无关吗？

事实上，不可以这样认为。在科学发展的任何时期里（常规科学时期里也一样），事实的发现总是要和理论的发明密切相关；新事实的发现总是要以某种新理论的发明为前提。试问：假定有人观察到某个现象 A，并可轻易地断定 $A \subset B = \{P/b\}$，而 $B = \{P/b\}$ 是现有规范早已公认的理论知识或定律，那么，即使他观察到 A，并且合理地回答了 $A \subset B = \{P/b\}$，例如，假定在当今时代的某一天，某甲做了一个实验：他仔细地观察并测量了一个铅球从大约 78.5 米的高空掉落到地面，期间所经历的时间大约是 4 秒钟，他断言说："这是一个自由落体现象"，并且用伽利略落体定律合理地并且定量地解释了它的下落时间为什么正好经历了 4 秒钟，而且假定历史上从来没有人做过刚好从 78.5 米的高空掉落铅球的实验，因而从这个角度上它是"新"的。试问：科学界能承认某甲在实验中做出了新发现吗？不能！因为他并未发现科学中任何新类型的事实，他

① 库恩：《科学革命的结构》，上海科学技术出版社 1980 年版，第 43 页。
② 库恩：《科学革命的结构》，上海科学技术出版社 1980 年版，第 71 页。
③ 库恩：《科学革命的结构》，上海科学技术出版社 1980 年版，第 63 页。
④ 库恩：《科学革命的结构》，上海科学技术出版社 1980 年版，第 61 页。
⑤ 库恩：《科学革命的结构》，上海科学技术出版社 1980 年版，第 43 页。

至多是做了一个十分普通的自由落体实验并且用伽利略定律来解释了它，而没有任何新颖性。只有在某种非常特殊的领域中，当人们观察到 A，并断言 $A \subset B = \{P/b\}$，而 $B = \{P/b\}$ 仅仅是现有规范中早已被公认的理论，即它在理论上毫无新颖性，人们仍在另一种意义上称它为"发现"，例如在某地发现了金矿、钻石、蓝宝石等等。但是，如果这类"发现"并不包含新的成矿类型等等理论意义，那么它们充其量只是从社会或经济价值上有了"发现"，而并不构成真正意义上的"科学发现"。当然如果它们被揭示属于前所未知或知之不足的新的成矿类型等等，从而具有了理论价值，那么它就又当别论了。所以，从原则上说，科学中的所谓"发现"，与其说是因为某位研究者观察到了（有时是从机遇中观察到了）待判定的 A，毋宁说是这位研究者终于通过 A 而发现了一个新的类 $B = \{P/b\}$，即使在 B 这个类中迄今只观察到了 A 这一个仅有的实例或元素也罢。例如，科学家观察到了第一个"中子星"、"黑洞"、"类星体"等等，但"中子星"、"黑洞"、"类星体"毕竟都是一个类，它们被描述为 $B = \{P/b\}$。有时，在 B 类中实际上只有唯一的一个元素，情况也仍然如此。

我们像库恩一样，而且比库恩更全面地强调了科学中"事实的发现"与"理论的发明"紧密纠缠、不可分割的关系。而且，按照我们的意见，实际上我们还应当把科学中的"事实的发现"细分为不同的类型；这些不同类型的"事实的发现"在驱使科学中规范变化的作用、性质和大小方面是不同的。具体地说来，它们与"理论的发明"在具体的关系上是不同的。一般说来，科学中"事实的发现"至少可以区分为三种各不相同的类型，它们与"理论的发明"各自有着不同的关系，对科学中所引起的规范的变化也起着性质和大小不同的作用（或影响）。这三种不同类型的"事实的发现"可分别描述为：

（1）先观察到某种现象 A，感到 A 对已有规范或理论构成了"反常"，然后进一步去发明某种理论 T，其中包括概括出一个新的类 $B = \{P/b\}$ 或一个新的定律 $(x)(B(x) \rightarrow P(x))$，而 A 具有性质 P，于是把 A 归结为 B 或 B 起作用的结果。所谓"发现"，就是通过 A 而发现 $B = \{P/b\}$ 或 $(x)(B(x) \rightarrow P(x))$。所以"事实的发现"与"理论的发明"纠缠在一起，而且"事实的发现"要以"理论的发明"为前提。这种情况，大体上就是库恩所论述过的那类"事实的发现"，如氧的发现、X 射线的发现等等。事实上，像青霉素的发现也大体上属于这一类。

（2）预先已有了某种理论 T 的发明，其中理论 T 预言了自然界存在有一个未曾发现过任何实例的类 B ＝ ｛P/b｝，由于理论 T 所预言的自然界存在有 B ＝ ｛P/b｝ 这个类并无任何实例的支持，理论 T 的似真性受到了严重的影响。后来，科学家通过精心设计的实验，终于发现了某个现象 A，而 A 是 B 的一个实例或者可以由 A 而推知 B，并且此现象 A 又可以被别的实验所重复。此时，A 就被认为是确认了一类实体（或关系）的存在。此类所谓"事实的发现"同样是以"理论的发明"为前提的，其意义首先不在于它构成了对原有规范或理论的"反常"，而在于它支持了在此前已有的理论，大大巩固了原有理论的地位或提高了它们的似真性。历史上，如胶子的发现、正电子的发现以及 1888 年赫兹关于电磁波的发现，大体上都属于这一类。最近（2014 年 3 月）所报道的、引起全世界科学界关注的原初引力波的发现，具体说来，是美国科学家们在南极天文观测站通过望远镜观察到了 B 模式偏振，也是典型地属于这一类。因为原初引力波的存在，是爱因斯坦广义相对论在将近 100 年前就预言了的。但是爱因斯坦广义相对论的其他三个重要预言，即水星近日点的进动、引力场中光线弯曲、引力红移，都得到了确证，但近 100 年来，关于原初引力波的存在却一直没有能得到真正的确认证据。而现在观察到了 B 模式偏振，就意味着原初引力波存在的证据也被确认了。当然，还需要做进一步的检验和核实。如果这个 B 模式偏振竟然能被确证，那么，这对作为现代物理学之基础的爱因斯坦广义相对论而言，是一个非常重要的支持证据，它将极大地增加爱因斯坦广义相对论的似真性和可信性。

这一类型的发现，虽然大体上是原有理论可以预言的，但仍不同于前述某甲所做的落体实验。因为在某甲所做的落体实验的场合下，伽利略落体定律早已获得了成千上万个实例的支持，所以某甲的实验毫无新意，从而不构成任何意义上的"发现"，而在我们这里所说的场合下，原有理论所预言的新类 B ＝ ｛P/b｝ 尚无（或鲜有）任何实例的支持，而 A 却构成了 B 的一个实例或由 A 可推知 B 的存在，则它仍可构成科学中有重大意义的"发现"。像这一类"发现"，对于原有理论 T 来说，虽不构成任何"反例"，相反，却有力地构成了"支持证据"，但它们仍可能成为科学中的里程碑性的重大"发现"。这类发现，原则上仍然属于常规科学中的发现，甚至可能是常规科学中的重大发现。库恩强调科学中事实的发现都要始于发觉对原有理论的"反常"，这有一定的局限性。虽然由于发现过程的复杂性，即使在这一类发现中，也难免要包含有对某种"反常"现象的警惕、察觉和理解的种种子过程。

（3）某一理论已认定存在有某一大类 B ＝ {P/b}，并已知 B 类有许多小的子类 B_1，B_2，B_3，…，B_n，并确定了这些子类分别具有性质 P_1，P_2，P_3，…，P_n，其中 P_1，P_2，P_3，…，P_n 中包含有性质 P。此后，某科学家发现了某现象（或实体）A，研究了它，终于发现它的性质不是 P_1，P_2，P_3，…，P_n，而是具有某种新的性质 P_{n+1}，且 P_{n+1} 中也具有性质 P，从而确认它是属于 B 类的一个新种 B_{n+1}，即确认自然界有一个新种 $B_{n+1} \subset B$，且 $B_{n+1} ＝ \{P_{n+1}/b_{n+1}\}$。这时，$B_{n+1}$ 新种即使仅仅只有他所发现的唯一一个实例 A，也仍可构成一个重要的发现。例如生物学研究中发现了某属植物的一个新种，或某个种的一个新亚种，以及发现了某种新的病毒，等等，都属于此类发现。此类"事实的发现"，可能在局部的意义上改变或扩充了原有规范，却大致上仍属于"常规科学"的研究。常规科学中仍可做出新的发现。容易明白，这类"事实的发现"，同样是与"理论的发明"紧紧纠缠在一起的，而不可能是与理论的发明无关的。库恩认为在常规科学中，"事实的发现"可以与"理论的发明"无关的见解是没有道理的。

当然，由于库恩关于"规范"、"革命"等等概念的模糊性，他强调科学中可以有"大革命"，也会有"小革命"。由此，他也许会辩护说，即使是第三种类型的"事实的发现"也是一种"革命"，它对于一个非常小的科学共同体来说，仍然是一场"革命"。所以，这仍然可以不被看作一种"常规研究"等等。但是，如果把发现一个植物的新种或一个新的亚种以及发现一种新的病毒，都看作一场科学中的"革命"，一种"小"的科学革命，那么常规科学和科学革命还能有什么区别呢？图尔敏曾经讥讽库恩承认"微型革命"，从而反问道："常规科学和革命科学的区别能成立吗？"[①] 从这个意义上，图尔敏的这种指责是十分有道理的。而且，如果竟然要承认像发现植物的新种和新的亚种以及其他更为微小的发现都是"革命"，那么，库恩所要强调的常规科学有进步，并且是一种"累积增长"式的进步，还会有什么意义呢？按此而言，倒是应当得出相反的

———————————

① 斯蒂芬·图尔敏：《常规科学和革命科学的区分能成立吗?》，见伊·拉卡托斯和艾·马斯格雷夫编《批判和知识的增长》，华夏出版社 1987 年版，第 48～59 页。

结论：常规科学不可能有进步，更不可能有累积增长式的进步。

以上，我们从"问题学"理论的角度上，对于库恩关于"事实的发现"和"理论的发明"之关系的见解，既提供了辩护与说明，也做出了补充和修正，更提出了某种批评。

我们关于科学中"事实的发现"与"理论的发明"之间的关系的论证，可以看作如何运用"问题学"理论解决科学哲学问题的一个库恩意义下的"范例"（exemplar）。因而它自然地应当成为作为一种"规范"（paradigm）的问题学理论的一个组成部分。关于问题学的理论，请参见笔者之另一专著《问题与科学研究——问题学之探究》①。

——————————

① 林定夷：《问题与科学研究——问题学之探究》，中山大学出版社 2006 年版。

第五章　科学理论的检验结构与检验逻辑

第一节　论科学理论的检验结构与检验逻辑

至少从罗吉尔·培根以来，就有一种古老的常识观念，认为实践是理论真假的试金石，通过实践的检验，就能判定出理论之真伪，而理论的真，就是它真实地反映了不以人们的意志为转移的客观实在。这种观念在科学家中间也曾经广为流传，以至于有许多科学家认为，通过实验观察的检验，就能判定出科学理论的真伪来，而科学理论的真伪，就是科学理论所"揭示"的自然界的机制，是否和自然界的实在客体相一致或符合。如果这种传统的关于科学理论的检验的常识观念是能够成立的，那么我们所曾经批判过的那种认为"科学的目标是追求与世界本体符合的真理"的常识观念以及波普尔对它的辩护也一定是能够成立的。

所以，为了进一步弄清楚观察与理论的关系以及批判朴素实在论的真理符合论和关于科学目标的形而上学设想，我们应当进一步讨论科学理论的检验结构与检验逻辑，以便弄清楚：实验观察的检验，能否在本体符合论的意义上检验出科学理论的真假？或者进一步说来，我们只能在什么意义上谈论科学理论的真假。这些问题的讨论，在科学方法论上有着重大的意义，而关于科学理论的检验结构与检验逻辑的讨论，在科学方法论上则甚至有着直接的现实的意义。

科学理论的检验涉及非常复杂的认识论问题。为了更加明确地讨论科学理论的检验问题，我们需要首先明确我们所指涉的"科学理论"这一概念。因为我们通常所说的"科学理论"，与数学和逻辑理论以及形而上学理论，它们在接受检验方面，有着巨大的根本性质的差别。正如已经指出，任何理论都应当是一个有结构的命题系统，而不是许多互不相关的命题的杂乱堆积。严格地说来，能够称得上理论的，还应当是一个演绎陈述的等级系统；它的各个命题或陈述之间有着某种特殊的演绎结构使之相关起来。原则上，科学理论和数学理论、逻辑理论，甚至形而上学理论都能具有某种演绎的形式或结构。但是，这些理论在是否接受经验的检验方面却有着巨大的差别。数学和逻辑中的命题都是分析命题，分析命题并不对自然界做出断言，因而不具有经验内容，不提供自然信息。分析命题虽然有真假可言，但分析命题的真假仅由语句间的意义分析来解决，而并不依据经验来检验，它的真命题都是一些重言式〔如 $P \vee \bar{P}$，$(P \rightarrow Q) \wedge P \rightarrow Q$，或 $(a+b)^2 = a^2 + 2ab + b^2$ 等〕，而所有矛盾式〔如 $P \wedge \bar{P}$，$(P \leftrightarrow Q) \wedge P \wedge \bar{Q}$，等〕都是永假命题。原则上，数学和逻辑学理论都是一些重言系统，数学定理和逻辑定理都是一些重言式。因此，一个数学定理或逻辑定理能否成立，只接受意义的逻辑分析，而不接受经验的检验。一个数学或逻辑命题之所以是真的，仅仅是表明它与由之导出的那个公理系统相一致或符合，而并不对我们的经验世界做出陈述。因此，我们可以说，"三角形三内角之和是 180°" 是真的，但这仅仅是对于欧几里得几何是真的，因为它与欧几里得几何公理系统相一致；我们也可以说，"三角形三内角之和小于 180°" 是真的，但这仅仅是对于罗巴切夫斯基几何是真的，因为它与罗氏几何公理系统相一致；此外，我们还可以说 "三角形三内角之和大于 180°" 是真的，但这仅仅是对于黎曼几何是真的，因为它与黎曼几何的公理系统相一致。数学和逻辑定理的真决不依靠经验的检验；相反，经验的检验对于它们是无效的。我们绝不可能通过千百万次地测量三角形三内角之和的方法来证明 "三角形三内角之和等于 180°" 这个欧氏几何的定理；相反，如果在我们的经验测量中表明，在我们所测定的某些 "三角形" 中其三内角之和不等于 180°，我们也绝不可能依据它们来 "证伪" 该欧氏几何定理。在此情况下，我们毋宁指责说，你所测量的那些 "三角形" 并不是真正的标准的三角形，或者指责你的测量有误，或者指责你引进了纯数学以外的物理假定，因为你据以用来测量的器具都是物理器具，其中包含着太多不能用来检验数学理论的物理假定。但是，科学理论或科学命题的检验与上述数学或逻辑命题的检验却有着原则上的不同。科学理论（自然科学理论、社会科学理论）或科学命题是要对现实世界做出陈述，因而具有经验的内容。所以，科学理论或科学命题的真假，不能仅仅由逻辑分析来解决，而必须由经验来检验。一种科学理论，尽管可以构建为某种演绎陈述的等级系统，但是，科学中的任何命题并不能因为它与由之导出的公理（科学理论的基本定律）相一致而成为真的，相反，如果这个导出命题与经验不一致或相悖，就将不但危及这个导出命题本身，而且还将危及由之导出的那些前提。科学理论和科学命题的真假是要由经验来判决的。与科学理论不同，形而上学理论虽然表面上也像是要对现实世界做出陈述，因而形而上学"命题"也像是具有经验内容的综合命题，但实际上它既不是像数学或逻辑命题那样的重言式，可以通过意义分析而判定其真假，也不像科学命题（综合命题）那样可以接受经验的检验。原则上，形而上学命题都是一些无真假可言的（既不真，亦不假的）"伪命题"。它仅仅在表面上像是对世界做出了陈述，实际上它不具有经验内容，不曾告诉我们任何自然信息。作为形而上学的一个实例，我们可以拿所谓的"唯物辩证法"中的某些"命题"来分析，且以它的质量互变规律来分析吧。这个"规律"包含有三个基本概念：质、量、度。它断言说，任何事物的运动都取质变和量变两种形态，量变都有一定的度的范围；如果事物的量变没有越出度的范围，那么它就保持质的稳定；如果量变一旦越出了度的范围，那么它就将发生质变。表面看来，它很像是一个自然规律那样的包含有丰富经验内容的规律陈述，但是，实际上，这个所谓"像"，只不过是一个迷人的假象。它根本不告诉我们，什么样的物质在什么条件下它的度是怎样规定的。因此，它根本不能预言什么样的物质在什么样的条件下将发生质变。也就是说，它根本不能做出任何检验蕴涵以便我们能对它做出检验。反过来，当事后来对任何已知的事物的变化做出"马后炮"式的"解释"或"理解"，它却总是可以无须研究而应付自如，毫不费功夫的：如果事物尚未发生质变，它就可以"解释"说，那是因为它的量变尚未越出度的范围；如果事物已经发生了质变，它又可以"解释"说，那是因为它的量变已经越出了度的范围。因此，将不会有任何可能的经验会与它相悖。而对于事后作"马后炮"式的解释又有什么特点呢？那完全是特设性的或是逻辑循环式的。例如，它可以毫不费功夫地"解释"在标准大气压力之下，纯净的水在0℃结冰，到100℃沸腾。这种解释如下：因为水保持其液态的度的范围是0℃～100℃，所以一旦越出了这个范围它就发生质变了。但是，我们若反问一句："辩证法家先生，您怎么知道水保持其液态的度的范围是0℃～100℃呢？"对此，黑格尔式的辩证法家就会瞪大眼睛不屑一顾地回答说："根据事实呀！你瞧，大量的事实证明：水在0℃结冰并且到100℃沸腾，这就表明它的度的范围是0℃～100℃。"但是，明眼人一看便知，虽然他在这里"引用"了事实作论证，实际上却只是一个循环论证：他用水保持其液态的度的范围是0℃～100℃来解释水在0℃结冰和100℃沸腾的事实，然后又用水在0℃结冰和100℃沸腾的事实来解释水保持其液态的度的范围是0℃～100℃。但是逻辑告诉我们，这种循环论证等于什么都没有论证。它不告诉我们任何新的知识；这里的关于水结冰和沸腾的知识，完全只能通过别的途径得到。这种黑格尔式的所谓"解释"，只能给人以某种心理上的满足。对于这种所谓的"解释"，完全用得上19世纪贝齐里乌斯在谈到关于生理现象的"活力论"解释时说过的一句话："即使在得到了此类解释以后，我们也仍如以前一样无知。"实际上，列宁自己就已经说过：辩证法是不允许套公式的，它要求对具体问题作具体分析。然而，恰恰在这一点上，使得它与科学有着严格的区别。科学是允许套公式的，通过套公式而演绎出具体结论；尽管其结论是可错的，却可由此来检验理论。黑格尔式的辩证法却不然，它不可能导出任何可检验的蕴涵，任何可检验的具体结论都不可能是真正从它导出的。因此，那些具体结论的错误也不可能危及任何那些作为前提的所谓"辩证法规律"。于是，黑格尔式的辩证法家就能够大胆地扬言，它是"放之四海而皆准的"，或它是"一万年以后也推不翻的"。因为实际上，它是根本上不接受经验检验的，而又不是像数学和逻辑定理那样的重言式。所以，像以辩证法那样的用"质、量、度"来解释水的结冰和沸腾，虽然它所"解释"的是一种物理现象，但这种对物理现象的"解释"方式，不可能被写入物理学教科书，因为它完全是一种伪解释。

我们曾经在本丛书第一分册中较详细地讨论了"划界问题"，大致上已经划清了科学理论与数学、逻辑理论以及形而上学理论的界限，从而也就大致说清楚了"科学理论"这一概念。在本节中，为了讨论的方便，我们稍作了重复。我们在本节中所要讨论的科学理论的检验结构与检验逻辑问题，以及本书往后各章节所说到的"科学理论"，都是在这种已经阐明的意义下使用的。

下面，我们就来讨论科学理论的检验结构与检验逻辑。

原则上，科学理论的检验也不应仅仅被归结为经验的检验（或作为感性活动的"实践检验"）。科学理论的检验应当包含有四个不同的路线或层次。

一、检验一个理论的内部是否自洽

因为我们知道，一个矛盾命题蕴涵一切命题，$P \wedge \overline{P} \to Q$，因此，一个内部不自洽的或自相矛盾的理论就能导出一切结论。所以，如果我们承认某种自相矛盾的前提是"合理的"和"可接受的"，就像黑格尔式的辩证法要求承认"A 是 A，A 又是非 A"这样的矛盾命题是合理的、可接受的那样[①]，那么，我们就能从中导出一切结论，任何"事实"（不管它是阴性的还是阳性的）都不会逃脱它的结论，因此它就不可能接受经验的检验。但从逻辑上，我们却知道一个自相矛盾的理论必是错的。因为

$$(T \to P) \wedge (T \to \overline{P}) \to \overline{T}$$

所以，这个检验程序完全是逻辑性的（分析性的），并且在科学理论的检验程序中，是应当先于经验检验而进行的。只有当首先通过了这种程序的检验，才谈得上往后再让它接受经验的检验。

二、检验一个理论是否具有经验内容，亦即检验一个理论是否为科学理论，抑或仅仅是一些重言式命题系统或者是一个形而上学理论

如前所说，重言式命题是分析命题，它们是先验地为真的，并不需要经验的检验，而形而上学"命题"归根结底都是一些伪命题，它既不接受经验的检验，也不能依逻辑分析而判定其真假，它无所谓真假。既然分析命题和形而上学"命题"都不接受经验的检验，因此企图用实验和观察来检验它们的真假就将是徒劳的。因此，这个步骤的检验也是分析性的，其目的仅在于判定这个理论是否具有科学性质，或是否具有经验内容。只有当判定出一个理论是内部自洽且具有经验内容以后，才谈得上在往后的步骤中对它做出经验的检验。

三、检验一个科学理论的潜在价值

在我们检验一个理论的过程中，即使这个受检理论通过了前两道程序的检验，表明它是内部自洽的并且是具有经验内容的，但这并不就意味着

---

① 恩格斯：《反杜林论》，人民出版社1970年版。

我们值得把它付诸经验的检验。把一个理论诉诸实验、观察的经验检验，往往是费钱、费时、费人力的，我们必须事先估计它的价值，才可下决心，决定是否对它诉诸经验的检验。因此，在把一个理论诉诸实验、观察的经验检验以前，至少应当对它做出如下的掂量：假定这个理论能够耐受经验的检验，它是否比相竞争的其他理论更优？即估量这个理论，如果它耐受检验，它是否将构成科学的进步？有一种流行的、肤浅的庸俗见解认为，只要一个理论愈是耐受检验而不遇到反例，它必是愈好的理论，因为"实践是检验真理的唯一标准"么！但科学检验中的实际情况绝非如此。例如，假定有相互竞争的理论 T_1 和 T_2，T_1 的覆盖域为 C_1，T_2 的覆盖域为 C_2，$C_1 \subset C_2$，今 T_1 耐受检验（当然是在 C_1 内的检验），而 T_2 在 C_1 内可获得通过，然而在 $C_2 - C_1$（集合差）内虽然能获得许多例证的支持，却也遇到了反例。试问：能够简单地断言 T_1 比 T_2 更优吗？不能！如果一个理论即使能通过一切检验，也不比相竞争的其他理论更优，那么就不值得对它进行检验。因为它并不能帮助我们在相互竞争的理论中选择出可能更优的理论，从而构成科学的进步。为了说明问题，我们不妨预先提及一个实际发生的例子。那是在史无前例的疯狂和荒唐的"文化大革命"的年代里，我国曾有人"史无前例地"提出了一种自以为最优的（因为它最经得起实践的检验）的新的地震预报法，即所谓的"二要素预报法"。但这种"耐受检验"的理论显然是不可取的。为什么不可取，待我们往后在讨论科学理论的评价问题时再予以说明。关于科学理论的评价问题，我们将在本书的第七章做专门的讨论。

四、对理论诉诸经验的检验

对一个科学理论，只有当它事先经过了上述三条路线或层次的检验，表明它值得诉诸经验的检验以后，我们才应当去花费精力，设计相应的实验和观察，对它做出严格的经验检验。否则，就可能使我们的实验和观察的研究（诉诸经验检验的活动）枉费心机而不能得到应有的成功。

本章往后的内容将集中讨论关于科学理论接受经验检验的一般检验结构与检验逻辑。

由于科学理论的经验检验涉及非常复杂的认识论问题，为了研究的方便，我们将遵循马克思关于从抽象上升到具体的方法论原则，首先抽象出关于科学理论经受经验检验的一种简化了的模型并着力于对这种简化模型进行研究，然后从简单到复杂，渐次逼近对科学理论接受经验检验中的复杂的真实状态的理解。

　　我们首先来研究这样一种最简化的抽象模型：在这种模型之下，一个受检理论（或原理）T 能直接导出某种检验蕴涵 P，并且假定我们通过实验或观察所获得的观察陈述 S_0 是可靠的，而这个观察陈述 S_0 将能证实或否证理论所导出的那个检验蕴涵 P。简言之，对这种模型可作如下简要的描述，即：

　　（1）$T \rightarrow P$

　　（2）S_0 可靠

　　（3）$S_0 = \begin{cases} P \\ \overline{P} \end{cases}$

　　这个模型，我们把它称作"波普尔证伪主义关于科学理论的检验逻辑之重构"。当然，波普尔本人并没有做出这样的简洁的模型，是我们根据他的思想予以建构的。但它确实能够非常恰当地反映波普尔关于科学理论检验的思想，所以我们把它称作波普尔检验模型之重构还是恰如其分的。以这个模型为基础，我们就能来讨论科学理论的检验问题。我们的这个重构，可以看作对波普尔的证伪主义学说的一种重构或简要的表述。

　　波普尔在他的《科学发现的逻辑》一书中，简要地说明了他的证伪主义方法论之下的科学检验的逻辑。他指出："这里说到的证伪的推理方法——用这个方法，一个结论的被证伪必然得出结论从之演绎出来的那个理论系统的被证伪——是古典逻辑中的假言直言三段论的否定式。这个方法可以描述如下：设 P 是一个陈述系统 T 的一个结论，这系统可以由理论和初始条件（为了简便的缘故，我不区别这两者）组成。然后我们可以把 P 可以从 T 导出的关系（分析蕴涵）表示为符号 $T \rightarrow P$，读作：'P 从 T 导出'。假设 P 是伪的，我们可写作'$\overline{P}$'，读作'非 P'。已知演绎关系 $T \rightarrow P$ 和假设 $\overline{P}$，我们能推出 $\overline{T}$（读作'非 T'），就是说，我们把 T 看作已被证伪。如果我们用一个点放在两个陈述的符号之间来表示这两个陈述的结合（同时陈述），我们也可以把证伪推理写作（$(T \rightarrow P) \cdot \overline{P}$）$\rightarrow \overline{T}$，读作'如果 P 可以从 T 导出，而且如果 P 伪，那么 T 也伪'。"[1] 不管波普尔自己是否自觉地意识到，他实际上已进行了抽象，并着重研究了这

－－－－－－－－－－

[1]　波普尔：《科学发现的逻辑》，科学出版社 1986 年版，第 48 页。

种简化模型下的科学理论的检验问题。在这种简化模型之下，我们就有可能从逻辑上来讨论科学理论的检验问题，建立起所谓的科学理论的"检验逻辑"。因为在这种模型之下，理论原理 T 与由之导出的检验蕴涵 P 的关系是前提与结论的关系，这种关系可以简化地用以下蕴涵式表示：T→P。由此就可以根据两个逻辑重言式来讨论科学理论的检验问题，即：

$$(T \rightarrow P) \wedge P \rightarrow T \vee \bar{T}$$

和
$$(T \rightarrow P) \wedge \bar{P} \rightarrow \bar{T}$$

其中 P 可以是一个复合命题，$P = P_1 \wedge P_2 \wedge \cdots \wedge P_n$。前式的意思是：如果理论 T 蕴涵着 P 并且 P 是真的，那么这理论 T 或是真的，或是假的。这个逻辑重言式表明，通常的那种常识观念，即认为理论的预言（甚至一系列预言）被证实了，因而这个理论也就被证实了的观点，是不合逻辑的。因为一个理论的预言被证实为真，理论可能是真的，也可能是假的。但是明眼人一眼就可看出，所谓"实践是检验真理的唯一标准"这种庸俗哲学，却正是以这种不合逻辑的观念为其出发点和理论基础的。后式的意思是：如果理论 T 蕴涵着结论 P 并且 P 是假的，那么这个理论就是假的。从上述这个简化的模型中得出的有关科学理论检验的重要结论是：作为普遍陈述的科学原理或理论是只可被证伪，不可被证实的。因为无论多少有限的经验证据都不可能证明一个普遍原理是真的，但从单个的观察陈述却可以证明一个普遍原理是假的。这就是波普尔所主张的所谓"证伪主义"理论。波普尔经常用来讨论他的观念的实例是"凡天鹅皆白"这个命题。他指出：不管我们观察到多少只白天鹅，也不能证明"所有天鹅都是白的"这个命题；但是只要在澳洲发现了一只黑天鹅，就能证明"凡天鹅皆白"这个普遍命题是错的。根据这种简化了的模型所提示的证伪主义的科学检验的逻辑，如果一个理论经受住了迄今为止的一切检验，也只是表明迄今为止的一切检验支持了这个理论，暂时没有证据表明这个理论是错的。从这个意义上可以说，那些支持了这个理论的经验事实确认或确证了它，因而有助于我们接受这个假说。但这种"确认"或"确证"，只是说明了直到目前为止的检验结果，并不能表明这个理论一定是真的（是真理），往后的检验将仍然可能证明这个理论是假的。一个理论一旦被实验观察事实所证伪，它就应当被抛弃，同时造成科学中新的问题，需要猜测某种新的试探性假说来代替这种旧的理论。十分明显，由于波普尔主张科学理论只可被证伪，不可被证实，因此，他的这种证伪主义理论与他所主张的科学的目标是追求本体论意义上的"客观的"、"绝对的真理"的观念之间并无必然的联系。

波普尔根据这种最简化的模型所得出的科学检验的证伪主义观念，显然是有启发性的，更何况他实际上还考虑到了比这种简化模型更复杂的问题。但是，这种简化的模型毕竟只是一种抽象，它舍象了或忽略了科学检验中的许多实际因素。正如自然科学中，从理想气体这种简化模型之下所得出的结论只能近似地描述自然，并且在许多情况下将得出错误的结论一样，波普尔从这种简化的模型下所得出的科学检验的证伪主义理论，虽然也含有许多积极的、富有启发性的见解，但在许多情况下它实际上也导致错误的结论。例如，波普尔仅仅从二值逻辑的角度上讨论问题，但科学规律大多具有定量特征，因此即使在他所设想的模型之下也应当考虑到逼近性或逼近度的问题。而一旦考虑到逼近性或逼近度的概念，那么对于现象论规律来说，正如我们在某处①以及在本书第一章第四节所已经讨论过的那样，就不应当得出波普尔的证伪主义结论，而应当得出逼近意义下的证实的可能性。而波普尔却完全否认了这种可能性。又例如，仅仅由于所考虑的这个模型过于简化，就会使波普尔所得出的结论与科学检验中的实际情况不相符合。因为甚至只要考虑到实际科学活动中观察的易谬性，就会使这种证伪主义理论发生困难，而波普尔自己是承认观察依赖于理论和观察之易谬性的。但是，如果观察是易谬的，那就不能像波普尔那样简单地得出结论：理论一旦被观察所证伪，就应当抛弃这个理论。如果考虑到实际检验过程中更多的复杂性，那么他的证伪主义理论就显得更加不合实际了。

我们可以考虑一下科学史上实际发生过的这样一起重大事例：1781年，英国天文学家弗·赫歇尔发现了天王星以后，通过进一步的观察和计算，科学家们发现天王星的实测轨道与按牛顿力学所计算的理论轨道之间有重大的系统的偏离。如果我们承认观测数据是正确和可信的，那么，它是否就造成了对牛顿理论的证伪，并因而应当抛弃牛顿理论呢？正如历史本身所表明的那样，并不能简单地做出这种草率的结论。原因就在于：在这里，"理论上"做出的预言（检验蕴涵），并不是如这个简化模型所假定的那样，可以从受检理论中直接导出的。相反，为了从理论上预言天王星的轨道，不但要依据牛顿力学的理论，而且还要对一系列的初始条件和

---

① 参见林定夷《科学研究方法概论》，浙江人民出版社1986年版。

边界条件做出某种预设和估计，其中包括对太阳的质量、太阳和天王星相互间的距离、其他行星对天王星的摄动，而这又涉及其他行星和天王星的质量以及轨道的估计等等。而为了要进一步做出可与观察经验相比较的预言（检验蕴涵），例如要能预言在某年某月某日某时，天王星应在天区的某个仰角上，则还要引进光学理论，其中包括由大气折射所引起的光线偏转（蒙气差）以及对大气折射率随大气密度变化而变化的种种估计等等。实际上，只要对上述诸种因素中的任何一种因素做出不同的考虑或估计，理论所导出的检验蕴涵就将发生变化。

上述实例所表明的情况正是科学检验过程中所发生的一般情况。然而在与波普尔的证伪主义相对应的简化模型中却舍象掉了对其中许多重要实际因素的考虑。

所以，为了能使我们的认识从抽象上升到具体，逐步逼近对真实过程的理解，我们就必须把前述简化模型中所舍象掉的许多重要规定重新综合进去，做出统一的考虑。这样，我们就不能认为可以简单地从受检理论中直接导出检验蕴涵了；而是必须认为，我们往往要从受检理论、一组初始条件和边界条件的集合以及其他辅助性假说的合取中，才能导出这种可与观察经验相比较的检验蕴涵，而且我们通过实验和观察活动所获得的观察陈述也不能无条件地保证一定是可靠的，而是可错。这样，我们就需要构建出某种比较接近实际的科学理论的检验模型。笔者曾在《科学研究方法概论》[①] 一书中初步构建了这种比较接近实际的科学理论的检验模型，并于 1990 年在所著的《科学进步与科学目标》[②] 一书中构建出了关于它的简洁而完整的模型。我们暂且把它叫作 L 氏模型吧。

关于科学理论的检验结构的这种比较接近实际的 L 氏模型，我们曾做出如下简要却完整的描述，即：

（1） $T \wedge C \wedge H \to P$

（2） S_0 可错

（3） $S_0 = \begin{cases} P \\ \overline{P} \end{cases}$

其中，T 表示受检理论，C 表示一组初始条件和边界条件的集合，H 表示

① 参见林定夷《科学研究方法概论》，浙江人民出版社 1986 年版。

② 参见林定夷《科学进步与科学目标》，浙江人民出版社 1990 年版。

其他相关辅助假说的集合，P 表示检验蕴涵，S_0 表示观察陈述。

在上述三条简要的描述中，式（1）表示要从受检理论 T、一组初始条件和边界条件的集合 C 以及相关的辅助假说集 H 的合取中，才能导出检验蕴涵 P。例如，在前述关于天王星轨道的实例中，可以认为 T 是指牛顿力学理论，C 是指已经指出的那一系列初始条件和边界条件的集合，H 是指光学理论以及大气折射率的假定，等等。我们正是依据于这些要素的合取才导出了可供天文观察检验的检验蕴涵。式（2）表示观察陈述是可错的。式（3）表示所获得的观察陈述 S_0 与理论所导出的检验蕴涵 P 是相关的，它或者肯定 P，或者否定 P。

按照上述这个比较接近实际的模型，涉及科学理论之检验的相应的逻辑公式也应当改写为：

（1）$(T \wedge C \wedge H \rightarrow P) \wedge P \rightarrow (T \wedge C \wedge H) \vee (\overline{T \wedge C \wedge H})$
$\rightarrow (T \vee \overline{T}) \vee (C \vee \overline{C}) \vee (H \vee \overline{H})$

（2）$(T \wedge C \wedge H \rightarrow P) \wedge \overline{P} \rightarrow (\overline{T \wedge C \wedge H})$
$\rightarrow \overline{T} \vee \overline{C} \vee \overline{H}$

上述这两个逻辑公式（逻辑重言式）表明，实验观察结果与理论上的预言（检验蕴涵）相符合，固然不能证明它的前提（三者合取）为真，从而也不能证明其中任何一个要素为真，而实验观察结果与理论上的预言不符或者相悖，也只是表明作为它的前提的三者合取有错，而并不表明一定是受检理论有错。根据后一公式，当实验观察结果与理论上的预言相矛盾时，按照逻辑，我们实际上可以从如下四个方面做出考虑：

第一，我们可以怀疑实验（或观察）结果的正确性。因为观察是易缪的，S_0 可错。实验观察结果的合适性本身是需要依靠理论来解释的。因此，在科学理论的检验过程中，我们绝没有理由可以独断地、盲目地相信实验观察结果。正如当考夫曼于 1906 年宣布，他用高速电子实验"证明"了在他的实验中，"量度的结果同洛伦兹－爱因斯坦假定不相容"，并且爱因斯坦自己也承认，在考夫曼的实验中，"出现的偏离是系统的而且显然超出了考夫曼的试验误差的界限，而且考夫曼先生的计算是没有错误的，因为普朗克先生利用另一种计算方法所得的结果同考夫曼先生的结果完全一致"[1]。但爱因斯坦却没有因此承认他的相对论已经被证伪，而

---

[1]　爱因斯坦：《爱因斯坦文集》（第 2 卷），商务印书馆 1977 年版，第 181 页。

是把怀疑的矛头指向该实验中还有"没有考虑到的误差"①。直到 10 年以后，法国科学家居耶和拉旺希从理论上分析了考夫曼的实验并指出了考夫曼的实验装置是有毛病的。居耶和拉旺希的这种解释获得了科学界的普遍接受。

　　第二，即使我们承认观察结果，我们也还可以指责所预设的初始条件和边界条件的集合有问题，或者说对它们的估计不切实际，从而就可以维护那个受检理论使其免遭证伪。正如当天王星的实测轨道与根据牛顿理论所计算的轨道不符时，我们完全可以说，这种计算中所假设的那些条件是不合实际的，因此不是牛顿理论错了，而是所假设的条件有错，因为在这个计算中只考虑了二体问题，即只考虑了太阳与天王星之间的引力作用，而没有考虑到其他行星对它的摄动。如果一旦考虑到其他行星的摄动，理论值与实测值可能就会符合得很好了。于是，人们被迫去重新进行计算，计算中要求考虑到当时所知道的所有行星对天王星的影响（摄动），但是，这涉及多体问题，在数学上存在着巨大的困难。因此直到 18 世纪末以前，所谓天王星实测轨道与理论上计算出来的轨道不符，根本未曾构成对牛顿理论的任何威胁。科学界普遍认为，这种"不符合"只是表面的，困难只在于我们未能把边界条件所造成的效应真正地从数学上计算出来。所以，不是牛顿理论错了，而是我们在数学上无能，未能把真正精确的理论轨道计算出来。天王星的实测轨道与理论轨道不符，真正在某种程度上构成了对牛顿理论的威胁，那是在 19 世纪以后的事。1799 年至 1825 年，拉普拉斯出版了他的五卷本的经典巨著《天体力学》，在那里，他计算了天王星、木星、土星相互间的引力关系（而火星以内的行星对天王星摄动的影响就很小了，可以忽略不计）。据此，阿力克赛·布伐于 1821 年绘制出了这三颗行星的运行图表。实测的结果表明，木星和土星的"实际轨道"与理论所计算的图表相符，而天王星的则不符。这才构成了问题。然而，这是否就一定表明是牛顿理论错了呢？实际上，我们仍然可以指责说：在这个计算中，只考虑了已知行星对天王星的摄动，但没有考虑到太阳系中还可能存在别的未知的行星，它可能对天王星的轨道发生影响。因而这个理论轨道与实测轨道的不符，仍然不能证明正好是牛顿理论错了，因为很可能是计算中对初始条件或边界条件考虑不周。实际上，正如大家

_____

　　① 爱因斯坦：《爱因斯坦文集》（第 2 卷），商务印书馆 1977 年版，第 181 页。

所知，勒味烈和亚当斯正是根据了这个思路，从维护牛顿理论的角度上反推说：如果假定天王星的外侧有一颗行星（并推算了它的质量和轨道），那么牛顿理论就将与实测数据符合得很好了。这样，他们通过对"条件集"中未知因素的假定，就把牛顿理论所面临的困难转嫁到新的观测任务上去了。可以设想，如果这颗新的行星暂时没有被观察到，它也并不造成对牛顿理论的证伪，因为可以归咎于观测上的诸多原因，如观测手段的落后等等。而如果一旦观测到了所预言的新的行星，这个事实马上就会成为牛顿理论的伟大胜利，正如伽勒于1846年终于发现了海王星这个事件所表明的那样。但是，这个胜利是否就决定性地证实了牛顿理论呢？当然没有。因为正如我们曾经多次指出的，一个理论的预言被证实，并不等于理论被证实。更何况当进一步测算了海王星的轨道和质量以后，就发现它与勒味烈当初推算的值并不符合。而这个"不符合"又可以被说成是对牛顿理论的"证伪"。但是，能否简单地说这些实测值又证伪了牛顿理论呢？还是不行的。因为仍然可以假定诸如在海王星的外侧还有一颗未知的行星影响了海王星的轨道等等。尽管在长达80余年的时间里没有发现所预言的那颗新的行星，但当1930年美国天文学家汤博终于发现了冥王星时，这个事实马上成了牛顿理论的伟大胜利。但是同样的事实又发生了，因为关于冥王星的实测轨道同样与理论的预言不符——其实测轨道与理论轨道相差6度。这在太阳系天文学上是一个大得惊人的偏离。所以当代的天文学家又假定在冥王星的外侧可能还存在一颗未知的行星（太阳系的第十颗行星），并苦心地搜索着它的踪迹。迄今，科学家们进一步发现，冥王星根本构不成对海王星的轨道那种巨大影响，因为冥王星的质量太小，以至于根本称不上是一颗行星，而只够被称为"矮行星"。以上分析，就已经初步地表明了科学理论检验中的复杂性。当然还不仅如此。

第三，我们还可以通过修改辅助假说集 H 的办法来维护受检理论，使之免遭证伪。例如，当能量守恒定律与当年的 β 衰变实验的结果不符时，泡利实际上就是通过设定一个辅助性的假说（中微子假说）而维护了能量守恒定律。虽然中微子一直要到20世纪50年代中期才被"发现"，但能量守恒定律在此以前的20余年间却一直依靠着这个中微子假说而得到了维护，并没有因为 β 衰变的实验结果与它"相冲突"而被抛弃。

第四，当然，当理论上所导出的检验蕴涵与实验观察结果不相容时，我们也可以指责受检理论 T，说这个受检理论 T 被实验观察结果所证伪了。这是科学工作者通常所持的见解。于是，当遇到这种情况的时候，科学家们就采取行动，抛弃这个理论或修改这个理论。而这正是科学工作中通常发生的情况，历史上的例证不胜枚举，就不必说了。但是必须指出，当理论上的预言与实验观察结果相矛盾时，我们指责受检理论因此"被证伪"，那是始终不可能有充分的理由的。因为十分明显，在这种情况下，我们只有预先断言实验观察结果、所设定的条件集合和所引进的其他辅助假说都准确无误的时候，我们才有充分的理由断言：那一定是这个受检理论错了，即它被证伪了。然而，这是不可能的。因为当我们断言那些前提的时候，其背后始终包含着隐藏在它们的背后的更多的假说和理论以及某种直觉上的决定（决断）。尽管这种决定绝不是任意的武断，而是常常如爱因斯坦所说的"以对经验的共鸣的理解为依据的直觉"的决定。但这种决定毕竟不是逻辑上有充分理由的决定。进一步说来，当理论上的预言与实验观察结果相冲突的时候，即使我们认定某个受检理论因此被"证伪"了，如波普尔的证伪主义公式（T→P）∧P̄→T̄ 所展示的那样。但由于这个受检理论 T 通常并不是孤立的单个命题，而往往是一个有结构的命题系统，所以，所谓实验证伪一个理论，也只是表明导出该检验蕴涵的受检理论有错，并不表明作为前提的该理论全错。至于在组成该理论的命题系统中，究竟是其中的哪一个或哪一些命题错了，仅凭所导出的检验蕴涵与实验观察结果相矛盾，是不可能指明的。

我们以上所阐明的关于科学理论之检验的比较接近实际的模型所表述的思想，与法国物理学家皮埃尔·迪昂在其著作中所阐明的思想是比较一致的，也与爱因斯坦等著名科学家所阐述过的思想比较一致。皮埃尔·迪昂曾在其名著《物理理论的目的与结构》一书中，深刻地分析过科学实验中的复杂的认识论问题。他指出，科学仪器的背后就包含有一大堆的科学理论或假定，所以，当科学家使用仪器的时候，就意味着"也在暗中承认为这些仪器的使用提供辩护的理论是精确的"①。他还指出，在科学检验活动中，我们实际上是不可能从某个科学原理或命题中直接导出可接受检验的预言（检验蕴涵）的。他分析说，在科学中"为了从这个命题

————————

① （法）皮埃尔·迪昂：《物理理论的目的与结构》，中国书籍出版社 1995 年版，第 206 页。

导出对一个现象的预言，为了设计用来说明这个现象是否出现的实验，为了解释实验的结果被预测的现象有没有产生，他并不限于使用当前的命题，而是使用一整组他所接受并视之为毫无疑问的理论。一种现象被人预言，但并没有出现，争端于是彻底解决。但是，预言这种现象的并不是受到挑战的命题，而是还要加上一整组其他理论。如果预言的现象没有出现，出错的就不单单是受到质疑的命题，而且还有物理学家使用的整个理论框架。实验仅仅告诉我们，在用来预言现象并确定现象能否出现的众多命题中至少有一个出了差错。但是这个错误出在哪里，实验可就三缄其口了"①。所以，迪昂突出地强调说："一项物理学实验永远不能拒斥一个孤立的假说，它只能拒斥整个的理论组合。"② 所以，皮埃尔·迪昂通过对实验的认识论分析，他实际上已向我们明确地指明，在科学检验中，我们企图通过有限数目的实验和观察（而科学中的实验和观察的数目总是有限的），想要证实某种科学理论或普遍原理固然不可能，而要想明确地证伪它同样是不可能的。因为正如在我们的模型中所已经指出，始终存在着可以通过指责诸如实验结果（包括指责实验仪器所蕴含的理论和假说）、所预设的条件集（初始条件和边界条件的设定的背后也是假说或理论），或者其他的辅助性假说的办法来保护某一受检理论，使其免遭证伪的可能性。与迪昂一样，正是看到了科学检验中的这种复杂性，深思熟虑的哲人科学家爱因斯坦也早在其于 1946 年所撰写的《自述》中写道："理论不应当同经验事实相矛盾。这个要求初看起来似乎很明显，但应用起来却非常伤脑筋。因为人们常常，甚至总是可以用人为的补充假设来使理论同事实相适应，从而坚持一种普遍的理论基础。"③ 也就是说，爱因斯坦已经非常敏锐地指出了：一种理论总是可以通过种种补充假说来调节它与事实之间的矛盾，从而避免被证伪的。迪昂与爱因斯坦的这些见解比后来拉卡托斯在其《科学研究纲领方法论》一书中表述的类似见解，足足早了几十年。

但是，必须强调地申明：尽管我们的模型所表述的思想与皮埃尔·迪昂的见解十分相近或一致，其中包含着"整体主义"的观念，但是，我

---

① （法）皮埃尔·迪昂：《物理理论的目的与结构》，中国书籍出版社 1995 年版，第 208 ～ 209 页。

② （法）皮埃尔·迪昂：《物理理论的目的与结构》，中国书籍出版社 1995 年版，第 207 页。

③ 爱因斯坦：《爱因斯坦文集》（第 1 卷），商务印书馆 1977 年版，第 10 页。

们的模型所表述的思想与美国哲学家蒯因所表述的我只能称之为"混沌的整体主义"的观念却有着原则的不同。虽然在当前的国际科学哲学界，常常把"整体主义论题"笼统地称之为"迪昂-蒯因论题"。

蒯因在其著名的《经验主义的两个教条》一文中，通过对逻辑经验主义所持的两个基本"教条"的批判①，得出了他的"整体主义"的结论。他强调："我认为我们关于外在世界的陈述不是个别地，而是仅仅作为一个整体来面对感觉经验的法庭的。"② 蒯因在这句话的注脚中坦然承认说他的这个整体主义的观念来自迪昂的著作，所以，后来国际哲学界常

---

① 蒯因的《经验主义的两个教条》一文，确实是 20 世纪国际哲学界的一篇具有经典意义的重要文献。因为它有力地、出人意料地冲击了逻辑经验主义的两个基本教条，使得此前在国际哲学界成为主流学派的逻辑经验主义的立论基础发生了危机或至少发生了严重动摇。但我以为，蒯因在这篇论文中对这两个教条的冲击未必是成功的。首先，他的这篇论文纯然是"解构"性的，而不是同时又是"建构"性的。他首先把矛头指向逻辑经验论的第一个教条，即把分析陈述和综合陈述作绝对二分，承认有独立于经验的先天为真的分析陈述。蒯因指出这本身是违背经验论的，是"经验论者的一个非经验的教条，一个形而上学的教条"。然后，他把分析陈述分为两类，指出逻辑经验论的一切有关的分析性说明都不成功，都不足以为所谓的"分析陈述"与"综合陈述"划出一条清晰的界限来。基于此，他就宣称他已成功地破除了分析陈述与综合陈述的二分法。但他的这项工作仅仅是破坏性（解构性）的。他只是指出了逻辑实证论的已有的相关分析都不成功，因而都未能在分析陈述与综合陈述之间划出清晰的界限。但是否还有可能分析出更为恰当的划界标准呢？蒯因未作这种"建构性"的工作。其次，他对此"二分法"的"破坏"，在我看来也未必是成功的。特别是他对第一类分析陈述，即所谓"逻辑真理的陈述"，此乃是指某种逻辑同一律的命题或同语反复：A 是 A。蒯因强调这类命题与综合命题并无可区分的清晰界限，在我看来不能成立。至于对第二类分析陈述，即需要通过同义词的替换而还原为逻辑真理的那类命题，用他所举的例子如"没有一个单身汉是已婚的"。蒯因认为这类分析陈述更包含有经验内容。其关键是认为，当人们接受这两个词"同义"因而可以替换时，已包含有某种经验作为基础。蒯因的这些说法，其实也有可商榷之处。因为接受两个词同义，主要是人们在某个语言传统中所形成的"约定"（或曰对词的用法的规定），而未必需要来自经验。所以，蒯因对分析命题与综合命题的二分法的"破坏"就真的那么成功么？非也！逻辑实证论学派所建议的区分它们的标准，被揭示出有某种毛病，不等于二分法不能成立。是否可构建出更好的标准呢？我以为，哲学家的工作，除了合理地"解构"以外，更需要费心在"解构"以后的废墟上再作合理的"建构"工作。至于蒯因所说的逻辑经验主义的第二个教条，指的是它们关于"观察陈述"与"理论陈述"的绝对二分法以及"相信每一个有意义的陈述都等值于某种以指称直接经验的名词为基础的逻辑构造"的"还原论"教条。蒯因对"还原论"教条的批判显然是成功的，并且是毁灭性的。至于对"观察陈述"与"理论陈述"是否能够二分，以前早就有人提出过。

② 蒯因：《经验论的两个教条》，见蒯因《从逻辑的观点看》，上海译文出版社 1987 年版，第 38 ～ 39 页。

常把这个整体主义论题称之为"迪昂－蒯因论题"。但在我看来，在仔细的分析之下，这其实是一种误解。因为迪昂和蒯因的论点实际上并非那么一致，而是有着原则性的重要差别。作为一个物理学家，正如我们所已经引证的，迪昂在其《物理理论的目的和结构》一书中曾经指出，物理学家的实验中接受检验的不是孤立的假设，而是他在实验中所使用的"整个理论构架"。读者容易看到，在我们所构建的科学理论检验结构的 L 氏模型中，被检验的正是实验者所使用的"整个理论构架"。因此，我们的模型只不过是对迪昂的观点进行分解、展开并做出了形式化的表示罢了。我以为，这是一种关于科学理论之检验的合理的"整体论"。在这种整体论之下，对科学理论作经验检验仍具有其特殊的意义，并且它将提供关于科学理论之评价与选择的重要思路。关于这一点，我们将在后文中再予详细的讨论。然而，蒯因所表述的"整体论"却不同，它与迪昂所表述的整体论相去甚远。因为迪昂所说的是，物理学实验中受到检验的是物理学家在实验中所使用的"整个理论框架"，而蒯因所说的却是关于世界所有陈述的"整体"，或至少是全部科学的整体。

关于迪昂的合理的整体主义论点，在国际科学哲学界，实际上早就有人注意到了，并被不同程度地吸收到了他们的理论体系中。甚至逻辑实证主义者也早已注意到并已在一定程度上吸收了迪昂的可贵的思想。卡尔纳普早在 1934 年出版的《语言的逻辑句法》一书中就已经讲到："检验并不是用之于一个单独的假设，而是用之于作为一个假设体系的整个物理学体系。"他并把这个论点归之为迪昂与彭加勒的贡献。由于整体性论点必然带来陈述系统中被确证或证伪的具体对象的某种不确定性，科学家必须为此付出严格审定的种种努力。但即使如此，实际上仍然不可能完全排除某种不确定性，因而难免带有"约定"的成分。所以，卡尔纳普后来在其所著的《可检验性和意义》（*Testability and Meaning*）一文中，进一步说道："绝对证实的不可能性已被 Popper 指出和详细地说明了。在这一点上，我觉得我们现在的看法同 Lewis 和 Nagel 是完全一致的。假定有一个语句 S，对它已经做了一些检验性观察，而 S 在一定程度上被这些观察所确证。然后是否我们将把那个程度看作足够高、可以接受 S，或者足够低、可以拒绝 S，还是介乎两者之间、以致我们在将获得进一步的证据以前，既不接受也不拒绝 S，这就是一个决断的问题了。虽然我们的决定以迄今所做的观察为基础，它却不是唯一地受它们限定的。并没有一般的规则来限定我们的决断。像这样，一个（综合）语句的接受和拒绝永远含有一个约定的成分。"① 而在蒯因的那种只能称之为"混沌的"整体主义观念之下，科学理论的检验问题是被他搅得非常含混和混乱了。他只是一味地强调"我们所谓的知识或信念的整体，从地理和历史的最偶然的事件到原子物理学甚至纯数学和逻辑的最深刻的规律，是一个人工织造物。它只是沿着边缘同经验紧密接触。或者换一个比喻说，整个科学是一个力场，它的边界条件就是经验。在场的周围同经验的冲突引起内部的再调整。……而逻辑规律也不过是系统的另外某些陈述，场的另外某些元素"②。蒯因作为一个分析哲学家，这里的论述实在缺乏清晰性，所有的只是隐喻。更有甚者，他甚至还说："我曾极力主张可以通过对整个系统的各个可供选择的部分作任何可供选择的修改来适应一个顽强的经验。"③他还说："如果这个看法是正确的，那么谈论一个个别陈述的经验内容……便会使人误入歧途。而且，要在其有效性视经验而定的综合陈述和不管发生什么情况都有效的分析陈述之间找出一道分界线，也就成为十分愚蠢的了。在任何情况下任何陈述都可以认为是真的，如果我们在系统的其他部分做出足够剧烈的调整的话，即使一个很靠近外围的陈述面对着顽强不屈的经验，也可以借口发生幻觉或者修改被称为逻辑规律的那一类的某些陈述而被认为是真的。反之，由于同样的原因，没有任何陈述是免受修改的。"④ 蒯因的这些惊人议论，离开科学的实际检验活动就相去非常遥远了。在科学的历史上，当科学家发现天王星的实测轨道与按牛顿力学的计算结果不相一致时，他们必须十分严格地检验他们的观察，既不会任意武断地说那些观测结果只是一些"幻觉"，也不会从整个知识体系中找出任何一个任意的部分，如对中山大学校园里总共有多少棵木棉树的相关陈述做出剧烈的修改来使天王星轨道的观察结果与牛顿力学的计算结果相协调。蒯因关于科学理论检验的这类陈述，完全把科学理论检验问题的思路

① R. Carnap, Testability and Meaning, Yale Univ., New Haven, 1950, pp. 420–431.
② 蒯因:《经验论的两个教条》，见蒯因《从逻辑的观点看》，上海译文出版社1987年版，第40页。
③ 蒯因:《经验论的两个教条》，见蒯因《从逻辑的观点看》，上海译文出版社1987年版，第41页。
④ 蒯因:《经验论的两个教条》，见蒯因《从逻辑的观点看》，上海译文出版社1987年版，第40～41页。

搅成"一锅稀粥"，对科学家的科学活动不可能提供任何有效的方法论思路。而且，蒯因把整个科学看作"统一整体"，也是过于含混和不合实际的。实际上，迄今为止的科学离"统一科学"的理想还十分遥远。所谓的科学"整体"还是由许许多多、大大小小的互有裂隙或相互分离的"碎块"所组成，其间充满着不一致或矛盾，远未达到统一和谐的程度。实际上，不但各学科的理论之间会有矛盾，同一学科的不同理论之间会有矛盾，甚至在同一理论的内部也会暗藏矛盾，更何言受检理论与观察性理论之间常常会出现矛盾呢。而蒯因却笼统地把它说成是"统一整体"，以至于当某个科学理论与经验事实发生矛盾时，可以通过对整个科学中各个任何可供选择的部分做出任何可供选择的修改，就能来消解理论与经验的冲突。这种"整体主义"实在太"混沌"了。由于蒯因的这种我只能把它称之为"混沌的""整体主义"，把科学的检验搅混到了这种地步，实际上取消了检验的意义或对科学陈述进行任何有效检验的可能性，于是他就进而走到了抹杀或取消科学与神话，更不用说科学与形而上学的界限的地步。在《经验论的两个教条》一文中，他竟然说："就认识论的立足点而言，物理对象和诸神只是程度上、而非种类上的不同。这两种东西只是作为文化的设定物（cultural posits）进入我们的概念的，物理对象的神话所以在认识论上优于大多数其他的神话，原因在于：它作为把一个易处理的结构嵌入经验之流的手段，已证明是比其他神话更有效的。"① 蒯因的这个结论是实用主义的，明显地把科学视作为某种处理经验的"有效工具"。在我看来，对科学抱某种工具主义的观点并非不可，但蒯因抹杀科学与神话（更不用说与形而上学）的界限却极端得近乎荒唐。但自此以后，蒯因的这些相当离谱的观念，却在国际以及国内哲学界的一部分人中大行其道，尤其被某些有着反科学倾向的、挂着"后现代主义"招牌的"科学哲学家"们奉为圭臬。但是，应该看到，国际上，许多有头脑的科学哲学家虽然承认蒯因的贡献，但在"整体主义"和"科学理论的检验"的问题上，是不愿意跟着蒯因一起"混沌"或搅成"一锅稀粥"的。卡尔纳普已经承认了迪昂和彭加勒的合理的整体主义，波普尔也看到了科学的"整体性"，却还是强调了科学与形而上学的划界。尽管他们的"划界

---

① 蒯因：《经验论的两个教条》，见蒯因《从逻辑的观点看》，上海译文出版社 1987 年版，第 42 页。

标准"都尚存在问题,即都遇到了不能解释的"反例"。但这并不等于两者之间无界可划或没有界限。在科学理论的检验问题上,他们两人的理论也都存在着这样那样的问题,但这也不等于科学理论或陈述因此和形而上学理论或陈述一样,同样都不可检验。英籍匈牙利科学哲学家拉卡托斯在科学理论的检验问题上更是抱有清晰的整体主义观念的,但也还没有跟着蒯因在科学理论的检验问题上搅成那样的"一锅稀粥"。当然,在我看来,拉卡托斯关于科学理论检验的理论也还是存在着某种相当严重的不足和问题,所以我才去努力构建出既能涵盖拉卡托斯的合理结论却又能避免其不足或不合理之处的另外的科学理论之检验结构的模型。

20 世纪 60 年代末、70 年代初,著名的英籍匈牙利科学哲学家拉卡托斯提出了他自己称之为"科学研究纲领方法论"的著名理论。这个理论,比起波普尔的简单证伪主义理论来,在科学理论的检验问题上,是向前跨进了一大步。拉卡托斯认为,科学理论的检验,并不是以某个孤立的假说,而是以"研究纲领"作为检验单元的。一个研究纲领包含着一系列发展着的理论,这个发展着的系列具有一定的结构。其中包括有一个坚固的硬核,这个硬核是纲领所依据的一些基本假定。例如,对于牛顿的研究纲领来说,这个硬核就是万有引力定律和三个运动定律;对于哥白尼体系的研究纲领来说,这个硬核就是日心说的基本假定:地球和所有行星都围绕太阳运行,而地球则每日自转一周。一个研究纲领还包括有一套用以解决问题的技术启发法。例如在牛顿纲领中,这一套技术启发法首先是它的数学工具,其中包括微积分学、收敛理论和微分方程等等。除此之外,一个研究纲领还特别包含有一个巨大的由一系列辅助假说和初始条件所构成的保护带。辅助假说与初始条件的设定密切相关,初始条件(和边界条件)往往是通过辅助假说来确定的。一个研究纲领的硬核,可以由于它的创立者和拥护者的"方法上的决定"而成为不可证伪的。用拉卡托斯自己的话来说,就是:"我所以称这条带为保护带,是因为它保护硬核免遭证伪;反常并不是被作为对硬核的反驳,而是对保护带中的某种假说的反驳。在一定程度上,在经验的压力下……保护带不断地被修正、增加、复杂化,而硬核却安然无恙。"[①] 由于拉卡托斯把科学看成是有结构的整体,所以他也如迪昂一样强调,一个理论并不会因为遇到"反例"或

———————

① 拉卡托斯:《科学研究纲领方法论》,上海译文出版社 1986 年版。

"反常"而被反驳（在拉卡托斯看来，"反例"和"反常"只是用语上的差别）。这种"反例"或"反常"往往是很多的，但一个研究纲领具有很强的韧性，它能消化这些反常，使之转化为自己的确证的证据。一个研究纲领很可能永远不会解决它的全部反常，却不会因此而被抛弃。所以，拉卡托斯认为，当一个科学家接受某种研究纲领的时候，他就受到了双重的启发法：正面启发法和反面启发法。所谓反面启发法，就是指必须坚持这个纲领的硬核，不得摒弃或修改这个纲领的硬核所规定的那些基本假定；所谓正面启发法，就是指那些暗示和指出这个研究纲领可以如何发展的概要性的指导方针，其中包括如何去改造和创造新的技术以及通过修改保护带的方法去解决问题、消化反常而保护住纲领的硬核。① 在拉卡托斯看来，一个研究纲领在它产生之初，总是存在着大量的反常，甚至被淹没在反常的海洋之中，但它却并不会如波普尔所说的那样因此被认定为已遭证伪而抛弃。相反。一个新的研究纲领往往置反常于不顾，它以很强的韧性来逐步消化反常而发展自身。他以牛顿纲领为例而分析说："牛顿的万有引力理论是成功的研究纲领的典型实例，它可能是有史以来最为成功的研究纲领了。但在它产生之初，它却曾经被淹没在'反常'（如果愿意的话，也可称之为'反例'）的海洋之中，并且甚至遭到支持反常的观察性理论的反对。但是，牛顿学派的令人敬佩的韧性却智巧地把一个个反例变成了确证它的例证。主要是靠推翻原来的观察性理论，以往的各种'反面证据'曾经是根据它们提出来的。在此过程中，他们自己也提出了一些新的反例，然后又解决了它们。他们'把每一个新的困难都变成了他们纲领的新的胜利'。"② 为了进一步说明研究纲领的韧性和它的硬核之可以逃避证伪而不被反驳，他还构造了一个虚拟的故事来说明他的见解。他写道：

"这是一个关于一起假想的行星行为异常的故事。有一位爱因斯坦时代以前的物理学家根据牛顿的力学和万有引力定律 N，和公认的初始条件 I，去计算新发现的一颗小行星 P 的轨道。但是那颗行星偏离了计算的轨道。我们这位牛顿派的物理学家是否就认为这种偏离是为牛顿理论所不允许的，因而一旦成立也就必然否定了理论 N 呢？不。他提出，必定有一

---

①　拉卡托斯：《科学研究纲领方法论》，上海译文出版社 1986 年版，第 67～73 页。
②　拉卡托斯：《科学研究纲领方法论》，上海译文出版社 1986 年版，第 67 页。

颗迄今未知的行星 P′在干扰着 P 的轨道。他计算了这颗假设的行星的质量、轨道及其他，然后请一位实验天文学家检验他的假说。而这颗行星 P′的大小，甚至用可能得到的最大的望远镜也不能观察到它，于是这位实验天文学家申请一笔拨款来建成一台更大的望远镜。经过三年，新的望远镜建成了。如果这颗未知的行星 P′终于被发现，一定会被当作是牛顿派科学的新胜利而受到欢呼。但是它并没有被发现。我们的科学家是否因此而放弃牛顿理论和他自己关于有一颗在起着干扰作用的行星的想法了呢？不。他又提出，是一团宇宙尘云挡住了那颗行星，使我们不能发现它。他计算了这团尘云的位置和特性，并请求拨一笔研究经费把一颗人造卫星送入太空中去检验他的计算。如果卫星上的仪器（很可能是根据某种未经充分检验的理论制造的新式仪器）终于记录到了那一团猜测中的宇宙尘云的存在，其结果一定会被当作牛顿派科学的杰出成就而受到欢呼。但是，那种尘云并没有被找到。我们的那位科学家是否因此就放弃牛顿的理论，连同关于一颗起干扰作用的行星的想法和尘云挡住行星的想法了呢？不。他又指出，在宇宙的那个区域存在着某种磁场，是这种磁场干扰了卫星上的仪器。于是，又向太空发射了一颗新的卫星。如果这种磁场能被发现，牛顿派一定会庆祝一场轰动世界的胜利。但是磁场也没有被发现。这是否就被认为是对牛顿派科学的否定了呢？不。于是又提出一项巧妙的辅助性假说。……于是整个故事就被淹没在积满尘土的一卷又一卷期刊之中而永远不再被人提起。"①

当然，拉卡托斯的这个虚构的故事，是过于夸大了牛顿派的理论家顽固地坚持他们纲领硬核的不可侵犯性了。但是这正是拉卡托斯的"研究纲领方法论"所要突出强调的基本思想：科学理论的韧性和研究纲领的硬核之不可反驳。他甚至走到了这一步：理论的不可反驳性（不可被经验反驳）乃是科学的真正标志。在讲完上面这个虚构的故事以后，他接着说："在科学史中正是那些最重要的、'成熟的'理论，在这方面看起来是无法证伪的。"② 他甚至还说："这样一来，面对经验证据，理论的顽固性就成了认为该理论是'科学的'这个论点的支持论证，而不是反证。

---

① 拉卡托斯：《科学研究纲领方法论》，上海译文出版社 1986 年版，第 23～24 页。
② 拉卡托斯：《科学研究纲领方法论》，上海译文出版社 1986 年版，第 25 页。

'不可反驳性'就成了科学的标志。"①

　　容易看出，拉卡托斯的科学研究纲领方法论也是汲取了迪昂的合理的整体主义思想，强调科学理论既不能被有限的观察证据所证实，也不可能明确地被证伪，从而克服了波普尔的简单证伪主义的片面性。然而，实际上，在波普尔的理论中，正如拉卡托斯所承认的，并不只是包含了那种具有片面性的简单证伪主义成分，而且还包含有拉卡托斯称之为精致的证伪主义的内容。当涉及精致的证伪主义思想时，波普尔就曾明确地强调："由于各种理由，任何理论系统最终地被证伪，仍然是不可能的。因为找到某种逃避证伪的方法总是可能的，例如特设性地引入辅助假说，对一个定义特设性地加以修改。甚至有可能采取简单地拒绝承认任何起证伪作用的经验的态度，而并不产生任何逻辑矛盾。"② 所以，波普尔同样在实际上承认一个理论要逃避证伪在逻辑上总是可能的，并且承认批评者对他的证伪主义的某些命题的批评是正确的。但问题在于：在波普尔看来，逃避证伪的方法是要不得的；而他的方法论理论"正是要排除逃避证伪的方法"。他说，科学检验的"目的不是去拯救那些站不住脚的理论体系的生命，而是相反，将所有理论暴露于最猛烈的生存竞争之中，用比较来选择其中的最适应者"③。所以，波普尔在作了经验科学的"辨别方法"的附加说明（即"特设性修正"是不允许的）以后，特别强调，正是"可证伪性"是科学与非科学的划界标准。他虽然承认，从逻辑上说，任何科学理论要逃避经验证伪总是可能的。但他同时强调："无可否认，科学家通常并不这样做。"④ 然而，波普尔的这个观念也经不起批判，而且与科学史的实际不符。正是在这一点上，拉卡托斯与波普尔彻底相对立。拉卡托斯在强调科学理论既不可证实又不可证伪时，特别地强调了成熟科学的典型特征是它的不可证伪性（或不可反驳性）；不可证伪性成了"科学的标志"。拉卡托斯承认他的科学研究纲领方法论与迪昂的整体主义或约定主义有着某种继承关系。他承认，他的方法论"从证伪主义和约定主义中都借用了必要的成分"⑤。但他同时也强调：他的"科学研究纲领方法

---

　　① 拉卡托斯：《科学研究纲领方法论》，上海译文出版社 1986 年版，第 26 页。
　　② 波普尔：《科学发现的逻辑》，科学出版社 1986 年版，第 16 页。
　　③ 波普尔：《科学发现的逻辑》，科学出版社 1986 年版，第 16 页。
　　④ 波普尔：《科学发现的逻辑》，科学出版社 1986 年版，第 16 页。
　　⑤ 拉卡托斯：《科学研究纲领方法论》，上海译文出版社 1986 年版，第 152 页。

论比迪昂的约定主义更加锐利"①。

但仔细分析起来，拉卡托斯的科学研究纲领方法论虽然包含了合理的整体主义思想，因而提供了许多富有启发性的有价值的方法论内容，但是同时，拉卡托斯却又不合理地强化了或弱化了迪昂的观念，因而也带来了某些严重的缺陷和不足。这些缺陷和不足主要表现在：①拉卡托斯过于强调了研究纲领的硬核不受检验，也不得修改，这就使得他的研究纲领的硬核过于僵化。事实上，并没有逻辑上的理由表明硬核是可以不受检验，也不得修正的，历史上的情况也并不如此，我们很容易举出反例（例如光学史、热力学史上的情况）。它们表明局部地修改硬核的成分而并不意味着丢弃研究纲领；一个研究纲领在硬核相继受到局部修改的情况下可以得到维护和传承。事实上，任何研究纲领（如果我们接受拉卡托斯的这个概念和用语的话）都会有一个逐步完善或成熟的过程，它不可能一旦被初步地提出就被科学共同体盲目地"约定"：其"硬核"是不可修改的。相反，在一个研究纲领形成和完善的过程中，它会受到其创始者和其他科学共同体成员的严格的理性的批判和审度，在不断完善其纲领的过程中，也不断修改或调整其硬核。就科学的特性而言，我十分赞同波普尔所强调的理性批判的精神，而不同意库恩式的非理性的"宗教皈依"，拉卡托斯虽然批判库恩的"暴民准则"（mob rules），但当他强调研究纲领的创始者及其拥护者通过"约定"而强行规定"硬核"不受检验也不得修改时，他其实是向库恩的"暴民准则"投降了。②在拉卡托斯的科学研究纲领方法论中，科学理论的检验活动失去了它的大部分意义，更不用说波普尔所强调的"严峻的检验"的地位了，所留下的只是要为研究纲领寻找到新颖的认证证据。并且这种寻找新颖的认证证据的活动甚至奇妙到了这种地步："如果研究工作者具有足够的动力，那么创造性的想象力就可能为哪怕'最可笑的'纲领找到新颖的认证证据。……科学家凭空得出幻想，然后有高度选择性地猎取符合这些幻想的事实。这一过程可以说是'科学创造其自己的宇宙'的过程（只要记住这里是在一种刺激性的、特有的意义上使用'创造'这个词的）。一派杰出的学者（得到富有社会的支持以筹措几项计划周密的检验的资金）可能成功地推进任何幻想的纲领，或者相反，如果他们愿意的话，可能成功地推翻任何任意选出的'业经

① 拉卡托斯：《科学研究纲领方法论》，上海译文出版社 1986 年版，第 154 页。

确立的知识'的支柱。"① 像拉卡托斯的这些议论，离蒯因妄图消解科学与神话的界限的怪论其实已经相去不远了。这是整体主义的陷阱。整体主义可以是合理的，但它确实也可以导向陷阱。难怪波普尔为了捍卫他的批判理性主义的"净土"要坚决拒绝整体主义，声称"整体论学说是站不住脚的"②。因为在蒯因和拉卡托斯的方法论里，波普尔所强调的"严峻的检验"不见了，他们所强调的只是经验结果的不确定性。但是，在部分的意义上，波普尔是对的，科学确实需要严峻的检验，科学家也都力图对相关的假说或理论做出严峻的检验。为了对科学理论或假说做出"严峻的检验"，有的科学家强调应当做出"干净的实验"。由于正如迪昂所已经指出：在科学实验中受检验的是科学家在实验中所使用的一整组假说或理论，所以即使实验结果与理论预测相矛盾，它所反驳的究竟是理论整体中的哪一个成分始终具有不确定性。因此科学家们努力做出"干净的实验"以对相关的假说或理论做出严峻的检验。所谓"干净的实验"，可以理解为在共同的背景知识之下，简单而结论明确的实验，因而这种实验常常被科学家认为是干净利落，其结论无可争议，可信度极高，因而是科学共同体往往能一致认同的实验。这种"干净的实验"不但被用来检验科学理论中的某种定律，而且往往被科学家用来检验科学研究纲领的某些"硬核"成分，例如，当代的科学家正努力要对广义（或狭义）相对论的基本假定分别做出检验。科学家和科学方法论学者都应关注于研究如何做出这种严峻检验的逻辑结构。③ 虽然认真推敲起来，科学家所做出的任何"干净的实验"，其"干净性"都只能是相对的，试图做出绝对"干净"的实验，是不可能的。但是对于科学进步而言，做出尽可能结论明确的"干净的实验"仍然是意义重大的。2003 年，首先在中国广东爆发，然后波及全球许多国家的 SARS 疫症，曾经震动世界，为了弄清 SARS 的病原体，科学家们曾经提出了种种假说，包括衣原体说、军团菌说、副黏液病毒说、某种冠状病毒的新变种说等等。对于这些不同的假说，科学家们不可能依据蒯因的原则行事："在任何情况下任何陈述都可以是真的，如果我们在系统的其他部分做出足够剧烈的调整的话，即使一个很靠近外围的

---

① 拉卡托斯：《科学研究纲领方法论》，上海译文出版社 1986 年版，第 137～138 页。
② 波普尔：《猜想与反驳》，上海译文出版社 1986 年版，第 342 页。
③ 参见林定夷《检验证据的价值与干净的实验》，载《中国社会科学》1998 年第 3 期。

陈述面对着顽强不屈的经验，也可以借口发生幻觉或者修改被称为逻辑规律的那一类的某些陈述而被认为是真的。……"科学家们也不可能依据拉卡托斯的原则行事："如果研究工作具有足够的动力，那么创造性的想象力就可能为哪怕'最可笑的'纲领找到新颖的认证证据。……科学家们凭空得出幻想，然后有高度选择性地猎取符合这些幻想的事实。……一派杰出的学者（得到富有社会的支持以筹措几项计划周密的检验的资金）可能成功地推进任何幻想的纲领，或者相反，如果他们愿意的话，可能成功地推翻任何任意选出的'业经确立的知识'的支柱。"相反，他们必须按照科赫原则行事。科赫原则①就是在这类问题（寻找病原体）上做出"干净的实验"所必须遵循或应当遵循的基本原则，或者说，它是在寻找病原体问题上做出"干净的实验"所必须满足的条件。对于科学研究而言，我以为，虽然实验结果的不确定性是不可能完全排除的，但是蒯因和拉卡托斯所倡议的那些原则是不利于科学进步的，甚至是有害的，而我们所主张的那种坚持通过做出"干净的实验"从而对科学假说或理论做出"严峻的检验"的方法才是有利于科学进步的。（关于如何做出"干净的实验"以及干净的实验必须满足的条件等问题的讨论，请参见拙文《检验证据的价值与干净的实验》②。）如果科学哲学不只是空谈，而是要对科学家的实际研究活动有所助益或启迪，那么我就建议应远离蒯因的那种"混沌的"整体主义，也要剔除拉卡托斯科学研究纲领方法论中带着蒯因影子的不合理成分。③在拉卡托斯的理论之下，对理论的检验（尤其是反常或反例）并不能为合理地评价和选择研究纲领提供任何合理的依据，实际上，拉卡托斯的理论不能为科学家合理地评价或选择科学理论或研究纲领提供任何可资利用的方法论原则。关于这个问题，我们将放到第七章中再予以讨论，此处我们暂时将它按下不谈。④拉卡托斯理论的另一个缺陷是不能形式化，它不像我们所提供的科学理论的检验模型那样能用少数

---

① 所谓科赫原则，是指：要确证某种疫病的病原体（例如病毒），必须进行四项系列实验以满足四项基本原则。其一是要求在该病患者身上发现某种病毒，而健康人身上却没有；其二是要能从患者身上分离出这种病毒，并使其在实验室的培养皿内繁殖；三是要用皮氏培养皿内的病毒使实验动物患上与人同样的疾病；四是要求从患病的实验动物身上分离出该病毒，并证明这分离出的病毒能在皮氏培养皿中繁殖，再感染未患病的实验动物。科赫原则是这四项的合取，即同时满足。

② 参见林定夷《检验证据的价值与干净的实验》，载《中国社会科学》1998 年第 3 期。

几个形式公式就能对它做出简洁而完全的描述，从而能清晰地合乎逻辑地导出它所蕴涵的结论。

以上我们大致讨论清楚了科学理论的检验结构与检验逻辑问题，更加深入的讨论则请参见本章第三节或拙文《检验证据的价值与干净的实验》[①]。

根据本节中我们对于科学理论的检验结构与检验逻辑的讨论，我们自然应得出如下明确的结论：除了在一个理论体系内部包含相互矛盾的命题（即理论本身不自恰），因而我们能从分析的意义上判定它为假以外，对于任何一个科学理论，我们企图通过经验的检验，是既不可能证实，也不可能证伪它们的。不但从我们所提出的科学理论检验的比较接近实际的模型，以及拉卡托斯的模型，我们应当得出这种结论，即使从波普尔的简化的模型，我们也必须得出科学理论不可被证实的结论，而且只要稍稍考虑到实际情况，波普尔也不得不得出他的逻辑结论："任何理论系统最终地被证伪，仍然是不可能的，因为找到某种逃避证伪的方法总是可能的。"而关于科学理论检验的这种不可回避的结论，实际上就否定了（或批判了）"科学的目标是向着与世界本体符合的真理逼近"的实在论者的朴素观念。正是从这个意义上，库恩曾经指出，虽然"我们全都深深地习惯于把科学看成是一种不断地接近于自然界预先安排的某些目的的事业"，"但是，需要有这样的目的吗？"他的结论是："为了更加精确，我们也许必须放弃这种明确的或含蓄的观念：规范的改变使科学家和向他们学习的那些人越来越接近真理。"[②] "所谓理论的本体论与它在自然界中的'实在'对应物相一致的看法，现在对我来说，似乎基本上是一种幻觉。"而劳丹则毫不含糊地指责这种真理符合论的实在论只是一种超验的形而上学。

对科学理论的检验结构与检验逻辑的讨论和分析，确已迫使我们不得不接受整体主义的结论。这种整体主义的结论，如果仅仅从字面意义上，而不是从夸张的意义上被引向陷阱，我们甚至也能同意蒯因的刻画："我们关于外在世界的陈述不是个别地，而是仅仅作为一个整体来面对感觉经验的法庭的。"当然，对于那个"整体"，我们最好还是回到迪昂：科学

---

① 林定夷：《检验证据的价值与干净的实验》，载《中国社会科学》1998年第3期。
② 库恩：《科学革命的结构》，社会科学技术出版社1980年版，第141～142页。

家在实验中所检验的是他在实验中所使用的一整组理论的整体。从这样的整体主义出发，我们不得不指出：所谓科学理论接受经验的检验，绝不只是理论与外部世界两者的关系。由于经验的背后也蕴藏着理论，所以，这种检验活动，至少在部分意义上（甚至在很大程度上）也包含着理论之间的相互比较。科学发展的重大目标导向之一固然是要求它的理论与经验一致，但是，当某个受检理论与某个（或某些）经验不相一致时，所应当受到指责的并不必然是理论，也可以是经验陈述；通过指责经验背后的观察性理论，就有可能把指责的矛头指向经验陈述。骤然看来，科学理论的检验活动的直接目的，是要检验那个受检理论的真伪，但作深入的考察后却能发现，把科学理论诉诸实验观察的经验检验，其实并不能实现这一功能。然而，对科学理论的检验，特别是通过"干净的实验"对科学理论做出严峻的检验，却又十分重要，它构成了科学活动的最基本的特征。因为正是通过这种检验活动，在科学理论必须与经验相一致的基本价值目标的导向之下，一方面，通过科学理论之间的相互比较而不断地做出修正和调整，使之不断地趋向相互协调、一致或融贯；另一方面，正是通过这种修改或调整，使得科学的总体在愈来愈趋向协调、一致和融贯的同时，愈来愈趋向于涵盖愈来愈多样的经验，并且有愈来愈强的解释力和预言力，以至于发挥出愈来愈强的指导实践的功能。在这一过程中，对于选择竞争理论而言，我们把科学理论诉诸经验的检验，虽然不能帮助我们判定出其中何者为真，何者为假，却能有助于我们对它们做出评价：评价它们的优劣。关于科学理论的评价，我们将放到第七章再去讨论。

第二节　再论科学理论的检验结构与检验逻辑

我在公布了我关于"科学理论的检验结构与检验逻辑"的理论以后，有幸获得了学界的关注，特别是有学者对我的理论提出了进一步的探讨。我以为，这种探讨，十分有利于学术的进步。我也十分欢迎本书的读者对我的相关理论做出深入的思考和批判性的讨论。为了有利于读者对我的理论观念及其论证做出深入的批判性的思考，我把我发表在《华南理工大学学报（社会科学版）》2011年第6期上，回应华中科技大学教授万小龙及其研究生刘洋的文章：《再论科学理论的检验结构与检验逻辑——兼与刘洋、万小龙先生商榷》作为本章的第二节的内容。因为这既有利于不同观念的讨论，也包含着我对"科学理论的检验结构与检验逻辑"这个问题的进一步思考。

一个偶然的机会，从网上得知华中科技大学万小龙教授和他的研究生刘洋在《华南理工大学学报》（社会科学版）上发表了一篇与我商榷的文章：《科学理论可检验性问题的新理解——兼与林定夷教授商榷》。我十分高兴，想看看他们的文章，以便得到他们的赐教。于是我立即给华南理工大学学报编辑部打电话，想求得两位先生所撰的这篇文章的样本。感谢华南理工大学学报编辑部，他们立即给我寄来了载有他们两位文章的《华南理工大学学报》（社会科学版）2010 年第 6 期（2010 年 12 月出版）。阅读了万、刘的文章以后，内心十分想再写一篇文章来与他们讨论，并求教于他们和其他对此问题感兴趣的读者，但由于其他事情的干扰加上精力有限，把此事耽搁了一段时间。现在我终于把我心里想写的东西写出来了，以求教于万、刘两位先生和广大读者们。

一

看完刘洋和万小龙先生的文章，给我最深刻的印象是：他们对我的文章及其中所构建的模型的理解是正确的。这一点令我十分高兴，在当前国内学术风气浮躁的氛围下，它甚至让我感到有些难能可贵。因为最近几年来，我已经累累遇到这样的情况：有一些作者，引用我的文章，甚至是以赞同的态度引用或引述我的文章，但他们根本没有读懂我的文章和其他相关重要作者的文章，甚至没有去读过所要讨论的相关重要作者的文章，结果就把我的观点和其他重要作者的观点相混淆，甚至作了颠倒性的混淆。还有一些作者，虽然主动向我转述了某作者在文章中对我的观点作了颠倒性的混淆，但在他自己事后所撰写的并寄给我的著作中，却又把我文章中的论述所指的适用范围作了不应有的变迁，并把这种变迁后的观点说成是我的观点。像这种情况，充分说明了这些作者学风上的浮躁。像这样的所谓引用或者评论，尽管像是以肯定的观点来支持我的学术见解，但实在让我难以承受，甚至让我感到哭笑不得。因为像这样的所谓引用或者评论，绝不会把学术研究推向前进，相反，它只能把真正的学术研究氛围搅成一池浑水。所以，近几年来，我总想有机会说说这些事情。而万小龙和刘洋的文章却不同，他们对我的文章以及我所构建的模型的理解是正确的，并在此基础上对我的学术见解以及我所构建的模型提出批评和进一步的讨论。尽管我对万小龙、刘洋先生的文章中的见解持有很不相同看法，但我十分看重他们的文章。因为他们这样做十分有利于理清学术问题，使我们能够在这个基础上把相关的学术研究进一步引向深入。

我十分希望我国学术界能不断地摆脱那种浮躁的风气。

二

我曾经在《科学理论的检验结构与检验逻辑》一文中，重述了我此前曾以简明的方式，所重构的著名的波普尔的简单证伪主义关于科学理论检验的模式。它可以简单地表示为：

(1) $T \rightarrow P$

(2) S_0 可靠。

(3) $S_0 = \begin{cases} P \\ P \end{cases}$

按照这个简化的模型，就可以构建出关于科学理论检验的逻辑模式：

$$(T \rightarrow P) \wedge P \rightarrow T \vee \overline{T}$$

和
$$(T \rightarrow P) \wedge \overline{P} \rightarrow \overline{T}$$

我在文中除了肯定波普尔模式的正面启发价值以外，也批评了波普尔的简单证伪主义观念，指出它舍象掉了科学理论检验中的许多重要的实际因素，因而严重地偏离了实际。根据科学史以及现实科学中的科学理论检验的实际，我构建了一个关于科学理论检验的比较接近实际的模型，它可简要但却完整地表示为：

(1) $T \wedge C \wedge H \rightarrow P$

(2) S_0 可错

(3) $S_0 = \begin{cases} P \\ \overline{P} \end{cases}$

其中，T 表示受检理论，C 表示一组初始条件和边界条件的集合，H 表示其他相关辅助假说的集合，P 表示检验蕴涵，S_0 表示观察陈述。

在上述三条简要的描述中，式（1）表示要从受检理论 T、一组初始条件和边界条件的集合 C 以及相关的辅助假说集 H 的合取中，才能导出检验蕴涵 P。式（2）表示观察陈述 S_0 是可错的。式（3）表示所获得的观察陈述 S_0 与理论所导出的检验蕴涵 P 是相关的，它或者肯定 P，或者否定 P。

按照这个比较接近实际的模型，就可以按照如下两个逻辑重言式从逻辑上来讨论科学理论的检验问题：

(1) $(T \wedge C \wedge H \rightarrow P) \wedge P \rightarrow (T \wedge C \wedge H) \vee (\overline{T \wedge C \wedge H})$
$$\rightarrow (T \vee \overline{T}) \vee (C \vee \overline{C}) \vee (H \vee \overline{H})$$

(2) $(T \wedge C \wedge H \rightarrow P) \wedge \overline{P} \rightarrow (\overline{T \wedge C \wedge H})$
$$\rightarrow \overline{T} \vee \overline{C} \vee \overline{H}$$

万小龙和刘洋的文章认为我所构建的科学理论的检验模型不合乎科学实际，而他们则在我所构建的模型的基础上构建了他们认为更为合乎实际的科学理论检验的模型。他们所构建的模型包含两个部分，其第一部分是我所重构的表述波普尔思想的模型下的检验逻辑，即：

$$(T \rightarrow P) \wedge P \rightarrow T \vee \overline{T}$$

和
$$(T \rightarrow P) \wedge \overline{P} \rightarrow \overline{T}$$

其第二部分则是他们新加进去的东西，即：

$$((P \wedge C \wedge H) \equiv S) \wedge S \rightarrow P \wedge C \wedge H$$
$$((P \wedge C \wedge H) \equiv S) \wedge \overline{S} \rightarrow \overline{P} \vee \overline{C} \vee \overline{H}$$

在这里，直观地看来，万、刘与我的分歧，是直接关于科学理论检验模型的分歧，但是，实际上，在其背后，却是关于科学理论检验的实际、逻辑以及其他方法论理论的分歧。

万、刘强调，在他们所构建的被他们视作更加符合科学实际的模型中，科学理论的检验将包含如下过程："（从）全称陈述的科学理论导出一个单称科学陈述，这一单称陈述接着又导出一个受检蕴涵，最后将这一受检蕴涵与初始条件、边界条件的集合以及辅助性假说等因素合取导出可被经验检测的检验结果。"

问题在于：首先，从作为全称陈述的科学理论中，不借助于初始条件和边界条件的陈述能直接导出任何一个单称陈述吗？这是一个基本的逻辑问题。万、刘在文章中对此作了肯定的回答。他们认为能够从作为全称陈述的科学理论中导出作为事实陈述的单称陈述。但这明显地是错误的。逻辑告诉我们，仅仅从普遍命题或它们的合取中，只能导出某种条件句，而不能导出任何关于事实陈述的单称命题。事实上，即使在他们自己的文章中，也已经包含了这样的意思。他们在其认为可以从作为全称陈述的科学理论中直接导出单称陈述的时候，列举了这样的逻辑依据：$\forall x$

（Fx→Gx）→（Fa→Ga）。但十分明显，他们所列举的这个公式正好说明了从纯粹的全称陈述中只能蕴涵某种条件句，它们具有"如果……则……"这种语句形式。例如，在他们的这个公式中是"如果Fa，那么Ga"。这里，Fa是某种待确定的假言陈述，它所涉及的就是在实验或观察中待满足的条件；而Ga则是在实验观察中可予以肯定或否定的单称观察陈述。从他们所列举的这个公式就已经明白地显示，仅仅从任何普遍命题或它们的合取中，只能导出某种条件句，而不能直接导出任何可观察事实的单称陈述。这是十分明显的。当然，在科学中，关于初始条件和边界条件的任何假定，也必须是可观察或可检验的。但这些初始条件和边界条件本身，只有通过实验或观察的设计和实施才能被满足，而从理论中则只能导出某种以条件句形式出现的假言判断（"如果……则……"）。这是十分明白的。这是万、刘文章中出现的逻辑上的第一个错误。其次，在万、刘的文章所构建的模型中，出现了如下的公式：

$$((P \wedge C \wedge H) \equiv S) \wedge S \rightarrow P \wedge C \wedge H$$
$$((P \wedge C \wedge H) \equiv S) \wedge \overline{S} \rightarrow \overline{P} \vee \overline{C} \vee \overline{H}$$

我想，他们在这个公式中所用的符号"≡"是"等值"的意思，相当于双蕴涵，它在现代的一般通用的逻辑教科书中通常被用符号"↔"来表示。如果在他们的逻辑公式中的符号"≡"就是指"等值"，那么它在逻辑上则是完全不通的。我想，他们的本意是想说从P∧C∧H能够导出S，相当于说（P∧C∧H）⊢S，在这里，符号"⊢"（可推出）的前件和后件的关系虽然不同于蕴涵式的前件和后件的关系，但却蕴涵了前件与后件之间的蕴涵关系。因此，如果（P∧C∧H）⊢S能够成立，那么，从理论上说，（P∧C∧H）→S是能够成立的。但是要说（P∧C∧H）↔S，那却是不能成立的。这在逻辑上也是明显的。

以上所言表明，他们的模式，仅仅从逻辑上说，就是不能成立的。

其次，就科学中科学理论检验的实际而言，他们所构建的模式以及他们对我的批评也是不能成立的。例如，他们在文章中承认我为我的模型所得出的四个方面的结论所引证的几个历史事实都是准确的，但他们却又用这些事实来做出相反的解释，以便为他们在逻辑上都不能成立的模式做辩护。但在我看来，他们所做出的解释和辩护，不但在逻辑上，而且在史实上也都是不能成立。且看：

他们说："林先生用'当考夫曼于1906年宣布，他用高速电子实验

'证明'在他的实验中'量度的结果同洛伦兹－爱因斯坦假定不相容'这个科学实例来说明当理论的预言与实验结果相矛盾时，不一定说明理论错了，而可以怀疑实验（或观察）结果的正确性，这个例子举得很恰当。但它正好说明了考夫曼实验验证的不是从相对论理论与其他'初始条件和边界条件的集合以及其他辅助性假说的合取'中导出的检验蕴涵，而是从相对论理论中导出的单称陈述'考夫曼1906年高速电子实验中的电子符合洛伦兹－爱因斯坦变换'与实验误差的合取。"万小龙、刘洋的这段话真让人费解。它在逻辑上不能成立，前已说明。即使在实际上，它也是完全背离史实的。我不知道他们是否考查了有关史实。但从字面来看，我敢断言，他们未曾做过史实上的任何考证。关于有关史实的说明，说来话长，我们准备在下文中另作说明。在这里，我们暂时只对其他容易说明的有关史实做简要的讨论，并与万、刘二位商榷。

　　万、刘二位说："林先生用'天王星的实测轨道与根据牛顿理论所计算的轨道不符'，导致伽勒于1846年终于发现了海王星作为例子来说明当理论预见与实际观察不符时，可能是初始条件与边界条件的问题而不一定是理论本身的问题。不过，这个例子正好形象地说明了当时的科学家不是在用经验检验牛顿理论与'初始条件和边界条件'合取推出的逻辑后承，而是检验的从牛顿理论单独推出的逻辑后承'天王星与太阳之间有符合万有引力定律的引力'与初始条件和边界条件'唯一要记入的就是这个引力'这两者的合取。"他们的这个说法也是十分奇怪的。仅有牛顿三大定律和万有引力定律（它们与质量、惯性、力等等基本概念的定义一起，构成了作为牛顿理论之逻辑出发点的基础命题）就能导出天王星的理论轨道吗？不能！即使试图粗略地当作"二体问题"看，为了从牛顿理论中导出天王星的理论轨道也必须引进如太阳的质量、天王星与太阳的距离以及天王星在轨道的某一点上的切线速度等等关于初始条件和边界条件的初始假定。至于想要从牛顿理论中导出直接可接受经验检验的可观察命题，那就更要引进其他更多的关于初始条件、边界条件以及其他相关的辅助假说了。因为为了要从牛顿理论中导出可以直接接受经验检验的可观察命题，例如在某年某月某日某时，天王星在天区的某个仰角上，那就必须首先从牛顿理论导出天王星的轨道，然后还必须引进更多的关于相关的初始条件、边界条件和其他的辅助假说，通过复杂的运算，才能反推出可与观察经验相比较的可观察命题。认为仅仅从牛顿理论，无须引进相关的初始条件、边界条件和别的辅助假说的假定，就可以直接导出可与观察经验相比较的可观察陈述，从科学的角度看，那简直是笑话。

此外，他们还说："林先生根据'当能量守恒定律与当年的 β 衰变实验的结果不符时，泡利实际上就是通过设定一个辅助性的假说（中微子假说）而维护了能量守恒定律'，这个科学史实说明辅助性假说能够帮助理论逃脱被证伪。但（这个）例子正好说明了：虽然能量守恒定律逃脱被证伪是因为从能量守恒定律中推出的单称陈述'在那次 β 衰变实验中能量守恒'与'在那次 β 衰变中不存在中微子作用'的合取被证伪了。但如果'在那次 β 衰变中存在中微子的作用'这个辅助性假设是真的，那么'在那次 β 衰变实验中能量守恒'这个陈述就没有被证伪，那么，能量守恒定律就没有被证伪。"万、刘两位先生的这个说法又是十分奇怪的。事实上，在泡利于 1931 年提出中微子假说并以此来维护了能量守恒定律以前，科学中并没有"中微子"这个概念，在此之前的任何涉及 β 衰变的实验中，会有哪位科学家会想到"在 β 衰变的实验中不存在中微子的作用"这个假设并检验这个假设呢？这不是杜撰了"史实"吗？万、刘两位先生在这里闹了一个完全不应有的笑话。事实上，泡利的中微子假说即使在 1931 年以后也没有如万、刘两位所说的那样"在那次 β 衰变中存在中微子的作用"被证实，从而才维护了能量守恒定律。中微子的存在实际上是直到 20 世纪 50 年代以后，由于有了较大的反应堆，才终于通过间接的途径发现了中微子存在的效应，从而才使得泡利的中微子假说从实验观察中获得了支持，而在此之前，β 衰变实验对能量守恒定律的冲击主要就是通过泡利的中微子假说以及在此假设的基础上由费米于 1932 年提出的"β 衰变理论"而得到了维护。

万小龙、刘洋两位先生坚持认为从全称的科学理论导出的检验蕴涵能够"可靠地"被证实被证伪，强调"在我们的逻辑程序中，如果'当待检验蕴含与实验结果不相容时，指责受检理论（固然）没有必然可靠性'，但如果'待检验蕴涵被可靠地验证为假时，指责受检理论为假就有必然的可靠性'，因为待检验蕴涵是被受检理论单独推出的"。在这里，万、刘两位是顽强地维护了波普尔的简单证伪主义的观点。但实际上，他们的观点比起波普尔的简单证伪主义观点来，也是严重地大大倒退了。因为，第一，波普尔曾经多次明白地强调，从逻辑上来说，证实或证伪任何一个科学理论或假说都是不可能的，他仅仅是从实用的意义上，强调了证实与证伪的不对称性，从而强调了科学理论被证伪的可能性，即简单证伪主义的观念。他说："人们可能这样说，即使承认不对称性，由于各种理由，任何理论系统最终地被证伪，仍然是不可能的。例如，特设性地引入辅助假说，对一个定义特设性地加以修改甚至有可能采取简单地拒绝承认任何起证伪作用的经验的态度，而并不产生矛盾。无可否认，科学家通常并不这样做。但是，从逻辑上说这样做是可能的。人们会说，这个事实就使得我提出的划界标准的逻辑价值，变得至少是可疑的。"① 波普尔承认："提出这些批评是正当的。"也因为如此，他才强调了他的可证伪性标准"还不能直接应用到一个陈述系统上去"。第二，更严重的是，万、刘二人在科学理论的检验结构上，是从波普尔那里严重地倒退了。因为波普尔虽然简化地使用了否定后件推理 $(T{\rightarrow}P){\wedge}\bar{P}{\rightarrow}\bar{T}$ 来阐述了他的简单证伪主义观念，但实际上他并不认为从作为全称陈述的科学理论能够直接导出检验蕴涵，而是必须引入相关的初始条件或边界条件的假定。他使用 $(T{\rightarrow}P){\wedge}\bar{P}{\rightarrow}\bar{T}$ 这个公式只是为了"简化"而已。波普尔曾明确地说："这里说到的证伪的推理方法——用这个方法，一个结论的被证伪必然得出结论从之演绎出来的那个理论系统被证伪——是古典逻辑中的假言直言三段论的否定式。这个方法可以描述如下：设 P 是一个陈述系统 T 的一个结论，这系统可以由理论和初始条件（为了简便的缘故，我不区分这两者）组成。然后我们把 P 可以从 T 导出的关系（分析蕴涵）表示为 T→P，读作'P 从 T 导出'。假设 P 是伪的，我们可以写作'$\bar{P}$'，读作'非 P'。已知演绎关系 T→P 和假设 $\bar{P}$，我们能推出 $\bar{T}$（读作非 T），就是说，我们把 T 看作已被证伪。"十分明显，波普尔是十分明白理论必须结合初始条件（和边界条件）才能导出检验蕴涵的，只是"为了简便的缘故"，他才不区分这两者。而万、刘两位竟然认为无须引进任何初始条件和其他辅助假说，就能够从作为普遍命题的科学理论中直接导出单称的观察陈述。这从逻辑上和波普尔的差距就不是一点点了。虽然波普尔在这段论述中在逻辑上也犯了一个不算小的错误②。

---

① 波普尔：《科学发现的逻辑》，科学出版社 1986 年版，第 16 页。
② 这里，波普尔犯了一个把符号"⊢"和"→"的含义相混淆的错误，后来，波普尔自己对此错误有过一个说明。

三

前面，我们曾经谈到考夫曼的高速电子实验，万、刘二人虽然承认我所谈及的考夫曼实验"这个例子举得很恰当"。但他们却又拿这个实验做出了古怪的解释，别出心裁地认为："但它正好说明了考夫曼实验验证的不是从相对论理论与其他'初始条件和边界条件的集合以及其他辅助性假说的合取'中导出的检验蕴涵，而是从相对论理论中导出的单称陈述'考夫曼1906年高速电子实验中的电子符合洛伦兹－爱因斯坦变换与实验误差的合取'。"他们的这段话当然让人费解。所以我在本文第二节中指出，万、刘的说法不仅在逻辑上不能成立，而且也是完全背离史实的。我在那里说："我不知道他们是否考查了有关史实。但从字面来看，我敢断言，他们未曾做过史实上的任何考证。"但由于有关史实的讨论，会把第二节的内容拉得太长，就暂时把它从略了，现在我们就来专门讨论这个问题。因为对这个问题的讨论，对理解科学理论的检验结构和检验逻辑是十分有意义的。当年，为了通过案例来研究科学理论的检验结构和检验逻辑，我的笨拙脑袋在这个案例上也确实曾花费过不少有限的时间。

爱因斯坦曾经于1905年9月在德国的《物理学杂志》上发表了有历史意义的《论动体电动力学》一文，首次系统地公布了他所创建的狭义相对论理论。1906年，考夫曼就在同一杂志上发表了《关于电子的结构》一文，其中就用他所设计的高速电子实验对爱因斯坦的相对论做出了验证，宣称"量度的结果同洛伦兹－爱因斯坦的基本假定不相容"。这个实验对刚刚产生的尚未在科学界立足的爱因斯坦的狭义相对论产生了严重的冲击。此后，1907年，爱因斯坦又在德国《放射学和电子学年鉴》上发表了新的详细论文《关于相对性原理和由此得出的结论》，其中不但详细展开了相对论的原理，把力学和电磁学统一起来，甚至还开始涉及广义相对论理论的构思。在该文的第二部分"电动力学部分"中还专门列了一节（文章的第十节）来讨论了考夫曼的实验，其题目是"关于质点运动理论的实验证明的可能性。考夫曼的研究"。在文中，爱因斯坦首先讨论了检验相对论中关于电子运动的结论的两种可能性，认为这种可能性其首要的出发点应是"带电荷质点的运动速度的平方相对于c^2不可忽略时才可出现"，根据这一要求，爱因斯坦提出了两种可能性。其一是用高速阴极射线，其二是用β射线。进而爱因斯坦否定了在当时的条件下前一种可能性而肯定了第二种可能性。爱因斯坦指出："在 β 射线方面（实际上）只有量 A_e 和 A_m 是可观测的。"他认为："考夫曼先生以令人钦佩的细心测定了镭－溴化物微粒发出的 β 射线的 A_e 和 A_m 之间的关系。"然后，爱因斯坦进一步讨论了考夫曼的实验如下：

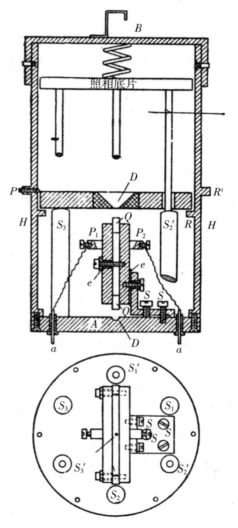

图 1　考夫曼高速电子实验装置示意图

论科学中观察与理论的关系

"他（指考夫曼）的仪器的主要部分在图 1 中是以原来的尺寸描绘的，它基本上处于一个不透光的黄铜的圆筒 H 中，这个圆筒放在抽空了空气的玻璃容器中，在 H 的底部 A 的一个小穴 O 中，放着镭的微粒。由镭发出的 β 射线通过电容器的两块板 P_1 和 P_2 之间的空间，穿过直径为 0.2 毫米的薄膜 D，然后落到照相底片上。射线将被电容器两极 P_1 和 P_2 直径形成的电场以及一个大的永磁铁产生的同方向的磁场相互垂直地偏转，那么由于一个具有一定速度的射线的作用就在照相底片上画出一个点，而所有不同速度的粒子的作用合起来则在底片上画出一条曲线。

图 2 显示了这种曲线[1]，在准确到横坐标和纵坐标的比例尺的程度上，描绘了 A_m（横坐标）和 A_e（纵坐标）的关系。在这曲线之上，用叉号指明按照相对论算出的曲线，并且其中关于 $\frac{\varepsilon}{\mu}$ 的值取 1.878×10^7。

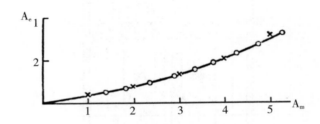

图 2　考夫曼的实验结果

考虑到试验的困难，我们可以倾向于认为结果是颇为一致的。然而出现的偏离是系统的而且超出了考夫曼先生的试验误差的界限。而且考夫曼先生的计算是没有错误的，因为普朗克先生利用另一种计算方法所得结果同考夫曼先生的结果完全一致。[2]"

以上所谈到的是考夫曼实验对相对论所做出的检验，图 2 中带叉的曲线是由相对论从理论上所导出的结果，相当于由相对论所做出的检验蕴涵（集）；带小圆圈的曲线是考夫曼实验结果所得的曲线，相当于由考夫曼实验所做出的观察陈述（集）。显然，从相对论导出检验蕴涵时，其前提

---

① 图中给出的读数是照相底片上的毫米数。标出的曲线不是真正观察到的曲线，而是略去了无限小的偏离后所得到的曲线——考夫曼原注。

② 参见普朗克《德国物理学会会议录》，Ⅷ年度，第 20 期；Ⅸ年度，第 14 期，1907 年。

中都必须引进由考夫曼所用实验仪器所给出的条件集（如考夫曼实验所用的仪器的结构和尺寸、镭微粒所释放 β 射线中不同电子的速度分布等），此外，还要引进与此次实验的仪器结构无关的其他辅助性假说（如电子的静止质量等等）。而考夫曼的实验正是要用他的实验来检验相对论理论结合着该实验所给出的条件以及所引进的相应的辅助假说集而做出的那些检验蕴涵。

　　万小龙、刘洋在他们的文章中认为，科学家"从来不是从受检理论、一组初始条件和边界条件的集合以及其他辅助性假说的合取中，导出这种与可观测经验相比较的检验蕴涵，更不是'才能导出'检验蕴涵的"。请读者注意万、刘两位的说法与实际的科学理论检验之间的"天壤之别"。在我看来，他们的这种说法，实在是太缺少了对实际检验过程的知识和理解了。进一步来说，万小龙、刘洋两位先生坚持认为从全称的科学理论导出的检验蕴涵能够"可靠地"被证实或被证伪，同样是不能成立的。这涉及两方面的问题。第一，仅仅"从全称的科学理论"能导出可与观察陈述相比较的检验蕴涵吗？第二，观察陈述一定是可靠的吗？关于第一点，前面已经做了清楚的说明。关于第二点，我们再结合着考夫曼的实验做一点必要的说明，看看爱因斯坦和其他科学家们是怎么看待这个问题的。爱因斯坦就在他所写的那篇《关于相对性原理和由此得出结论》的论文中，虽然一方面他承认考夫曼实验中"所出现的偏离是系统的而且超出了考夫曼先生的试验误差的界限。而且考夫曼先生的计算是没有错误的，因为普朗克先生利用另一种计算方法所得结果同考夫曼先生的结果完全一致"。但是，爱因斯坦却一方面怀疑考夫曼试验装置可能有问题，认为"至于这种系统的偏离，究竟是由于还没有考虑到的误差，还是由于相对论的基础不符合事实，这个问题只有在有了多方面的观察资料以后，才能足够可靠地解决"。另一方面，爱因斯坦还注意到，考夫曼的实验结果虽然与相对论发生系统偏离，但却与阿布拉海姆和布雪勒的电子运动理论所给出的曲线更为一致。然而，爱因斯坦是否就认为他的相对论就已经被考夫曼的实验所证伪了呢？不！作为当时才 28 岁的年轻科学家，他却明确地指出："在我看来，那些理论（指阿布拉海姆和布雪勒的理论）在颇大的程度上是由于偶然碰巧与实验结果相符，因为它们关于运动电子质量的基本假定不是从总结了大量现象的理论体系得出来的。"事后表明，爱因斯坦的这两方面的怀疑都是正确的。关于考夫曼的试验装置，后来法国科学家居耶和拉旺希从理论上分析了考夫曼的实验装置是有毛病的。居耶和拉旺希的这种解释得到了科学界的普遍接受。关于电子的质量，也表明当时的值是不准确的。而年轻的爱因斯坦的相对论却获得了全世界科学界的普遍接受，构成了物理学中的一次伟大革命（这涉及科学理论的评价，关于如何评价科学理论，建议读者细读本书第七章）。

万小龙和刘洋在文章中还针对我对科学理论检验结构的模型中所强调的主要思想——"要从受检理论 T、一组初始条件和边界条件的集合 C 以及相关的辅助假说集 H 的合取中，导出检验蕴涵"（他称之为观点 'C'）和"才能导出检验蕴涵"（他称之为 C#），批评说："持有观点 C 或增强版的 C# 的科学家实际是对他们的科学实践工作的一个业余科学哲学表述，而持有观点 C 或 C# 的科学哲学家很可能从这里开始对科学理论的可检验性问题的讨论误入歧途。"我且不论我是否"误入歧途"，我倒想在这里讨论一下著名的物理学家兼科学哲学家皮埃尔·迪昂的观点。法国的著名科学家兼科学哲学家皮埃尔·迪昂在科学哲学界都是一个举世闻名的人物，他对 20 世纪的科学哲学的发展留下了不可磨灭的贡献。那么，作为一个有很高科学哲学素养的著名物理学家，他对科学理论的检验是怎样看的呢？请看他在他的名著《物理学理论的目的与结构》一书中是怎样说的。在那本书中，皮埃尔·迪昂曾经深刻地分析了科学实验中的复杂的认识论问题。他指出，科学仪器的背后就包含有一大堆的科学理论或假定，所以，当科学家使用仪器的时候，就意味着"也在暗中承认为这些仪器的使用提供辩护的理论是精确的"①。他还指出，在科学检验活动中，我们实际上是不可能从某个科学原理或命题中直接导出可接受检验的预言（检验蕴涵）的。他分析说，在科学中"为了从这个命题导出对一个现象的预言，为了设计用来说明这个现象是否出现的实验，为了解释实验的结果即被预测的现象有没有产生，他并不限于使用当前的命题，而是使用一整组他所接受并视之为毫无疑问的理论。一种现象被人预言，但并没有出现，争端是彻底解决。但是，预言这种现象的并不是受到挑战的命题，而是还要加上一整组其他理论。如果预言的现象没有出现，出错的就不单单是受到质疑的命题，而且还有物理学家使用的整个理论框架。实验仅仅告诉我们，在用来预言现象并确定现象能否出现的众多命题中至少有一个

① 皮埃尔·迪昂：《物理学理论的目的与结构》，中国书籍出版社 1995 年版，第 206 页。

出了差错。但是这个错误出在哪里，实验可就三缄其口了。"① 所以，迪昂突出地强调说："一项物理学实验永远不能拒斥一个孤立的假说，它只能拒斥整个理论的组合。"② 所以，皮埃尔·迪昂通过对实验的认识论分析，他实际上已向我们明确地指明，在科学实验中，我们试图通过有限数目的实验和观察（而科学中的实验和观察的数目总是有限的），想要证实某种科学理论或普遍原理固然不可能，而要想明确地证伪它同样是不可能的。请问万、刘二位先生，在看了皮埃尔·迪昂的这些论述以后，你们做何感想呢？皮埃尔·迪昂的这些影响深远的见解，是否如你们所说的那样，是"对他自己的科学实践工作的一个业余的科学哲学表述"呢？

就我自己而言，我确实不是学哲学出身。我本来是一个"工科佬"，名义上学了 8 年工科。但我命运不济，年轻的时候，就被当作一颗螺丝钉，被强制地安放到了哲学教师的岗位上。但我从事科学哲学研究，有一个强烈的愿望，总是希望我所得出来的科学哲学结论，一定要符合科学的实际（在简化模型的基础上）。从这一点出发，所以，在哲学上，我不太认同逻辑实证主义和后现代主义的研究思路。为此，我在于 2009 年出版，2010 年又重印的拙著《科学哲学——以问题为导向的科学方法论导论》的"序言"中明确地写道："……从这一点出发，所以，我不太认同某些逻辑实证主义者和近些年来很时兴的后现代主义科学哲学的观点和原则。而且，我对科学家们，特别是那些哲人科学家们的哲学思考的关注，可能更甚于对专业哲学家们的专业思考的关注，因而，在某种程度上，我对科学家们的哲学著作的关注更甚于对哲学家们的专业著作的关注，尽管从数量上未必如此。"我的这些做法和想法，当然有可商量之处，欢迎万、刘二位给予批评指正。至于万、刘二位在文章中所表达的对我的模型进行批评的重要见解中，更为基本的还在于双方对研究科学哲学的方法论思考的不同，我将在下一节中再予以较详细的讨论。

四

刘洋、万小龙两位先生在他们的文章中指责我所构建的模型时说：

---

① 皮埃尔·迪昂：《物理学理论的目的与结构》，中国书籍出版社 1995 年版，第 208～209 页。

② 皮埃尔·迪昂：《物理学理论的目的与结构》，中国书籍出版社 1995 年版，第 207 页。

"C 和 H 的形式地位是相同的，就没有必要把 C 和 H 两种在逻辑上平权的因素分别讨论。……仅列出 C 和 H 也并不能穷尽影响检验结果的因素。"我认为在这背后所涉及的是构建理论和模型的方法论问题。这个问题确实需要很好地进行讨论。下面我就把我在这个问题背后的方法论思考端出来和诸位讨论。

在形式上平权的东西就无须把它们区别开来讨论吗？一种理论的建构是否应当像列宁所曾经要求的那样必须考虑到复杂现象和过程一切方面、一切条件、一切因素呢？这正是我们应当考虑清楚以免误入歧途的。

在形式上平权的东西就无须把他们区别开来讨吗？这个论点当然是不能成立的。如果这个论点真的能够成立，那么，逻辑学中的合取和析取概念都没有存在的必要了，相应地"∧""∨"这样的符号也应该从一切逻辑系统中抹去。因为在任何合取或析取的式子中，其中的任何成分在形式上都是平权的。基于此，那么在他们自己文章中所使用的各种逻辑式子中的合取项或析取项也都应当取消而归一。能够这样吗？这种观念的不合理性是无须讨论的。所以我们宁愿花更多的笔墨来讨论另一个问题：构建一种模型或理论是否应当而且必须考虑到复杂现象和过程的一切方面、一切条件、一切因素？或者如万、刘二位在指责我对科学理论的检验结构与检验逻辑的理论或模型时要求的那样，应当"穷尽影响检验结果的一切因素"呢？

我曾经在《中山大学学报》（1995 年第 1 期）上发表了《"抽象——具体"方法之重构》一文，其中就表述了我对构建理论或模型的一般方法论观念。该文的内容后来就写进了我于 2009 年 10 月出版并于 2010 年 10 月重印的专著《科学哲学——以问题为导向的科学方法论导论》之中，成为其中的一节（第三章第二节）。我对构建理论或模型的一般方法论观念简要地说来就是：

MP_0：方法论上的一个重要的，但迄今为止仍很少被方法论学家正面阐述的是如下的原理，它可以被表述为研究对象的高复杂性与关于所研究对象的理论的高精确度不兼容。

我们可以简要地把这个原理称之为"不兼容原理"。这个原理的一些较直接的推论就构成如下重要的方法论原则 MP_1、MP_2、MP_3 和 MP_4。

MP_1：自然界和社会的过程大都十分复杂，对于这些复杂的过程本身，我们不可能直接构建出关于它们的高度精确的理论。

MP_2：为了构建精确的理论，我们必须把研究对象简化。

由于 MP_1 和 MP_2 所造成的困境，在人类的科学史和认识史上曾经不断地在摸索中寻求出路。自有文明史以来，特别是从近代科学产生以来，人们终于产生出并不断地完善了科学中的"抽象方法"。

MP_3：欲构建精确的理论，必须运用抽象方法；抽象方法的实质是把研究对象简化。

MP_4：抽象方法的一个重要类型是模型化方法。模型化方法的实质是通过构建与真实世界对象相似的，但却大大简化了的模型，来研究真实世界中的复杂对象或对象系统，以便为它们构建出相应的精确理论。

MP_3、MP_4 连同 MP_1 和 MP_2 一起，在近代科学的发展中，起了十分重大的作用，它们不仅大大地推动了近代各门自然科学迅速地走向成熟，而且也成了近代科学各门学科是否达到成熟的一种标志。

一般来说，MP_1、MP_2 和 MP_3、MP_4 可以向我们提供如下的方法论启示：为了理解自然界（社会亦同），我们不能试图按自然界对象本来所呈现的样子去直接把握自然界；相反，为了理解自然界，我们必须首先对自然界进行抽象，在头脑中构造出某种并非自然界对象本身，但却大大简化了的对象（如质点、刚体、理想流体等等），着力于对这些简化了的对象进行研究，才有可能对这些简化的模型建立起精确的理论。然后，才有可能借助于这些精确的理论去较好地理解复杂的自然界。因此，我们有 MP_5。

MP_5：精确科学的理论都是关于模型的理论，它所描述的是模型，而不是直接关于自然界本身。

MP_6：科学中所谓精确的理论，其主要的含义仅仅是指理论中所使用的语言是精确的；由于这些语言是用来描述模型的，因而也可以说理论对于模型来说是精确的。但这并不意味着理论的描述与自然界现象之间一定是精确符合的。相反，由于模型是对自然界复杂的对象或对象系统的高度简化了的类似物，因而关于模型的精确理论也常常不得不以偏离自然界的实际过程或现象作为它的副产品或代价。

MP_7：通过科学抽象而获得的简化模型的一个重要的实际后果，是它摆脱了自然界实际对象的个性化特点，而具有了普遍性的品格；从而，用以描述简化模型的理论也具有了普遍性的品格。

MP_8：科学的目标最终是要求能用精确的理论来理解（解释或预言）

实际发生的复杂的自然现象。

MP_9：通过引进包括种种辅助性假说和特定条件陈述的科学解释的结构，就能运用简化模型下获得的精确理论或"自然规律"，来解释（或预言）复杂的自然现象。

MP_{10}：为了构建科学理论，我们不应当仅仅从特定的现实个体所具有的特点和复杂性开始，并试图建立适合于单个个体特色的"理论"。相反，应当舍象掉现实个体所特有的特点和复杂性，力图通过抽象而构建具有一定普适性的简化模型，然后才可能建立精确的具有一定普适性的理论。①

我以为，上述方法论思想不但适用于科学（自然科学和社会科学），而且也可以适用于科学哲学中模型和理论的构建。基于以上的方法论思想，我曾经评价了科学哲学中比较极端而典型的两种方法论思路。一种是逻辑实证主义的思路。这种哲学完全是分析性的，以至于他们所构建出来的理论几乎是或近乎是一套逻辑。只要承认它的前提，结论是必然的。但为此他们必须把他们的研究对象高度简化。但由此带来的后果是：一方面使他们的理论过于专门化，以至于连科学家也看不懂他们的论著；另一方面，更严重的还在于他们的理论把研究对象过于简化，而远离了科学研究过程的实际。与逻辑实证主义的方法论思路相对立的另一种研究科学哲学的方法论思路，就是所谓的历史主义的研究思路。历史主义的方法要求把科学发展及相关的问题（包括划界问题、理论的发展、检验、评价等等问题）都看作是一种社会历史现象或历史事件，所以不能把科学与非科学的划界、科学理论的检验、评价等，仅仅看作是一种认识论和逻辑问题，而且还必须考虑到社会历史因素和科学家个人的因素，如社会的历史文化背景、国家的政策、科学界权威的影响、科学家的个人心理素质等各

---

① 也正是从这个意义上，简单地说毛泽东提出了中国革命道路的理论，如农村包围城市，武装夺取政权等，这是错误的或至少是不恰当的。实际上，这是提出了某种改造当时中国社会的具体的实际可行的技术方案。这种技术方案应当不止一种。我们在工作中应做的是从多种备选方案中通过理性的讨论而择优，这种择优的方法可参见林定夷著《系统工程概论》，中山大学出版社1998年版；也可参见其他作者所撰写的"系统工程"方面的著作。理论不强调具有个体性特色，而技术方案则不同。技术方案可以且常常必须考虑个体的自身特点和所处的复杂条件而具有个体性的特色，并常常包含有理论之应用的过程。而理论的创立则必须是在抽象的基础上包含有一般规律而具有一定的普适性。混淆了创建理论与设计技术方案的区别以及它们所需要的不同思路，将十分不利于理论的发展与创造。

方面的因素。由于历史主义要求考虑到各种因素（尽管都是实际因素），过于复杂，没有把研究对象、问题情境做适当的简化，因而他们所构建的理论常常十分粗陋，缺乏简洁、优美、严谨的结构，更难以形式化，并且所构建起来的"理论"也常常只是描述性的，而不是规范性的，因而还远远算不上作为演绎陈述等级系统的那种标准的"理论"形态。当然，尽管按历史主义的研究思路所构建的理论不可避免地会造成以上缺点，但由于他们的视野更宽，所以他们常常又能提供出许多深刻的富有启发性的思想，并对逻辑实证主义的甚至波普尔主义的科学哲学提出许多切中要害的猛烈冲击。我本人研究科学哲学的思路是想在这两种极端的方法论思路所构成的张力中保持某种必要的平衡。所以，我所要构建的科学哲学理论，一方面仍然把科学哲学看作是对科学历史的理性重建，而这种理性重建仅仅是对科学史从逻辑和认识论方面的理性重建。另一方面，我又希望不至于像逻辑实证主义和波普尔主义那样把研究对象过于简化。所以，例如，在研究科学理论的检验结构和检验逻辑时，我就构建了如前文所说的那种检验模型和检验逻辑。它仍然仅仅是对科学中关于科学理论的检验做出某种逻辑和认识论的重构，希望它能比较切近实际，但它们仍然只是把研究对象简化以后的某种切近而已。问题只在于我们的这种简化是否合理。我发表在《中国社会科学》（1998 年第 3 期）上的长篇论文《检验证据的价值与干净的实验》（约 25000 字）中，就已经提到："我们曾构建过一个简洁的模型，它可以描述为：

（1） $T \wedge C \wedge H \rightarrow P$

（2） S_0 可错

（3） $S_0 = \begin{cases} P \\ \overline{P} \end{cases}$

当然，这个模型由于它的简化毕竟是把检验过程中的许多复杂因素舍象掉了。例如，从理论上做出的待检验的预言实际上常常并不是直接可观察的，就如科学家们虽然从理论上事先预言了正电子、胶子、夸克的存在，但是正电子、胶子、夸克并不是直接可观察的那样。而且，通常观察陈述 S_0 也并不能直接对理论上的预言做出肯定或否定的回答。在科学实验中，科学家们通常要通过一大堆的观察资料或数据，即 S_0 是一个庞大的观察陈述的集合，然后依据另一些相关的理论和假说集 T'、H' 结合着实验中所给出的条件集 C 对 S_0 做出分析，才能通过对这些资料 S_0 的分析而断定有某一事实 E，而 $E = \begin{cases} P \\ \overline{P} \end{cases}$ 这些都是一个非常复杂的借助于理论的分析过程。但尽管如此，这仍并不妨碍我们对理论的检验做出前述那种简化的描述。因为如果把相关的各种理论、辅助假说与条件集都并归到前件之中，那么仍然能够做出一个蕴涵式 $T \wedge H \wedge C \rightarrow P$。而 P 为直接可与观察陈述相比较的预言，$S_0 = \begin{cases} P \\ \overline{P} \end{cases}$ 也就仍然能够成立。"

在该文中，为了进一步讨论科学中做出"干净的实验"所应当满足的条件，我们曾经进一步讨论了在这种复杂条件下科学理论的检验问题。读者如果想进一步了解我在这方面的见解，可进一步参见拙作《检验证据的价值与干净的实验》或拙著《科学哲学——以问题为导向的科学方法论导论》（在那本著作中，笔者对各种科学哲学中的重要问题都做了更为详细的论述）。由此可见，我在文章中所说的我所构建的模型是对科学理论检验问题的"简洁但却完整的描述"，实际上也只是说，从逻辑和认识论的意义上，它可以说"是对科学理论检验问题的简洁但却完整的描述"而已，就像在热力学中仅仅借助于温度、内能、熵这三个热力学函数就能对一个热力学系统做出完全的描述那样。

当然，应当说明，作者虽然在这里仍然在为自己所构建的模型做辩护，但这只能看作是，在作者看来，这个模型迄今仍有它存在的明显的理由。但作者明白，作者所构建的这个模型，仅仅是对于科学理论的检验问题的一种可能的模型。作者十分希望能看到比这个模型更优的模型，这才是我所十分期盼的。

最后，当结束本文的时候，请容我贸然揣测：万、刘两位合写的论文《科学理论可检验性问题的新理解——兼与林定夷教授商榷》大约是出于万小龙教授的学生刘洋之手，万小龙教授大概没有对此文仔细地斟酌过。不知情况是否如此？

（补充说明：最后，在介绍完我对万小龙和刘洋的文章的评述以后，让我补充一个情况，这就是前年（2013 年）3 月 22 日，我应邀赴复旦大学哲学学院讲学，讲演的内容还是"科学理论的检验结构与检验逻辑"。在我讲演完毕以后，该次学术活动的主持人和评论人除了简单提到万、刘两位先生在逻辑和科学史实上离谱以外，在对我的学术报告的评论中，再没有理会他们文章的内容。这不出于我的意料。因为在我看来，万、刘两位先生的文章中，在逻辑和科学史实上的错误实在是太离谱了。）

第三节　检验证据的价值与干净的实验

本节的内容是要研究实验哲学中的一个价值学问题——检验证据的价值评价问题。当然，为此不得不研究一些认识论问题，特别是关于"干净的实验"的结构与逻辑的问题。这些问题的研究，在科学方法论上具有十分重大的意义。

尽管迄今已有的实验哲学研究，大都集中于实验、观察中的认识论问题，但是，真正地说来，价值学的研究实际上是比认识论的研究更为根本的；甚至在一定意义上可以说，认识论研究是为价值学研究服务的。作者虽长期从事实验观察的认识论问题的研究，但是愈是深入，就愈感到价值学的研究更根本。这种感受，正好与传统哲学（至少是与逻辑实证论以来的科学哲学传统）的观念或倾向相反。

正因为传统哲学不重视价值学的研究，所以，迄今为止，价值学的研究远不如认识论的研究成熟，甚至可以说它迄今仍停留在十分粗陋、混乱和表浅的水平上。这种情况，无疑大大增加了本课题研究的困难。但是，毕竟已经有一些思想敏锐的科学哲学家洞察到了这样一个无可避免的研究方向。劳丹在其《进步还是合理性？规范自然主义的前景》一文中明确地指出："……科学研究的价值论是认识论中很不发达的部分，它的简陋的发展状态同它的关键核心性质很不相称。没有价值论就没有方法论。"[1]

一、检验证据的若干认识论性质

为了讨论检验证据的价值评价这个困难的问题，我们不得不对检验证据的某些认识论性质预先作一些探讨，其中包括需要对科学中作为新的检验证据的"新事实"的发现与"新理论"的发明之间的关系预先作某些探讨。在前面各章中我们已经讨论了这些问题。其总的结论是：

（1）对科学理论的任何一种新的检验，都意味着知识的扩张。这种

---

[1]　劳丹：《进步还是合理性？规范自然主义的前景》，原载《美国哲学期刊》1987 年第 1 期，中译文载《哲学译丛》1992 年第 1 期。

扩张，不但增加了事实的知识，而且增加了或改变了理论的知识；因为对理论的任何一种新的检验，都意味着一种新的事实的发现；而任何一种新的事实的发现，都伴随有新理论的发明，它必须以新理论的发明为前提。

（2）检验过程具有复杂性，它决不像庸俗认识论所试图告诉人们的那样，以为科学理论的检验只是以"客观事实"为准绳去检验出理论的真假。前面各章的分析已经表明：对于科学理论的检验，一方面固然是通过实验观察的手段以获得科学"事实"（科学事实陈述）来检验理论；但另一方面，在科学实验观察活动中，对任何新的科学事实的判定和发现，都要依据于背景知识中已有的、已蕴藏于实验观察活动中的许多理论和假说。因为实验观察中所使用的仪器，本身已蕴涵有许多假说和理论：仪器的设计、制造、安装、调试和操作都要依据于一定的假说和理论；仪器所提供的信息的判读、误差处理，也要依据于一定的假说和理论。当我们相信仪器所提供的信息时，实际上意味着我们预先相信它背后的一大堆假说和理论。而且，作为新的检验证据的新事实的发现，还要依赖于新理论的发明。由此可见，作为科学理论的检验证据的实验观察事实本身，绝不是独立于任何理论的，相反，它已融注了大量理论，具有了非常沉重的理论负荷。由此，当然地引申出了对于科学活动中实验观察事实的可靠性评价（或可置信度评价）这个复杂的问题。因为对于科学理论的检验，我们理所当然地要求依据于可靠的实验观察事实，然而对于实验观察事实的可靠性或可置信度评价，却又离不开对它所负荷着的那些理论或假说的可靠性或可置信度的评价。

（3）仅仅从以上这些分析出发，就已经迫使我们不得不接受整体主义的结论。这种整体主义的结论，在一定意义上可以用蒯因的一句话来刻画："我们关于外在世界的陈述不是个别地，而仅仅是作为一个整体来面对感觉经验的法庭的。"① 从整体主义出发，所谓科学理论接受经验的检验绝不只是理论与外部世界两者的关系。由于经验的背后也蕴藏着理论，所以这种检验活动，至少在部分的意义上（甚至在很大的程度上）也包含着理论之间的相互比较。科学发展的重大目标导向之一固然是要求它的理论与经验相一致，但是，当某个受检理论与某个（或某些）经验不相

---

① 蒯因：《经验主义的两个教条》，见蒯因《从逻辑观点看》，上海译文出版社1987年版，第38～39页。

一致的时候，所应当受到指责的并不必然是理论，也可以是经验陈述；通过指责它背后的观察性理论，就有可能把指责的矛头指向观察陈述，并通过修改经验陈述的方式保护住那个受检理论使之免遭"证伪"。骤然看来，科学理论的检验活动的直接目的，是要检验出那个受检理论的真假，但做深入的考察后却能发现，把科学理论诉诸实验观察的经验检验，其实并不能实现这一功能。然而，对科学理论的检验却又十分重要，它构成了科学活动的最基本的特征。因为正是通过这种检验活动，在科学理论必须与经验相一致的基本价值目标的导向之下，一方面，通过科学理论之间的相互比较而不断地做出修改和调整，使之不断地趋向于相互协调、一致或融贯；另一方面，正是这种修改和调整，使得科学的总体在愈来愈趋向协调、一致和融贯的同时，愈来愈趋向于涵盖愈来愈广泛的经验事实，并且具有愈来愈强的解释力和预言力，以至于发挥出愈来愈强的指导实践的功能。

二、检验证据的价值评价

传统科学哲学不研究价值论问题，它原则上只是科学逻辑或科学认识论。逻辑实证论更是明确地认为价值问题仅仅是一种情感的表达，对于它们是不可以作理性的讨论的，因而明确地把它们拒之于科学哲学的论题之外。但是，实际上，价值问题又是传统科学哲学研究的一种逻辑结果。波普尔曾经依据于严谨的逻辑，批驳了逻辑实证论的可证实性原则，指出作为普遍陈述的理论是不可证实而只可证伪的。然而，通过对科学理论的检验结构的进一步分析，却又表明：企图通过有限数量的检验证据（而科学中检验证据的数量总是有限的）证实一个理论固然不可能，而要想明确地证伪一个理论同样是不可能的。这种见解，由于它有着坚实的逻辑和认识论基础，所以自蒯因、库恩和拉卡托斯之后，几乎已被当代科学哲学家们所一致接受。如果承认这一点，那就必须承认，以往科学哲学所热衷于讨论的科学理论的真假问题，由于它包含着一个无意义的预设（我们能够确定一个理论的真假）而必须转向研究评价科学理论的优劣，以便从相互竞争的诸理论中选择出较优的理论并努力创造出更优的理论，从而推动科学的进步。而这就意味着，我们已从传统哲学中的"真理问题"而合乎逻辑地转向了作为传统哲学之引申的"价值学问题"。实际上，这样的问题转向早已发生。拉卡托斯在20世纪60年代指出科学理论既不能被证实又不能被证伪时，就已看到，科学理论的评价问题已成为了当代科学哲学的中心问题。

但是，如果承认以上的思维脉络，那就不得不提出两个问题：

（1）既然实验观察的经验检验，既不能证实又不能证伪任何理论，那么，在科学活动中，把科学理论诉诸实验观察的经验检验还有什么意义？它在推动科学进步的过程中还能起到什么作用？

（2）如果承认实验观察的经验检验对于科学作为人类认知世界的主要方式是至关重要的，甚至它构成了科学本身之特质的主要标志，如果承认实验观察的经验检验在推动科学进步的过程中是一种至关重要、不可或缺的环节，那么，势必要问：在科学检验活动中，由实验观察所提供的种种检验证据，都具有同样的价值吗？如何评价它们的科学价值呢？

对于第一个问题，由于我们在本书的前面几章已有过较多的讨论，而且在本节的开头部分也已提供了一个简明的思路，这里不再赘述。本小节的重点在于对于更为困难的第二个问题做出较为详细的具体的讨论。这第二个问题在科学方法论上是尤其重要的，它不但关系到如何评价历史上和现实中科学家所完成的实验研究成果的价值，而且将提供一组准则：实验科学家应当选择做哪些实验观察研究，而避免做哪些价值不大的或毫无价值的实验研究。而关于这个问题的答案并不是一目了然的。举例来说，伽利略在将近 400 年前所完成的斜面实验和当今中学物理教学中所演示的气垫导轨实验，都同样地确证或支持了力学中的惯性定律，而且后者比前者具有更高得多的水平，更能显示物体的惯性运动的性质，但是，前者被评价为历史上的丰碑，而后者只不过被用来向中学生作教学演示实验而已。由此可见，对检验证据的价值是不可以仅仅从证据与受检理论的逻辑关系上来评价的，甚至也不可以仅仅从实验的"先进性"和"精确性"上来评价的。

事实上，以上两个问题的解决都离不开对科学目标的理解，而科学的实际可检测的总目标，正如我们在本书下一章中将要详细论证的，它们应是如下三项的合取：①科学理论与经验事实的匹配，包括理论在解释和预言两个方面与经验事实的匹配，这种匹配又包括了质和量两个方面的要求。②科学理论的统一性和逻辑简单性要求。③科学在总体上的实用性。

根据我们对科学总目标的理解，科学中一个新事实之发现的价值就在于它在推进科学向着它的总目标前进的方向上所做出的贡献。由此，我们就能够把科学中一个新发现的事实 E 的价值 V（E）的评价模式归结为如下简要的公式：

$$V(E) = \Phi(B_E，S_E，I_E)$$

Φ 为一单调递增函数，即 E 的价值 V（E）是 B_E，S_E，I_E 的单调递增函数。

其中，B_E 表示 E 的可置信度（E 通常用观察陈述来表述，如前所指出，其中浸透着理论）。E 的高可置信度当且仅当满足如下两个条件：①E 具有好的可重复性和与其他相关事实的可融贯性。②为判明 E 所依据的理论（包括观察性理论）是高度可置信的。

因此可以说，B_E 又是这两个因素的单调递增函数。

S_E 表示 E 的惊人值（Surprised Value）。S_E 可用 E 对于科学背景知识 K_B 的冲击强度来描述。可以认为，S_E 的值与 E 对于已被接受的科学背景知识 K_B 的冲击强度成正比；冲击强度愈大，E 的惊人值 S_E 愈高。所以，只要我们作简单的技术处理，我们就可以用这个冲击强度来对 S_E 下定义，即：$S_E =_{df} E$ 对于已被接受的科学背景知识 K_B 的冲击强度。因此，当 E 满足下列条件之一时，E 将具有较高的 S_E 值：

（1）E 导致背景知识中已被普遍接受的具有高度似真性的理论之"证伪"。

（2）对于某种大胆的、当时由于贫于证据而缺乏似真性因而未被科学共同体所接受的理论之确证（confirmation，或译作确认，认可）。

（3）E 是对于某种理论的新颖预见之确证。这里所谓的"新颖预见"，是指在当时的背景知识之下所未知的甚至是被当时的背景知识下的某种公认理论所明确排除的关于新事实的预言。

（4）在当时的科学技术背景下，获取 E 的难度很高。

（5）E 构成对科学理论体系中某种具有基础性质（基本公理性质）的命题之"证伪"。在科学理论体系结构中，愈是能对其中的具有基础性质（基本公理性质）的命题构成冲击的，其惊人值就愈高。

这是因为：

（1）如果 E 导致了科学背景知识中已被普遍接受的具有高度似真性的理论之"证伪"，那就意味着它强烈地冲击了科学背景知识，要求重新审度或修改已被广泛接受的背景理论，因而它当然地具有了很高的惊人值 S_E，恰如当年拉瓦锡之燃烧实验和巴斯德之食物腐败实验分别证伪了当时居于统治地位的燃素说理论和生物自生论，从而极大地冲击了当时的科学背景知识，并终于导致了科学中的重大进步，使这些实验成了历史上的丰碑那样。

（2）如果某个新发现的事实 E 支持或确证了当时由于贫于证据而缺乏似真性、因而未能被科学共同体接受的理论，那么，E 就将极大地提高该理论的似真性，从而提高人们对它的确信，在一定条件下，它甚至可能导致科学中规范的变革。如此，这个新事实 E 就构成了对科学背景知识 K_B 的极大的冲击，从而有了极高的惊人值 S_E。例如，伽利略的斜面实验，由于它既证伪了当时居于统治地位的亚里士多德理论，又极好地支持了当时仍不被人们所承认的伽利略所首创的新的力学原理——落体定律和惯性定律，从而具有了极高的惊人值。而晚近出现的气垫导轨实验，虽然也确证了惯性定律，但它对所处的背景理论却不构成丝毫冲击；而且，作为对惯性定律的支持证据，当这个定律已因有了无数证据而具有高度似真性，早已为科学界所公认之后，也就没有任何新颖性，它的惊人值极低。所以，气垫导轨实验尽管在精致性和先进性上要远远超过伽利略当年的实验，但在科学史上，它却不会获得高的评价，充其量，由于它在显示惯性运动之特质上更为"清楚明白"和"一目了然"，因而在科学知识传授的意义上，它可以获得较高的教学演示实验的价值。但是，像最近美国科学家所宣布的发现了 B 模式偏振，如果它被进一步核实，那么它就将不但确证了爱因斯坦广义相对论关于原初引力波的预言，而且也为尚缺乏似真性的宇宙暴涨理论提供了强有力的证据，因而它就具有了很高的惊人值。

（3）如果一个新事实 E 表明是某种理论的新颖预见之被确证，那么也将导致 E 具有较高的惊人值 S_E。因为既然 E 确证了在当时背景知识之下见所未见、闻所未闻的关于新事实的预见，甚至确证了被当时背景知识下某种公认理论所明确排除，认为是不可能发生的某种新事实的预言（因而是"惊人的"预言），那么，这个新事实的发现当然就具有高的惊人值，它足以增长人们的新知识，在一定条件下，它甚至还足以造成对背景理论作出重新评价和选择，从而导致科学中主导理论的易位（或称规范变革）。这项与前一项的特征虽有某些相似，但实际上却有重大差别。因为科学中已经具有高度似真性的理论或假说并非不能继续做出新颖的预见。牛顿理论早在 18 世纪初以前即已成为被科学界普遍接受的具有高度似真性的理论①，但是直到 19 世纪中叶以后和 20 世纪，科学家还从这个理论中相继惊人地预言了海王星和冥王星的存在并被确证，这两颗行星的发现（冥王星后来被降为矮行星）同样构成了科学中的重大事件而具有极高的价值。前述之 B 模式偏振之发现若能成立，则不但确证了爱因斯坦广义相对论之预言，而且支持了作为宇宙暴涨理论的支柱性的假说，其惊人值当然就很高。

（4）如果一个科学所预言的事实，由于其探索的难度很高，因而科学家们虽长期追索而不可得，为解决它势必要解决许多科学和技术上的新的难题，像这样的事实 E 之获得，当然就具有了很高的惊人值。

（5）新事实对于科学理论体系中愈具有基础性作用的公设或公理构成冲击，就具有愈大的惊人值，因为在科学理论体系中愈具有基础性的公设和公理，它在科学理论体系中的影响就愈加广泛和深远；对于它们的冲击，可能构成科学中理论体系的根本变革，甚至还可能影响到哲学家们苦心经营的哲学体系或一般知识阶层中流行的世界观的根本变革。

由于 S_E 值是与 E 对于已被接受的科学背景知识 K_B 的冲击强度成正比的，所以，从已被接受而受其冲击的那部分理论来看，E 的惊人值 S_E 与其可信度 B_E 是正好成反比的。由于背景知识 K_B 内部并非完全一致，所以，K_B 中导致和支持发现 E 的那部分理论（如导致发现 E 的观察性理论）使得 E 的可置信度 B_E 增加，同时也使它的惊人值 S_E 减小；而 K_B 中受其冲击的那个或那些理论，则使它的可置信度 B_E 减小，而使它的惊人值 S_E 增加。但是，重要的是，对于 E 来说，它的可置信度 B_E 主要是由它是否具有良好的可重复性、融贯性以及 E 所负载的那些观察性理论是否具有高度似真性来决定的，而背景知识中与导致 E 无关的其他理论对于 B_E 值的影响，是间接的并且是较微弱的；相反，决定 E 的惊人值 S_E 的，却主要是科学背景知识中受其冲击的那个或那些理论，此前是否具有高度的似真性或是否已被科学界广泛接受，以及这个理论在科学理论体系中的基础性、重要性等等，而科学背景中不受其冲击那些理论对其惊人值 S_E 的影响是十分微弱的。所以，作为这些因素影响的结果，在科学中仍然会屡屡

①　关于科学理论的似真性（plausibility）这一概念的详细分析，请参见林定夷《科学的进步与科学目标》，浙江人民出版社 1990 年版，第 120～132 页；也可参见林定夷《科学研究方法概论》，浙江人民出版社 1986 年版，第 473～484 页。

出现同时具有高惊人值 S_E 和高可置信度 B_E 的新事实的发现。而这样的新事实 E 当然就会具有高的科学价值 V（E）。

I_E 是 E 除了它所导致的对背景理论的冲击以外，所能做出的其他新的逻辑蕴涵的总和。具体说来，E 的发现，除了它可能与某理论的逻辑蕴涵相悖，从而可能导致对该理论的冲击以外，它通常还能产生其他结果，特别是，由于科学中的新事实的发现总要伴有新理论的发明，它要以相关的新理论的发明为前提，所以 E 的发现同时也意味着改变科学背景知识使之从 E 发现之前的 K_B 改变为发现之后的 K_B'。这个改变后的背景知识 K_B' 与新事实 E 结合，就能做出许多新的逻辑蕴涵。I_E 就是由 E 所导致的对背景理论的冲击以外，由 $K_B' \cdot E$ 所能做出的新的逻辑蕴涵的总和，而这些逻辑蕴涵中的任何一个都是 E 发现之前的背景知识 K_B 所不曾蕴涵的。

这些由 $K_B' \cdot E$ 所能做出的新的逻辑蕴涵 I_E，通常可分为两个基本部分。其中一个部分是由 $K_B' \cdot E$ 所蕴涵的新的理论结论、新事实的预言和新的科学问题，而另一部分则是它所可能蕴涵的科学的新的实际应用。正如当 1895 年伦琴一旦发现了 X 射线以后，不但由此引出了科学中一系列理论的、事实的发明和发现以外，还明显地蕴涵了它的实际应用的广阔前景，诸如它在医学、工业探伤以及其他技术领域中的许多重大应用等等。所有这些蕴涵的价值又是可以另作单独评价的。但是，十分明显，所有这些价值的总和将构成 E 之价值的一部分，即构成 V（E）的一部分。

假定 $K_B' \cdot E$ 总共有 n 个新的逻辑蕴涵（即为 K_B 所不具有的逻辑蕴涵），这些逻辑蕴涵可以分别记作 i_1，i_2，…，i_j，…，i_n，其中的每一个逻辑蕴涵各有其价值，可分别记作 V（i_1），V（i_2），…，V（i_j），…，V（i_n），则 $I_E = \sum_{j=1}^{n} i_j$；而 V（I_E），即 I_E 的价值，在简单情况下可表示为 $V(I_E) = \sum_{i=1}^{n} V(i_i)$。在复杂的情况下，它甚至应当用交叉增援矩阵法对之进行计算。V（I_E）则构成 V（E）的一部分。

当然，应当指出，I_E 以及由它所构成的 V（I_E）实际上是一个与时间因素有关的量。因为不但 K_B' 本身会有一个演化的过程，而且从 $K_B' \cdot E$ 得出的逻辑蕴涵也将是一个不断发掘和发现的过程。所以，随着时间的推移，科学中的某些新事实的发现将可能愈来愈显示出它不断增长的巨大价值。正如伦琴发现了 X 射线以后所已经表明的那样；而在 20 世纪 50 年代由沃森和克里克发现了 DNA 分子双螺旋结构以后的数十年间，这一发现的价值更是无与伦比地增加了。

总而言之，我们可以把科学中的一个新事实的价值 V（E）表示为 B_E，S_E，I_E的函数，即

$$V(E) = \Phi(B_E, S_E, I_E)$$

且 Φ 具有单调递增性质。

在这里，值得注意的是，从科学史的角度来看，对于 E 的价值 V（E）的评价，往往会存在"实时评价"和"延时评价"两种不同的评价。

所谓"实时评价"，是当 E 被发现时，按当时的科学背景知识 K_B 及由于 E 的发现而紧随其后的 K_B' 而做出的评价，当然，这里所说的"当时"，只能是相对而言的，因为发现本身就是一个过程，而 K_B' 也会在 E 之后不断发生变化。我们只能大体上谈论关于 E 的"发现之前"和"发现之后"以及相应的 K_B 和 K_B'。就"实时评价"而言，在对 E 的价值 V（E）做出评价时，其 B_E、S_E 都是针对当时的 K_B 而言的，而 I_E 是针对紧随其后的 K_B' 而言的。我们暂且把对 E 的"实时评价"记作 $V_实$（E）。

所谓"延时评价"，是当 E 被发现后，又经过一段或长或短的历史时期以后，再用历史的眼光来重新评价 E 之价值，暂记作 $V_延$（E）。$V_延$（E）将不同于 $V_实$（E）。在对 $V_延$（E）做出评价时，对于 E 的可置信度 B_E 以及逻辑蕴涵 I_E，都是用新的历史眼光，即用做出 $V_延$（E）评价的当时的最新科学背景知识 K_B' 的眼光，来对 E 的 B_E 和 I_E 做出重新审度和评价的。在这种重新审度和评价之下，它们的 B_E 值和 I_E 值都可能发生很大的变化。其中，特别值得注意的是对于一个事实 E 的可置信度 B_E 值的变化。在科学的历史上，被当作实验观察事实发现的某个 E，它的可置信度可以因为背景知识的变化而获得进一步的巩固和提高，也可因背景知识的变化（特别是观察性理论的变化）而削弱，甚至被根本否定，以至于可能出现这种情况：在历史上被当作实验观察事实发现和接受的某个 E，尽管它的发现者并非弄虚作假的科学作伪者，而接受者也并非是因无知而受骗上当，但这个"事实"E 在经过一个科学发展的历史阶段以后，其可置信度却可能被根本否定，被判定为"根本不是事实"（或它的 $B_E = 0$）。考察科学史，这样的事例比比皆是。17 世纪上半叶，著名的比利时化学家赫尔蒙特曾精心设计和实施了两个著名的定量实验——柳树实验和培里

肯实验，他宣称他从实验中观察到的基本事实是"水变成了土"，并以此来支持他的"水是万物之源"的理论。但自从拉瓦锡以后，科学家们会说，赫尔蒙特所"观察到"的根本不是事实，他所宣称的"新事实"可置信度极差。与此类似，直到 19 世纪中叶以前，曾有许多科学家宣称在他们所"精心设计的实验中"，观察到了各种微生物从腐败发酵的有机质中自然发生，但从巴斯德以后，在新的背景知识之下，科学家们会说，所谓"微生物的自然发生"根本不是事实，以往所宣称的那些事实发现，其 B_E 值为零。

当然，在对 $V_延$（E）做出评价时，其 S_E 值仍然必须是针对做出 E 之发现时对当时的科学背景知识 K_B 的冲击强度做出评价的。

最后，必须特别强调，尽管 E 的价值 V（E）的值取决于 B_E、S_E、I_E 等诸多因素的影响，但是，对于 V（E）值起基础性和决定性作用的，则是必须具有高的 B_E 值。要想做出一项经得起历史检验的有价值的新事实 E 的发现，其首要条件是它的高 B_E 值要经得起历史的检验。如果 E 本身的可置信度极差，那么尽管所宣称的新事实 E 具有多么高度的惊人值 S_E 以及它的蕴涵值 I_E，科学家们仍将公正地认为那个新事实 E 毫无价值。所以，实验科学家要想做出具有高度价值 V（E）的新事实 E 的发现，在选题时，固然要选择做那些具有高度 S_E 值和 I_E 值的实验，但在具体实施时，却一定要保证所做出的 E 具有高度的 B_E 值。这就是科学界要求从事实验的科学家做出"干净的实验"的理由。

三、"干净的实验"的结构与逻辑

这里，我们试图专门讨论"干净的实验"的结构与逻辑。因为诚如前面所言，做出"干净的实验"，乃是使实验中所发现的 E 具有高度 B_E 值的基本条件。

"干净的实验"，这是一位理论物理学教授在与作者讨论实验所涉及的认识论问题时所提出的名词。在作者看来，可以把"干净的实验"理解为在一定的科学技术背景之下，简单而结论明确的实验。

由于实验观察中已浸染着大量的假说和理论，所以实验观察中可导致错误的陷阱是很多的，以至于在科学中，绝不是只要从实验中，即使是从"严格的实验"中获得的事实陈述，就可以放心地让人接受的。这是每一个有造诣的科学家都深有体会的。英国著名的动物病理学家贝弗里奇曾经对此深有感触地指出："除了它的创始人，谁也不相信假说；除了其实验者，人人都相信实验。对于以实验为根据的东西，多数人都乐于信赖，唯有实验者知道那许多在实验中可能出错的小事。因此，一件新事实的发现者，往往不像外人那样相信它。"① 但是，另一方面，科学家又都力图做出干净利落、其结论无可争议、可信度极高，因而科学共同体往往能一致认同的实验。津泽在谈到法国大细菌学家尼科尔时，曾经有过一段关于高明实验家的十分精彩的论述："尼科尔属于那种在制定实验方案之前周密思考，精心构思，从而取得成功的人。尼科尔做的实验很少，很简单。但是，他做的每一个实验都是长时间智力孕育的结果，要考虑到一切可能的因素并要在最后的实验中加以检验。然后，他单刀直入，不做虚功。这就是巴斯德的方法，也是我们这个职业中所有伟大人物的方法。他们简单的、结论明确的实验，对于那些能够欣赏它的人来说，是一种莫大的精神享受。"②

在科学中，科学家们不但希望做出干净的实验来检验定律，而且希望能做出干净的实验来检验理论。当然，当试图用"干净的实验"来结论明确地检验理论的时候，其情况要比检验定律的过程要复杂得多。在检验科学中某一个定律的情况下，我们通常能够以定律陈述（或称规律陈述）结合一定的条件句（C）而导出某个可观察的检验蕴涵，它描述预期中的某个现象P；然后通过实验使其满足所规定的条件C，看现象P是否发生。如果我们把对定律的这种检验方式称作直接验证的话，那么，对理论的检验通常就不可能有这种直接的验证方式。科学理论为了要对广泛的现象做出统一的解释，就必须假定在现象的背后有某种机制：它设想现象背后有某种并不由经验所直接提示的实体和过程，这些实体和过程被假定为受某种理论定律或理论原理（即所谓"内在原理"）所支配，然后借助于这些内在原理结合一定的桥接原理而导出先前已经发现的经验现象中的一致性（经验定律），并且通常还能预见出类似的新的可予以直接验证的规律。对理论的检验通常都是通过对这些后续定律、定理的检验来达到目的。但是，这种验证方式，当然会带来一些麻烦，因为相互竞争的不同的理论，它们对存在于现象背后的实体和过程的基本假定虽然不同，但却有

---

① 　贝弗里奇：《科学研究的艺术》，科学出版社 1979 年版，第 50 页。
② 　贝弗里奇：《科学研究的艺术》，科学出版社 1979 年版，第 12 页。

可能蕴涵相同的现象论规律来作为它们各自的导出规律（后续定律）。所以试图要对理论的那些基本假定的真与假做出结论明确的检验几乎是不可能的。但是，科学家们为了对某些科学理论中的基本假定的真或假提供可信度高的依据，还是在努力地、煞费苦心地对它们做出某种干净的实验。

对于科学中的定律，如何做出"干净的实验"对之进行检验，情况相对比较简单。在本节中我们将着重讨论对于科学理论如何做出"干净实验"的检验。

科学中，所谓用"干净的实验"来检验理论，实际上就是要从实验中发现出某种高度可置信的事实 E 来检验理论。然而，诚如前面所已经指出，E 的可置信度 B_E 是与得出 E 所依据的理论 T 的可置信度 B_T 密切相关的。为此，我们在进一步讨论如何做出"干净的实验"之前，不得不先来讨论一个概念："理论的可置信度"。

一个理论的可置信度 B_T 可以看作对于一个理论的似真性的主观描述，它与理论的似真性成正比。简要说来，一个理论具有高可置信度，当且仅当：①这个理论内部是自洽的；②它迄今未发现反例；③它的预言为真的概率很高；④已有的正面证据在理论的解释域中的分布较优（证据的分布熵很高）①；⑤在背景理论中嵌入较好，特别是与背景中已被普遍接受的高层次理论比较融贯、协调和一致。

这里，需要说明的是，虽然我们提出，理论的可置信度与理论的似真性成正比，但是，我们所说的理论的"似真性"（Plausibility）完全不同于传统意义上的近似真理性（Verisimilitude）。我们所说的理论的似真性，仅仅是说一个理论看起来像是真的，或者看起来像是有理的，而完全不涉及这个理论所假定的基本实体和过程是否与世界本体（现象背后的隐蔽客体）相符合或逼近。似真性尽管有可能表示为某种或高或低的概率，但这个概率不表示理论关于所假定的基本实体和过程与自然界隐蔽客体的一致性意义上的真或近似的真，它仅仅表示由这些基本假定所导出的结论（解释和预言）与观察事实或观察陈述相一致或一致的程度。也因为如此，我们在说到一个理论具有高可置信度的条件时，并不是强调一个理论的成真度，而只是说"一个理论的预言"为真的概率很高。因为从归纳问题的讨论，我们已经知道，一个理论或一个规律陈述，都是严格的普遍

---

① 关于"证据的分布熵"的含义，请详见本书第七章。

陈述。因而对于理论或者规律陈述，不管有多少有限数量的证据的支持，其成真度的概率均为零，它不会因为支持证据的增加而增加。但是，倘若我们转向求一个理论的预言为真的概率，那么已能证明它可以有不为零的概率，并且这个概率值会随着这个理论或规律陈述的支持证据的增加而增加。

当一个理论满足以上所给出的条件时，我们虽然不能断言这个理论已被证实为真，却可以有理由让我们说至少从目前来看，这个理论是高度"似真的"，因而可以被看作高度可置信的。

那么如何做出干净的实验以检验理论呢？关于这个问题，我们不妨先分析一下科学理论的检验结构。在本章第一节中，关于科学理论的检验结构，我们曾经提出一个简洁的模型，它可以描述为：

（1）$T \wedge C \wedge H \wedge \rightarrow P$

（2）S_0 可错

（3）$S_0 = \begin{cases} P \\ \overline{P} \end{cases}$

其中，T 表示受检理论，C 表示初始条件和边界条件的集合，H 表示其他相关的辅助假说的集合，P 表示检验蕴涵，S_0 表示观察陈述。前述三条简要的描述中，（1）表示要从受检理论 T、一组初始条件和边界条件的集合 C 以及相关的辅助假说的集合 H 的合取中，才能导出检验蕴涵 P。（2）表示观察陈述本身是可错的。（3）表示所获得的观察陈述 S_0 与理论所导出的检验蕴涵 P 是相关的，它或者肯定 P，或者否定 P。[1]

当然，这个模型由于它的简化毕竟是把检验过程中的许多复杂因素抽象掉了。例如，从理论上做出的待检验的预言实际上常常并不是直接可观察的，就如科学家们虽然从理论上事先预言了正电子、胶子、夸克的存在，但是正电子、胶子、夸克等并不是直接可观察的那样。而且，通常观察陈述 S_0 也并不能直接对理论上的预言做出肯定或否定的回答。在科学实验中，科学家们通常要通过实验获得一大堆的观察资料或数据，即 S_0 是一个庞大的观察陈述的集合，然后依据另一些相关的理论和假说集 T′、H′结合着实验中所给出的条件集 C 对 S_0 做出分析，才能通过对这些资料

---

① 参见林定夷《科学的进步与科学目标》，浙江人民出版社 1990 年版。

S_0 的分析而断定有某个事实 E，而 $E = \begin{cases} P \\ \overline{P} \end{cases}$。这些都是一个非常复杂的借助于理论的分析过程。但尽管如此，这仍然并不妨碍我们对理论的检验模型做出前述的那种简化的描述。因为如果把相关的各种理论、辅助假说与条件集都并归到前件之中，那么仍然能够做出一个蕴涵式 $T \wedge C \wedge H \rightarrow P$。而 P 为直接可与观察陈述相比较的预言，则 $S_0 = \begin{cases} P \\ \overline{P} \end{cases}$ 也能够成立。

然而，为了能够更加深入地讨论干净的实验或结论明确的实验，我们不妨以更加贴近实际（而不是简化）的方式来讨论科学理论的检验问题。在明确了实验的目的以后，科学理论的检验实际上是通过如下三个步骤来实现的：

第一步，从理论上做出检验蕴涵 P_E；$T \wedge C \wedge H \rightarrow P_E$

其中，P_E 为理论上做出的关于某种基本事实的预言，如牛顿理论预言天王星的轨道，爱因斯坦广义相对论预言光线在引力场中将发生偏转，并定量地预言偏转角服从公式：

$$\delta\varphi = \frac{4GM}{c^2 r_0}$$

所以当光线从太阳边缘掠过时，将发生偏转角 $\delta\varphi = 1.75$ 弧秒的偏转。但十分明显，像这一类基本事实的预言，都不是直接可观察的，即使在某些场合下，理论上做出的预言 P_E 是肉眼直接可观察的，但也存在着肉眼观察的可靠性问题。

第二步，设计一定的实验，引进必要的仪器设备，通过这些实验观察仪器进行观察（观测），并获得一系列的观察陈述 S_0，这些观察陈述通常表现为一系列的测量数据或资料。这些数据或资料就被看作自然客体向我们提供的信息。但由于在实验中，不但对确定需要收集什么样的信息要依据于理论，对仪器所提供的信息的判读要依据于理论，而且仪器的设计、制造、安装、调试和操作也都要依据于理论。所以，当我们相信仪器所提供的信息时，我们实际上等于相信了仪器背后的一大堆理论（和假说）。

第三步，依据与实验相关的理论集 T_E，结合着实验中给出的条件集 C，对 S_0 做出分析，从而对 S_0 做出理论解释，断言其中呈现出有某个基本事实 E，而

$$E = \begin{cases} P_E \\ \overline{P_E} \end{cases}$$

即实验事实 E 对理论的预言 P_E 做出了肯定或否定的验证。

　　要想对理论的检验做出"干净的实验"，那么其中的每一步骤都必须是"干净的"，即它的结论都必须是高度可置信的。但是，对理论的上述那种方式的检验，就能对理论做出结论明确的检验吗？假定我们能够从 S_0 的分析中得出存在有基本事实 E，并且此结论是可靠的，那么我们就真的能从

$$E = \begin{cases} P_E \\ \overline{P_E} \end{cases}$$

而对理论 T 做出结论明确的检验吗？不能！我们且不说对蕴涵式 $T \wedge H \wedge C \to P_E$ 的后件 P_E 的肯定，并不能由此而肯定其前件，即使当 E 对 P_E 进行否定的情况下，我们也只能得出这个蕴涵式的前件 $T \wedge H \wedge C$ 为假的结论，而不能得出 T 是假的明确结论；退而言之，即使我们假定在这个蕴涵式的前件中，C 和 H 都是无可置疑地正确的，这时，我们也只是可以断言 T 有错。但理论 T 乃是一个有结构的命题系统，因而即使在这种情况下，我们也不能明确地得出结论，说在这个理论系统中究竟是哪一个或哪一些命题错了。所以，从这个意义上，我们仍然不能对理论 T 做出结论明确的检验。这种情况，使得企图对科学理论做出干净的、结论明确的实验的良好愿望面临了几乎不可克服的困难。但尽管如此，当代的科学家们还是在做出顽强的努力，向着某个极限前进，以便做出尽可能干净的、结论明确的实验。

　　在当代，任何严密科学的理论都是一个演绎陈述的等级系统。在这个系统中，它以某些基础假定作为初始命题，它们的地位相当于一个公理系统中的"公理"；然后从这些作为初始命题的基础假定中推演出次一级命题和又次一级命题。于是，在某些条件允许的场合下，科学家们就设计某种精心构思的实验，试图对这些理论中作为初始命题的基础假定逐个地进行检验。

　　设某理论 T 有 n 个基础假定：A_1，A_2，…，A_n。通常，一个好的科学理论，其 n 值都是很小的。例如，狭义相对论只有两个基础假定，即狭义相对性原理和真空中光速不变，与参照系无关，与光源的运动无关的原理。广义相对论也只有两个作为初始命题的基础假定，即广义相对性原理和等效原理。这时，如果我们对这个理论的后续定理进行实验检验，则由于这些后续定理是从这些基础假定中共同导出的，所以这些实验结果即使

与后续定理不一致，也不可能指明这个理论中究竟哪一个基础假定出了问题。为了尽可能对这些基础假定进行某种"直接"的检验，于是科学家们力图仅仅从理论的某个单独的基础假定 A_i 而不是从两个以上的基础假定的合取中，"导出"某种检验蕴涵 P_E。它们将分别具有下述形式：

$$A_1 \wedge H_1 \wedge C_1 \rightarrow P_{E1}$$
$$A_2 \wedge H_2 \wedge C_2 \rightarrow P_{E2}$$
$$\vdots$$
$$A_n \wedge H_n \wedge C_n \rightarrow P_{En}$$

然后，设法对这些 P_{Ei}（$1 \leqslant i \leqslant n$）进行检验，即设法从精心设计的实验中发现某个 Ei，而 $Ei = \begin{cases} P_{Ei} \\ \overline{P_{Ei}} \end{cases}$。这样，这些实验就能对 A_1，A_2，…，A_n 分别做出单独的"直接"验证了。并且当这些实验满足某些条件时，它们就将成为某种"干净的实验"。

从以上的讨论可以看出，要试图对科学理论做出"干净的实验"的检验，必须满足如下条件：

（1）受检理论本身必须具有高度的先验可检验性，即这个理论本身是高度严密的和精确的。这是不难理解的。事实上，波普尔在论及科学理论应接受严格检验的时候，就已经指出过："对理论的后验评价完全取决于理论经受严格的和精巧的检验的情况。但是，严格的检验又以高度的先验可检验性或先验内容作为前提。因而，对理论的后验评价主要取决于它的先验价值；先验的乏味（即内容少）的理论并不需要接受检验，因为它们的可检验程度很低，先验地排除了它们会受到真正有效并且有意义的检验这种可能性。"① 所以，十分明显，尽管当代科学中追求并且实施"干净的实验"，这无疑是意味着实验的重大进步，但是，这种进步本身又显然是依赖于理论的进步的。

（2）必须做到检验蕴涵 P_E 是严格地从它的前提中导出的。而这就意味着：首先，其前提中所有的成分都是清晰地表达的，而不是其中有某些前提是隐含的或未被表达的，而且这些前提中的概念都是清晰的，而不是模糊或多义的。其次，从前提到结论 P_E，是逻辑上严格的，而不是逻辑

---

① 波普尔：《客观知识》，上海译文出版社 1987 年版，第 153 页。

上脱节或不相关的。

（3）所引进的辅助假说集 H 和条件集 C 中的所有假定，都是高度可置信的，即它们都有很高的 B_T 值。

（4）所引进的辅助假说 H 和有关条件陈述的假说，要尽可能的少。因为虽然每一个假说尽管是高度可置信的，甚至其 B_T 值接近于1，但是大量的这些假说的联合，就会使可置信度下降。

（5）实验是可重复的。这里所说的实验"可重复"是指在所给出的实验条件下，实验所提供的观察数据、资料（亦即 S_0）在实验的误差范围内是可重复的。实验的可重复性是实验结果具有高可置信度的最基本的必要条件；对于不可重复的实验，对它当然不可能做出明确的结论。但是，实验结果（数据、资料）的可重复性并不就意味着这些结果是高度可置信的，更不等于由这些结果所断言的 E 是高度可置信的。

（6）实验设计中所引进的假说都是可靠的或高度可置信的，其中包括实验仪器的设计、制造、安装、调试、操作以及试剂、试样的研制中所引进的假说都是高度可靠的或可置信的。

（7）实验的设计思想和所引进的假说都能被物化在实验仪器、装备以及实验的实施和操作之中。这其中，当然包括仪器、装备、试剂、试样的各种性能指标都能达到设计标准，而不是不合格的或失效的，而且实验的实施和操作也都必须合乎规范。

（8）实验中还必须考虑可能影响实验结果的一切因素，即在实验中，除了已考虑到的可能影响结果的各种疑因子以外，不会再有其他可能的未被考虑的因子来影响结果了。因为从理论上我们知道，当在实验中分析因果关系时，实际上都必须引进"除了所考虑的疑因子以外，其余条件均不变，或其余条件均不影响实验结果"的先验假定。如果实际上不满足这个要求，就不能保证实验结果的确实可靠性，就会成为如历史上的赫尔蒙特所做的"柳树实验"那样的"考虑不周"的实验。[①]

（9）以大量观察陈述 S_0（数据、资料）为基础而判定出一个基本事实 E，一方面要依据于一定的假说和理论；另一方面，即使依据了这些假说和理论，实际上从 S_0 到 E 仍然是没有逻辑通道的。这是因为判定 E 本身常常意味着一个新理论的发明。为此，必须做到：第一，从 S_0 到判定

---

① 参见林定夷《科学研究方法概论》，浙江人民出版社1986年版。

出 E，所依据的那些假说和理论是高度可置信的；第二，当断言有某个 E 以后，至少应当能借助于相应的高度可置信的假说和理论而能合理地解释实验中所获得的 S_0（数据和资料）。最好还要能依据 E 而能做出新的预言，并获得实验的支持。因此，对于实验结果，一般还要求能经得起进一步的链条式的检验。

（10）E 是与 P_E 明确相关的，即 $Ei = \begin{cases} \dfrac{P_{Ei}}{} \\ P_{Ei} \end{cases}$，而不是对 P_E 而言是中性的和不相关的。

通过以上分析，我们可以看出，尽管科学家们追求"干净的实验"，但是由于实验中不可能摆脱假说和理论的渗透以及其他许多不确定因素的影响，所以实验的所谓"干净"或结论明确都只具有相对的性质，绝对意义上的所谓的"干净的实验"，实际上是做不到的。

但是，科学家们追求"干净的实验"，仍然是意义重大的。正如我们所曾经指出的，由于在实验中观察本身承载着大量的理论，所以科学中所谓用实验观察来检验理论，至少在部分的意义上（甚至在很大程度上）也包含着理论之间的相互比较。通过"干净的"（或相对干净的）实验，就能在科学理论必须与经验相一致的基本价值导向之下，比较深入地对科学理论之间做出相互比较并对其中的某些其 B_T 值不高的理论做出修改和调整，从而一方面使科学理论的总体不断地愈来愈趋向于协调、一致和融贯，同时又使得科学理论愈来愈趋向于涵盖愈来愈广泛多样的经验，发挥出指导实践的愈来愈巨大的功能，从而极大地推动科学和人类文明的进步。但是，通过以上的分析我们也看到，在科学上要做出一个好的、结论明确的或"干净的"实验，势必需要在实验之前作周密思考、精心构思。所以，科学中的一项好的实验的伟大成果，首先一定是一项智力上的伟大成果，由于它们在推动科学进步中的重大价值，所以它们常常也成为科学进步的某种里程碑性的成就。

第六章 科学的目标，科学进步的三要素目标模型

第一节 科学进步与科学目标

为什么要讨论科学目标问题？这是一个涉及面非常广泛的问题，首先是一个与科学进步密切相关的问题。我们在本书前面的讨论中已一再地涉及科学的目标和进步的问题，往后的讨论还要涉及科学的目标和进步的问题。

对于一般人来说，科学进步问题似乎是些不言而喻的问题。但真正深究起来，科学进步问题却涉及许多最深刻的哲学问题，以至于即使当代最伟大的科学哲学家也都无不为未能合理地说明这些问题而苦恼，它成了当今科学哲学面临的公认的难题。

然而科学进步的讨论又具有极大的方法论价值，它既涉及科学理论的检验，又涉及科学理论的评价以及其他一些方法论准则的理解，因此，从近代以来，特别是从20世纪以来，科学进步问题乃成为科学哲学所讨论的中心问题。举世瞩目的波普尔主义的科学哲学理论可以说就是以讨论科学的进步（或"知识的进步与增长"）问题为其主要线索和基本内容的。波普尔曾经强调：知识增长的问题，乃是"认识论的最重要、最激动人心的问题"①，并且认为，"认识论的中心问题从来是，现在仍然是知识增长的问题。而研究知识增长的最好方法是研究科学知识的增长"②。在波普尔看来，"几乎所有传统知识论的问题都是和知识增长问题相联系的"③。"而科学知识增长是知识增长的最重要、最有趣的实例。"④ 因此，

---

① 波普尔：《科学发现的逻辑》。
② 波普尔：《科学发现的逻辑》。
③ 波普尔：《科学发现的逻辑》。
④ 波普尔：《科学发现的逻辑》。

在波普尔看来，应当把讨论科学知识的增长或科学进步的问题看作哲学或认识论的中心问题，也就不足为奇了。自波普尔以来，各派科学哲学家（库恩、拉卡托斯、劳丹等）都自觉地把科学进步问题作为自己的科学哲学研究所要解决的中心课题。

尽管从近代以来，特别是从 20 世纪以来，各派科学哲学家在科学进步的研究上已有了长足的进展，但情况似乎表明，在这个问题上愈是深入，它就表现得愈加艰深，所遇到的困难也愈大。迄今，各派科学哲学家为了理解科学的进步，已提出了关于科学进步的种种不同的模型，如逻辑实证主义的"累积进步模型"、实在论者特别是著名的波普尔主义的"逼近真理模型"、库恩的"范式变革"模型和劳丹"科学进步的解决问题模型"等等。但所有这些模型都仍然存在着较大的困难。逻辑实证主义的"累积进步模型"已受到了国际科学哲学界的广泛的批评，波普尔曾经把"累积进步模型"看作关于知识增长的"最粗糙、最错误的模型"①。特别是通过历史主义学派的批判，"累积进步"已被各派科学哲学家几乎一致地认为是应予摒弃的一种理论。库恩的"范式变革"理论曾经产生过广泛的影响，但也受到了严厉的批评和指责。拉卡托斯指责说：库恩的概念框架，即认为科学发展是按照"前科学"→"常规科学"→"危机"→"科学革命"→"新的常规科学"发展的那种模式，充其量只是描述性的，而不是规范性的，而且作为对科学史的描述也是十分成问题的。图尔敏反驳道："常规科学和科学革命的区别能成立吗？"他讥讽库恩承认"微型革命"。波普尔虽然很有限度地承认，作为对科学史现象的描述，库恩意义下的那种"常规科学"是存在的，但波普尔强调指出，像库恩那样正面地来肯定这种"常规"研究却是危险的，因为这种"常规"研究缺乏批判性，接受"教条统治"。波普尔还指出，即使作为对科学史的描述，库恩的框架也是成问题的。"……我相信，当库恩说他所称的'常规'科学是合乎常规的，他是错了。"② 各派科学哲学家尤其指责库恩关于不同范式不可比，它们之间不可通约，不能在客观意义上说一种科学理论或范式比另一种更好，科学家从信仰一种范式转变到信仰另一种不同的

---

① 波普尔：《科学发现的逻辑》。

② 波普尔：《常规科学及其危险》，见拉卡托斯、马斯格雷夫编《批判和知识的增长》，华夏出版社 1987 年版，第 66 页。

范式，这仅仅如同"宗教的皈依"，不可能有任何客观的合理性的标准等等的理论。指出库恩的这套理论实际上是陷入了相对主义和非理性主义。波普尔和拉卡托斯尤其指责库恩的这套理论的背后实际上是暴民心理学（mob psychology），在这种描述之下，科学家评价和选择理论的尺度仅仅是一种暴民准则（mob rule），而库恩实际上是在捍卫这种暴民准则。库恩面对着来自各方面的这些批评，尽管作了种种辩解，但也不得不承认，"当前暴露的一些不足之处也说明我的观点的核心之处有点问题"[1]，并且也不得不承认他的理论的核心概念"范式"（paradigm，又译作"规范"）是含混不清的。"我同意玛斯特曼女士对《科学革命的结构》一书中'范式'的看法：范式的中心是它的哲学方面，但它又显得十分含混。"[2] 而且，至少直至20世纪80年代以前，库恩的许多辩解也仍然显得软弱无力。例如，他辩解说，他的理论不仅是描述性的，而且也是规范性的，只不过"描述的和规范的部分总是搅在一起"。但这种辩解并不能使他摆脱困境，即使通常最能对库恩的理论示以同情和理解的美国科学哲学家费亚阿本德也不得不指出：库恩的论述，究竟是描述的，还是规范的，库恩的著作对此并未给出直接的答案，"它们是模棱两可的"[3]。但如果它是描述的，则这项工作的唯一目的只是要报告所描述的情况，"这在过去倒是真的"。但并不意味着所报告的那些特征是值得仿照的，因而它作为科学哲学或方法论理论就无特殊的价值；而如果它是规范性的，即它给我们开出方法论的处方，告诉科学家应如何进行研究，则由于库恩理论的特征，"常规科学"只允许唯一的规范统治，任何对于当时占统治地位的"范式"的批判，它都要予以禁绝。那就又势必要导致波普尔所曾经指出过的"危险"，费亚阿本德也不无遗憾地甚至带有点辛辣地指出了库恩理论带来的危险恶果。他报告说："社会科学家（不止一位）向我指出，现在他终于学会了如何把自己的领域变成一门'科学'，当然他所说的是他已经学会了如何改进它。按照这些人所说的，处方就是要限制批判，把那些内容丰富充实的理论的数目减少为一个，就是要创造一种常规科学。它使这一个理论成为自己的范式。学生必须避免沿不同的途径去思索，必须把

---

① 库恩：《对批评的答复》，第313页。
② 库恩：《对批评的答复》，第315页。
③ 费亚阿本德：《对专家的安慰》，第270页。

那些最不安分的同事制住，让他们'去做严肃的工作'。"① 更严重的问题还在于：尽管库恩宣称他并不是非理性主义的，并且承认科学有进步可言，但是按照他的相对主义的思路，实际上他只能承认科学理论在历史上有变化，却不能承认科学可以在历史上在真正的意义上有进步，谈论科学的进步。对于他的那套理论来说，简直就成了难以逾越的障碍。在各种批评和诘难的面前，他不得不承认："科学家怎么能在竞争的理论之间进行选择呢？我们又何以理解科学进步的那种方式呢？……对这些问题，我不理解……的东西是太多了。"② 他强调："我们必须解释为什么科学（健全知识最可靠的典范）会如它这样地进步。"并且他还强调：为此，"首要的是，我们必须弄清楚科学事实上是如何进步的"③（即对科学进步的实况做出描述）。但是，他最终不得不遗憾地承认："令人惊讶的是，对如何回答这个描述性问题我们竟然一无所知。还需要进行大量周到的经验性研究。"④ 库恩在列举了一大堆的难解之题以后总结说："除非我们能回答更多的像这样一类的问题，我们才能完全弄清楚科学进步是什么，因而才能满怀希望地解释清楚科学进步。"⑤ 由于库恩在以其名著《科学革命的结构》一书中所代表的观念包含有太多的严重的问题，所以到了20世纪80年代以后，他就放弃了他原来所主张的不同规范不可通约等等许多极端的主张，甚至不再愿意使用"规范"一词，退缩到认为不同理论之间不可能做到"保真翻译"。但如此一来，他的理论也就显得比较平庸。迄今为止，实在论的"逼近真理模型"（尽管它有各种不同的变种），无论在西方和东方，都还有着最广泛的影响，但是它也受到了包括库恩、劳丹在内的一批科学哲学家的尖锐批判，笔者也曾在自己的著作和论文中参与到了这一批判的行列。劳丹的"科学进步的解决问题的模型"看来是一种引人注目的新型模型，它既汲取了包括波普尔、拉卡托斯、库恩各派科

① 费亚阿本德：《对专家的安慰》，第270页。

② 库恩：《是发现的逻辑还是研究的心理学》，见拉卡托斯、马斯格雷夫编《批判和知识的增长》，华夏出版社1987年版，第24页。

③ 库恩：《是发现的逻辑还是研究的心理学》，见拉卡托斯、马斯格雷夫编《批判和知识的增长》，华夏出版社1987年版，第25页。

④ 库恩：《是发现的逻辑还是研究的心理学》，见拉卡托斯、马斯格雷夫编《批判和知识的增长》，华夏出版社1987年版，第25页。

⑤ 库恩：《是发现的逻辑还是研究的心理学》，见拉卡托斯、马斯格雷夫编《批判和知识的增长》，华夏出版社1987年版，第26页。

学哲学在内的有关的合理成果，却又避免了实在论的"逼近真理"的形而上学和库恩式的相对主义。但是，劳丹的理论看来同样存在着许多困难，我们已经在相关的论文和著作中做出过批判，也在本丛书第三分册一书中进行了批判。

迄今，科学进步问题早已被全社会以及学者们所广泛关注。科学家、哲学家以及普通的人们都在谈论科学的进步。确实，在当代，除了极少数极端的相对主义者（如费亚阿本德等）以外，科学的进步被人们当作毋庸置疑的事实来接受和谈论。即使像库恩这样的有着强烈的相对主义倾向的科学哲学家，也宁可在相对主义的立场上做出让步而要坚持和维护科学进步的观念。

但是，我们在什么意义下才可以谈论科学的进步呢？思维的逻辑迫使我们去追问科学的目标。因为正如我们所曾经指出，"进步"总是一个与"目标"相联系的概念；进步或进化只可以被理解为向着目标的前进或接近，布朗运动是谈不上什么进步的。所以，要认真地谈论科学的进步，就势必要谈论科学的目标；当今的科学哲学家们也都在从各种不同的观念上谈论着科学的目标。

科学的目标究竟是什么？当代的科学哲学家们众说纷纭。与此相联系，它们对科学进步的含义、科学合理性的标准以及关于科学理论的接受与评价的标准等等许多问题也都各持己见。看来，对于科学目标的理解，实在是科学哲学中的一个影响广泛的问题。可以说，如果科学进步问题曾经是并且迄今仍然是科学哲学的一个中心问题，那么，科学目标问题就是科学哲学中的一个影响深远而广泛的基本问题。

世界各国的科学哲学家们曾经对科学的目标做出过各种不同的回答。例如逻辑实证主义认为，科学的目标是经验知识的积累；波普尔认为，科学的目标是逼近真理；库恩认为科学无目标可言，他要求在离开目标预设的前提下来谈论科学的进步，这当然会遇到不可解决的困难；劳丹则认为"科学的目标是解决问题"；等等。但所有这些关于科学目标的设想都存在着难以解决的困难。

如前所述，逻辑实证主义关于科学进步的累积进步模型已受到了各派科学哲学家的广泛批评。波普尔式的逼近真理模型也同样站不住脚。它们所说的真理是"本体符合论"意义上的真理，认为"真理"就是与外在世界的一致。但在深追之下，它其实只是一种形而上学的信念。我们实际上并不可能知道（无法判定）我们的认识是否达到了这种"真理"。因而也无法判定科学在其发展中是否正在向着这种"真理"前进或逼近。这种所谓的"科学目标"是不可检测和不可捉摸的，因而对于科学发展的"定向作用"或科学理论的评价与选择来说，并没有实际的意义；它们只是为我们设定了某种虚幻的目标。库恩试图谈论无目标的科学发展，结果使他陷入了相对主义；库恩拒绝科学有目标可言，是使他的"规范变革"理论陷入相对主义困境的主要原因。劳丹认为科学的目标是"解决问题"，但他无法给出"问题"的清晰的概念，因而也使他的理论陷入混乱。正如我们已经指出，"问题"实际上只能是一个派生的概念。它可以被清晰地定义为"某个给定智能活动过程的当前状态与智能主体所要求的目标状态之间的差距"。但是如果承认这个定义是合理的，那么说"科学的目标是解决问题"就势必造成混乱，或者陷入无法摆脱的概念的恶性循环之中。

如何使我们真正获得实际可检测的、对科学的发展真正能够起"定向作用"的关于科学目标的有意义的假定呢？笔者曾经就此问题在《中国社会科学》1990 年第 1 期（《中国社会科学》创刊十周年纪念专号）上发表文章进行过论证，提出了"科学进步的三要素目标模型"。这是一种能够对科学发展真正起定向作用的实际可检测的模型。这篇文章曾经在国内学术界获得高度好评，并被全文翻译成英文发表在 *Social Sciences in China*（Vol Ⅶ，No 4，1991）之上。时隔 6 年以后，国内的著名学者、中国科学院自然科学史研究所的董光璧研究员在其所撰的《揆端推类，告往知来》的长文中曾评述道："科学进步是当代最激动人心的问题之一，人人都在谈论科学的进步。对于一般人来说，科学进步似乎是一个毋庸置疑的事实，但它却成为当代科学哲学的举世难题。在什么意义上说科学是进步着的，科学是如何进步的，科学进步又何以可能，如若认真思考予以探究就会陷入困境。智力上的烦恼使许多科学家、历史学家和哲学家为之付出许多心力。为能合理地阐释这些问题，'累积进步'模型、'逼近真理'模型、'范式变革'模型、'解决问题'模型、'目标'模型等相继由不同学者提出。这些模型中所提出的科学进步的评价标准、知识增长的机制、理论的判据各不相同，有些甚至是彼此相矛盾的。比较诸多有关科学进步的模型，后出的林定夷的'目标'模型更为可取。……我们赞成林定夷在其《科学进步与科学目标》（1990 年）中所表达的看法。"①

第二节 科学进步的三要素目标模型
——科学的实际可检测的目标

在拙著《科学哲学——以问题为导向的科学方法论导论》一书中，我们曾批判了劳丹的"科学的目标是解决问题"的观念，我们还曾经花费过更多的笔墨批判过曾有过广泛影响的朴素实在论的那种与本体符合的真理论以及把科学的目标设定为追求这种本体符合论意义上的"客观真理"的常识见解，也进而批评了波普尔对这种常识见解的辩护，并通过对科学理论的检验结构与检验逻辑的详尽的讨论，指出了这种朴素实在论的"与本体符合"的真理论和与之相联系的关于科学目标的常识见解，归根结底只是一些形而上学的信念。我们实际上并不知道（无法判定）我们的认识是否达到了这种"真理"，因而也无法判定科学在其发展中是否正在向着这种"真理"前进或逼近。这种所谓"科学目标"是不可检测和不可捉摸的，因而对于科学发展的"定向作用"或科学理论的评价和选择来说，并没有实际的意义；它们只是一些虚幻的目标。

为了讨论科学的进步和科学理论的评价与选择以及其他方法论准则的合理性，更为了深入地讨论"问题学"理论，使这些活动真正可以有某种起"定向作用"的依据，我们必须讨论科学的某种实际的可检测的目标。科学的实际可检测的目标，在我们看来，应是如下三项的合取：

（1）科学理论与经验事实的匹配，它包括理论在解释和预言两个方面与经验事实的匹配，而这种匹配又包括了质和量两个方面的要求。

（2）科学理论的统一性和逻辑简单性的要求。

（3）科学在总体上的实用性。

由于我们把科学的目标定义为以上三要素的合取，并以此来理解科学的进步以及其他许许多多相关的问题，因此我们把我们的模型称之为"科学进步的三要素目标模型"。这个目标模型最初于 20 世纪 80 年代发表于中山大学马应彪科学哲学论坛的一次学术讲演中；数年后，即 1990 年，发表于《中国社会科学》刊出的我的一篇论文《论科学进步的目标

① 董光璧：《揆端推类，告往知来》，载《自然辩证法研究》1996 年第 1、2 期。

模型》① 之中，同年，在拙著《科学的进步与科学目标》② 一书中则有了更加详尽的展开。

对于科学目标的这些要素（"三要素"）的性质及其相互关系，我们应作如下进一步的讨论：

（1）这些要素，在深究之下，尽管还可能存在某些概念上的困难（如科学理论的逻辑简单性的含义等），但一般地说来，它们是清晰的，并且都是可以被检验的，因而这些目标不具有我们曾经指责过的波普尔观念的那种含糊性和形而上学性。

（2）关于要素（1），我们强调了科学追求理论与经验事实的匹配。但必须注意：我们这里所说的"匹配"，绝不是意味着只能依经验事实为准绳，单向性地要求科学理论与它们相匹配。正如随着科学哲学的发展所愈来愈清楚地揭示的：观察渗透着理论，观察依赖于理论。科学中的某个"事实"，仅仅是经过了某种理论的解释才成为某种事实的。所以，科学中关于事实的判定和陈述都要依据于理论，而在科学的历史上，随着观察性理论的改变，人们可能随之改变关于相应的事实的陈述。当理论与经验互不匹配的时候，所应当受到指责的并不必然是理论，也可以是经验陈述。所以，原则上，科学理论与经验事实的匹配，是可以相互调节的。

（3）关于要素（2），科学追求理论的统一性和逻辑简单性的要求。尽管关于"理论的逻辑简单性"的含义，当前还难以做出无懈可击的、清晰的表述，但科学家们在实际工作中对于这一点的理解往往是十分一致的。追求理论的统一性和逻辑简单性，可以说是自古以来科学的传统和一向非常明确的目标，并且实际上科学是在非常明确地实现着这个目标。科学理论的统一性和逻辑简单性，实际上应当分两个层次予以理解：一是理论层次上的，它是已为"科学理论的统一性和逻辑简单性"这个词组所直接表达了的；二是科学定律和规律层次上的，它是为前一层次所要求的附属的、较低层次的要求。关于第一层次的要求，我们大致上可以用爱因斯坦的观点予以表述："十分有力地吸引住我的特殊目标，是物理学领域中的逻辑的统一性。"③ 爱因斯坦并且总是把科学的统一性与逻辑简单性

---

① 林定夷：《论科学进步的目标模型》，载《中国社会科学》1990 年第 1 期。
② 林定夷：《科学的进步与科学目标》，浙江人民出版社 1990 年版。
③ 爱因斯坦：《爱因斯坦文集》（第 1 卷），商务印书馆 1976 年版，第 299 页。

联系起来，把逻辑简单性同时看作科学统一性的一种要求："我们在寻求一个能把观察到的事实联结在一起的思想体系。它将具有最大可能的简单性。我们所说的简单性，不是指学生在精通这种体系时产生的困难最小，而是指这体系所包含的彼此独立的假设和公理最少；因为这些逻辑上彼此独立的公理的内容，正是那种尚未被理解的东西的残余。"[①] 关于第二层次的要求，即关于科学定律或规律陈述的简单性，则通常是指所描述的一个科学定律或规律在数学上的简单性，包括数学形式上的简洁、优美、对称等等。所以，这个目标的要求部分地是美学上的。

（4）我们强调：科学的目标是所指三项要求（三要素）的合取。因为如果仅仅为了满足第一项而并不要求满足科学理论的统一性和逻辑简单性，那么，各个领域中相互分裂的理论，甚至仅仅依靠经验性的现象论规律[②]就能满足它。但实际上，科学并不满足于表浅的经验概括，它追求着科学统一的目标。然而，即使第一、第二两项的合取，也只是表明了科学的部分目标：解释世界。但人们从事科学的目的，重要的还在于改造世界；科学追求着实用的目的。尽管从科学的某些具体分支或科目来说，它们的目的似乎只是为了认识自然而并不追求实用，但科学的发展却从总体上追求着实用的目标。事实上，那些纯理论知识的增长，最终必能提高科学总体在实用上的有效性，并且正是相信这些"纯科学"的研究必能为提高科学的总体在实用上的有效性做出贡献，人们才对它们进行研究并得到社会的支持。这三条，可以说是科学在其发展中永无止境的目标。人们谈论科学的进步，无非就是向着这些目标的前进；人们谈论科学的方法，无非就是实现这些目标的手段；甚至人们谈论或提出科学问题，实际上也无非是遵循着这些目标，从对当前的科学背景知识的分析中，看出科学发展的某些子目标，并认识到当前的背景状态与这些具体的子目标之间存在着差距。

（5）我们强调把科学总体在实用上的有效性作为科学的目标，更有其特殊的认识论意义。因为如果仅仅注意到科学目标的前两个要求，那就

---

① 爱因斯坦：《爱因斯坦文集》（第 1 卷），商务印书馆 1976 年版，第 299 页。

② 我们所称的"现象论规律"，是指这样的规律陈述：在其中，除了观察陈述中已经使用的术语以外，不再引进新颖术语。在大多数情况下，通常所说的"经验规律"常常具有这种"现象论规律"的性质。

容易片面地把科学的发展理解为"不假外求"的纯粹的"自主性"的事业。由于现代科学哲学的研究愈来愈清楚地表明了这样一点：科学理论固然要建立在经验的基础之上，并且要接受经验的检验，但观察经验也绝不是完全独立的，它受到背后的观察性理论的左右和影响。因此，科学中理论与经验事实的匹配事实上是可以相互调节的。由于观察经验中浸透着理论，因此所谓理论接受经验的检验，至少就它的一个重要方面来说，其实是理论之间的比较。从这个意义上，任何科学理论都是不可能独立地经受经验检验的，为了检验某一个理论，必须以引进或肯定另一些理论或假设为条件。由此势必应当得出整体主义的结论。这种整体主义，在某种程度上正如蒯因所指出：我们关于外部世界的陈述，不是个别地，而是作为一个整体去出席感性经验的法庭。只要我们对整体主义作合理的理解，而不要像蒯因那样进一步对整体主义作"混沌的喧嚣"，那么，整体主义的观念显然是深刻的。但是，如果我们仅仅把科学的目标看作追求理论与经验事实的一致以及科学理论的统一性和逻辑简单性，那么，我们又势必要得出这样的结论：科学理论的检验以及科学的进步，仅仅是它内部的事情，科学仅仅是一项自我封闭的"自主性"的事业；科学的发展似乎可以看作与社会相脱离，仅仅由其内部逻辑所推动，并且可以孤立地按照自身的法则而发展的。并且由此最终还要做出如蒯因已经做出的那种片面的结论：在科学的发展中，由于理论与经验之间有着如此这般的关系，所以，"任何假说不管情况怎样都能得到维护"①。但是，如果我们考虑到科学追求它的总体在实用上的有效性，那么，这一要求就将最终制约对假说的选择和对科学理论的各个部分的调整，从而引导其进步。科学总体在实用上的有效性甚至是评价科学进步的最高标准。极而言之，人类如果奉行一种内部自洽，然而自我封闭的"理想的"科学体系，而这种体系完全缺乏实用上的有效性，那么这就将危及人类的生存。事实上，人类知识自从它的最原始的状态开始，就遵循着以实用的要求作为一种评价或接受的原则。只是往后由于科学的高度发展，它的内部关系变得复杂起来，这个要求才变得愈益模糊，特别是对于某些仅仅以认识自然为目的的"纯科学"（如天体物理学）的研究，其情况就更是这样。但尽管如此，实用性的要求也仍然广泛地至少是潜在地起着它的定向作用，在特殊情况下，则

①　蒯因：《经验论的两个教条》，见蒯因《从逻辑观点看》，上海译文出版社 1987 年版。

是直接地和明显地起着某种决定性的作用。

（6）作为科学目标的这三项要求是相互制约的。科学目标的这三项要求虽然大体上是统一的，因为粗略地说来，似乎是，愈能与广泛的经验事实相匹配，并能对世界做出精确解释和预言的理论，愈是逻辑上统一与简单的理论，通常也会是愈有效用的理论；换言之，科学理论的实用性往往是以前两者为基础的。但是，实际情况远非如此简单。在科学发展的一定阶段上，已有的相互竞争的理论，以及对已有理论做出局部性改造或提出崭新的竞争理论，往往并不能在这三点上同时取得进展，相反，有时为了在某一点上取得进展，往往不得不容忍在另一点上的暂时退却。在历史上，即使是某些理论变革方面的举世公认的最重大的进步，其情况也是如此。因此，在实际的科学史中，这三项要求往往成了相互制约、相互矛盾的因素。例如，为了改进托勒密体系的那套复杂的本轮－均轮系统的"不自然"、"数学上的不优美"，它与天文学资料之间的与日俱增的裂隙，以及为制定新的更精确的历法和航海星表提供新的理论依据，哥白尼提出了日心说的革命性理论。哥白尼理论在数学上的"优美"和"自然"方面显然超过了托勒密体系，却又带来了物理上的"不自然"和在经验证据方面的许多严重困难。因为在当时的科学背景中，占统治地位的是亚里士多德的物理学理论。托勒密体系原则上是与亚里士多德的物理学理论相容的，因而在物理学上是"自然的"，而哥白尼体系却是原则上与当时占统治地位的亚里士多德物理学理论不相容的，因此从当时的物理学角度来看，哥白尼理论是"悖理的"、"不自然的"。以至于哥白尼死后将近一个世纪，甚至被誉为近代科学方法论之创始人的弗兰西斯·培根还指责哥白尼说："他只要他的计算结果是好的，就满不在乎地把无论怎样的虚构引进自然界里来。"[①]　在当时的条件下，哥白尼本人在他的反对者依据亚里士多德的物理学理论所提出的许多经验证据——塔的论据、飞鸟云彩论据、地球飞散论据等——的驳难之下，几乎全无招架之功。哥白尼本人在物理学上并没有摆脱亚里士多德的框架，他从亚里士多德物理学的基地上为自己做出的辩护，完全是"苍白而无力"的。可以说，哥白尼理论在当时的出现，在科学统一的方向上不是填补了裂隙，相反，却是增加了裂

---

① 弗兰西斯·培根：《智慧之球的叙述》，转引自菲利普·弗兰克《科学的哲学》，上海人民出版社 1985 年版，第 51 页。

隙；这个新理论在当时的科学背景理论体系中不能"嵌入"。在理论与经验事实的匹配方面，哥白尼理论虽然有其成功的方面，例如，它在解释火星的顺行、逆行视运动方面比较"自然"，但整个地说来，它绝不比托勒密体系优越多少。这两种理论在观测精度上都仅能达到几乎不相上下的粗糙水平（误差4°～5°），而且哥白尼体系在这方面还面临着许多特殊的困难，如关于金星的盈亏和视像大小的变化。因为哥白尼理论蕴涵了这样的结论：从地球上看去，金星应当发生像月球那样的盈亏变化，并在一年的过程中应可观察到它的视像大小的明显变化。但是在当时，天文学家们用肉眼仔细地跟踪观察了金星，不但没有发现金星有盈亏，也没有观察到它在一年中视像大小有任何变化。这成了哥白尼理论的明显的证伪证据。正如当时为哥白尼的《天体运行论》一书作序的牧师兼天文学家奥西安德所说：哥白尼学说虽然做出了金星在一年中应当看起来改变大小的预言，"可是每一个时代的经验都否定了这样的变化"①。而这些困难在托勒密体系中却不存在，因为这些观察结果是完全为托勒密体系所蕴含的。甚至后来布拉赫·第谷所观察到的恒星"无周年视差"的情况亦复如此。也正因为如此（当然还有宗教上的原因），哥白尼理论迟迟不能为他那一时代的天文学家所接受。在当时，只有少数深受毕达哥拉斯主义影响的、推崇自然界服从"数的先定的和谐"而又非常杰出的科学家（如刻普勒、伽利略）才能看出哥白尼体系的内在的"美"，并坚持地捍卫和发展哥白尼的日心说体系。而哥白尼体系正是通过他们才逐渐摆脱了窘境：通过伽利略、刻普勒的观察研究和行星运动定律的发现，从而消除了大量的反例并使之成为新的确证证据（如伽利略通过望远镜观察，发现了金星有盈亏并且在一年中它的视像大小有明显变化），并且进一步提高了哥白尼理论在数学上的简洁、和谐以及它与经验证据之间的一致和符合（精确度等）；通过伽利略－牛顿的力学－物理学的基础广泛的理论研究，终于击败了亚里士多德的物理学理论，从而使哥白尼体系在新的物理学中找到了它的坚实的基地。这不但消除了它的许多经验上的驳难证据，并使它们成为它的确证事例（如塔的论据、飞鸟云彩论据等），而且由于与新的背景理论一致，从而使它在物理上不再是"悖理"的，相反，正是哥白尼体

① 尼古拉·哥白尼：《天体运行论》，见《安德里斯·奥西安德（Andres Osiander）的前言——与读者谈这部著作中的假设》，陕西人民出版社、武汉出版社2001年版。

系才是"合理的"和"自然的"，而它的竞争对手（托勒密体系和第谷体系）却被看作在物理上"悖理的"和"不自然的"了。到了这个时候，哥白尼体系连同伽利略－牛顿的力学－物理学理论一起，才在向着科学目标前进的三个要求的方向上同样都获得了无可争辩的进展。而在此以前，在这三个方向上的进展，往往显得顾此失彼。从历史的眼光来看，这种情况甚至有着特别重大的意义。因为不如此便不会有背景理论方面的革命性的变革，便不会有如此强大的推动力去冲决亚里士多德物理学的罗网。而正是它们，标志着科学的飞跃进步。众所周知，在历史上，伽利略，甚至包括牛顿，他们研究力学，发明新的力学体系，其主要的动力之一就是要为哥白尼体系做出辩护。也正是在这个意义上，正如我们前面所指出，我们不能同意劳丹的观点：把产生概念问题仅仅看作对该理论评价的消极因素。实际上，任何革命性理论的提出都势必会引发概念问题，而这些概念问题的提出又会进一步成为引发更深刻的科学革命的动因。就像哥白尼体系的情况所表明的那样。而按照劳丹的理论，就很难解释科学的进步。

人类科学的发展何以会追求这样的三要素目标（不管人们是否自觉到它）？在笔者看来，正如笔者已在本书第一章所揭示，这也许是与人类的某种"先天本性"所使然，而这是可以从进化认识论上得到合理论证的。问题是，我们所说的科学进步的三要素目标模型真的能得到合理的辩护吗？或者更明确地说，这种科学进步的三要素目标模型真的能从我们人的"先天本性"或人的先天认知结构中获得合理论证吗？

请读者不妨重读或回忆笔者在本书第一章第四节所曾经描述过的一个实验以及我们为此所做的讨论。在那里，我们曾经从中得到了如下结论。我们不妨把它们简要地复述如下：

（1）"条件反射"是训练出来的。动物的条件反射，说明在这些动物的认知结构中已有了先天的归纳倾向。它们在经验中发现 A_1 有 B，A_2 有 B，…，A_n 有 B，然后当出现 A_{n+1} 的时候，它们就期待着也会有 B 发生。如此才形成了条件反射。

（2）在如金鱼和狗这些稍高级的动物的先天认知结构中已经包含了抽象的倾向或抽象的能力。

（3）前述（1）和（2）一起，都意味着在动物的认知结构中，都先天地具有从"个别"过渡到"一般"，即追求"一般知识"的倾向。（1）是说"条件反射"的形成就意味着一种"归纳"。动物的这种先天的归纳倾向当然就意味着它的认知结构中具有从"个别经验"过渡到某种"一般性知识"（某种"规律"或"规则"）的先天倾向。而（2）所显示的先天的抽象能力，也意味着这些动物具有从变动不居的现象中抽象出某种稳定东西的能力。

（4）"条件反射"的形成，还意味着在动物的先天认知结构中，具有某种追求"因果关系"的原始倾向。它们以 A_1，A_2，…，A_n 之后都紧随着有 B 发生的经验为基础，当出现 A_{n+1} 时，就期待着 B 再次发生。这就意味着在某种程度上它们把 A 看作"因"，把 B 看作"果"；只要有 A 发生，它们就期待着 B 的出现。

（5）对于每一动物个体而言，通过训练而形成的"条件反射"是可以被破坏的。而这又意味着，在这些动物的先天认知结构中，已经先天地具有了如下的要求：它们通过条件反射所已经获得的"一般知识"，必须与它们后续的相应经验相一致；如果发生不一致，而且多次发生不一致，它们就会调整原有的"认识"。总之，要求它们通过条件反射所获得的普遍性规则（或规律）的"认识"，要与它们的经验相一致，乃是这些动物的认知结构中先天具有的倾向。

（6）在许多动物的先天认知结构中，还包含有许多其他种类的如康德所说的"先天综合知识"，例如空间和时间这两种感性直观的先验形式。正是借助于这两种先验的直观形式，才使得它们获得了感知外部世界并使之具有一定结构的可能性。并且对于许多较高等的动物而言，它们的空间感知也是三维的，因为它们有深度知觉。

（7）动物的这些先天认知结构并不神秘，因为它们是进化的产物。所以，这些先天的认知结构，对于个体而言是"先天的"，但是对于种系发育而言却是"后天的"，它们是从它们的先辈那里以 DNA 的形式遗传下来的。这些 DNA 决定了它们具有某种先天的认知结构。

（8）从进化论的角度来看，动物的这些先天的认知结构是适应的产物。许多物种如果不具有这种先天的认知结构，很可能早就在自然选择中被淘汰了。

（9）人是从动物进化而来的，所以人也具有某种先天的认知结构；由于进化的结果，人的先天认知结构比起其他较低等的动物来，也许更复杂、更完善。而人的这种先天的认知结构，就决定了人对世界的某种认知方式。

　　（10）以上讨论所得的结论，能说明许多问题。例如，其中的第一点，就可为休谟认为归纳是人的心理习惯的观点做出深层次的辩护。因为我们为这种"心理习惯"从进化论和遗传学的角度上提供了深层次的生理学的说明。第二点能用来批驳波普尔关于归纳不可能，科学中没有归纳的观点。因为波普尔的论据是归纳的前提条件是"异中见同"，但"异中见同"却没有根基。而我们却论证了"异中见同"是许多较高等的动物就已具备的先天能力。我们的许多讨论也支持了康德认为人具有许多"先天综合知识"的观点，并从进化论、遗传学的角度上论证了它。当然，我们还得申明：不能如康德所言，人的"先天综合知识"必然是真的。相反，它们也同样是可错的。包括先天的"归纳"倾向，其所得的"知识"显然是可错的。

　　从我们的讨论所得的那些观念，很容易从进化认识论或发生认识论的角度上说清楚，人类何以会有一种先天的倾向，使科学的发展潜在地追求着（不管人们自觉不自觉）我们前面所说的"三要素"目标。因为这三要素目标是已经潜在地存在于人的先天认知结构之中的。

　　我们已经看到，在许多较高等的动物中，在它们的先天的认知结构中，已经潜在地存在有归纳的倾向，追求普遍性（规则、规律，例如体现在"条件反射"中）、因果性的倾向，具有"异中见同"的天然能力，以及要求它们所获得的"普遍知识"（规律、规则）与它们的经验相一致，一旦发现不一致，就会调整它们的"知识"的能力。这就意味着在他们的先天认知结构中，已先天地具有追求一般性"知识"的倾向，并且先天地对任何已获得的一般性"知识"需要做进一步的检验，要求已有"知识"与后续经验保持一致；如果产生不一致，就会造成问题，并调整"知识"。它们的这种先天认知结构中的先天的倾向和能力，是物种得以保存和发展的基础。这些倾向和能力是适应的结果，在某种意义上，"适应"也就是"实用"。在生物进化的过程中，它们的认知结构的进化，也是以"实用"为条件的。人是从动物进化而来的，而且具有"第二信号系统"，具有使用语言和符号进行抽象思维的能力，而且在人的先天的认知结构中，也已经具有了可以随着机体成熟而发展或可以被开发的逻辑演算的倾向或能力（皮亚杰），并且在思维中被要求符合逻辑演算的规则。所以，在原始人那里，就已经具有了从经验中追求普遍性（从经验中总结规则、规律）的先天倾向，追求因果说明的先天倾向，在思维中追求合乎逻辑的先天倾向，要求使他们所获得的任何原始的普遍性知识与他们的经验相一致的先天倾向，特别是追求知识的实用性的倾向。随着人类智力的发展，人类逐渐地要求以某种统一的模式来解释纷繁复杂的自然现象，即他们在更高的程度上追求着知识的统一性和逻辑简单性。于是，在人类的历史上先后出现了宗教体系、形而上学体系，然后又出现了科学（孔德）。宗教体系、形而上学体系正如科学知识体系一样，当它们最初出现的时候，也都曾经是人类试图通过某种构造性的努力，以对纷繁复杂的自然现象做出某种统一解释的一种方式。只是由于人类知识和智力水平发展的局限，人们当初并不能发现，通过它们所提供的种种"解释"，实际上都不过是伪解释。只是由于人类知识和智力水平的进一步发展，人类逐渐地不满足于宗教和形而上学所提供的对自然现象的伪解释，特别自近代以来，科学（首先是自然科学，然后是社会科学）显然已逐渐地取代宗教和形而上学，成了人们理解和探索自然的主要方式，虽然人类仍然（也应当）给宗教和形而上学留出它们相应的、合理的地盘。科学采用实证的方法，追求科学理论与经验事实的一致；科学追求科学理论的统一性和逻辑简单性，却不像宗教和形而上学那样，试图仅仅凭借玄想而"一步登天"，而是在实证方法的基础上逐步地、渐进地去实现这个目标；科学追求实用性，却更多地通过"技术"这个中间环节去实现这个目标，更允许它的某些分支学科表面上完全不追求甚至不理会"实用目的"，它只追求科学总体在实用上的有效性。

总之，我们的"科学进步的三要素目标模型"所述说的科学进步所追求的三要素目标，不但可以从经验上获得合理的论证，而且可以从进化认识论上获得合理的辩护。按照我们所构建的科学进步的三要素目标模型，科学在发展的过程中，科学理论应向着愈来愈协调、一致和融贯地解释（和预言）愈来愈广泛的经验事实，从而能向愈来愈有效地指导实践的方向发展。因而在相互竞争的诸理论中，愈是具有高度可证伪性、高度似真性和逻辑简单性的理论，是愈优的理论。我们不可能判定哪一个理论所揭示的机制是与实在世界本体相一致的意义上的"真理"，这样的"真理观"是没有意义的，它所提供的是不可操作的虚幻的目标，对科学的发展不可能起到任何具有"定向意义"的实际作用。但我们从科学进步的三要素目标模型中，却能导出可操作意义上的选择科学理论的评价标准，而且它是与实际相符合的。关于科学理论的评价问题，详见本书第七章。

第三节　个案分析

在上一节，我们已经详细描述了我们所提出的"科学进步的三要素目标模型"，并对它做出了适当的论证。但为了进一步理解作为科学进步的三要素目标之间的相互制约性，我们还有必要再对科学史上具有典型意义的个案做出详尽的分析。我们姑且仍以近代光学史为例。

与牛顿生活在同时代的荷兰科学家惠更斯早就提出了与牛顿微粒说相竞争的另一种光学理论——光的波动说理论。但是，惠更斯的波动说存在着一些根本性的弱点：①惠更斯实际上认为光波只是一个个突发的脉冲，而并不认为它是具有一定波长的波列。他自己在《论光》一书中强调："不需要认为光波是以相同的间隔一个跟着一个。"这就使他的波动说不能解释光的干涉现象。相反，牛顿却从微粒说的角度出发，发现了牛顿环现象，注意到了光的波动特性（周期性）。②惠更斯虽然创造性地提出了他的包迹原理，但他没有假定子波可以相干，因而用他的波动说理论甚至不能真正解释众所周知的光线直进现象，而相比之下，牛顿的微粒说对光线直进现象的解释却是直观而自然的。③惠更斯虽然已经很好地描述了冰洲石的双折射现象——一种后来被理解为光线的偏振所造成的现象，但惠更斯却坚持光波应是纵波。然而纵波理论是与光的偏振现象不相容的；偏振现象是不能从他的波动理论中获得解释的。④在当时，他的理论也不能很好地说明当时光学研究中已成为热门课题的光线绕射，而这正是牛顿所着力予以解释的。正是由于以上这些原因，惠更斯的波动说就很难与牛顿在《光学》一书中所阐发的内容丰富的理论相匹敌，牛顿也从不把惠更斯的波动说看作他的理论的真正对手。牛顿虽然尊敬并高度评价惠更斯的科学工作，把他看作一位力学家、几何学家和天文学家，却从不把惠更斯看作一位光学家。尽管牛顿并不绝对排除光是以太之波动的可能性，但在牛顿眼里，惠更斯的光学却只能使光的波动说理论威信扫地。事实上，在牛顿以后的整个18世纪里，在光学领域中始终是牛顿的微粒说占据统治地位。但是，当历史进入到19世纪以后，由于托马斯·杨和弗累涅尔的工作，情况却发生了戏剧性的变化。首先是托马斯·杨于1801年竖起了一面新的旗帜。他一方面通过深入分析牛顿微粒说的困难而使这种困难进一步明朗化和尖锐化；另一方面，他又通过提出或修正一些辅助假说而大大改善了波动理论从而保护了（甚至也修改了）波动理论的"硬核"。托马斯·杨尖锐地指出了光的微粒说的严重缺陷，说它不能解释以下现象：①由强光源和弱光源所发出的光为什么有同样的传播速度；②当光线从一种介质射到另一种介质的界面时，为什么有一部分被透射，而另一部分被反射；③他自己所发现的双缝干涉现象。（如果不予深究而接受劳丹的概念，则这些诘难大体上都属于劳丹所说的"经验问题"。）与此同时，托马斯·杨大大改进了惠更斯的波动理论，并向牛顿微粒说发动了公开的挑战。他宣称："尽管我仰慕牛顿的大名，但我并不因此非要认为他是万无一失的……我……遗憾地看到他也会弄错，而他的权威也许有时甚至阻碍了科学的进步。"① 他沿着惠更斯波动说的思路，进而认定光波应是具有一定波长的波列，首次提出了"光波波长"的概念，并测定了光波波长；他认定光的不同颜色是与光波的不同波长相对应的。在此基础上，他消除了他曾借以指责牛顿微粒说的那些困难。特别是在合理地解释他的双缝干涉实验的时候，他又进而提出了光波"干涉"的概念，初步提出了相干性原理，还进一步提出了"光程差"和"半波损失"等重要概念。由此，他把光的波动说发展到了一个新的阶段，使之成为一种有竞争力的拉卡托斯意义下的"进步的研究纲领"。他不但预见了许多新的现象，而且后顾地解释了以前难以解释的牛顿环和薄膜色彩等现象，认为它们都不过是光的干涉效应。但是尽管如此，杨对自己的新的理论并不抱太多的希望。他认为他的新理论要么被忽视，要么受到人们的尖锐批评和反驳，因为这个理论是和牛顿的权威理论相对立的。杨的理论提出以后不久，确实受到了当时许多人的批评和反驳，但真正使他难堪的反驳并不来自单纯维护牛顿观念的人们，而是来自不久就出现的实验观察事实（经验事实）。当杨的理论刚刚引起争论，就马上引来了实验方面的沉重打击。1808 年 12 月，法国科学家马吕斯发现了反射光的偏振现象。马吕斯发现，这个现象是无论如何不可能用惠更斯和杨的波动理论（当时仍认为光是纵波）来解释的。于是他坚持用牛顿的光微粒在进入介质界面时有附加振动（附从波）的理论来解释，并认为，这个实验事实表明，光微粒在遇到不同介质的界面时发生一种横向振动，也就是"偏离"光线运动方向的振动。所以他

---

① 转引自斯蒂芬·F. 梅森著：《自然科学史》，上海人民出版社 1977 年版，第 441～442 页。

把这种现象称作光线的"偏振"（"偏振"一词就是这样最初由马吕斯从微粒说的角度上引入光学的）。这个实验事实确实是与惠更斯和杨所主张的光的纵波理论不相容的，因而引起了刚刚出世不久的杨氏理论的危机。杨氏自己也重复了这些实验，因而使他自己对波动理论也发生了动摇。在这过程中，另一位也是在波动说纲领下从事研究的法国科学家弗累涅尔，从另一方面改进了惠更斯的波动模型。他引进子波能够相干的抽象假说，从而解决了牛顿曾经指责过的光线直进对于波动说的反常，并在绕射现象方面做出了许多杰出的研究，使光线直进与绕射这两种看起来相反的现象在一种统一的模型之下获得了"自然的"解释。为了定量地解释现象，他还建立起构造带理论。这个理论能够非常成功地解释和预言许多绕射现象及其他光学现象，因而在欧洲引起了巨大的震动。但是弗累涅尔的成功也仍然不能扫除波动说在当时所面临的基本困难，即它与光线偏振这个实验事实的矛盾。但是，正当这个矛盾变得愈益尖锐的时候，1816 年，他与阿拉戈一起又偶然地发现了偏振光的相干现象，这个实验事实令科学界十分困惑不解。因为虽然光线的偏振看来与波动说（纵波说）相矛盾，但偏振光的干涉似乎又明白地表明它仍然是一种波。终于，在第二年年初，杨在与阿拉戈的通信中提出了光是"横波"的可能性。当弗累涅尔从阿拉戈那里得知了这个消息后，他马上看出了杨的这个假说的意义。虽然他明明知道，光的横波假说将引起一系列概念上的矛盾（相当于劳丹所称的"概念问题"），并且也是与他自己原有的传统观念格格不入的。原因十分明显，为了要使以太传播像光那样的高频横波，必须使以太具有典型的固体特征并具有极高的弹性切变模量。而当时所设想的"以太"是一种十分稀薄的气状介质。它只可能传播纵波。尽管如此，他还是要竭尽一切努力为可能有前途的横波假说奉献自己的精力。他尝试着给光的横波理论设计一种具有极高弹性切变模量的以太动力学模型，并从横波理论中得出了许多重要结论。1818 年，他总结了自己若干年的研究成果写成了一篇论文，响应巴黎科学院的悬奖征文。这篇论文，从光的横向波动假说出发，把惠更斯的包迹原理和杨氏的干涉原理结合起来，定量地说明了当时所已知的，然而却悬而未释的各种重要的光学现象，其中包括双折射理论、反射和折射理论、偏振面的转动理论以及他自己新发现的偏振光干涉的定律等等。弗累涅尔的这篇论文，当时轰动了整个法国和欧洲的科学界。尽管在当时的法国科学院中，一大批老的有权威的科学家（如拉普拉斯、拉格朗日、泊松、毕奥和马吕斯等）仍然坚持微粒说，并对波动说继续提出反驳，但巴黎科学院还是把悬赏奖颁给了年轻的弗累涅尔。弗累涅尔的工作（包括获奖后的工作）确实使波动说获得了巨大的胜利，以至于 20 世纪杰出的物理学家波恩（M. Bohn）在他与沃尔夫（E. Wolff）合著的经典名著《光学原理》一书中对于他的工作给出了如此高的评价："弗累涅尔的工作给波动理论奠定了如此牢固的基础，以致傅科和斐索、布雷格特所进行的……冲裁实验，都显得多余了。"①

　　然而，尽管杨和弗累涅尔的波动说取得了如此辉煌的胜利（这种胜利大多是解决了劳丹所说的"经验问题"），但是，它确实又使这一理论在更加广阔的背景中陷入了深深的概念困难，甚至可以说是陷入严重的悖论之中而难以自拔。诚然，在纵波理论之下，产生了劳丹所说的那种"经验问题"，杨和弗累涅尔在经验的压力下提出了光是横波的理论，但这种横波理论虽然解决了许多"经验问题"，却又引起了（劳丹意义下的）深刻的"概念问题"。因为在当时，不管是微粒说还是波动说，都还是在机械论的研究传统下从事工作。从机械论的研究传统出发，波动说假定光是依靠以太的机械振动而传播的，而以太被假定为一种气状介质。然而根据力学，气状介质是只可传播纵波，不可传播横波的。为了能使以太传播横波，以太介质必须具有固体特性，并且其弹性切变模量必须大得出奇（依据公式 $u = \sqrt{\dfrac{N}{\rho}}$，横波的传播速度 u 与固体的弹性切变模量 N 和介质密度 ρ 有关。由于光速 u 很大，所以尽管以太介质的密度被假定为很小，但它的弹性切变模量 N 的值仍必须很大，以至于比钢的弹性切变模量还要大 10 万倍）。然而这是不可思议的。为了解决这个困难，在 19 世纪继弗累涅尔以后的几十年中，先后有纳维尔、泊松、格林、麦卡拉、F. 纽曼、斯托克斯、凯尔文、C. 纽曼、斯特拉特、基尔霍夫等一大批科学家，都曾想方设法要为以太介质设计出某种机械动力学模型，其中最著名的是以太的胶状介质模型。它把以太设想为既具有某种流体特性，同时又具有较高弹性切变模量的介质，以便使它可以传递横波。但是所有这些努力都未能成功。这些模型不但都包含了许多牵强附会的（不合理或不自然的）复杂的假说，并且仍然未能摆脱悖论，以至于造成在更广阔的

---

　　① 波恩、沃尔夫：《光学原理》，科学出版社 1978 年版，第 7 页。

背景中机械论研究传统的危机。例如，为了要用它来解释光学现象，就必须假定以太充满整个宇宙空间，即假定这种胶状介质是无处不在的。但是通过天体力学的研究，人们却明白，星际空间对物体的运动并没有阻力。这就已经是矛盾。因为依据力学，这种胶状介质是必然会阻滞物体（如行星）的运动的。为了要自圆其说，只得引进新的辅助假说，即赋予"以太"以一种特殊的性质：以太粒子与实物粒子不发生相互作用。于是就可以用来解释这种胶状介质何以不会阻滞星体的运动。但是，问题马上又产生了。因为光线不但通过以太，而且也通过玻璃和水等等透明物质，然而在这些物质中光的传播速度变慢了。怎样解释这些现象呢？这就又必须假定以太粒子和实物粒子之间存在有相互作用。这样就出现了两种相互分裂的状态；为了解释自由运动的物体，即各种实体物质（如天体）的机械运动，我们必须假定以太粒子与实物粒子不发生相互作用；而为了解释光的传播，我们又不得不假定它们之间有相互作用。这显然是一种自相矛盾的结论，而科学的发展是应当排除这种自相矛盾的状况的；它追求着科学理论的统一性和逻辑简单性的目标。对于经典的波动光学理论来说，横波假定和以太假定都是这个理论的最基本的假定（其他的基本假定还包括力学原理等等）。按理说，一个理论的基本假定相互矛盾是尤其不能容忍的。但实际上，19世纪的科学家们尽管把这个矛盾看作一个待解决的问题，然而却仍然相当心安理得地接受波动说来作为他们具体的光学探索活动的研究纲领，并且19世纪的科学确实曾因波动说的胜利而获得了长足的进步。这种进步至少是两方面的。一方面是光学理论在与经验事实的匹配上以及在光学理论的统一性上（从而也在实用性上）获得了惊人的成就；另一方面是它在更广阔的背景上提出了更加深刻的"概念问题"，从而把机械论自然观戳得千疮百孔。这两方面都导致进步。因为正是它们才导致机械论自然观的破产，导致用新的研究传统去代替机械论的研究传统，导致科学发展中的巨大革命。因此，我们应得出结论：劳丹要求科学的进步必须是解决较多的经验问题而引起较少的概念问题，是不合理的。相反，一种成功的理论在更广阔的背景上引起深刻的和较多的概念问题，应视为一种进步；这类问题往往是科学发展的强大动力，正像哥白尼理论曾在广阔的背景上引起了深刻的和较多的概念问题而导致了科学的进步一样，亦如20世纪的量子力学的产生也曾在广阔的背景上引起了深刻的和较多的概念问题并导致了科学的进步一样。

从波动说发展的典型案例分析中，我们又一次清楚地看到：在科学理论的进步中，作为科学目标的三项要求（三要素）往往并不是同时被满足的。在某一个暂时的形态下，它往往难免顾此失彼；它有时因在理论与经验事实的匹配上的进步而暂时容忍新产生的概念上的困难（即劳丹的"概念问题"），有时也可能因理论上的简洁、优美，被看作有前途而暂时容忍与经验事实匹配上的倒退，并最终在经验内容上也获得重大进展。所有这些，都可能表明是科学的进步。

第四节 蕴涵的结论

我们在前面关于科学目标及其性质和关系的分析，蕴涵着如下结论：

科学的方法无非是实现科学目标的手段；科学方法的合理性就在于它有利于向着它的目标前进或接近。但有利于科学向着它的目标前进或接近的手段可以是各种各样的。因此，从根本上说，评价科学进步的合理性的标准不应是一种或一组方法论，而是一组与目标相关的价值。

由于作为科学目标的诸要素是相互制约的，因此，科学发展中相继出现的竞争理论在实现这些目标的方向上可能顾此失彼。一个后继理论 B 可能在某些方面优于原有理论 A，但在另一些方面可能暂时劣于 A；理论 B 往往要经历一个相当长时期的调整或修正才可能在总体上或全面地优于 A 而取代 A，而且在竞争中还可能出现另一些理论 C 和 D。因此，多种相互竞争的理论在科学中共存是一个规律，除非在一段时间内某理论 A 全面地优于其他竞争对手而居于绝对统治地位。所以，库恩的那种只允许有唯一规范的"常规科学"不符合科学的"常规"历史，用这个概念来描述科学的一般历史进程是不合理的。

由于一个后继出现的理论 B 在一定阶段上可能仅仅在一些方面优于原有理论 A，而在另一些方面却劣于 A，而在此时，某些科学家却已选取 B 作为自己的研究纲领，并终于击败理论 A 而使科学取得进步。所以，科学哲学中已被提出来的许多评价或选择理论的"合理性"准则（如理论的无矛盾性；当后继理论取代原有理论时，原有理论的经验内容都被保存下来或后继理论的经验内容必须超过原有理论等），从某个阶段上看，都是可以违反的。因此，把这些方法论信条当作科学中必须遵循的普遍的规范性的准则，将是不严谨的；因为对于所有这些方法论"准则"，总是可以举出反例。正是在这一点上，给极端的相对主义者费耶阿本德钻了空子，得出了"科学无方法可言，怎么都行"的非理性主义的结论。科学是有理性可言的，这理性就在于向着它的目标前进。

对于新提出来的竞争性理论，除非它在向着科学目标前进的方向上全面地优于其他竞争理论（而这种情况在历史上是罕见的），否则，对于相互竞争的科学理论之优劣的评价，只能有延时性的判准，而没有即时性的判准，即常常需要在竞争的过程中"走着瞧"。

前面所指的通常情况下工作的科学家，他们对于相互竞争的理论往往不是简单地采取或者接受或者拒斥的极端态度，而是同时钻研并审度相互竞争的多种理论，对它们有批判地采取兼收并蓄和多方向求索的态度。而当他们在解决较具体的科学问题的时候，则往往采取实用主义的态度；同一个科学家，在解决不同问题的时候，将选用不同的理论（尽管这些不同的理论在基本假定上是很不相同的，甚至相互对立的）；其所遵循的原则只是（或主要是）看这些不同的理论在解决相关问题时的效用。一位当代的量子化学家，他将同时热情而审慎地追索不同学派的量子化学理论，如价键理论、分子轨道理论或配位场理论，而对于价键理论，他也将同时考虑电子对成键理论、杂化轨道理论或共振论等等不同的理论假说（虽然这些理论分别建基于不同的，甚至相互矛盾的模型）。科学家往往对所研究领域中的各种竞争着的理论或其中的数种理论，采取批判性的兼收并蓄和多向求索的方针，而在解决不同问题的时候，采用不同的理论；科学家们并不绝对地忠诚于某一种理论，也不绝对地予以排斥，而是注重于它们对解决问题的实际效用。科学家们采取这种态度，似乎有一种机会主义之嫌，但从科学本身的目标来看，采取这种态度应被认为是理智的、合乎理性的。

科学理论通常并不会仅仅因为面临反例而被拒斥，也不会仅仅因为获得了广泛的确证而被接受。它们甚至也不会仅仅因为内部不自洽或与背景理论不相容而被拒斥；在科学的历史上，科学家们往往暂时接受缺乏内部自洽性和外部相容性的理论，而把不自洽和不相容看作在进一步的工作中待解决的问题。科学理论的优劣必须从与科学目标相联系的多重价值观上予以评价（见本书第七章）。

在科学发展历史的不同阶段上，对于与科学目标相联系的多重价值的权重可能不一样，它们在历史上可能发生变化。例如，在牛顿时代的科学更注重于理论与经验事实的匹配，而当科学发展到更成熟的时代，由于理论的高度抽象性，观察经验对于理论的确证与反驳其中间的过渡地带愈来愈宽阔，科学理论的统一性和逻辑简单性就受到了更多的重视（爱因斯坦评价科学理论，重视理论的内部一致性更胜于它的外部证实，是这种趋势的典型表现）。夏皮尔虽然注意到了科学发展的不同历史阶段上，科学方法论观念或准则的变迁，但这个现象原则上是不可能由他的信息域理论获得解释的；夏皮尔的信息域理论对这个重要现象的解释，既模糊，又包含了逻辑循环。这个现象只能从与科学目标相联系的历史上的价值权重的变化来解释。由于历史上对科学的多重价值的权重的变化，所以，历史上不同时代的科学也表现出不同的价值目标的追求；在最原始的状态下，它更注重于实用目标的追求，如原始工艺技术及其经验的积累；进而它可能更注重于寻求现象间的经验规律及其解释（科学理论）；当科学更加成熟的时候，它可能更加注重于科学理论的统一性和逻辑简单性，甚至追求科学之"大一统"。由此，我们也可以理解，为什么对于现代科学中的不同领域、不同层次的理论，它们的方法论原则（包括对它们的检验、评价等等）也会有所不同。当然，必须注意的是，在科学发展的任何阶段上，我们前述的科学目标的三要素都是起作用的，只是在不同的历史阶段上，对它们的权重发生了变化而已。要不然，将仍然不能合理地解释历史现象，尤其是它们的细节。

变革科学理论的动因虽然常常起始于要消化经验的反常，即解决理论所蕴涵的结论与经验事实之间的矛盾，但理论变革的更深刻的原因却往往在于追求科学理论的统一性和逻辑简单性的要求。因为经验上的反常总是可以被消化的。但是如果为了消化反常而使理论变得愈来愈复杂，附加的辅助性假说愈来愈多并且愈来愈牵强附会，甚至导致了破坏理论的内在一致性或与背景理论的严重不协调，那么，这个理论或背景理论的危机就加深了，另辟蹊径作新的设想（根据新的模型）以解决问题的愿望将强烈起来，最终终于会提出新的能与之竞争的理论来代替原有的被经验问题和概念问题弄得千疮百孔的旧理论。这就造成了库恩所说的"科学革命"（库恩虽然指出了"科学革命"这种重要的历史现象，却未能说明它的机理。拙著《近代科学中机械论自然观的兴衰》① 一书中对此问题做出了初

---

① 林定夷：《近代科学中机械论自然观的兴衰》，浙江人民出版社1995年版。

步深入的研究，而在拙著《科学哲学——以问题为导向的科学方法论导论》一书以及本丛书第四分册中，则对"科学革命"的机制做出了更合理而详尽的说明）。

如前所述，科学中的"问题"是一个派生的概念，他应当被更基本的概念所定义。在日常语言中，"问题"是一个多义词，不加定义地把它引入到科学哲学中来，势必会造成概念的模糊和混乱，影响理论的清晰性和严谨性。劳丹的"解决问题的科学进步观"和他的理论评价模式，其根本的困难就在于此。而在本丛书第三分册中则将对与此相关问题作更深入的研究与探索。

尽管评价科学进步的合理性的标准最终应是一组与科学目标相关的价值，但对于科学理论的评价与选择并非不能找到一组相应的方法论准则。这组准则，可以简要地归结为：在相互竞争的理论中，选取相对地具有高度可证伪性、高度似真性和尽可能大的逻辑简单性的理论。这组准则，与劳丹所提供的评价和选择理论的准则大相径庭。但由于这个问题本身复杂而且重要，我们在本书的第七章中将另做专门的讨论。

总之，我们的"科学进步的三要素目标模型"所述说的科学进步所追求的三要素目标，不但可以从经验上获得合理的论证，而且可以从进化认识论上获得合理的辩护。按照我们所构建的科学进步的三要素目标模型，科学在发展的过程中，科学理论应向着愈来愈协调、一致和融贯地解释（和预言）愈来愈广泛的经验事实，从而能愈来愈有效地指导实践。因而在相互竞争的诸理论中，愈是具有高度可证伪性、高度似真性和逻辑简单性的理论，是愈优的理论。我们不可能判定哪一个理论所揭示的机制是与实在世界本体相一致的意义上的"真理"，这样的"真理观"是没有意义的，它所提供的是不可操作的虚幻的目标，对科学的发展不可能起到任何具有"定向意义"的实际作用。但我们从科学进步的三要素目标模型中，却能导出可操作意义上的选择科学理论的评价标准，而且它是与实际相符合的。

第七章 科学理论的评价

第一节 科学理论评价问题的实质和意义

我们已经说过，对科学理论的实验观察的检验，实际上既不能检验出理论的真，也不能检验出理论的假。对科学理论诉诸实验观察的经验检验，其真正的意义在于对科学理论进行评价：评价出理论的优劣，以便我们选择和创造出更优的理论，从而导致科学的进步。

科学理论的评价问题，是一个既非常重要而又十分复杂的问题。在有关科学进步的一个有机构成的问题群中，它几乎处于一个核心地位。因为在科学发展的过程中，正是通过理论的竞争与选择而导致进步。但这种"选择"，乃是由科学家或科学共同体所进行的选择，是一种"人工选择"；通过这种选择的机制，使得科学中各种相互竞争的理论，优胜劣汰，适者生存。既然是人工选择，就需要有一套选择的标准。问题是：科学家或科学共同体选择理论，能够有一套合理的标准吗？——这就是所谓的科学理论的评价问题。

由于科学理论评价问题的这种地位——如果说科学进步问题是科学哲学的中心问题，那么，科学理论的评价问题则是关于科学进步问题的核心问题——所以，拉卡托斯曾经又进一步把科学理论的评价问题称之为科学哲学的中心问题，这实在是很有道理的。

科学理论评价问题的核心是要提出一种评价或者选择科学理论的合适标准。这个问题之所以复杂而且重要，是因为：一方面，它涉及非常广泛而复杂的理论问题，它既涉及科学理论的检验，又涉及科学理论的进步与增长，而后者当然又涉及科学目标和所谓"合理性"问题的理解；另一方面，它又是一个具有重要应用价值的实际问题。由于对应于同一组经验事实，可以建立起多种理论与之相适应，理论不可能仅仅建立在经验的基础之上；理论的构造，它的概念及其关系，并不是唯一地由经验决定的。

因此，在科学中，为了解释同一现象范围内的事实，往往会存在着多种理论相互竞争的局面。这些理论就其所构想的存在于现象背后的实体和过程以及它们所遵循的规律的假定来说，常常很不相同，甚至相互对立，但就它们所要覆盖的现象范围内的事实来说，这些相互对立的假说或理论很可能都能作出相当好的解释以至预言，尽管它们各自也都有自己的困难。如何评价这些假说或理论的优劣？如何从相互竞争的诸种理论中选择其中的某一种理论做为自己的研究纲领？如何在既有成果的基础上，发挥创造性的想象力，构建出比任何现有理论更优的理论？这些，对于科学家的实际研究工作，都具有不容忽视的实践上的意义，它将直接影响甚至决定科学家研究工作的方向及其成果的取得。例如，当开普勒进入天文学研究领域的时候，至少有三种相互竞争的理论摆在他的面前：①当时占据统治地位的托勒密体系；②哥白尼体系；③他的老师布拉赫·第谷因认为一些重要的证据（包括他自己所进行的恒星无周年视差的测定的零结果）"证伪"了哥白尼理论，而新提出来的地球在中心，太阳带着所有其他行星绕着地球转的第谷体系。就当时来说，这三种体系在与观测资料的符合程度上是几乎不相上下的。托勒密体系比较复杂，包含有许多均轮、本轮。但哥白尼体系也并不太简单，它同样引进了48个本轮、均轮，它的优点是在数学上毕竟比较优美，然而却与当时占统治地位的物理学理论（亚里士多德的物理学理论）相悖。相反，托勒密体系和第谷体系与当时普遍接受的物理学理论却比较符合。应当说，开普勒当时面临着一个十分困难的抉择，但这抉择又十分重要。如果开普勒当时不是选择哥白尼理论而是选择了其他理论作为他的研究纲领，那么他就不可能在如此大的程度上改进哥白尼理论并作出他的三大定律的发现了。在某种意义上，理论的选择甚至可以看作研究工作的生命线，它赋予科学家的研究生命以特殊的"遗传基因"，决定了它在科学生存竞争中的成败和生命力的强弱。这种情况，过去如此，今天亦复如此。因此，讨论科学理论的评价标准，也就是在相互竞争的理论中选择理论，这始终是一个在方法论上富有实践意义的重大理论课题。

那么，如何评价和选择理论呢？在科学哲学的历史上，已经提出过多种曾经发生过广泛影响的关于评价和选择理论的合理性标准的理论。下面，我们将分别予以介绍。

第二节　关于科学理论评价的传统理论

正如前一节所言，科学理论的评价问题乃是一个非常复杂而重要的问题。在有关科学进步的一个有机构成的问题群中，它几乎处于一个核心的地位。因为在科学的发展过程中，正是通过理论的竞争与选择而导致进步。但这种"选择"，乃是由科学家或科学共同体所进行的选择，是一种"人工选择"；通过这种选择的机制，科学中各种相互竞争的理论，优胜劣汰，适者生存。问题是：科学家或科学共同体选择理论，能够有一种合理的标准吗？——这就是所谓的科学理论的评价问题，也是一个与科学哲学所要讨论的许多重大理论，包括"问题学"理论密切相关的问题。因为正如波普尔所言，理论可以看作对于问题的某种试探性解决方案。所以，从这个意义上，对于科学理论的评价，实际上也可以看作对于科学问题的试探性解决方案的评价，或寻求问题之解的评价。

那么，如何评价和选择理论呢？在科学哲学的历史上，曾经提出过多种曾经发生过广泛影响的关于评价和选择理论的合理性的理论。

对于某种与归纳主义相联系的传统观念来说，它们强调一个好的成熟的假说（或理论）应当满足如下三个基本条件：①能够合理地说明原有理论所能解释的那些事实和现象。②能够解释新发现的而为原有理论所不能解释的那些事实和现象。③能够明确地预言尚未发现的新事实，为进一步检验假说提供可能性。

当然，实际上，要求一个假说同时满足上述三个条件往往是困难的。例如，现今条件下的天体演化学中的各种假说，还没有任何一种假说能同时满足这些条件；这些假说往往不能全部解释已发现的和新发现的一切天文现象。在地学方面的多种假说，其情况也与此类似。一般说来，科学中开始提出来的各种假说通常都具有这种特征。但是，传统观念认为，作为科学中的一个好的假说的提出，至少总应当尽量向着满足这三个条件的方向前进。因而从某种意义上，上述这三个条件就成了评价或衡量一个假说的科学价值高低的标准；对这三个条件满足得愈好，这种假说的科学价值就愈高；反之，则愈低。从这个意义上，上述三条标准就成了在相互竞争的理论中评价和选择理论的标准。

但是，如果仅以上述三条作为评价理论的合理性和选择理论的标准，那将是既不相宜又不可行的。问题的关键在于，在上述观念中，把实验观察"事实"看成了检验理论之正确性的最终的和独立的标准。这几乎是一切经验主义认识论的通病。逻辑实证主义作为一种 20 世纪出现过的新的经验主义的科学哲学派别，实际上企图从定量的意义上把上述评价理论的标准具体化。卡尔纳普等人把数理逻辑与概率论数学结合起来，提出了验证度函数的概念，研究一个理论被经验证实为真的概率，以此作为评价一个理论的标准。逻辑实证主义学派的努力虽然把问题的研究引向了深入，但他们的"定量"理论却在原则上是失败的。且不说他们的"定量"理论实际上并未能真正定量，并且为了"定量"往往还把证据的质的差异冲失殆尽，更为严重的缺陷是，他们同样认为观察经验是检验理论的最终的和独立的标准，否认观察依赖于理论，因而在他们的标准中仅仅考虑了经验的因素，并且不恰当地强调了观察陈述构成科学赖以建立于其上的可靠的基础，以致把对科学理论的评价等同于对科学理论的检验（至少早期的逻辑实证主义是如此看）。然而，尽管经验是评价理论的重要因素，但观察经验本身绝不是完全独立的。事实上，所谓"观察事实"仅仅是经过了某种理论解释以后才成为某种"事实"的。因此，离开了经验与理论以及理论诸要素在总体上的匹配，就不可能合理地评价理论。正因为观察依赖于理论，观察同样易谬。因此，当我们评价科学假说或理论时，简单地要求假说必须不与已发现（包括新发现）的事实相矛盾，既是一种苛求，又是不相宜的。事实上，当伽利略和刻普勒给予哥白尼理论以高度评价而满怀信心地选择它作为自己的研究纲领的时候，哥白尼理论并没有能够合理地解释原有理论（托勒密理论）所能够解释的许多现象，相反，它在托勒密派提出的许多驳难证据（塔的论据、地球飞散论据、飞鸟云彩论据等）之下陷于困境；它也没有能够解释第谷新发现的恒星"无周年视差"的"观察事实"，而这个"事实"却是原有理论（托勒密理论）和后来的第谷理论能够自然地加以解释的。事实上，科学史还表明，在许多情况下，某种假说的提出，正好是因为它和"已发现的（包括新发现的）事实"直接相矛盾，才使它具有了更高的科学价值。歌德预言人有颚间骨是一例，门捷列夫做出元素周期律的假说又是一例。当门捷列夫按照元素的原子量来安排他的周期表时，他以分析为基础，公然与当时所已知的某些"事实"相径庭，预言并修改了当时所知道的（通过实验测得的）铍、钛、铈、铀、铟、铂等七种以上的元素的原子量。如对于元素铟的原子量，当时根据它的发现者雷赫和利赫坚尔的测定，认为铟的原子量是 75.4。但是，门捷列夫发现，在他的周期表中，这一原子量的位置已由砷（75）所占据，根据各方面的分析，铟放在那一位置上是不合适的。于是，门捷列夫根据分析的结果，认为铟应当是三价的。据此，他预言铟的原子量不应当是 75.4，而应当是 113，从而把它放到了他的周期表的第七横列第三族的一个空格的位置上。如果门捷列夫完全依从了当时所知道的这些"事实"，那么他就不可能产生他的周期表了。反过来，他的周期表的科学价值，正是通过它以预言的方式修正了当时所知道的某些"事实"，并最后被与新理论相匹配的更为精确的实验事实所确证而得到了加强。之所以如此，是因为科学中的"已知事实"都是"经验事实"，它本身还有精粗正误的问题。特别是在它们的背后还有一大堆的理论、假说的问题，我们正是依据了它们才对"事实"做出判定和陈述的。我们这样说，并不是认为理论不需要与经验事实相匹配；我们只是说，不能仅仅简单地以经验事实为准绳要求理论与之相匹配，并以这种方式来评价理论。而理论应当与经验事实相匹配，这个原则当然是应当坚持的。正如我们在本书第六章第二节中所强调指出的，这乃是科学的基本目标之一。

与波普尔的早期理论相联系的简单证伪主义观念认为，一个科学理论或假说的可接受性的条件是：这个理论或假说必须具有"可证伪性"而又尚未被证伪。因为一个理论或假说如果已经被证伪，它就应当被抛弃。然而如果一个理论在原则上是不可证伪的，那就意味着它不曾告诉我们自然界的任何信息，因而就不具有科学理论的性质。波普尔所说的理论的"可证伪性"是指一个假说或理论，它能够被逻辑上可能的一个或一组公共观察陈述（波普尔称之为"基础陈述"）所证伪，而不是指它实际上被证伪。例如下列四个命题都是"可证伪的"：

甲：广州每逢星期四下雨。

乙：所有物体都热胀冷缩。

丙：光线在平面镜上反射时，它的入射角等于反射角。

丁：酸使石蕊变红。

因为对于命题甲，只要通过观察而确认有一个星期四广州不下雨，它就被证伪。命题乙也是可证伪的，因为只要在某一时间、某一地点观察到并被确认有一种物质并不热胀冷缩，它就被证伪。事实上，当接近 0℃ 的水降低温度并随之结成冰的过程中其体积膨胀的事实，就已证伪了它。不难看出，命题甲和乙都是可证伪的，并且已经被证伪。由于它们已经被证伪，因而在科学上已不再是可接受的了。再看命题丙和丁，它们也是可证伪的。因为我们可以设想，假如光线以 60°角斜射到平面镜上，而它的反射角却是 90°的或者是 15°的。逻辑上并不能排除出现这种情况的可能性。如果出现了这种情况，命题丙就将被证伪。当然，如果反射定律是正确的，那么这种情况实际上将不会发生。命题丁同样是可证伪的。因为只要发现有一种酸，它并不使石蕊变红，而是使石蕊变黑或者甚至使石蕊变得更蓝，命题丁就可被证伪。科学并不能保证它的任一命题永远不会被证伪，但是如果迄今为止的各种检验都没有证伪它，那么它就是科学上可接受的假说或理论。像命题丙和丁，由于它们本身是可证伪的，然而却又耐受检验，至今尚未被证伪，那么它们就是科学上可接受的了。

与上面所讨论过的"可证伪"的命题相反，像下面这些命题是不可证伪的。如：

A. 广州明天下雨或不下雨。

B. 在欧几里得圆上，所有的点与圆心等距离。

C. 在赌博性的投机事业中，运气总是可能的。

不难看出，没有任何一种逻辑上可能的观察陈述能够驳倒命题 A；不管广州明天的天气将会怎样，它总是真的。命题 B 也不可能是假的，因为这是欧几里得圆的定义决定的。如果有什么"圆"，它的周沿上的点不与圆心等距离，那么它就不是欧几里得圆了。命题 C 也是不可证伪的，因为不管是谁，不管他打赌还是不打赌，也不管他打赌是输还是赢，这个命题总是真的。

按照波普尔的意见，如果一个理论要具有信息内容，它就必须冒着被证伪的危险，而那些不可证伪的理论或陈述，由于它们不排除任何可能性，因而不管自然界的过程将怎样发生，事件是阴性的还是阳性的，都不可能与它发生冲突。因此它们实际上是不接受任何经验检验的。然而也正因为如此，它们不曾向我们提供自然界的任何信息。而科学中的理论或者定律应当而且必须告诉我们自然界的事物将会如何运作的信息，因此，它必须排除许多逻辑上固然是可能的，但实际上将不会发生的运作方式，从而向我们指出事件将只能如何如何地发生。举例来说，伽利略落体定律告诉我们，在地球上的任何自由落体（例如我松开手上的这块石头），它将必然地沿着水平面的法线方向下落而同时排除了向其他一切方向运动的可

能性；此外，它还以定量的方式断言了自由落体下落的距离与时间的关系

为 $S = V_0 t + \dfrac{1}{2} gt^2$，从而排除了逻辑上可能的其他定量关系。因而这个定

律具有高度的可证伪性，同时它也就包含有关于自然界的巨大信息量。正是从"可证伪性"这个意义上，波普尔划清了"科学"与"形而上学"等非科学的界限。他认为，科学理论都是一些严格的普遍陈述，因而是不可证实的。因此，他不同意逻辑实证论区分科学与形而上学的所谓"可证实性"标准。他强调，形而上学的特点就在于它的不可证伪性，而科学命题却必须能够被逻辑上可能的某种观察陈述所证伪，从而具有真正的经验内容。波普尔虽然并不像逻辑实证论者那样，主张绝对拒斥形而上学，相反，他认为形而上学也可能有某种积极的启发价值，然而他也同时强调，划清科学与形而上学的界限是科学哲学的重要任务，这在科学方法论上有重要意义。正是在这一点上，波普尔曾经强调，考察一个理论的逻辑形式以便判明这个理论是否具有经验内容或作为科学理论的性质，是对科学假说或理论进行检验的一个重要方面。

进而言之，按照波普尔的观念，愈可证伪的理论（如果它尚未被证伪），就是愈好的理论。因为愈可证伪的理论，它所包含的信息量愈大。用波普尔自己的话来说，就是"所禁愈多，所述愈多"。因为一个理论断言得愈多，就意味着它所排除的逻辑上可能的运作方式或事件发生的方式就愈多，因而自然界实际上不以这个理论所规定的方式运作的潜在机会也愈多，因此它就愈可证伪。然而，如果一个高度可证伪的理论竟然耐受检验而尚未被证伪，迄今为止所观察到的有关事实都与这个理论相一致，那就意味着这个理论包含有巨大的自然信息量。

从波普尔评价理论之优劣的可证伪性标准中，还可以得出许多值得注意的结论：

第一，理论的覆盖范围愈广，它就愈可证伪，因而就愈好。这可以用一个浅显的例子来说明。

刻普勒曾经先后得到过两个带有定律性质的结论：

A. 火星以椭圆形轨道绕太阳运行。

B. 所有行星以椭圆形轨道绕太阳运行。

十分明显，作为科学中的定律或理论，B 应当比 A 更优越，它在科学知识的体系中应当获得更高的地位。因为定律 B 已经告诉了我们定律 A

所提供的一切知识，此外它还告诉了我们更多的东西；定律 B 的信息量更大，更可取，同时也更可证伪。因为任何一个可能导致证伪定律 A 的观察陈述，它必然也导致证伪定律 B，但是还有更多的可能的观察陈述，如关于水星、金星、木星的观察陈述，它们可能导致证伪定律 B，却与定律 A 毫无关系。所以，如果我们把与某一理论相关的，可能导致证伪这一理论的观察陈述，叫作这个理论的"潜在证伪者"，那么，在这里，覆盖范围较窄的理论 A 的潜在证伪者将组成一个集合 a，覆盖范围较宽的理论 B 的潜在证伪者将组成一个集合 b，显然，集合 a 只是集合 b 的一个子集，即 a⊂b。因而理论 B 比理论 A 更可证伪，同时也表明 B 比 A 断言得更多，包含有更大的信息量，因而也就更优越。从这个观点看来，我们可以说，牛顿理论比刻普勒理论（我们这里是指行星运动三大定律）更优越，前者比后者在科学上具有更高的地位，因为从牛顿理论能够导出刻普勒定律，牛顿理论比刻普勒定律有更大的覆盖面，它是一个更可证伪的，因而包含有更大信息量的理论。

第二，愈精确的理论是愈可证伪的理论，因而是更为可取的理论。这同样可以从一个简单的实例来说明。例如，假定关于真空中的光速存在有两种断言并且它们均未被证伪：

A. 真空中的光速 $C = 300000 \pm 1000 \text{km/s}$。

B. 真空中的光速 $C = 299792.4562 \pm 0.0005 \text{km/s}$。

那么，显然 B 比 A 更可取。因为 B 比 A 更精确，从而也更可证伪。凡是能够证伪 A 的观察陈述均能证伪 B，反之却不然。B 有比 A 大得多的被证伪的可能性。如果 A 和 B 都未被证伪。那么 B 就比 A 更可取，因为 B 比 A 有大得多的信息量。

第三，相应地，根据这个标准，就应当要求一个理论阐述得明确而清晰，要排除那种含混不清的遁词或模棱两可的机会主义伎俩。因为愈是阐述得明确清晰的理论是愈可证伪的理论，而含混不清和模棱两可的遁词总是可以逃避证伪而在事后解释得与任何检验结果相一致。作为这方面的一个实例，我们可以看看我们引述过的黑格尔的一段话。黑格尔在论述"电"是什么的时候说道："电……是它要使自己摆脱的形式的目的，是刚刚开始克服自己的无差别状态的形式；因为电是即将出现的东西，或者是正在出现的现实性，它来自形式附近，依然受形式制约——但还不是形式本身的瓦解，而是更为表面的过程，通过这个过程差别虽然离开了形式，但仍然作为自己的条件而保持着。尚未通过它们而发展，尚未独立于它们。"① 像这种如此含混不清、不可捉摸的言辞，使人们完全弄不清它到底主张什么，因此实际上将不会有任何观察陈述可能与它发生冲突。然而，从科学的眼光看来，这种含混不清的理论，之所以使人感到它晦涩难懂，并不是因为它"太过深奥"，而是因为它实际上根本不曾对世界做出任何断言，或者说，它只不过是一些使人不知所云的"胡说八道"。正是因为它未曾断言，所以它才不可证伪；然而也因为它未曾断言，所以它未曾给我们以任何自然界的信息。所以，一个好的科学理论必须冒着被证伪的危险，而把对世界的断言阐述得明确而清晰。附带说一句，这也正好是科学态度与占卜者或者政治上的机会主义伎俩相对立之处。占卜者、算命者或政治上的机会主义者，往往用模棱两可、含混不清的遁词来逃避证伪，而在事后把自己的"理论"解释得与任何检验结果都不矛盾，从而摆出一副他们总是灵验的或一贯正确的面孔。

第四，根据这个可证伪性标准，波普尔就强调理论的新颖预见和判决性实验的意义。所谓新颖的预见，是指一个假说或理论所预言的现象，在当时的科学背景知识之下是"闻所未闻，见所未见"的，甚至是被当时的背景知识所明确排除，认为是不可能发生的。这种做出了乍看起来是奇怪的，甚至被当时的背景知识所明确排除的新颖预见的假说，可以看作高度可证伪的。而这种新颖预见如果竟然被实验观察所确证，那就表明这个假说或理论具有巨大的信息量，它比起那些虽然未被证伪却不能做出新颖预见的假说或理论来，是更优越的因而是更可接受的理论。相应地，当两个相互竞争的不同理论都能解释同一些已知的现象而均未被证伪时，为了要判决这两个理论究竟孰优孰劣，何者更为可取，就应当诉诸判决性实验的裁决。所谓判决性实验（Crucial experiment），这个概念最初是由培根提出来的，它的本来意思是指能够决定性地判决相互对立的理论中一个为真，另一个为假的那种实验。波普尔否定通过有限数量的实验（更不用说个别实验了）证实一个理论的可能性，然而他强调判决性实验在证伪一个理论中的决定作用。判决性实验通常须按照下列步骤来实施：第一步，从两个相互竞争的假说或理论中导出互不相容的检验蕴涵。设 H_1 和 H_2 为两个相互竞争的假说：H_1 断言，如果给出一组条件 C，则将有现象

① 黑格尔：《自然哲学》，商务印书馆 1980 年版，第 305 页。

P_1 发生；H_2 却断言，如果给出同一组条件 C，则将会有 P_2 发生，而现象 P_1 和 P_2 是互不相容的。即它们分别做出了不同的蕴涵：$H_1 \rightarrow (C \rightarrow P_1)$ 和 $H_2 \rightarrow (C \rightarrow P_2)$，而 $P_1 \leftrightarrow \overline{P_2}$。第二步，设计一个实验，使之满足条件 C，观察其中 P_1 或 P_2 是否发生。如果在此实验中观察到了 P_1，那么依据重言式 $[H_1 \rightarrow (C \rightarrow P_1)] \wedge C \wedge P_1 \rightarrow H_1 \vee \overline{H_1}$，固然不能证明 H_1 一定是真的，却可以决定性地证明 H_2 是假的。因为 $P_1 \leftrightarrow \overline{P_2}$，而 $[H_2 \rightarrow (C \rightarrow P_2)] \wedge C \wedge \overline{P_2} \rightarrow \overline{H_2}$。例如，关于光的本性，历史上曾经出现过牛顿微粒说与惠更斯－弗累涅尔波动说这两种对立假说相互竞争的局面。就几何光学范围内的现象来说，这两种假说都能做出合理的解释，因而这些现象对它们两者孰是孰非不能做出判决性的检验。如何来判定其中的一种理论是错误的呢？首先要从这两种相互竞争的理论中导出互不相容的检验蕴涵。科学家们经分析指出：按照牛顿理论，将断言，光线从光疏介质进入光密介质时，其速度将增大；因而光在水中的传播速度将大于它在空气中的速度。而惠更斯－弗累涅尔的波动说则做出了相反的结论：光线在从光疏介质进入光密介质时，其速度将减小，因而光在水中的传播速度将小于它在空气中的传播速度。实验的结果，与波动说的预言相符而与微粒说相悖。按照波普尔的说法，菲索和佛科的实验就成了判决性的实验，它们虽然不能证明波动说之真，却决定性地证明了微粒说之伪。由于在这个判决性实验面前，牛顿微粒说已被证伪，而波动说却耐受检验，并且得到了定量的支持，因此，相比之下，波动说就是一个更可接受的假说。往后，19 世纪末又出现了勒纳特的光电效应实验，它又证伪了波动说，然而爱因斯坦的理论（光量子假说）却能在这些实验的检验之下获得通过，所以在有了新的判决性实验以后，爱因斯坦理论就是一个更可接受的假说了。在科学史中，像这类被认为是判决性的实验还有很多，例如伦福德的实验就被认为是决定性地驳倒了热质说，甚至还被另一些人认为是决定性地"证实"了热之唯动说，等等（虽然波普尔是不承认这后一种作用的）。

此外，波普尔强调，一个理论在逻辑上愈是简单，它就愈可证伪。因而简单的理论比复杂的理论包含有更多的信息量，从而也就更为可取。用波普尔自己的话来说，就是："假如知识是我们的目的，简单的陈述就应比不那么简单的陈述得到更高的评价，因为它们告诉我们更多的东西；因为它们的经验内容更多，因为它们更可检验。"① 然而，正如亨普尔所已经指出的，波普尔的这个论点是站不住脚的②。实际上，并不能证明一个更加简单的假说一定是更可证伪的，诚然，科学理论的逻辑简单性原则，当然地应当成为评价和比较理论之优劣的标准之一。因此我们不妨说，在这种最简化的模型之下，评价理论之优劣应当有两个相互补充的标准：首先是可证伪性标准，其次是简单性原则。当有两个或多个相互竞争的理论，倘若它们的可证伪性程度相当，并且都尚未被证伪，那么，其中的愈简单的理论就是愈好的理论。

按照波普尔意义下的评价理论之优劣的原则，科学的增长，理论的进步，就应当向着愈来愈可证伪的方向发展。因为只有如此，它才提供愈来愈多的内容和愈来愈丰富的信息。当旧的理论被证伪，新的理论去取代旧的理论时，新理论不但必须能解释旧理论所能解释的现象，而且还要能解释旧理论遇到困难（遭到反驳）的现象；新理论必须比旧理论更可证伪。在波普尔看来，当假说被证伪以后，对假说做出所谓的"特设性修正"是不允许的。假说的特设性修正之所以是不允许的，其原因就在于假说经过这样的"修正"以后，虽然从表面上排除了反例，但它的可证伪性程度不但没有提高，反而还降低了，因而这种修正根本不导致科学的进步。

我们看到，从波普尔的简化模型下所提出的评价理论之优劣的标准是有启发性的。但是，我们同时必须指出：这个标准是非常有局限性的并且实际上是很难应用的。因为它只讨论了对尚未被证伪的理论如何评价优劣的问题，强调了理论一旦被证伪就应当无情地予以摈弃。但是科学中的实际情况绝不是这样简单的。事实上，正如我们所已经指出的，历史上几乎所有的重要的科学理论，在产生之初，差不多都面临着否证它们的各种各样的反例和反常，甚至被反常的海洋所包围。而科学理论或研究纲领往往具有巨大的韧性，它能够顶住反例的压力，暂时置反例于不顾而发展自身，并在发展过程中逐步消化反例，使那些原先看来是反例的观察证据转过来成为对它的确证或支持证据。如果按照波普尔的原则，一遇反例就应无情地被摈弃，那么迄今为止科学中被公认为最佳范例的那些重要理论，就都不可能发展起来。应当说，它们当时没有因为存在反例而被抛弃，恰

---

① 波普尔：《科学发现的逻辑》，科学出版社 1986 年版，第 113 页。

② 亨普尔：《自然科学的哲学》，生活·读书·新知三联书店 1987 年版，第 82～84 页。

恰是科学之大幸。如果情况果真如此，那么，科学中的理论之优劣又应当怎样来评价呢？科学中的理论又是怎样相互竞争和被选择的呢？

拉卡托斯在他的"科学研究纲领方法论"理论中考虑到了关于理论竞争和选择的较为复杂的模型。按照拉卡托斯的意见，一个研究纲领的价值可以从两个方面评价：①一个研究纲领必须具有一定程度的严密性，从而有可能为未来的研究提供一个明确的纲领；②一个研究纲领应当能够，至少也要偶尔地能够导致新现象的发现。如果一个研究纲领能够做出一些新颖的预见并且被确证，那么它将导致进步的问题转换，然而如果研究纲领的预见屡遭失败，为消化反例所做的坚韧努力又长久不得成功，那么就将导致退步的问题转换。能够导致进步的问题转换的研究纲领是一种进步的研究纲领，反之，则是一种退化的研究纲领。人们将接受进步的研究纲领而摈弃退化的研究纲领。然而退化的研究纲领可能由于通过智巧地修改保护带而能够做出一系列新颖预见并被确证，从而使这个纲领恢复生机，重新变成一个进步的研究纲领。所以，与波普尔早期的简单的证伪主义观念不同，拉卡托斯认为在科学发展的过程中，一种科学理论并不是由于实验观察提供了反例或证伪而被抛弃的，因为反例总是有可能被消化。一种科学理论，总是因为出现了与之竞争的比它更好的理论，从而被后者所击败的。可以看出，拉卡托斯的理论是有其合理之处的，特别是它指出了科学理论是不可能由于一次证伪（反例）而被驳倒，理论总是在竞争中被更好的对手击败才被抛弃。但是，拉卡托斯关于科学理论的接受和选择的标准是含混不清的。一个研究纲领面临反例不是抛弃这个研究纲领的理由，只有当一个研究纲领长时期地不能导致新现象的发现或它的预言屡遭失败而未获成功，才会使这个研究纲领退化，然而一个退化的研究纲领可以由于智巧地修改保护带而重获生机。这样一来，拉卡托斯所说的接受或摈弃一个研究纲领的标准显然地是和时间因素相关的。但是问题在于：要经历多少时间的等待才能够确定一个研究纲领已经退化到了不能导致新颖现象的发现了呢？这是一个很难回答的问题。所以，在拉卡托斯的意义下，实在没有理由可以断言一个研究纲领比另一个对立的研究纲领更好。拉卡托斯本人也承认，"要断言一个研究纲领什么时候便无可挽回地退化了，或什么时候两个竞争纲领中一个对另一个取得了决定性的优势，是非常困难的"①。对于两个相互竞争的研究纲领的相对价值，只有当事过境迁以后，才能以"事后明白"的方式来加以确定。用拉卡托斯自己的话来说，就是"人只能事后'聪明'"②。然而，这也就是说，对于当时面临着相互竞争的两个或多个研究纲领的科学家来说，拉卡托斯的"标准"并不能为他们选择理论提供任何方法论的指导。正是从这个意义上，美国科学哲学家费耶阿本德指责说，拉卡托斯的方法论只是个"口头装饰品"。在这方面，波普尔由于他的观念的明晰性，特别是由于在他的论著中，不但考察了如前述模型中所包含的那种简单证伪主义的观念，而且还提出了较为精致的证伪主义的观念，因而在某种程度上，波普尔关于理论的竞争和选择的见解甚至比拉卡托斯的更为可取。波普尔在其早期著作中曾提出了"确证度"作为衡量理论之优劣的尺度。至于在他晚期著作中所提出的，表示对于真理的接近，并依此作为评价理论优劣的标准的"逼真性"（verisimilitude）概念，则正如我们所已经指出，那是存在着许多严重困难和形而上学性的。

第三节　科学理论的评价：我们的见解

对科学理论的评价问题的理解，显然是一个与对科学目标的理解密切相关的问题。劳丹认为科学的目标是解决问题，所以他提出以解决问题的能力来评价和选择理论；波普尔认为科学的目标是追求真理（符合论意义下的真理），所以他最终走上了要以逼真性的高低来评价理论的道路。我们自觉地注意到了，关于科学理论的评价与选择问题的研究应当结合着探索合理的科学目标模型来予以研究。

在本书的第六章中，我们已经详细地阐明了我们对科学目标的理解。我们所提出的这个"科学进步的三要素目标模型"，已经引起了国内学术界相当程度的关注。国内的著名学者、中科院自然科学史所董光璧研究员在其所撰的《揲端推类，告往知来》一文中对科学进步的三要素目标模型做出了高度评价，指出："科学进步是当代最激动人心的问题之一，人人都在谈论科学进步，对于一般人来说，科学进步似乎是一个毋庸置疑的

① 拉卡托斯：《科学研究纲领方法论》，上海译文出版社1986年版，第156页。
② 拉卡托斯：《科学研究纲领方法论》，上海译文出版社1986年版，第156页。

事实，但它却成为当代科学哲学的举世难题。在什么意义上说科学是进步着的，科学是如何进步的，科学进步又何以可能，如若认真思考予以探究就会陷入困境。智力上的烦恼使许多科学家、历史学家和哲学家为之付出许多心力。为能合理地阐释这些问题，'积累进步'模型、'逼近真理'模型、'范式变革'模型、'解决问题'模型、'目标'模型等相继由不同学者提出。这些模型中所提出的科学进步的评价标准、知识增长的机制、理论的判据各不相同，有些甚至是彼此相矛盾的。比较诸多有关科学进步的模型，后出的林定夷的'目标'模型更为可取。……我们赞成林定夷在其《科学的进步与科学目标》（1990）中所表达的看法。"[①] 此外，还有一些学者对它也发表了相关的评论。例如，由解恩泽、刘永振、丛大川三位教授合著的《潜科学哲学思想方法论》一书中，曾以 1500 字的篇幅讨论了我所提出的科学进步的三要素目标模型。[②] 查有梁教授在其所著《教育模式》一书"科学进步模型对应的教育模式"一章中，开列出专门的一节来讨论我所提出的科学进步的三要素目标模型，该章共有五节，前四节分别讨论了卡尔纳普、波普尔、库恩、劳丹的模型，其第五节的标题则是"林定夷，可测目标模型"[③]。在查有梁教授新出的专著《教育建模》一书中又再次列出了专章专节来专门讨论了我所提出的这个科学进步的三要素目标模型。[④]

根据我们对科学目标的理解，即根据我们所提出的"科学进步的三要素目标模型"，则我们以为，在相互竞争的诸种理论中，理论的可接受性标准或择优的标准应是：理论应具有高度的可证伪性、高度的似真性（plausibility）和尽可能大的逻辑简单性。这种评价或选择理论的"三性"要求与我们前述关于科学目标的理解有着密切的关系：可证伪性标准涉及科学理论的可检验性要求（"匹配"已意味着"检验"）和科学理论的统一性要求，它是从科学目标的这些要求中导出的；似真性标准涉及科学理论与经验事实的匹配，同时也涉及科学理论的统一性；逻辑简单性标准涉及思维经济原则或科学的美学要求，它不应像波普尔所认为的那样简单地

---

① 董光璧：《揆端推类，告往知来》，载《自然辩证法研究》1996 年第 1 期、第 2 期。
② 参见解恩泽、刘永振、丛大川著《潜科学哲学思想方法》，山东教育出版社 1992 年版，第 179～181 页。
③ 查有梁：《教育模式》，教育科学出版社 1993 年版。
④ 参见查有梁《教育建模》，广西教育出版社 1998 年版。

归结为可证伪性所派生的要求，它本身就是科学目标的一种直接体现。而评价理论的所有这"三性"标准中，每一个又都是与科学的总体实用性要求相联系的。因为理论的可证伪度是它的信息丰度的量度，无信息内容的理论当然不提供真正的实用性，它了不起能给人提供似乎获得了"真理"的心理安慰；理论的似真性涉及其预言为真的概率，它当然直接涉及理论指导实践的能力，至于理论的逻辑简单性也一样。一个理论如果它的各个命题相互孤立，互不联系，像这样的"理论"当然也很难指望它有多在的指导实践的功能。容易理解，在简单证伪主义的观念之下，仅仅以理论必须具有高度可证伪性同时又尚未被证伪作为理论可接受性的标志，这显然是不妥的。然而，如果把检验理论时的辅助性假说以及涉及初始条件和边界条件的观察性理论都纳入理论这个概念之中，那么理论的可证伪性标准却是必须坚持的，这与我们在本书第五章以及在上一节中所得出的结论也并不相矛盾。因为在这种意义下也不可证伪的理论归根结底将不提供任何自然信息。因此，只有愈可证伪而又具有高度似真性并具有尽可能大的逻辑简单性的理论，才是愈好的理论。

理论的似真性或似真性程度（似真度，degree of plausibility）不能在归纳主义的证实（或即使是概率意义上的证实）的意义上去理解。因为除了现象论规律以外，我们通常是不能轻易地说一个理论被证实或多大程度上被证实的。正如前面我们通过对科学理论的检验结构与检验逻辑的讨论所已经明白的，理论所设想的关于现象背后起作用的不可观察的基本实体和过程的假定，归根结底只是一些猜测。即使从心理上认为可能猜中也罢，但从逻辑上说，由于我们只能从由它所导出的检验蕴涵去对它进行检验，因而即使它的所有检验蕴涵迄今为止都被证实为真，我们也始终没有逻辑上的理由可以证明这些关于基本实体和过程的假定是真的。爱因斯坦曾经形象地把科学理论的探索活动比喻作"猜字谜"的游戏，人们只能通过自然界所提供的种种线索，去猜测自然界的"谜底"，使这些线索能得到合理的解释，但自然界永远不会把"谜底"袒露出来。从科学理论的检验结构与检验逻辑的分析，我们容易明白：从理论所假定的基本实体和过程是否与自然界本体相符合的意义上，我们是不能谈论一个理论是否被证实的；但是，就一个理论能够解释广泛的经验事实并能预见新现象来说，我们却能够说一个理论所假定的基本实体和过程的机制是似真的。由于对应于同一组经验事实，可以建立起多种理论与之相适应，所以科学中可能出现这样的情况：存在着相互竞争的多种理论，就它们所假定基本实体和过程而言，它们是很不相同甚至相互对立的，但在解释和预言现象上却可能具有几乎不相上下的似真性，并且它们的似真性可以通过修改或补充辅助假说而继续得到提高。由此可见，当我们说到一个假说或理论是"似真的"，它的意思仅仅是说一个理论看起来像是真的，或者看起来像是有理的，而完全不涉及这个理论所假定的基本实体和过程是否与世界本体（现象背后的隐蔽客体）相符合或逼近。似真性尽管也有可能表示为某种或高或低的概率，但这个概率不表示理论关于所假定的基本实体和过程与自然界隐蔽客体的一致意义上的真或近似的真，它仅仅表示由这些假定所导出的结论（解释和预言）与观察事实或观察陈述相一致或一致的程度。我们只能在理论与观察经验以及背景理论相一致的意义上谈论一个科学理论的似真性，遵循爱因斯坦的思路，我们甚至还能够在这种意义上谈论一种科学理论是"真理"、"相对真理"，或甚至是"客观真理"，但我们坚持认为（因为逻辑告诉我们），我们不能在朴素实在论的真理符合论的意义下谈论真理、相对真理或"客观真理"。因为关于后者，我们无法知道。因此，在我们所说的似真性的意义下，一个有高度似真性的理论十分可能仍然是假的。正如一件古董赝品，尽管它高度似真，却仍然是假的一样。对于科学理论（确切地说是理论的复合体），我们充其量可依据否定后件的假言推理判定其为假，但不可能通过对一个蕴涵式的后件的肯定而肯定其前件为真或为真的概率。这在逻辑上是十分明白的。

那么，如何来判断一个理论（或假说）的似真性程度呢？理论（或假说）的似真性受哪些因素的影响呢？

第一，证据的量。容易理解，一个理论在缺乏不利证据的情况下，它的似真性将因支持证据（或确证证据）的增加而增加。因此，似真度将是支持证据数量的单调递增函数。但是，支持证据对于一个理论的似真性提供的增量，并不都是一样的。一般说来，新的支持证据所提供的似真性的增量，将随着理论在以往所积累起来的支持证据的数量的增长而减少。一个理论如果业已获得了成千上万的确证事例，那么再增加一个支持证据所提供的似真性的增量，就不那么明显了。所以，如果我们以似真度 P 为纵轴，以支持证据的数量 Q 为横轴，那么 P 将是随 Q 而单调增加的函数。这种函数关系将可以用图 7-1 所示的曲线来予以描述：

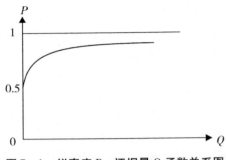

图 7 - 1　似真度 P - 证据量 Q 函数关系图

　　第二，证据在假说的解释域（或定律的覆盖域）中的分布。证据的量对于提高假说的似真性固然发生影响，但重要的还在于这些证据在假说的解释域（或定律的覆盖域）中的分布。例如，对于由斯奈尔所发现的光线的折射定律，它被表述为：对于任意一对光学介质，当光线从一种介质射入另一种介质的界面时发生折射，并且入射角与折射角的关系是 $\frac{\sin\alpha}{\sin\beta}$ $= n_{12}$。n_{12} 为第一介质对于第二介质的相对折射率，它对于确定的介质是一个常数。如果我们通过一系列的实验而获得了对于这个定律的大量支持证据，假定总共有 100 个吧。但是，如果这 100 个证据仅仅是这样获得的：用来做实验的光学介质是空气和水，并且在实验中入射角 α 是固定的，而未曾在实验中作任何改变，那么，即使所有这些实验证据全都支持了这个定律，它们所能提供的关于这个定律的似真度仍然是非常有限的。因为全部实验只验证了定律覆盖域中的一个非常有限的特殊情况，即：当入射角为某一确定的 α 角时，光线从空气射入水的界面时发生折射，其入射角与折射角的正弦之比是一个常数 n_{aw}。然而，如果这 100 个检验证据是这样获得的：在实验中检验了 10 对不同的介质，对于每一对介质都用了 10 种不同的入射角并测定了相应的折射角，发现在所有这些情况下所获得的证据全都支持这个定律。那么，这些证据所提供的假说（或定律）的似真性程度就大大地提高了。因为这些证据在假说的解释域（或定律的覆盖域）中的分布情况大大地改善了。支持证据在假说的解释域中分布情况的改善，之所以能提高假说的似真性或可信性程度，是因为这些证据分布的改善，大大提高了可能证伪这个假说或定律的机会。事实上，如果我们进一步扩展证据在这个定律的覆盖域中的分布，例如，假若我们在实验中改变光学介质的温度，或者使用不同波长的单色光来做实验，那么，这样获得的证据就将证伪斯奈尔当初所表述的折射定律。然而，假定出现这种情况：尽管证据在定律覆盖域中的分布情况不断地得到扩展和改善，然而这些新的检验证据竟然都没有能证伪这个定律，相反，却都支持了它，那么，这些证据当然就提高了定律的似真性程度，并提高了人们对它的可信性的信念。一般地说来，如果我们把假说的解释域看作某种相空间，以 $W = \dfrac{W_2}{W_1}$ 表示证据在解释域中分布的概率比，其中 W_1 表示初始状态下证据在解释域中分布的概率，W_2 表示终了状态下证据在解释域中分布的概率，那么我们就可以得到一个证据的分布函数 m，并且使得这个分布函数获得与热力学中的状态函数熵 S 相类似的意义。因为事实上可以有

$$\Delta m = G\ln W = G\ln W_2 - G\ln W_1$$

其中 G 是某一常量。这样，Δm 就获得了热力学中 ΔS 同样的意义。因此，m 可以看作证据的分布熵，它可以用来描述证据在解释域中分布状态的优劣程度，并且理论的似真性将随着 m 值的增加而改善。

第三，证据的质。具体说来是指证据的精确度以及它与假说符合的精确度。如果我们能通过某种观察和测量程序获得精确的证据并且这些检验证据与假说的预言达到了精确的定量的符合，那么，这些证据比起那种并非精确地获得并且与假说也并非精确地符合的证据，所提供的对于假说的似真性的增量就要大得多。因为证据的精确性提高了证据本身的确定性和它所具有的信息量，而它与假说的精确符合，又意味着必须事先从假说中推导出精确的预言，而精确的预言比含混的预言有大得多的可证伪性。这表明假说的解释和预言与自然现象是高度一致的，因而是似真的，它所提供的似真性的增量是那种粗枝大叶的"符合"所不能比拟的。例如，19世纪 20 年代，由于弗累涅尔的工作，光的波动说理论获得了巨大的进展，但是，牛顿的微粒说仍然在科学界占据着统治地位，法国科学院中的老一辈的科学家，如泊松、拉普拉斯、毕奥、沙伐等，几乎都主张微粒说而反对波动说。当时著名的数学家兼物理学家泊松为了反对波动说，从波动说出发做出了一个表面上的"归谬论证"，指出：如果波动说是正确的，那么从波动说的数学公式就可导出，具有一定波长的点状光源所发出的光，可以绕过一个小圆盘而聚焦在圆盘后面的暗影的中央，而这是不可能的，

因为这是与众所周知的光线直进性质相矛盾的。后来，为了验证波动说，科学家阿拉戈做了这个小圆盘的绕射实验。实验结果表明，在小圆盘后面暗影的中央，真的如波动说所预言的那样形成了一个亮点，并且与波动说的预言定量地符合。这时，泊松却站出来继续为微粒说辩护，说这个小圆盘实验并不能表明波动说由此获得了胜利，因为微粒说也可以解释这个现象。按照微粒说的原理，光的微粒在经过圆盘的边缘时，将受到圆盘的吸引力的作用而改变运动的方向，从而使光微粒聚焦在圆盘背后的某一亮点。但是，相比之下，由于波动说是事先就做出了精确的定量的预言并能与检验证据做到精确的定量的符合，而微粒说却是事后解释而仍然不能做出定量说明，那么，微粒说在这个检验证据面前就相形见绌，而波动说的似真性却由此获得了大大提高。由于还有其他类似的证据同样对波动说有利，此后，人们当然就宁可相信波动说而摈弃微粒说了。

第四，假说的新颖预见被确证，对于提高假说的似真性有重大作用。这一点，从上面波动说对于小圆盘绕射的预见就可以看出来。当人们构思或修改一个假说来解释现象的时候，当然总是力图使它能蕴涵已知的各种现象，使这些已知现象成为假说的确证证据。但是如果一个假说能另外做出一些新颖预见，这些新颖预见是当时背景知识中所未知的，甚至是被与之竞争的理论所排斥的，然而实验或观察结果却竟然确证了这种新颖预见，那么，这种新颖预见的确证就能大大提高人们对于这种假说的似真性的信念。例如，爱因斯坦的广义相对论不但解释了水星近日点的进动，而且预言了光谱线的引力红移和引力场会使光线偏转，甚至还预言了引力波的存在。当1919年爱丁顿的全日食观察队确证了引力场使光线偏转和1924年以后多次确证了光谱线的引力红移等新颖预见以后，广义相对论的似真性就大大提高了。最近，即2014年3月18日，美国哈佛大学史密森天体物理中心的科学家宣布，他们探测到了B模式偏振，这实际上是探测到了爱因斯坦当年在广义相对论中所预测的宇宙初始引力波的存在，如果科学家们能够在今后进一步确证这个实验的合理性并进一步确证初始引力波的存在，则将会进一步大大提高广义相对论的似真性和人们对它的信任感。新颖预见被确证之所以有力，是因为这些新颖预见是高度可证伪的，然而如果它竟然被确证甚至达到了高度精确的符合，那么做出这种新颖预见的假说就具有巨大的信息量，足以提高人们对它的信赖。

第五，反例的出现将影响或降低一个假说（或理论）的似真性程度，从而影响一个假说的可接受性。但是，在不同的情况下，反例对于假说的似真性，从而对于假说的可接受性的影响是不同的。如果某个经验事实 E，对于当时相互竞争着的理论 A 和 B 都构成了明显的反例，那么，这个反例（E）虽然会对于理论 A 和 B 的似真性给予某种不利的影响，但这种影响往往不会十分显著。在没有更好的理论代替 A 和 B 并消化 E 以前，并且如果 A 和 B 在其他方面优劣相当的话，E 甚至不会影响人们对其中任何一种理论 A 或 B 的可接受性。相反，在这种情况下，人们往往仅仅把 E 看作理论 A 和 B 需要消化的难题，而并不把 E 看作它们的反例，因而 E 的出现甚至并不影响它们的似真性。但是，如果相互竞争的理论 A 和 B 在其他方面优劣相当，然而新发现的证据 E 构成对其中的一种理论 B 的反例，同时却又构成对另一种理论 A 的确证证据，那么，在这种时候，E 事件的出现尽管不是在严格的意义上，然而在实用的意义上将被认为是对理论 A 和 B 的判决性实验，从而它将在较显著的程度上提高理论 A 的似真性并降低理论 B 的似真性，并将直接影响到科学家对理论 A 和 B 的接受或拒斥。在这里，特别值得注意的是，所谓"反例"或"反常"事件对于假说的似真性影响的严重程度，是和从假说导出那个被证伪的检验蕴涵的逻辑结构密切相关的。如果被反例所反驳的检验蕴涵是从受检假说与其他一系列辅助假说的合取中分层次地间接导出的，那么，这种反例可以转嫁给其他辅助假说的机会就要大得多，从而受检假说消化这种反例的机会也要大得多，因而"反例"对于受检假说的似真性的不利影响将小得多。但是，如果某个检验蕴涵 E 仅仅单纯地是从某个受检假说 H 中直接导出，而不是从 H 和其他辅助假说的合取中导出的，那么，对于这个检验蕴涵 E 的证伪事件如果被核实或确认，则依据重言式 $(H \rightarrow E) \wedge \overline{E} \rightarrow \overline{H}$ 将直接导致对于受检假说 H 被证伪，并构成对于 H 的真正的判决性的证伪实验。例如，对于"凡物体受热膨胀"这个命题，当我们一旦发现 0℃ 左右的水在升温时非但不膨胀，反而缩小其体积时，这个关于自然规律的假定就决定性地被证伪了。又如"凡天鹅皆白"这个普遍性命题，只要我们确认了澳洲有黑天鹅存在，那么"凡天鹅皆白"这个普遍性命题（一种假说）就自然地被证伪了。因为在这种情况下，除了拒绝接受作为反例的观察陈述以外，受检假说对于反例几乎没有任何消化能力。因此，这种反例一旦被确认或接受，假说就将致命性地被证伪，它对于假说的似真性的影响几乎是毁灭性的。顺便说说，反例被消化对于相关假说的似真性将发生积极的有利影响 。对于一个理论来说，反例被消化具有双重的积极意义。一方面，它消除了影响该理论之似真性的主要不利因素并转而使之成为提高该理论似真性的确证证据；另一方面，消化反例展示了该理论解决问题的能力，表明它是拉卡托斯意义下的那种进步的研究纲领。

第六，估计假说的似真性时，不但应当考虑如上述那些与检验证据（或观察陈述）直接有关的因素，而且还应当考虑科学中已得到确认的其他理论对假说的支持。如果一个假说能够从已被广泛接受的、具有高度似真性的普遍性理论中获得"自上而下"的支持，也就是说，那个具有高度似真性理论逻辑地蕴涵了这个假说，那么，这个假说即使没有任何检验证据的支持，也会被认为具有高度的似真性。而一个部分地得到了经验事实的确证，因而具有一定程度似真性的假说，一旦事后获得了另有独立证据的更广泛的理论从上而下的支持，也会提高它的似真性。正如作为氢光谱谱线特征之解释性假说的巴耳末定律 $\lambda = b\dfrac{n^2}{n^2 - 2^2}$，当它尔后为意义更广泛的另有独立证据的巴耳末公式 $\lambda = b\dfrac{n^2}{n^2 - m^2}$ 所覆盖，并且后来又能从玻尔的原子理论中导出它们来的时候，它的似真性就获得了进一步的加强。反之，一个假说虽有观察经验的支持，但是如果它与已被接受的具有高度似真性的理论相冲突，那么这种假说连同它的支持证据的可信性，都可能受到极为不利的影响，以致遭到某些科学家的断然拒绝。恰如一些年来关于所谓"人体特异功能"的种种假说及其"支持证据"的遭遇那样。但是，因与已被普遍接受的具有高度似真性的理论相冲突而拒斥一种新的、有一定证据的假说，必须十分谨慎，否则必将使科学活动变成一种纯粹保守的事业，使现有的理论变成为一种神圣不可侵犯的、永远不可被推翻的绝对保守主义者的教条或圣经。那无疑将会阻挡科学的进步。科学并不遵循这种保守的程序，它不会因为心爱某种概念或理论而拒绝任何不利证据对它的反驳或证伪。相反，理论归根结底是易谬的。亨普尔曾引述了伊万斯在《胡言乱语的自然史》一书中所讲述的一个故事："在 1877 年《纽约医学档案》中，艾奥瓦州的一位考德威尔医生在一篇他声称亲自目击的尸体发掘报告中断言，已埋葬的一个男子，本来刮得光光的头发和胡须，已冲破了棺木，并穿过裂缝长出来。"① 亨普尔按照当时历史情况公正地评论说："这种陈述虽然是由一位自称的目击者所提供的，但将毫不犹豫地被摈弃，因为它与已得到充分确证的关于人死后头发继续生长的长度的发现相冲突。"② 以上评论是亨普尔 1966 年写下的，然而时隔十余年以后，据报道，泰国有一名高僧死后不断地长出了很长的白胡须，是与已知理论相冲突的"怪现象"，为此被当众展览，并在展览期间继续生长他的白胡须。如果这个报道是确实的，类似的事例被进一步确证，那么，显然将增加考德威尔医生的报道的似真性，并将严重地危及传统理论的似真性。

在前面第五章中，我们曾经指出，把科学理论诉诸经验的检验（实验观察的检验）虽然是十分必要而且重要的，它构成自然科学研究的一个基本特点，但就这种检验活动的功能而言，我们实际上并不可能通过它而最终判定科学理论的真假，"检验"的目的实际上只是为了评价理论的好坏（对理论的优劣做出某种比较或评价，以便择其优者而取之）。现在，我们又进一步地看到，对理论的经验检验，只是为了从一个重要的方面对理论的似真性做出评价，但对理论的似真性的评价却不能仅仅依据于经验的检验。至于在科学活动中，对于科学理论的评价与选择，其合理性标准的视野还应当宽阔得多。因为在相互竞争的多种假说或理论之间，我们并不能仅仅依据它们的似真性来评价和选择理论，而是必须把似真性与可证伪性、逻辑简单性结合起来予以考虑。因为如果仅仅考虑似真性，那么像"明天广州下雨或者不下雨"这样的命题将具有最高的似真性和科学上的可接受性，因为像这样的命题总是真的。如果以概率来表示似真性程度，那么它的似真度将等于 1。作为科学中的一个例子，是 20 世纪 70 年代，作为"文化大革命"的副产品，我国曾有人提出"革命性的"关于地震预报的"二要素预报法"。本来，预报地震应当含有三个要素：时间、地点、震级。但这种"二要素预报法"依据了一种"理论"，能对地震做出二要素的预报，即：或报时间、地点，而不报震级；或报时间、震级，而不报地点；或报地点、震级，而不报时间。按照这种理论所做出的预报，其准确率高达 85% 以上，这在当前的地震预报中是一种高得惊人

---

① 亨普尔：《自然科学的哲学》，生活·读书·新知三联书店 1987 年版，第 73 页。
② 亨普尔：《自然科学的哲学》，生活·读书·新知三联书店 1987 年版，第 73 页。

的准确率，因而这种"理论"给人一种有高度似真性的印象。但是只要稍加仔细分析，人们对这种理论的价值就只能耸耸肩膀。因为这种理论尽管"也提供信息"，但从它所提供的信息绝不比已知的地震发生频率的统计资料所能告诉我们的更多。仅仅从统计资料来看，这个理论就是很"保险"的，因而其可证伪性程度是很低的。因为从它所做出的预言完全在已知的统计规律所指示的频度范围之内。根据已有的统计，全世界平均每年发生里氏震级 7 级以上地震 16 次，6.5 级以上地震 50 多次，3～4 级的小地震数百万次，1～2 级微震的数目就更不用说了。现在假定依据这个"理论"做出预报"未来两个月内将发生 7 级地震"而并不报出地点；或者预报"明天广州将发生地震"而不报出震级，那么，这种预报言中的机会总是很多的。实际上不需要那个"预报理论"，也能做出同样"准确"的预报，因为全世界平均每年发生 16 次里氏震级 7 级以上地震，即平均每月发生一次以上高于 7 级的地震，现在预言未来两个月内将发生 7 级地震，从统计上就是一个比较保险的预言。如果把 1 级以下的微震也包括进去，那么几乎任何地方都天天发生地震。现在如果预言"明天广州将发生地震"，同样是很少可能被证伪的。像这种所谓的"理论"，尽管与资料符合得很好，预言的"命中率"很高，但实际上信息量不大，它不比简单的统计资料提供更多的信息。因此，这种内容复杂的理论的科学性就值得怀疑，而它的科学价值很可能不值得一提。只有具有高度可证伪性同时又具有高度似真性的理论，才可能具有较高的科学价值和科学上的可接受性，因为它能提供大量的自然信息。

当选择理论或考虑理论（或假说）的可接受性的时候，理论的逻辑简单性也是应当考虑的一个因素。如果有两个相互竞争的理论，它们的可证伪性和似真性不相上下，那么，逻辑上简单的理论肯定是一个更好的理论，至少从当下的眼光看来应是如此。因为为了进一步提高理论的似真性和可证伪性，它所留下的理论调整空间（就理论的复杂性程度而言）比较大，更何况，理论的统一性和逻辑简单性本身就是科学所追求的重要目标。所以，一个好的理论应当是逻辑上简单的、具有高度可证伪性而又具有高度似真性的理论。把这些特征概括起来，可以说，科学中的一个好的假说或理论，应当"出于简单而归于深奥"。这里的所谓"简单"，是指理论的逻辑简单性，即理论中作为逻辑出发点的初始命题数量要少；这里所谓的"深奥"，是指理论的高度可证伪性和高度似真性，即一个高度可证伪的理论耐受严峻的检验，它的解释和预言能与广泛的经验证据精确地符合。容易看出，我们这里所提出的评价科学理论的三性标准，是能够与科学中实际情况相符合的。爱因斯坦曾经赞扬过麦克斯韦的理论，说"在它们的简单的形式下隐藏着深奥的内容"。同样地，我们将看到，按照这样的评价标准，牛顿理论和爱因斯坦相对论可以说都会是这种好的假说或理论的典范。牛顿理论仅仅从三条运动定律和万有引力定律等少数基本命题和概念出发，就解释了天上地下的广泛的自然现象，它具有高度的可证伪性又具有高度的似真性。爱因斯坦理论是更优的理论，他的狭义相对论仅仅从两条基本命题和若干基本概念出发，不但解释了牛顿运动理论所解释的现象，而且还解释了麦克斯韦理论所解释的现象，甚至还蕴涵了从这两个理论不可能导出的其他自然现象和规律的陈述，如 $E = mc^2$ 等等。它具有比牛顿理论更高的可证伪性和更高的似真性。从我们的关于"科学进步的三要素目标模型"可知，科学理论应当向着愈来愈协调、一致和融贯地解释（和预言）愈来愈广泛的经验事实的方向发展。

前面，我们根据关于"科学进步的三要素目标模型"，得出了关于科学理论评价的"三性"（可证伪性、似真性、逻辑简单性）标准，并且指出，这"三性"标准与科学中评价和选择理论的实际情况是比较符合的。然而，应当指出，我们所阐明的这"三性"标准也仅仅是依据于对科学目标的理解，讨论了科学中评价和选择理论时应当遵循的合理性的标准。而实际上，当科学家具体地面临相互竞争的种种理论而选择其中的某一种理论作为自己的研究纲领的时候，往往不但受这些方面考虑的影响（有的科学家甚至未曾就这"三性"方面做周密的掂量），通常还会受到一定社会历史因素和心理因素的影响，例如，科学家个人所持有的形而上学信念、政府所施行的政策上的干预，以及科学界的权威所给予的心理上的影响等等；这些都可能对科学家或科学共同体对于科学理论的评价和选择发生一定的影响。这些影响可能大，也可能小；它们所造成的实际后果可能好，也可能坏。在不同的情况下，这些影响的实际情况可能千差万别。要对这些实际情况做出描述或从社会学或心理学的角度上进行研究，这都不是科学哲学的任务，原则上，它们是应当由别的学科，如历史学、科学社会学、科学心理学等等学科去完成的。我们曾经指出，科学哲学的任务原则上是要提出某种规范性的理论，而不是仅仅对科学的历史做出描述。这两者所关心的问题是不同的。规范性理论所关心的问题是：在科学活动中，"应当怎样思考"，而描述所关心的则是：在科学的历史上，人们实际上曾经怎样思考。规范性理论不可能承认"凡是现实的（这里是指历史上曾经发生的）都是合理的"① 这种主张。因此，科学哲学与科学史之间就发生了某种微妙的关系。一方面，科学哲学作为某种规范性的理论，应当是对于科学史的"理性重建"，它应当能够成为对于科学史的"说明性"的理论。作为对于科学史的说明性理论，它当然应当与科学史相一致，从而任何科学哲学理论都应当受到科学史的辩护或批判性的检验。但是，另一方面，它作为科学史的理性重建，它绝不奢望说明科学史的一切细节，甚至也不企求说明那些在科学史上虽然重要，但原则上只属于科学"外史"领域中的那些事件和关系。对于它们，科学哲学并不完全予以说明，而应当引入历史学、科学社会学、心理学等等其他学科作为补充。再则，就科学方法论而言，科学哲学作为某种规范性理论而提出的乃是"应当怎样……"，因而这种理论就原则上不同于经验科学理论。后者做出事实陈述，因而有真假之分；而"应当"句，虽然也是关于事实的，但却不是陈述性的，它并不能根据事实陈述而判定其真假。在某种程度上，它倒十分类似于"伦理学命题"。对于一个伦理规范"不应当 X"，如果有某人竟然不按照此规范行事，而是按照 X 方式行事了，那么所应当受到指责的并不是那个规范，而是违反了规范的那个人。科学哲学研究中所导致的"应当怎样思考"也有类似的情况。原则上，像这样的方法论规范，也只存在合理或不合理的问题，而不存在直接可判定的真假问题。其合理性由科学史所提示的关于科学目标的陈述（这是有经验内容的陈述）来辩护。

在科学理论的评价问题上，科学哲学只讨论评价的合理性问题（或合理性标准问题），却不承担对非理性因素的实际影响做出描述的任务。虽然它当然承认，在实际发生的评价活动中，常常有各种非理性的因素悄悄地侵入进来而影响科学家对某种科学理论作具体评价。然而，即使在"合理性"的范围内，也还有如下一些问题，值得我们作进一步的探讨。

---

① 这句话原来是黑格尔的"名言"。但在黑格尔那里，要求对"现实的"一词作"辩证的"理解，即"现实的"并非一定是"现存的"或"存在过的"，而是指某种"必然的"东西。而"合理的"，其意思则是"合规律的"，然而"合规律的"就是"必然的"。所以，在黑格尔那里，这句话貌似深刻，实际上是兜了个圈子的循环。我们在这里没有完全按黑格尔原来的意思使用这句话，我们对"现实的"一词仅仅作了括号内所说明的那种简明的理解。

　　第一，从某个方面来说，理论的可证伪性与似真性具有某种联系，这种联系正好是一种反比关系。因为理论的可证伪性正好是理论的信息丰度的量度，愈不可几的理论是愈可证伪的理论，同时也是信息量愈大的理论；从这个意义上说，一个理论的覆盖域愈广，它的陈述的确定性程度愈高，它就愈可证伪。但是同时，它的似真性却将愈低。实际上，波普尔已经说清楚了这种关系：设有任意两个陈述 a 和 b，显然 a 和 b 的合取 ab 的信息量比它的任何一个组成部分的信息量要大，因而也更可证伪。因为能够证伪其中任意一个组成部分 a 或 b 的经验观察都将证伪它们的合取 ab，但反之则不然。例如，令 a 为陈述"星期五将要下雨"，b 为陈述"星期六将是天晴"。则 ab 为陈述"星期五要下雨并且星期六是天晴"。显然，这个合取陈述 ab 的信息内容要超过其组成部分 a 的信息内容，也超过其组成部分 b 的信息内容，并且它比它的任何一个组成部分更可证伪。反过来，却意味着这个合取陈述 ab 为真的概率比它的任一组成部分的概率更小。如果我们以 Ct(a) 代表"陈述 a 的内容"，以 Ct(ab) 代表"陈述 ab 的内容"，并且分别赋予陈述 a 和 b 以各自的似真性的概率 P(a) 和 P(b)，则我们显然有如下两个关系或定律：

　　（1）$Ct(a) \leqslant Ct(ab) \geqslant Ct(b)$

　　（2）$P(a) \geqslant P(ab) \leqslant P(b)$

［因为在合取的情况下，如果 a、b 是相互独立的，则有 $P(ab) = P(a) \cdot P(b)$；如果 a 和 b 是相关的，则有 $P(ab) = P(a) \cdot P(b \mid a)$。不管在何种情况下，公式（2）总是成立的。］

　　以上两条定律合在一起就从逻辑关系上说明了陈述的内容与似真性概率之间的关系，即概率随着内容的增加而减小，反之亦然。科学追求着内容增多因而可证伪性程度增高的理论，但这同时就意味着（按概率演算的逻辑关系）它的似真性的概率将要降低。我们还可以进而稍作扩展。设有 Ta 和 Tb 为两个理论，Tab 为它们的后继理论，且 Tab ⊢ Ta，Tab ⊢ Tb（我们以符号"⊢"表示"可推出"，以上两式即表示 Tab 可推出 Ta 和 Tb），则显然有：

　　（1）$Ct(Ta) \leqslant Ct(Tab) \geqslant Ct(Tb)$

　　（2）$P(Ta) \geqslant P(Tab) \leqslant P(Tb)$

　　所以，从理论的经验内容或可证伪性上看，Tab 显然是比 Ta 和 Tb 更优的理论。但是它的似真性却将低于 Ta 和 Tb。正是从这一点上，波普尔强调科学并不追求高概率（似真度的概率），并向科学哲学界发出感叹："然而，认为高概率更可取的偏见是如此根深蒂固，以致我的结论仍然被许多人认为是'悖理的'。"① 他认为，上述所讨论的内容蕴涵着如下不可避免的结论："如果知识增长意味着我们用内容不断增加的理论进行工作，也就一定意味着我们用概率不断减小（就概率演算而言）的理论进行工作。因而如果我们的目标是知识的进步和增长，高概率（就概率演算而言）就不可能也成为我们的目标：这两个目标是不相容的。"② 但是，波普尔的观念是片面的。因为科学在追求着高可证伪性的同时，还在追求另一种倾向——高似真性。如果高可证伪性（内容增多）与似真性之间仅仅有上述关系（概率演算关系）的话，我们的要求（高度可证伪性和高度似真性）将是不合理的。但是情况并非如此。这是因为，理论的可证伪性虽然和似真性有上述关系，但两者毕竟有重大的区别。理论的似真性是用以表明一个理论在某一时刻 t，它与观察经验和背景理论相匹配程度的，因此，它是一个与经验检验相联系的概念。而理论的可证伪性程度却不必与经验检验相联系，它仅仅是表明一个理论被逻辑上可能的一组观察陈述可证伪的程度。理论的可证伪度反映一个理论的信息量，包括理论覆盖域的广度，它的断言的明晰性和确定性等等。在科学发展的过程中，理论固然追求不断增加内容，因而不断提高它的可证伪性，在前述的那种意义上（按概率演算），固然将降低它的似真性，但是，这只是问题的一个方面。科学理论绝不仅仅是如此这般地进步着。在科学发展的过程中，理论的变革还受到巨大的经验的压力，迫使它改变内容，做出与原有理论不同的或全新的检验蕴涵，从而消除反例，提高与观察经验相一致的精度，扩大确证的范围和数量，从而就从另一方面来提高了理论的似真性，以致足以补偿因增加了理论的可证伪性而降低了的似真性的概率。牛顿理论（N）不但是导出了伽利略定律（G）和开普勒定律（K）。如果仅仅是导出了它们，那么牛顿理论 N 的似真性概率将显然低于伽利略定律和开普勒定律的似真性概率，即有

---

① 波普尔：《真理、合理性和知识的增长》，见《猜想与反驳》，上海译文出版社 1986 年版。

② 波普尔：《真理、合理性和知识的增长》，见《猜想与反驳》，上海译文出版社 1986 年版。

$$P(G) \geqslant P(N) \leqslant P(K)$$

但是情况不仅如此。牛顿理论实际上导出了不同于伽利略定律和开普勒定律的陈述 G' 和 K'。在伽利略定律 $S = \frac{1}{2}gt^2$ 中，g 是一个常数。在牛顿理论中，g 实际上是一个变量，随地球上的纬度与高程等因素而发生一定的变化。这样就使得 $P(G') > P(G)$。同样，开普勒定律断言行星运动的轨道是椭圆，太阳在椭圆的一个焦点上。而在牛顿理论中，由于行星之间有摄动，将没有一颗行星是真正按椭圆轨道运行的，并且由于引力的相互作用，太阳也不是精确地在椭圆的一个焦点上。这样就使牛顿理论在解释和预言的精度方面大大地高于开普勒理论，从而使 $P(K') > P(K)$。由于这些原因，牛顿理论的似真性并不必然地不能大于它的前驱理论 G 和 K 的似真性。科学理论在追求它的不断增长的可证伪性的同时，还要追求它的不断增长似真性，并且这是有可能被满足的。爱因斯坦的理论与牛顿理论的关系也一样，前者不但在可证伪性上超过了牛顿理论，而且在似真性上也能超过牛顿理论，因为从爱因斯坦理论并不是简单地导出牛顿理论，而是导出了比牛顿理论精确得多的结果，特别是在物体的运动速度接近光速的场合下是如此。

第二，在前面，尽管我们指出了应当以理论的可证伪性、似真性和逻辑简单性作为评价和选择理论的指标，在我们看来，这是有重要意义的，但是，从另一方面说，以这"三性"作为评价和选择理论的指标，目前似乎还很难对它们做出量化的描述。为了要对它们做出定量的描述，势必要对问题进行简化。下面我们试着作某种初步的讨论。

理论的评价指标有可能作如下的表示：

$$Q = K \cdot F_b \cdot P$$

其中，Q 为理论的评价指数，用以表征一个理论的优劣，指数愈高表示理论愈优；K 为理论的逻辑简单性系数，逻辑上愈简单的理论 K 值愈高；P 为理论的似真性的概率；F_b 为理论的相对可证伪度。理论的可证伪度尽管不能表示为某个绝对的值，却可以从相互竞争的不同理论的比较中表示它们的可证伪性程度的相对高低。我们可以约定性地定义可证伪度的两个标准点（就像约定性地定义温度计的两个标准原点一样）：定义任何不可证伪的命题或理论（如重言式或形而上学理论）的可证伪度为零；在相互竞争的诸理论中，任意选取其中的一种理论作为参照并定义它的可证伪度为1。这样，就可以通过作为标准的参照理论而确定其他相竞争理论的可证伪度。容易理解，这样规定的理论的可证伪度将在连续半闭区间 $[0, \infty)$ 中取值。一个理论的相对可证伪度如何确定，尚有一些技术问题需要处理。作为一种简化的处理方式，我们可以假定：理论所可能做出的具有实质性差异的检验蕴涵是一个可数的有限集（这里附加了"具有实质性差异"这个限定词，因为如果不附加这个限定，那么任一理论的潜在可做出的检验蕴涵都将是无限的），并且这些检验蕴涵在可证伪性上都是平权的。那么，我们就可以把一个理论的相对可证伪度 $F_b(T)$ 表示为

$$F_b(T) = \frac{I_Q(T)}{I_Q(T_0)} \cdot F_b(T_0)$$

其中，$I_Q(T_0)$ 是作为标准的参照理论的 T_0 可做出的检验蕴涵（它的逻辑后承）的数量，$I_Q(T)$ 为欲求其相对可证伪度的理论 T 可做出的检验蕴涵的数量，而 $F_b(T_0)$ 则是作为标准的参照理论 T_0 的可证伪度，按照前面的约定，$F_b(T_0) = 1$。为了使我们的这个公式有意义，我们必须避免以任何不包含经验内容的形而上学理论或纯粹的重言式系统作为参照理论 T_0，因为它们不可能做出任何可与经验相比较的检验蕴涵，即它们的 $I_Q(T) = 0$。而且依据我们的约定，它们的可证伪度 $F_b(T)$ 也等于 0，而不可能等于 1。当然，应当指出，上面那种对理论的相对可证伪度 F_b 的描述，毕竟还是一种相对过于简化的处理。例如，它假定了理论的所有检验蕴涵都是平权的，但实际上，它们是不平权的。

至于理论的似真性的概率 P 则主要表示理论的逻辑后承（解释和预言）与经验相一致的程度以及它与背景理论相一致的程度，因此它是一个与时间因素有关的量度。如何对它作量化的表述同样有许多技术问题需要处理。在最简化的情况下，它可以表示为

$$P(T) = \frac{T_t(T)}{S_t(T)}$$

其中，$S_t(T)$ 表示理论 T 在时刻 t 已经经受了检验的逻辑后承的总量，$T_t(T)$ 表示理论 T 在时刻 t 已被经验所确证的逻辑后承的总量。我们假定，如果经过适当的技术处理，K、F_b、P 都能够给出合理的值，那么理论的评价指标就可以用公式 $Q = K \cdot F_b \cdot P$ 做出定量的计算并做出合理的比较了。

当然，这仅仅是某种最简化的考虑。在具体的情况下，最好是对

"三性"以及它们的每一个影响因素做出价权考虑，分别给它们赋予适当的价权系数，然后计值。但这种技术性的处理，已经越出了科学哲学的范围，而是属于科学学或甚至某种技术问题（科学管理技术和方法学技术）的领域了。科学哲学的任务只是为科学学或科学管理技术提供必要的理论基础，而没有必要越俎代庖，直接去解决别的学科或技术领域的问题。

容易看出，我们前述的科学进步的目标模型和由此引申出来的科学理论的评价模型，保留了当代科学哲学中关于科学进步与理论进步的诸多模型中的许多优点，同时却克服了它们的许多缺点。特别是，它保留了波普尔的科学的可证伪性要求的优点，指出了科学的增长、理论的进步，应当向着愈来愈可证伪的方向发展，却避免了波普尔模型的许多缺点，如科学向着客观的绝对真理逼近的超验性目标，理论一旦被证伪就应当予以摈弃的不合理要求，以及在理论的进步转变中，后继理论必须包摄并超出前驱理论的全部经验内容的不切实际的设想等。要求一个新的取代理论必须能够解释它的前驱理论所已能解释的现象，几乎是逻辑实证论以来所有著名的科学哲学学派所共同持有的方法论教条。历史学派通过对科学历史的研究表明了这种教条不符合科学史的实际，企图提出新的模型。特别是劳丹提出了"科学进步的解决问题模型"摆脱了这类教条，受到了人们的重视。但它仍存在一大堆的问题。劳丹在论述他的"解决问题的模型"时指出："如果我们一定要拯救有关科学进步的观点，那么需要做的是割断累积保留与进步之间的联系，以至于甚至在解释上有得也有失时也能够承认进步的可能性。具体地说，我们必须制定出某种以所得抵消所失的方法。这是一件比简单的累积保留复杂得多的事情，以至于我们还不能对这种方法做出充分展开的轮廓。不过，我们可以设想出这种说明的轮廓。利害得失分析是处理这种情况的特别适宜的工具。在解决问题模型内，这种分析具有如下程序：对于每一种理论首先评估它所解决的经验问题的数目和分量；其次，评估它的经验反常的数目和分量；最后，评估它的概念困难和问题的数目和重要性。……我们的进步原则告诉我们，应当优选这样的理论：它最接近于解决最大数目的重要的经验问题而产生最小数目的有意义的反常和概念问题。"① 但正如我们在本丛书第三分册一书中所指出，劳丹的模型还存在着种种较严重的弊病。而我们上面所提出的评价理论进

---

① 劳丹：《解决问题的科学进步观》，载《自然科学哲学问题丛刊》1984 年第 1 期。

步的模型，同样保留了劳丹模型的许多优点，然而却克服了它的种种缺点。

最重要的还在于，作为一种理论，我们所提出的科学理论的评价模型与我们所提出的"科学进步的三要素目标模型"、"问题学"理论以及关于科学理论的检验结构与检验逻辑的理论等等，都是内在地逻辑一致和融贯的，并且也是与科学史的实际比较一致的。在我们看来，这实在是至关重要的。

附录　交流：我从事科学哲学的一些体会

（2013 年 3 月 28 日与东南大学科学哲学教师及博士生座谈之发言）

　　按：2013 年 3 月 22 日和 3 月 28 日，我分别受复旦大学和东南大学的邀请，到两校做学术讲座、与博士生们座谈。以下是我与东南大学科学哲学教师和博士生们座谈中的发言。由于东南大学科学哲学博士学位点以"问题学"为研究方向，所以要求我结合自己的问题学研究谈谈自己的心得与体会。现在我把它提供出来，以供有兴趣的朋友们参阅和指正。

　　我从 1959 年开始搞自然辩证法。如果把那一段时间也算在内，那么，我从事科学哲学算起来已经有半个多世纪了。

　　我一生从事科学哲学教育与研究，可以说充满着艰辛和苦难。

　　概括起来说，我从事科学哲学研究的基本情况可以归结为简单的几句话：出身不好，知识不足，生不逢时，艰苦奋斗。但我也有另外一些方面，可能是好的方面，这就是：①一生被问题所困惑和纠缠，逼得我思考。虽然活得很累，但也活得充实。②从 1959 年以后，特别是从我年届而立以后，我就逐步进入了科学所应当坚持的以怀疑和批判为特征的思维状态。虽然我为此吃了许多苦头，但回过头来，却无可后悔。而且毕竟挺过来了。当然，我直到 20 多岁以后才懂得怀疑和批判地思考，显然是晚了一点。但这实在是与我们的社会和教育体制有极大的关系的。③我生性愚钝，但我坚持"勤以补拙"。总体上，还可以说，直至我年届古稀以后，"我大半生不曾偷懒"。下面我就来围绕 7 个问题啰唆几句。但我只着重讲第一、第二两个问题，即"出身不好"和"知识不足"的问题，其他问题都只是简单地说说。

一、出身不好

　　我出身于工科，而不是出身于理科，更没有真正从事过自然科学的研究。以这样一种出身，要想真正来研究诸如"科学理论的结构"、"科学理论的检验结构与检验逻辑"、"科学理论的还原结构与还原逻辑"、"科学理论的评价"、"科学问题的结构"、"科学问题的难度评价"、"科学问题的价值评价"等等，其难度就可想而知了。因为你自身并没有这方面任何的直接经验或者经历。要想补回这方面的不足，难度很大。以我自身的经历而言，有没有相关方面的经验或感受，对于研究科学哲学，确实是大不一样的。我举两个相反而典型的实例。

一个是我关于"类比与联想"的研究。记得是 1979 年，我纯粹是出于教学的需要，去触及"类比"这个问题，看一些资料，其中包括金岳霖先生编著的大学逻辑学教材。看到这些教材和国内的一些其他资料，都把类比的"逻辑程式"写作：

A 对象有性质 a，b，c 和 d

B 对象有性质 a，b，c

_____

所以，B 对象有性质 d

或：

A 与 B 有属性 a_1，a_2，…，a_n

A 对象有属性 b

_____

所以，B 也有属性 b

两者实际上都是同样的意思。对于这样一种"逻辑程式"，由于我是工科出身，接触过许多运用类比的案例，所以我一下子就怀疑这种"程式"的有效性和合适性。因为它所提供的实际上只是一种最为肤浅的和蹩脚的类比。把这样的"类比程式"教给科学家和科学家的后备队，我想，它只能使人愚蠢，而不会使人聪明。虽然金岳霖先生是一位大师，但大师也可能犯肤浅的错误。事实上，自然科学和技术学科中使用的深刻的、有价值的类比，根本不是这样进行的。而且我也很快地怀疑：类比可以算得上是一种"逻辑"吗？它能像金先生所强调的那样，A，B 这两个对象的相似性愈多，其类比所得的结论就愈可靠吗？实际上，在类比中起更为重要作用的是通过对知识的分析，发挥某种丰富的、创造性的想象力和联想。例如，我是学水力发电的，水电站要建水库，建水库就涉及地下水位的变化。表面上看来，地下水位的变化与电路有什么相似性呢。但通过分析，我们知道地下水在多孔介质中的渗流服从渗流场方程，其数学形式是：

$$\frac{\partial^2 H}{\partial^2 x} + \frac{\partial^2 H}{\partial^2 y} + \frac{\partial^2 H}{\partial^2 z} = 0 \qquad (1)$$

而我们又知道电流在导电介质中的输运现象，服从电势场方程，其数学形式是：

$$\frac{\partial^2 u}{\partial^2 x} + \frac{\partial^2 u}{\partial^2 y} + \frac{\partial^2 u}{\partial^2 z} = 0 \qquad (2)$$

显然，在这两种不同的场合下，渗流场方程式（1）和电势场方程式（2）实际上具有完全相同的数学形式，即拉普拉斯方程的形式。此外，如果我们进一步注意到流体在不同介质中的渗流规律——达西定律具有如下形式：

$$Q = \frac{KF}{L}(H_A - H_B) \qquad (3)$$

而电流在不同导电介质中的欧姆定律其形式是：

$$I = \frac{F}{\rho L}(U_A - U_B) \qquad (4)$$

显然，式（3）、式（4）也具有相同的数学形式。并且由此我们可以找到与这些物理定律相联系的各物理量之间的对应配位：测压水头 H—电位 u；渗透系数 K—电导率 $C = \frac{1}{\rho}$；渗透速度 V—电流密度 i；等等。既然我们认识到这种相似和对应关系，于是我们就可以用数学模拟的方法，以电场模型来代替按一定比例缩小的渗流区域，在实验室中用一套相应的电路装置来模拟地下水的运动。借助于电拟试验我们就能够通过方程式（2）的解而找出方程式（1）的解。例如，我们可以根据电拟试验中所测得的电位值绘制出等电位线，由此就可以推出渗流场中的等水位线。类似地，我们当然还可以从电拟试验中得到渗流场中的其他参数。像这种电拟试验，实际上就是一种数学模拟。随着当代电子技术的发展，人们能更进一步使用电子计算机来进行各种数学模拟。容易看出，数学模拟中采用的方法，虽然借助于类比，却同时渗透进更多的演绎的因素。而且，能够把地下水的渗流与电流在导电介质中的输运现象作类比，最关键的是在于对知识作深入的分析的基础上发挥丰富的想象力和创造性的联想才能够达到。由于我有诸如此类的这样一些经历，我很快就对背景知识中的已有的"理论"提出质疑。由此，我就很自然地想到应当对科学中的"类比"做一番较深入的研究，并去深入地调研资料，而且由此使我在资料的调研中有了一种较强的批判和消化能力，更加清楚地看到了"类比"与"联想"的密切关系。这项工作的成果，我首先把它用在教学上，发现它在教学中能起到很好的作用，能得到理科研究生和我们自己的专业研究生（他们大多出身于理科）很好的共鸣与认同，并且在与他们的交流中还使我得到进一步的启发。经过教学中两年的考验和充实，我终于把我的研究结果《类比与联想》寄给了《哲学研究》编辑部，《哲学研究》于1984年第6期就不加删改地全文发表了这篇较长的论文，第二年美国就把它全文翻译过去了。我做这篇论文，虽然也经历了许多困难，但就总体而言，从提出问题到解决问题相对都比较顺利。究其原因，就在于我的工科背景使我比较敏感地对背景知识中的已有观念提出质疑，能指导我比较有方向地去收集和积累资料，并对资料有较好的批判和消化的能力，从而能形成一个较好的系统的想法。

另一个与前述案例正好相反的案例，是我对"科学理论的检验结构与检验逻辑"的研究。这个题目可以说困扰了我几十年，直到我五六十岁了，才敢把这个问题的研究成果端出来让它去经受同行们的批判。这是怎么回事呢？我对这个问题的困惑与思考大体上经历了三个阶段。

第一阶段是我在学校学习中遇到的一个简单而朴素的经历，当时也不知道什么叫哲学，并没有做真正的哲学上的思考，只是一种普通的思想上的困惑。大约是在1956年吧，当时我读大二，学材料力学课程时老师安排要我们做"极限强度试验"。说实在的，这个实验的目的并不是要我们检验理论，而是要我们按照老师给出的"实验说明书"通过实验课程学会实验的基本操作技能，包括处理实验误差的能力。由于实验设备有限，我们分成五六个人一组进行实验，老师命我担任我所在组的组长。但我们的实验做下来的结果，与教科书上所描述的曲线就是不一样。我去问老师，老师斩钉截铁地说："你们的实验肯定做错了。"可回想我们的实验，我们是完全按照实验说明书上的要求去做的呀。我向老师提出要求："能不能让我们重做一次"，可老师坚决不答应，我反复要求都没有用。因为实验设备很紧张，后面的班级都排着队。这件事搞得我耿耿于怀，回去让我思考了很久很久：思考我们的实验结果为什么会与教科书上的结果不一样，我们在实验过程中到底在什么地方出了毛病。回想的结果，不但让我去想我们实验中可能的操作错误，也让我想到实验的仪器设备和试样可能存在的问题，因为仪器设备和试样的背后就是一大堆的理论，仪器的设计、制造、安装、调试和操作都是要依据于理论的，我们相信仪器和试样所提供的信息，就是相信了一大堆的理论……这些问题让我越想越糊涂。我当时怀疑我们使用的那台仪器在实验前的调试或试样是否有问题，我们的实验结果是否与仪器在实验前的调试或试样有关系。这些问题虽然让我耿耿于怀，但由于当时学习紧张，也只好把它们放下，不再去想它们。但它们确实在我的脑子中纠成了一堆结子。

我对这个问题困惑的第二阶段是1959年以后。那一年我这个"工科佬"被学校领导莫名其妙地强迫转行安排去当一名哲学教师。当时我对哲学一点也不懂，因为新中国成立后的工科大学里还没有开设过哲学课。所以我是先有了哲学教师的头衔，才被迫去学哲学的A、B、C的。而且领导还赶着鸭子上架，很快就要我们去给学生开设哲学课。误人子弟呀，但这并不能由我分说。回想起来，我尽管对领导上的强制安排有意见，但对于新工作还是努力了，并由此陷入了许多困惑，如，课程中的一个重要问题就是"实践是检验真理的（唯一）标准"。这个问题对于其他人而言，好像轻而易举，但是我对这个问题却始终想不通。我这个人很笨，难以开天眼，能轻易地接受那个"伟大的"理论。因为在我的经历中一个刻骨铭心的感受是"实验观察的背后是一大堆理论，实验观察结果的合适性也是要由理论来说明的"。而且我的这个感受，根据我所掌握的科学知识是能够大致获得解释的。当然，我也相信，归根结底，理论是必须被检验的。但问题是，理论，特别是科学理论，究竟是怎样被检验的？这个问题在我的脑袋中搅成了一团乱麻，自己也说不清。但在当时的条件下，尽管我对那个命题想不通也想不清，但还是不得不按书中的观念去讲。自己没有想清楚的东西，还得提着嗓门去讲，心中确实有一种负罪感。这种感觉可不好受，它可不像要我去讲工科专业中的某个问题那样，可以讲我内心里所接受的东西。但我当时对"实践是检验理论的真理性的（唯一）标准"这个命题也没有能力去否定。更多地是怪我自己对这个命题没有能够想清楚，怪自己笨。但不管怎么笨，总要想清楚才行呀！所以这个问题还一直困扰着我。以我们当时的环境和条件，我们还根本没有可能去接触西方科学哲学的东西，能够接触的一些苏联哲学家们写的东西，对我而言，仍然是一些天书。要想搞清那些问题，只能靠自己闷着头想。历经20年的苦思苦想，终于有了一点进步，所以当1978年我被调入中山大学以后，我当时能做的课题首先是我在那20年中曾经苦思苦想过的两个问题。一个是"因果关系的模型化理论"，这是我因反对林彪、江青而被打成"现行反革命分子"，整天挨批挨斗之余初步想出的一个结果，只待整理成一篇文章。这篇文章于 1979 年就出了油印本，提供给广东省自然辩证法研究会的一次学术讨论会，后来作为我的第一本专著《科学研究方法概论》（1983 年作为教材在校内出油印本，1986 年由浙江人民出版社出版）中的一章获得正式出版，此书后来于 1995 年获得了首届全国高校哲学社会科学研究优秀成果奖二等奖。当时我能立即着手的另一个课题就是"科学理论的检验问题"。记得大概就是在 1978 年底或 1979 年初的时候，《哲学研究》编辑部向全国征集科学方法论的文章，我就依据我在以往 20 年中苦思苦想所获得的结果，写出了一篇关于科学理论检验问题的文章，题目是"论科学实验和观察中的认识论问题"。写这篇东西的时候，我还没有真正地接触到国际科学哲学界的研究成果，只是我个人长期闷头苦想的结果，所以水平不高，但它还是被哲学研究编辑部收录进了他们所编辑的《科学方法论文集》（1981 年由湖北人民出版社出版）。然而，这篇文章虽然水平不高，但它确实代表了我 20 年思考的结果，并且它还构成了我往后进一步研究、思考和阐发这个问题的框架和基础。这篇文章，纯粹是学术性的，没有一点意识形态的原始动机。但就在 1978 年夏天吧，党中央组织人写出了"实践是检验真理的唯一标准"的文章，大肆宣传。我当时感到，这种观点，其政治愿望是好的，是要反对"两个凡是"，但是，就其理论水平而言，实在是太失去水准了，所以，到 1979 年以后，我就对我们当时的研究生们含蓄地讲，"它（指实践是检验真理的唯一标准）的理论'水瓶'是埋在地底下"，失去水准的。从科学的意义上而言，它对科学发展是极其有害的。此后，我深深感到应当说点什么了。但在当时，对于"实践是检验真理的唯一标准"这个观点，是完全不能公开反对的，那是一个政治问题。所以我只能"打擦边球"。于是我在 1980 年左右，就有意识地写了两篇文章。一篇是《测量仪器中的认识论问题》，寄给了中国仪器学会主办的刊物《仪器与未来》（1982 年第 11、12 期）；另一篇是《实践标准是客观标准吗?》，寄给了上海的《学术月刊》（1980 年第 11 期）。这两篇东西的内容虽然很不相同，但贯穿的东西都是一样的，那就是为了科学，必须从科学方法论上去旁敲侧击地说清楚，"实践是检验真理的唯一标准"这个观念实际上是非常不正确的，对科学发展是十分不利的。但尽管这两篇东西的主旨是一样的，然而它们的遭遇却绝然不同。《仪器与未来》那本杂志不但全文刊载了我的文章，而且对这篇文章还特意加了"编者按"说："这是一篇通俗性的哲学文章，谈的是有关测量仪器中的认识论问题。这个问题对于广大科技工作者，特别是仪器仪表工作者来说是经常碰到的，但往往并没有引起我们的注意和重视。正确理解和加深认识这个问题，对于我们认识仪器仪表的功能与实质，正确使用和不断发展仪器仪表都是有帮助的。文章用简明朴素的哲学语言，列举出大家熟悉的许多事例来讨论这个问题，一定会引起读者的兴趣。由于文章篇幅较长，本刊分两期刊出。"而发表在《学术月刊》上的那篇文章却给我带来了重大的灾难。当时，中山大学哲学系的那个曾经当过副校长的不学无术的系主任，得知我在《学术月刊》上发表的那篇文章以后，就在背后严厉指责我"背离"和"反"（马克思主义），这在当时可是一个莫大的罪名。不久，当1983年开展"清除精神污染"运动的时候，他就通过一位副系主任组织阶级队伍，准备对我进行公开批判。虽然他们名义上是说要批判资产阶级反动哲学，特别是波普尔的哲学，但实际上却是准备对我进行"革命大批判"。此事只是由于我们教研室同仁们的抵制，才使他们没有搞成。但是，当1983年我们教研室推举我晋升副教授时，这位系主任就以我"背离"和"反"为罪名，利用权力阻挡住了。当然，这个事情我完全逆来顺受，没有表示一点意见。我对职称的事向来没有看得太重。对这件事，我除了对这位系主任的"不学无术"在内心里，甚至公开地表示藐视（从他的知识结构，我相信他完全没有能力真正看懂我的那两篇通俗的文章。尽管由于体制的支持，他事后还获得了"南粤杰出教师特等奖"等"光荣称号"，看来，我们体制下的"奖"，甚至"特等奖"，就那么回事，至少"良莠不齐"吧）以外，我在学术研究上反而更加努力，更加坚定了信心。我在学术研究的方向上，始终没有因政治压力而屈服，而是继续坚定地走我自己的路。我的那些研究完全是学术性的，却要受到政治的压力，而且施压者能受到官方的青睐与支持，这也算是长期以来的"中国特色"了。附带说一句，对于这样的中国特色的体制、道路、理论，还能再不做深刻的反思而过于自信么？

　　我在这个问题上的困惑和研究的第三阶段，是想真正深入地弄清楚，在科学中，科学理论究竟是怎样被检验的，要想搞清科学理论检验中的复杂的结构和逻辑。在这个问题上，真是绞尽了我的脑汁。我大量地阅读西方科学哲学的成果，但它们虽然很有启发性，却仍然难解我的困惑，对他们中许多人的一些论点，我仍然难以苟同。与第二阶段相叠交，这个问题至少困惑了我二三十年，直到 1990 年我写成的《科学的进步与科学目标》一书中，我才把我的关于"科学理论的检验结构与检验逻辑"的模型以简洁而完整的形式公之于众，在 2009 年出版的《科学哲学——以问题为导向的科学方法论导论》中做了更进一步的阐述。此后当然还做了进一步的研究，并且于 2010 年应北京超星图书馆的邀请做了一次专题学术讲演（这次讲演已在网上可以看到）。2013 年 3 月，受复旦大学的邀请，我又一次以"科学理论的检验结构与检验逻辑"为题，进一步做了较深入的学术讲演，从这次讲演的反馈信息来看，复旦大学的博士生们对我的这次讲演反映较好。这对我是一个安慰。但是我深深地感到我在这个问题上的研究多有缺陷。虽然我曾花了大力气来弥补这方面的缺陷，但实际上是不能完全弥补的。这方面的缺陷集中起来说，就是我的出身不好。我是工科出身。大家知道，"工科佬"是只使用科学理论，而不检验科学理论的。例如，我是学水力发电的，所以关于"水"的问题，我就学了三门学问。一门是"流体力学"，它是一门理论性很强的学问。整门学科就是在"理想流体"的简单模型的基础上数学地构造起来的，什么伯努力方程、欧拉公式等等，都是在这个模型的基础上推导出来的。一门是"水力学"，这是一门以实验为基础的科学，在大量实验的基础上，结合着数学就构建起一门道理很清晰的理论。还有一门叫作"工程水力学"。这门"工程水力学"，我们当时所用的是一本苏联教材，由老师翻译过来装成油印本发给我们使用。它是一门完全"经验性"的东西，完全说不上是什么真正的"理论"，因为它没有精细的、严谨的逻辑，甚至没有多少道理好讲。它里面有许许多多公式，这些公式非常复杂，长长的一个符号串，里面有许多变量，有许多指数函数。但这些公式为什么是这样？却完全不讲道理，只得死背，但死背也背不住。然而，我们这些学工的人会去检验这些理论吗？我们知道，我们的工程实践不能检验这些理论。例如，我们搞水轮机，要用流体力学对其中的问题进行计算。这种计算的结果往往与实际相去很远。但我们绝对不会说，我们的实践证伪了"流体力学理论"。因为我们知道，我们所实际应对的"水"，特别是实际江河里的水，与"理想流体"是相差很远的。但没有"理想流体"这样的简化的模型，就建立不起普遍的、精确的、可以数学化的理论。我们用

"水力学"去计算我们的有关问题，也常常会与实际不一致。但我们也不会说我们的实践证伪了"水力学"理论。因为我们知道我们所处理的河流与其他地面径流，与水力学实验用的玻璃水槽中的条件相去甚远。但如果不做水力学中的那种典型的实验，也不可能建立起好的理论。反过来，我们所学的"工程水力学"，却完全是根据实际河流的情况建立起来的。但由于所涉及的实际影响因素实在太多，就不可能建立起真正严谨的漂亮的理论。而且，那本教材中的东西对我们中国的实际情况也完全不适用。因为苏联的河流与我们中国的河流有太多的不同。苏联的河流大多是平原河流，而我们中国的河流大都流经山区，特别是苏联的河流大都是南北向的，而我们中国的河流大都是东西向的，根据流体力学我们就知道，在南北向和东西向的河流中，由地球引力和自转所引起的格里高利力对河流断面上的水流速度分布的影响以及它们对河床和堤岸的冲刷都是不一样的。所以，我们也不能从我们的实践去明确地否定苏联教科书中的那个"理论"，我们至多能够从理论上说，苏联那本教材不适合中国的情况。我们的工程实践，往往不会或不可以检验科学理论，我们往往只会用它检查（或检验）我们的设计方案或方案在实施过程中有什么问题。所有这些情况，都不是"实践是检验理论的真理性的唯一标准"这一句话所可以说清楚的，更何况数学给我的感觉是不接受实践检验的。在我的头脑中，这些问题长时期搅成一锅稀粥。我的经验感受是工程实践不能检验科学理论，至于那种更加模糊的、缺乏清晰性和精确性的所谓"社会实践"、"千百万人民群众的革命实践"怎样能够检验理论，包括自然科学理论和社会科学理论，我就更摸不着边了。至于我所关注的对于自然科学的理论如何检验，因为我是工科出身，自身对科学理论如何检验没有任何亲身的感受，所以长期以来，我对它完全说不出一个所以然来。我自身的经验，让我深深地感叹，如果我出身于理科，并且我自身曾经深入地进行过自然科学的研究，那么当我来研究"科学理论的检验结构和检验逻辑"这个问题时，其情况就一定会好得多了。当然应当说明，上述那些问题本身又确实是标准的科学哲学问题，而不是任何一门自然科学研究的问题。但如果我有较好的自然科学素养，我自身进行过较深入的科学研究，对科学理论的检验问题有切身的感受，那么，我想我研究这些问题的路，走起来，一定会顺当得多。

关于第一个问题，即"出身不好"，我就讲这么多了。

二、知识不足

这与我的工科出身也不无关系。首先是理科知识，特别是数学、物理知识不足。要想从事科学哲学的研究，光靠工科大学所学的那些知识，是远远不够的。这方面我花了大力气来补课。打从我搞科学哲学（最初叫自然辩证法。虽然大约从 1978 年，我就压根儿不同意用"自然辩证法"作为我们所研究的这门学科的名称）以后，我几乎是用了大部分（至少50％以上）的时间花在了科学和科学史的学习和思考上面。特别是在 20世纪 50 年代末、60 年代初的饥饿的年代，我忍着饥饿和外部政治压力，搞得浑身浮肿，去补理论物理"四大力学"（理论力学、统计物理、电动力学、量子力学）的课，相应地还要恶补数学，但当时我自己的教学任务很重，政治运动又多，又想学一点外语，基本上还没有进入状态，就要我下农村搞四清。我一生真正用在科学哲学和人文社会科学上面的时间至多只占我能用时间（不包括被一个接一个的政治运动强迫占去的我不能用的时间）的 40％，当然这其中大部分时间是用在了科学哲学方面。照我的理解，要能够真正深入地搞科学哲学的研究，至少需要有五个方面的扎实的知识根基：①数理知识，不但要有数学物理知识，而且还要有其他自然科学知识。②科学史知识的积累和研究，所以，不但要学科学通史，而且要学学科史和更细的分科史，为了要做案例研究，还要有针对性地研究专题史。③数理逻辑知识，这是用分析方法研究科学哲学的基本的工具。古人说，"工欲善其事，必先利其器"。不掌握好工具，怎么能进行研究？④分析哲学。⑤语言哲学。分析哲学和语言哲学也都是研究科学哲学所必须具备的基本知识和基本功夫。除了这些以外，当然还需要其他多方面的知识和技能，如为了搞科学史的案例研究，还需要有文献学方面的知识和技能，更不要说外语和其他社会科学的知识了。但是，我在所有这些方面都可以说是知识不足，是严重地不足，而不是一般地不足。在科学哲学方面，也是严重地不足。科学哲学，这是我们的专业本身，它的重要性就不必说了。但在我看来，必须要有前面所说的五个方面的扎实知识基础，才能进行科学哲学研究。或者在科学哲学的研究中，必须花大力气补充这些方面的扎实知识，才能奠定科学哲学研究的必要条件。

由于我在以上这些方面的知识不足，又来不及边研究边补充，这就造成了我在研究科学哲学方面的严重困难。许多问题就搞不下去，或无端地增加了我的研究的难度。例如，我研究科学问题的难度评价、科学问题的价值评价，科学进步与科学目标，类比与联想、科学理论的评价，科学理论的检验结构与检验逻辑、检验证据的价值评价与干净的实验等问题，如果我的数学基础和逻辑学基础好一些，自然科学的基础好一些，我相信我的研究成果一定会比我现在所达到的水平要好得多。现在我的那些东西所达到的深度都还不能令我满意，可以说，只是提出了问题，许多问题都还需要进一步深入地研究下去。还有些问题就因为我的数学功底和逻辑学功底不够，就根本搞不下去。例如，问题学研究中，有的重要的、实际上是很有价值的问题，我是看到了，但就是因为知识功底不够，就没有能搞下去。例如，我在《问题学》那本书上已经提到的"问题序的结构与逻辑"的问题，这个问题本身是有很重要的理论价值和实际价值的，但就是因为我的数学、逻辑功底不够，没有能搞下去，搞了好多年时间也没有搞得动。曾经思考过一下，没有信心搞了。因为我甚至不知道要用什么样的数学和逻辑工具才能够来解决这个问题，或者已有的数学和逻辑工具是否足以解决这个问题，以至于需要人们创造新的数学和逻辑工具。因为凭我的那点儿数学和逻辑功底，根本不足以回答这个问题。而当时我搞问题学研究基本上是孤军奋战，没有一个团队，甚至在国内也找不到可以讨论那些问题的小小的共同体。所以我搞研究有许多缺点和教训。回过头来，我自称是"孤独的思考者"，局限性很大。搞了几十年问题学研究，连在我自己那个小天地里也没有形成一个问题学研究的梯队。究其原因，除了我自己不善于交流以外，也与我带研究生的特点有关。我从不为学生的学位论文规定题目，甚至也从不为研究生的课题划定范围，比如规定他只能在我所研究的狭小领域中选题。因为首先我认为兴趣是最好的老师，有了兴趣他就会想尽办法把那个事情做好；其次，我认为选题本身是科研的一种非常重要的能力，一定要他们通过学位论文的选题来培养这方面的能力。我总是要他们自己先想好题目，想好准备怎么着手怎么做，然后再来跟我讨论。此外，我自己所做的题目也都不是什么国家课题，都是我自己想要做的"私人课题"，没有什么项目资金。我一生只申请过两个研究项目资金。那都是在1991年以后。1990年，我由于1989年"六四事件"中的一个守规守矩的行动而受到党内处分并被剥夺了我的教学权利。当时我的行动都受到限制，不让出去开会。我就故意搞了一个有点"调侃性质"的行动，就是申请国家社会科学基金课题。在此之前我还从未申请过任何研究课题的基金资助。当时，我们整个教研室的科研经费有多少？说起来惊人。也就是在1991年吧，当时的《科技导报》编辑室副主任孙立明先生专门来广州采访我。我在接受采访时与他约好，一定不要公开报道，这样我就可以敞开来谈。采访中，孙立明先生问我："你们教研室每年有多少科研经费？"我伸出五根手指。他问："五万？"我回答："零多了。"他吃惊地问："五千？"我回答："零仍然多了。"他感到不可思议地又问："难道是五百？"我说："是呀，就这么多。"就在那次采访中，孙立明先生向我约了两篇稿。一篇是"科学理论的检验"，一篇是"科学理论的竞争与选择"。我说，这两个题目我都已经发表过论文了。他说，你的这些论文都是发表在哲学刊物上，现在是希望你向科学家们说说。后来这两篇东西都在他们那里发表了，其中一篇《科学理论的竞争与选择》还被人编到了由两院院长朱光亚、周光召主编的《中国科学技术文库》之中。我的那次申请项目基金，在很大程度上是为了调侃。那次申请，我也不组织研究队伍，就我一个人单独申请，而且是申请我们这个领域里最高级别的"国家社会科学学术研究基金"。我明知这是不可能被批准的，但我偏要申请，看看他们怎么办。此事果然没有被批准。不久，北京方面不知道是哪位先生（因为未署名）给我寄来了我的申请书的复印件。在那复印件上，我们学校当时的那位想乘风直上的党委副书记在我的申请书上明确写上我在"六四事件"中"犯有严重错误，受到留党察看两年的处分"，虽然他也不敢否认我在教学和科研上的成绩。但只要有了那一句话（其实是不实之词，因为广东省委并没有批准这样的处分），国家社科基金会那边在当时意识形态部门的操控之下，是根本不需要讨论就把它丢到一边去了的。1991年申请被驳回，到1992年，有了邓小平的南方谈话，我就再来试一次。仍然是我一个人单独申请，而且完全不改变原来的申请书的内容，只是在已有研究基础的栏目下增加了我在1991年新发表的论文和著作。我仍然没有设想它能被批准。但大概是政治气候变了，申请竟然批了下来，虽然资金的数额不多，总共才14000元，但比起我们教研室以往的科研资金来，却是要多得多了。你看，这件事说明了什么？说明了在我们中国，政治对于学术研究的干预作用有多大。我想，这就是"中国特色"。什么叫"中国特色"？我以为，只能是"别的国家没有只有我们国家有的"，才能叫作"中国特色"。我这个人，没有力量反抗体制，但也不会那么顺从，于是就来调侃。再来讲一个我调侃的故事。大概是1996

年左右吧，我在一次全国科学哲学学术讨论会上作大会发言，突出地强调，我们从事科学哲学或科学方法论，应当只（专注于）研究问题，不要被主义所束缚。后来，我突发奇想，我竟然向我们学校的那位哲学系主任所在的马克思主义哲学学位点申请做"博士生导师"，但我在整个长长的申请书中，完全不出现一个"马克思主义"这个词，我只声明我的方向是"科学哲学"或"科学方法论"。这样的申请书当然是不会被通过的，我只是调侃而已，甚至有点捉弄性质。后来我听说那位系主任在他们的会上说，你们看，林定夷申请马克思主义哲学学科点的博士生导师，在申请书中连"马克思主义"这个词都没有！听到这个消息，我十分高兴。因为我本来就是为了调侃。再回过头来讲我对学生选题的看法。我一生只有一次帮研究生指定了课题，但实际上不成功。那一次我仍然要学生自选课题，但学生努力了，仍表示选不出好的课题，于是我建议学生做"CT扫描机中的认识论问题"。这个问题比较难，要深入了解 CT 机的成像原理并在这基础上做出深入的逻辑和认识论的分析。但它又是关于"科学仪器中的认识论问题"这个方向上的一个极好的课题，一旦做出来，不但会有很好的理论价值，而且无疑会有重要的实际价值。那个学生学化学出身，原来是河南省一家重点中学的高中化学老师。他夫人是学医的，是一个医生，他有一定的条件做这个课题。如果能够做出来，那一定会是重要的成果。那学生最初也很有信心，有决心想搞，同意做这个题目。但做了将近半年，做不下来，只得向我要求换题目。我根据情况同意换，但仍要求他自己找题目，后来他还是顺利地通过了学位论文。学生自主选课题，常常越出我的有限的知识范围，会进一步暴露我的无知，但也常常使我受益。例如，史然（他毕业于中山大学生物学系）选择"进化认识论"的研究。这方面的情况我在《问题与科学研究——问题学之探究》一书中已经讲了，这里就不再重复。

再说说问题学。关于问题学，迄今在国际上还没有任何成形的系统的东西。你们会上网，会比我更有能力及时了解国际上的情况。我这个人，在计算机和网络方面还只是一个小学一年级的学生，甚至还只是一个幼儿园的学生。在国际上，正式有人提出"问题学"这个概念，是 1987 年国际科学哲学大会上由俄国人 В. Ф. БЕРКОВ 提出来的。但此前已有一些科学哲学家关注科学问题的研究。我本人大概是在 1980 年开始重视和花大力气研究"科学问题"的理论。但我比较闭塞，在国内我能看到的文献也不多，虽然还是尽可能找国内外能看到的文献，但总体上我几乎是闷着头瞎搞，我更关注的是科学家们对这个问题的看法与论述。我只是认定一个方向，认为有关科学中"问题"的理论研究十分重要。因为"问题"是科学研究的灵魂，甚至也是我们从事科学哲学研究的灵魂。我最初发表有关"科学问题"研究的论文大概是在 1981 年。到 1983 年，我就以"科学研究中的问题"为标题，作为我所撰写的《科学研究方法概论》的书稿中的一章写出来，并且首先在中山大学校内油印出来，作为本校理科研究生的教材使用。而我的这本书由于各种原因，直到 1986 年 2 月才由浙江人民出版社正式出版。这与 1983 年发生的"清除精神污染"的运动也有很密切的关系。但我的那本书在国内可能起到了某种积极的影响。因为 1986 年夏天，教育部委托中国人民大学举办了全国性的"全国自然辩证法师资培训班"，据说有五六百人参加。在那个培训班上，作为教材的是国家教委组织许多专家（并聘请中科院的何祚庥院士担任顾问）编写的《自然辩证法讲义》，而通过柳树滋先生的提议，把我刚出版的那本书作为补充教材。但是这本补充教材与作为教材的那本教育部组织编写的《自然辩证法讲义》"全面打架"，那本教材强调科学研究从观察开始，从头到尾贯彻归纳主义精神，强调实践是检验真理的唯一标准，强调实验观察作为客观标准能检验出科学理论的真假，而在我的那本书中批判地接受波普尔的观点，强调科学研究从问题开始（波普尔强调的是"科学从问题开始"。这与我强调"科学研究从问题开始"，这在内涵和外延上都有许多的不同，但我从波普尔那里受到了极大的启发和获益。在 20 世纪 80 年代初的背景下，波普尔的哲学还被国内主流意识形态批判为"资产阶级的反动哲学"），批判归纳主义的方法论观念，较详细地讨论了测量仪器中的认识论问题，强调实验观察结果的背后都是理论，否定了它背后的反映论意义下的所谓的"客观性"，等等。其结果是迫使教育部于第二年，即 1987 年，重新改写了那本《讲义》，其中也开始专门写进了关于"科学问题"的章节，关于问题的结构要素中，把我所创造的一个术语"应答域"及其定义，没有注明出处而且一字不差地写进了那本讲义，此外，也像我那本书一样，开始强调科学研究从问题开始，也不再那么坚持归纳主义的观念。等等。1989 年"六四事件"以后，我的问题学研究在我被剥夺教学权利的那一两年有较多的进展。在 1990 年出版的那本《科学进步与科学目标》中，关于"问题学"研究的内容，可以说已经占到了接近全书2/5的篇幅。这本书获得了学界的一定的认可（两个奖，以及湖南师范大学物理系主任洪定国教授主动地专门为此书发表了书评）。我的问题学研究作为课题的成果《问题与科学研究——问题学之探究》最初是拿着一份23万字的初稿向国家社科基金会办公室交差的（因为按规定，该课题必须于1994年结题），当时有出版社主动与我联系出版此书的问题，我不假思索就婉言谢绝了，因为尽管评审专家组对它的评价很高，但我自己不满意。泼出去的水就再也收不回来了。所以又搞了12年，才敢拿出来，让张志林拿去，作为由李醒民和他主编的《中国科学哲学论丛》中的一本，由中山大学出版社于2006年出版。与初稿相比，书稿已做了较大的修改，补充了许多新内容，全书篇幅达到近40万字。关于这件事，我顺便说一句，中国的体制很要命，这么大的课题怎么可能逼着非得三年里面拿出来？我对自己研究工作的要求是：研究工作得抓紧，但出书出文章不能急。我发表论文，大多数都是写完后放半年、一年甚至两年，冷处理，反复思考，反复修改，然后再拿去发表。大概是我的这本书，于2007年获得了中南地区大学出版社学术类著作一等奖，2009年又获得了全国大学出版社首届学术类著作一等奖，所以当年（2007年），中山大学出版社又向我征求书稿，我把问题学的内容作为其中一篇的篇幅放进了2009年出版的《科学哲学——以问题为导向的科学方法论导论》一书之中，此书2010年又重印。这本书篇幅较大，有72万字。它的写作并不是一开始就有这个计划的，是逐渐积累和酝酿的。直到20世纪90年代中期以后，那时书中的大多数内容已经作为课题分别研究过了，出了论文了，这时我才有了构建一个整体体系，写作一本我对于"科学哲学"研究的系统著作的想法。当2007年中山大学出版社向我约稿时，我还有几万字的书稿没有写成。大约又搞了两年，才向出版社交差。所以，这本书的写作，前后差不多经历了30余年的时间。这本书大概是我最后的一本学术著作了。掂量一下自己，已经再也没有能力写什么学术著作了。所以我恳请大家对我的著作进行批评，以便我能借助这种外力来激活我的思想，希望我还能有一些进步。外力显然是有作用的，是有很大作用的。比如，我写了《论科学理论的检验结构与检验逻辑》的文章，2009年，华中科技大学的万小龙教授及其研究生刘洋在《华南理工大学学报》上发表论文与我商榷，结果使我的思想大受激发，终于于2010年底发表了《再论科学理论的检验结构与检验逻辑》，使我在这个问题的研究上又有了新的进展。所以我是真心切盼大家对我的著作和理论进行批评指正。因为只有这样才能导致进步，即使我已经无力再来往前走，也可以推动别人去改进理论，创造新的理论，往前走。

关于问题学，我再说几句，就是问题学可能的研究范围。迄今我在问题学上面下的功夫，主要还是在科学哲学的范围以内，力图使问题学能够成为科学哲学中的一门分支学科。虽然我已经在某种程度上看到，问题学还可以拓展到对决策领域和工程技术领域的哲学方法论问题的研究中去，并且我也已经在这方面做了一些工作，但我的精力有限，为了在起步上走得好一些，我下决心尽量地把自己的有限精力用到"科学问题"的理论研究中去。所以，迄今为止，我所做的问题学研究还是力图使它成为科学哲学的一个分支学科。从长期而言，如果我再年轻20多岁或30岁，那么我还会研究比如决策问题的结构与逻辑、决策问题求解的方法论原则、工程技术问题的结构与逻辑等等决策和工程技术方面的方法论问题。因为我似乎已经看到了某种基本清晰的方向。大家看到，我的《问题与科学研究——问题学之探究》一书，已经在"附录"中比较详细地阐述了"问题学与系统工程方法论"的内容。系统工程实际上是运用运筹学（包括排队论、博弈论、线性规划、非线性规划、动态规划、图论、网络分析……）等现代应用数学手段，以大系统为对象，寻求系统的设计、实施、运行、管理等方面的最优解（或最佳方案）的一门工程技术。20世纪90年代，1993年吧，由于教学的需要，我曾经被"逼着鸭子上架"，应急性地写出讲义为研究生班开设了一门"系统工程概论"课程。这本讲义后来被编入"中山大学教材系列"，于1998年由中山大学出版社出版（当然在出版前我又做了一些修订）。前不久我在网上看到国防科技大学有一门"精品课程"，其课程名称叫作"系统工程原理"，他们把我的那本《系统工程概论》列为这门精品课程的主要参考书之一。实际上我的那本东西完全是应急写成的，我自己对它的评价不敢高，我认为我在系统工程这门学科上没有做出什么贡献。如果这本书有什么特色，以至于要被国防科技大学的精品课程列为"主要参考书"，那恐怕就是两条：一是在方法论观念上，其中就包括了问题学的观念；二是此前出版的系统工程方面的已有教材，在写作系统工程方法论时，无论是硬系统工程方法论还是软系统工程方法论，都不够清晰，而且基本上都是只拿外国人的实践做案例，而我的那本书却是直面中国现实。在讲硬系统工程方法论时，我是拿当时全国人大刚要讨论的三峡工程做案例，这方面当然我也有我的一点小小的优势。我是学水力发电出身，年轻时甚至曾经热情地向往着有朝一日能亲自参加三峡工程，为三峡工程做贡献。后来离开了水力发电专业，但水力发电的情结却毫不减退，几十年来始终关注着三峡工程，积累起来的资料少说也有一米多高。但这几十年中，随着所收集和看到的资料的增多，我从一个热衷于三峡工程的年轻"水电人"，变成了一个对三峡工程多有质疑和怀疑的"局外人"，尤其对从旁得到的上层决策过程多有质疑和担忧。所以，我在那份讲义中，对三峡工程的诸方面，特别是其中的决策过程，用数据说话，提出了诸多分析和质疑。而对于软系统工程方法论，我则是用我国改革开放所面对的"不良结构问题"做分析，对20世纪80年代末、90年代初我国所面临的倒退的危险做出了分析，对J、L的一些倒退的言论不指名地进行了批评，当然也正面肯定了邓小平的南巡谈话。但可惜的是，出版的时候，出版社总编辑说，关于三峡问题上面有规定，所以不能像我书中那样写。在一再讨价还价的讨论以后，出版社终于同意，你的骨架可以保留，但实际数据必须去掉，要不然"负面影响"太明显了；人家一看那些数据和论证，对三峡工程就自然产生怀疑了。这不符合上面的精神，所以肯定要改。关于软系统工程方法论，也做了一些软化处理。好在骨架子都还在，大家现在都仍然可以看到我当时阐述的基本面貌。现在看来，无论我从硬系统工程方法论的角度分析三峡工程的问题，还是从软系统工程方法论的角度分析20世纪80—90年代我国改革开放中的问题，基本上都不幸地言中了（当然，这些问题，也有许多专家是更深刻地言中了）。特别是三峡问题，当时所担忧的问题一个个都严重地暴露出来了。我想，大概是出于这些原因，国防科技大学的精品课程才把它当作主要参考书。因为在系统工程的技术性理论和具体技术方面，我自认为我没有多少贡献。我的那本书只不过是一本应急性的教材而已。其实我在系统工程方面，同样是知识不足。如果不是后来系里还要我在本科生中再开"系统工程"这门课，我是决不会出这本书的。

我深感我搞科学哲学知识不足。我的理科知识不足，人文社会科学知识不足，外语水平不足，科学哲学知识也不足。知不足，本来也是好事。这样，就会如饥似渴地追求知识。但如今，在我身上又加了一个不足：精力不足。因为毕竟老了，奔八十了。这样，由于精力不足，知识不足的毛病就将伴随我进坟墓了。

论科学中观察与理论的关系

搞科学哲学，我一生的体会是一定要十分勤奋，要具有好的知识结构，其中包括自然科学知识。我想，甚至要想搞一般的哲学也是如此。大家看到，近代以来，能够做出伟大成就的哲学家，大都具有良好的自然科学与数学功底。我简单举几个例。大家知道，笛卡尔是近代哲学的首屈一指的人物，但他同时是近代力学的先驱，而且是解释几何的创始人；莱布尼茨是著名的伟大的哲学家，但同时又是自然科学家和数学家，他与牛顿一起被公认是微积分的创始人，莱布尼茨还被公认是数理逻辑的创始人。更近一些，如罗素，他不但是一个哲学家，而且他的科学、数学和逻辑学的功底实在是惊人的，他发现集合论悖论，即发现康托尔的经典集合论是自相矛盾的。这个问题几乎动摇了当时数学的根本基础。这就是"罗素悖论"的真正意义所在。正是罗素悖论的这个新发现，大大地推动了当代数学基础，特别是数理逻辑的发展。为了解决这个问题，公理集合论、证明论等数理逻辑的重要新分支产生出来了。这些东西，成了当代数学的真正基础。罗素是个哲学家，但他对当代数学和数理逻辑的贡献至大至伟，是举世公认的。在20世纪的科学哲学领域里，能够做出大贡献的，都是具有良好的科学与数学功底的人物。逻辑实证主义学派的大人物，个个都是具有良好的科学与数学功底的人物，卡尔纳普、纽拉特、亨普尔等等，哪一个不是具有良好的科学与数学功底的呀？甚至哥德尔，就是著名的哥德尔定理的发现者，最初也是维也纳小组的成员。即使历史主义学派的人物也是如此。大家知道，历史主义学派的创始人托马斯·库恩，他本人就是美国哈佛大学的物理学博士。但他最初不懂数理逻辑，最后，到老来时，他却不得不重新学习数理逻辑。因为他在他的《科学革命的结构》一书中的许多概念经不起推敲，到了20世纪80年代，他不得不重新来修改他的观念和理论，为此，他不得不从新开始来学习数理逻辑。我想，上面的这些例子足以说明，搞哲学，特别是搞科学哲学，一定要具有较好的科学、数学与数理逻辑的根基。反过来，许多伟大的科学家，由于他们有深厚的科学和数学功底，而且有伟大的科学研究的实践经验和发现，因而他们作为业余的研究，也在科学哲学的历史上，留下了深刻的痕迹。这样的科学家也可以举出一大把，马赫、彭加勒、迪昂、爱因斯坦、坎贝尔等等都是。所以，我的看法是，搞科学哲学，数理基础一定要好。可惜的是，在我们国内，有些搞科学哲学的先生，在他们的论文或著作中，谈到科学问题时，甚至在写作某些关于科学理论的专门哲学著作时，由于他们的科学、数学功底不够好，以至于他们常常谈了一些他们实际上不懂的东西。他们以"哲学家"的名义谈科学，但实际上对科学的理论和实践搭不上边。对于这样的科学哲学的"所谓成果"，科学家是可以不理睬的。至于某些所谓的"科学社会学家"，自己不懂科学，远离科学，却在那里指手画脚地批评科学，那就更是让人啼笑皆非了。我不是说科学不能批评，我只是说，你要评说科学，应当力图使自己懂得科学。由于搞科学哲学要有很多知识，很不容易，所以，搞科学哲学，一定要十分勤奋。我想，真像搞科学研究一样，研究者一定要有一定的智商。但有了一定的智商做基础，勤奋就是真正的关键。我相信，勤奋才能做出好的创造性的工作。但我自省，尽管我一生不算偷懒，但我仍一生知识不足。这是我一生的遗憾。

三、生不逢时

这说来话长，它是和我们所经历的时代和制度有关的。我只抽出几点来简单讲。在我们所经历的年代里，首先，不能有自己的志愿，只能做听话的螺丝钉。我不是自己要搞哲学的，是伟大的党强加于我的，而且只能做马克思主义的"宣传员"。其次，政治运动不断。不但精神上受压抑甚至摧残，而且浪费了我们大把大把的有限的生命时间。再次，在我们当时的条件下，由于我被命令当了马克思主义哲学教员，就连学数理知识都要受批判，加政治"帽子"，如"专业思想不稳定"，"只专不红，走白专道路"，到"文化大革命"中，进一步上纲上线，从"修正主义苗子"一直到被打成"现行反革命分子"。十年时间里，我不能做什么事情，唯一的成果就是偷偷地思考并记下了"关于因果关系的模型化理论"札记，这个成果后来成了我1986年出版的《科学研究方法概论》中的一章。最后，不许有任何的自由探索，不然就会被按上"反马克思主义反毛泽东思想"的莫大罪名。等等吧。一言难尽。这就是我所说的我"生不逢时"。我想，如果我早生几十年，或者晚生几十年，甚至生活在不受到这个体制的局限的地方，我也许能做出更好的成绩。

四、艰苦奋斗

关于艰苦奋斗，我想我没有多少话好说的了。我们伟大的党搞那么多"伟大、光荣、正确"的政治运动，夺去了我们那么多的宝贵的生命时光

（人的生命只有一次啊！），只有争时间，挤时间，争分夺秒地把那些被强迫浪费掉的时间抢回来。我可以说是直到打倒了"四人帮"，并且我终于到了中山大学以后，才有了真正的搞科学哲学的学习和研究的机会，可那时候我已经是 40 多岁的人了。所以我曾经写过一首破诗，其中就有"四十有二迟归学，紧索光阴烛不灭"句，就是形容当时的情形。

五、被问题所困惑

一生被问题所困惑，这大概也就是我"傻"，甚至傻得有点儿"可爱"地方吧。我读书，或者做什么事，常常傻想。举两个例子吧。一是"文革"前读书，就被因果关系问题所困惑。读工出来，常想用个模型来解决问题。但头脑中始终模模糊糊，没有结果。"文化大革命"中被打成反革命。当时我完全失去了自由，连上个厕所也要有人跟着。天天被斗，被"坐喷气式"。由于每天都处于神经紧张、失去自由的精神牢笼里。而且每天都要强听不绝于耳的"打倒反党、反社会主义、反毛泽东思想的现行反革命分子林定夷！"，"把现行反革命分子林定夷打翻在地，再踏上一只脚，叫他永世不得翻身！"，"林定夷不投降，就叫他灭亡！"，甚至要把我"火烧"、"油炸"等等的高声齐喊，在那种精神痛苦之中，我对继续生存失去了任何兴趣。说实在的，我曾多次萌发过自杀的念头。只是由于当时我结婚不久，怕因我"畏罪自杀"后，我的妻背上了永远洗不清的罪名，犹豫中让我暂时没有走上自杀的道路。但是，一次偶然的机会，却正是由于原来曾困惑我的问题救了我。那时我被斗得精神迷迷糊糊，晚上胡思乱想，有一次竟然在迷糊中走进了因果问题梦幻中，而且我甚至感到我对它的解决已经有了很好的思路，可以从几个公理中导出许多关于因果关系的定理来。那个晚上，我辗转反侧，始终在迷糊中思考这个问题，没有好好入睡。自此以后，我在被批被斗之余，就专心致志地去深思那个学术问题了。有了这个精神寄托，竟然莫名其妙地消解了我"拥抱死神"的念头。十年浩劫，夺去了我最美好的十年青春时光（30～40 岁）。在这十年中，我唯一的收获，就是在挨批挨斗之余，在那个学术问题的研究上有了大的进展。此一问题的研究成果最初于 1979 年用油印本的方式参加了广东省的一个自然辩证法的学术会议，后来写进了我的一本学术专著，成为其中的一章。前面说过，该专著后来获得了国家教委首次颁发的"全国高校人文社会科学研究优秀成果奖"（1995 年，二等奖）。当然，我的那个研究有局限性，它只是针对决定论因果关系的，尽管它对于决定论因果关系而言是严格的。后来，在 70 年代末、80 年代初在国际上有了包括解决非决定论在内的因果关系的形式化理论。我的学生鞠实儿教授后来曾经对我说，我关于因果关系的理论，在当时，在国际上也一定是领先的。但这话也不过是时过境迁以后的事了，我根本没有把它当作一回事。另一个例子是关于"实践是检验真理的唯一标准"思考。在 20 世纪 50 年代末刚要我担任哲学教师的时候，就模模糊糊地怀疑它，怎么也想不通这个命题。到 1979 年以后，我的结论是：把这个"理论"教给科学家及其后备队（大学生和研究生），是只能使人愚蠢而不会使人聪明的，它是极其有害的教条。但我的这种学术思考的结果却不能声张，只能悄悄地唱反调。实际上，那个命题也不是马克思的东西，而是生活在 13 世纪的英国哲学家罗吉尔·培根首先提出来的。罗吉尔·培根在其《大著作》一书中，曾经强调"实践是理论真假的试金石"，这就是实践是检验真理的标准的意思。但罗吉尔·培根还没有愚蠢到说它是检验真理的"唯一标准"。这"唯一标准说"就更加愚蠢了。当时，罗吉尔·培根提出这个观念，还情有可原，而且还有一定的进步作用，因为当时连近代科学还没有产生。所谓"实践是检验真理的唯一标准"，从近现代科学的角度看，它只是一个叫人愚蠢的命题。这个问题，我在 2010 年一次北京超星图书馆要我做的录像讲演中已经讲了。讲演题目是《科学理论的检验结构与检验逻辑》。它在网上能够找到，我就不再讲了。

六、怀疑和批判的态度和精神

要摆脱思想的牢笼，对已有的知识和社会给予我们的东西，包括制度、组织和理论，甚至实验结果，始终坚持一种怀疑和批判的态度。爱因斯坦曾经强调过他的这种可贵的精神。我们中山大学的已故教授陈寅恪也强调："独立之精神，自由之思想。"我想，这是学者之成为学者的最重要的品格。一个学者，如果失去了这种品格，他就不再是一个真正的学者了。我认为这一点很重要很重要。

七、坚持"勤以补拙"

我想上面实际上已经谈到了。不需要再谈什么了。只是补充一点。听说你们这里有许多人是文科出身，所以我想补充说一句：不要以为"我是文科出身"，缺乏数理基础，就泄气。年轻就是最大的资本。德·布罗意在大学本科是学历史的，毕业后，受他哥哥的影响，学物理，攻读物理学博士，其博士论文就创造性地建立了波粒二象性理论，获得了诺贝尔物理学奖。不要忘记，在一定的智商的基础上，年轻和刻苦是最大的资本。搞研究，一定的智商是必需的。没有一定的智商，再努力也难以出好的成果。但是有了一定的智商，年轻加勤奋就是最重要的资本了。

后　　记

　　写完了此稿，偶阅孔夫子的《论语》，甚有所感。深觉自己对照孔夫子，那是差距太远了，但反过来，我内心里对孔夫子也多有批评。

　　在《论语》中，孔夫子有一段概括自己一生的著名而精彩的论述：

　　"吾十有五而志于学，三十而立，四十而不惑，五十而知天命，六十而耳顺，七十而从心所欲，不逾矩。"

　　有感于我自己一生没有做好孔夫子的学生，2010年我曾写了一首用以自娱自嘲的题为《亦步孔夫子》的破诗，如下：

亦步孔夫子
2010 年 4 月 29 日作以自娱并自嘲

　　吾十又五而志于学。

　　二十而误，几成信徒。

　　三十未立，神志困极①，

　　初有所惑②，遂遭暴虐③。

　　惑而有思，疑指庆父④。

　　四十有二迟归学⑤，

　　紧索光阴烛不灭。

　　辛勤耕耘，五十而成初作。

　　六十未知天命，追问上苍痴不息。

　　七十未谙世事，

---

　　①　1966 年，"文化大革命"时，吾恰年届三十。

　　②　此处惑作"疑"解。

　　③　指被批斗，并遭"群众专政"，去农村"劳改"。

　　④　原指春秋鲁庄公弟共仲。此人暴虐无道，后人常以庆父泛言祸根。《晋书·李密传》有"庆父不死，鲁难未已"句。此处专指近世累降灾难于中华大地者也。

　　⑤　指 1978 年我调入中山大学从事教学与研究，是年吾已年届四十有二矣。

论科学中观察与理论的关系

> 顽争自由，多逾矩。
>
> 愿八十从心所欲，得超脱。

对照之下，我除了"十又五而志于学"能勉强跟上孔夫子以外，其他所有方面，与孔老夫子的差距实在是太大了。孔老夫子三十而立，就是说他 30 岁就事业有成了；四十而不惑，就是说他到 40 岁时，已经对于自己所掌握的知识和信念，都完全深信不疑了。他五十而知天命，就是说他 50 岁时，就已经知道天地万物和世事的规律了。到了 70 岁，他就能对做什么事都"从心所欲，不逾矩"了。而我呢？我三十未立，而且三十前后就终身被问题所困惑，四十有二才得有机会重新开始学习，到了 60 岁也还未知天命，到了 70 岁，我还"未谙世事"，还想争什么自由，因而"多逾矩"，就是说，我到了 70 岁，做事还"不懂事"，特别是这个条件下的事。当然，我现在 80 也不想超脱了，还想争取多活几年，人是死了之后才能"超脱"的。回想起来，我只有在 20 岁左右的一段时间里，才做到过孔老夫子所说的"不惑"，那时候，我年轻幼稚，"几成信徒"，对我们党"伟大、光荣、正确"以及它的指导思想马克思主义毛泽东思想，我虽然当时并没有怎么学过，但我是深信不疑，一点"惑"也没有，对党的指示总是只抱着"认真学习，深刻领会"的态度，从来不会"疑"也想不到"疑"。"信而不疑"，这是党教导我们"应当怎样听从党的教导"的"准则"。雷锋可以说就是遵循这一准则的典范，但某种程度上，我比雷锋更早地遵循了这个准则。在这种深入骨髓的观念的影响下，我对于科学知识的学习，也不是抱着怀疑和批判的态度，主要的精力是用在"深入理解，弄懂弄通"上面，根本不曾想到要通过对科学背景知识的分析，对所学的理论提出任何怀疑或质疑。在这样的教育之下，就根本培养不出我们学习和研究中的怀疑和批判精神。所以这样的教育是非常失败的。但也有奇特的"例外"，1958 年，在全国高校中，普遍地开展了"教育革命"运动，插红旗，拔白旗，要师生批判资产阶级的伪科学，要打倒"牛家店"（牛顿力学），打倒"爱家店"（爱因斯坦的相对论）。当时我不在学校，带了 20 来个不同专业的学生到广东流溪河水电站搞勤工俭学的实习（学校命我当领队，没有老师指导）。10 月底回到学校，听到批老师，要打倒"牛家店"、"爱家店"，心里非常吃惊，想不通，终于开始有疑惑，这个疑惑的目标对准了当时轰轰烈烈的运动。此后，我不自觉地对大跃进、大办钢铁等等运动也心存疑惑，但仍然相信伟大领袖和伟大的党。所以，当1959年（当时我才23岁），我被扩大参加华中工学院（今华中科技大学）的党委扩大会时，在小组会上，我自觉向党交心，检查自己的"错误"，说，彭德怀的那三条，在我的思想深处都有：大跃进搞浮夸，大办钢铁得不偿失，人民公社办早了。并主动深挖思想根源。我是真诚地向党交心并检查自己。但结果，在小组会上把我批得死去活来，说我"反党"、"向党进攻"，非要逼得我讲假话为止。当时我真是万分痛苦。从此以后，我变得决心想要远离政治，与"组织上"有点"离心离德"了。但此后，却让我开始有了怀疑和批判精神了。在学问上，包括在哲学学习上也开始有了怀疑和批判精神。特别是看到了爱因斯坦的几句话："发展独立思考和独立判断的一般能力，应当始终放在首位，而不应当把获得专业知识放在首位。如果一个人，掌握了他的学科的基础理论，并且学会了独立思考的工作，他必定会找到他自己的道路，而且比起那种主要以获得细节知识为其培训内容的人来，他一定会更好地适应进步和变化。"爱因斯坦还曾经强调指出，科学家从学校训练中所得到的那些概念，"实际上是同他的母亲的奶一样吮吸来的；他很难觉察到他的这些概念中的始终有问题的特征"。因此他强调："为了科学，就必须反反复复地批判这些基本概念。"爱因斯坦在其《自述》中讲到他自己的经验和特质的时候，同样强调这种怀疑精神，并说他自己自从少年时代起，那种"对所有权威的怀疑，对任何社会环境里都会存在的信念完全抱一种怀疑态度，这种态度再也没有离开过我"。其实，另外许多科学家和哲学家也都非常强调怀疑和批判精神。例如，20世纪著名的英籍匈牙利科学哲学家拉卡托斯就强调说："其实，科学行为的标志是甚至对最受珍爱的理论都持某种怀疑。盲目信奉某种理论不是智力上的美德而是努力上的罪过。"爱因斯坦和其他一些大师们的话，影响了我一生。回过头来，我对孔老夫子就有意见了。他强调人生的境界是"不惑"，而不是强调"怀疑和批判"；他相信自己已"知天命"，而不是总感到自己"知识不足"。我相信这种精神、观念十分不利于搞科学。所以我觉得，在中国原有文化，特别是在儒家的文化传统之下，是不可能产生出近代科学的。真正按照孔老夫子的传统，我想还不会有我们想要的真正的改革。因为他只强调要按过去的方式办，而不是强调批判和变革；他强调"克己复礼"。他所说的"复礼"，就是复"周礼"，他一再说"吾从周"。他编造出许多历史上的美好传说（尧、舜、禹、汤等），强调要继承传统，对真实的历史缺乏批判的审察。就像我们常听到的某些说教抹掉历史的黑暗面，只向老百姓宣传经过精心涂抹和塑造过的"光辉＊＊年"、"光辉＊＊年"一样。这样的历史是糊弄老百姓的。我也不太认同现在强调的所谓"三个自信"（制度自信、道路自信、理论自信）。这种自信，大概不太有利于推动探索和进步，更多地像是孔老夫子强调的"克己复礼"，按过去方针办。只强调"自信"，就会使我们的思维处于休眠状态。更何况我们所经历的苦难，正是与这种"制度"、"道路"、"理论"密不可分地联系在一起的，我们这一代人对它们有着特别强烈的切身体验。我们迫切地希望按照真实的历史，对这种制度、道路、理论有真正的切实的反思，开放言论，让所有的公民，都能来自由地表达对这双"鞋子"是否舒服的感觉，或者说，它们是否适合于我们的"脚"。我相信，不同的利益集团对同一双"鞋子"的感觉是不同的。我希望公民们对"鞋子"的感觉的好坏不要无端地又被"代表"了。还应当让人有试穿不同鞋子的机会，以便人们从中选择更合适者，而不是只穿过一双，就马上被指定：就这一双是你最合适的"鞋子"，再也不能选择。我希望公民的选择权不要未经真正的民主程序，就轻易地被"代表"去了。我们并不希望有这样的"三个代表"。我更希望不要再出现像毛泽东那样的不许质疑、一言九鼎的"伟大领袖"。让领袖言行也能受民众的质疑，民众的监督，这样才能产生好的领袖。那些政客们的恶意质疑，老百姓是会看出来的。

相较于孔老夫子的"四十而不惑，五十而知天命"，我似乎更欣赏古希腊哲学家苏格拉底的名言——"我知道我无知"和古希腊传统下的格言"怀疑乃智慧之母"。我们知道，近代科学就是在文艺复兴之后，在古希腊的传统之下发育起来的。敢于直面历史，承认自身的危机和黑暗面，可能更加能增加百姓们的信心，以至于能看到光明的未来。

我这样批评孔夫子，这并不是不尊重孔夫子。作为一个历史人物，我仍然尊重他。我只是说，对孔夫子也要用批判的目光加以审察，不要被他所误。中国的文化中也有许多黑暗面。

与孔夫子宣扬"不惑"，或者在教育中只通过已有的知识或见解为学生"解惑"的状态相比，美国哲学家杜威就十分强调"惑"的重要，在教育学中他也强调引导学生从疑到疑的不断质疑的状态。他在他的名著《我们怎样思维》一书中，将生活看作解决问题的过程，他认为生活本身就表现为从问题到问题的一系列问题求解的过程。那么，问题求解的过程或步骤是怎样的呢？在该书的第六章中，杜威提出了他的著名的五步法。他的"五步法"的认识论实际上是以他的所谓的"情境逻辑"为基础的。他认为，人的认识活动是从他们面临不令人满意的境况（困难、问题、疑惑）开始的，探索的目的是要获得某种摆脱困境（解决问题）的一个"解答式"，以使人能从不符合人意的境况向着符合人意的境况转变。他认为认识受激而产生于"疑难的情境"，或者不令人满意的困境。如果一切顺利，认识就会处于休眠状态；如果他一旦发现或感受到经验过程的不一致、不和谐，或者他一旦发现或感受到自己所处的境况不令人满意（也就是所他面临的当前状态与他所欲求的目标状态不一致，有差距），那么，这些"对差异或困难的感受"就会迫使人们去追求认识；"困难一旦产生"，认识活动就被激活了。他的思维术强调人面临的"疑难的情境"的重要性。他的五步法就是从"疑难的情境"开始的。西方的科学家们也都强调"疑"的重要。这一点大概也就是孔夫子的哲学与西方哲学的极大的不同之处。在这个基础上引导出了两种不同的文化，两种不同的教育思想。我不太赞成不加批判地宣扬孔夫子的一套，把它看作所谓的"国粹"。他宣扬的"四十而不惑，五十而知天命"就不值得当作正面的东西来宣扬，而是应当作相反方面的宣传。等等。